# HISTOIRE ILLUSTRÉE

DES

# ANIMAUX

### PAR VICTOR DELCROIX

96 gravures dans le texte

ROUEN

MÉGARD ET Cⁱᵉ, LIBRAIRES-ÉDITEURS

# BIBLIOTHÈQUE MORALE

DE

# LA JEUNESSE

—

SÉRIE IN-4°

ÉLÉPHANTS ET AUTRUCHES.

# HISTOIRE ILLUSTRÉE

DES

# ANIMAUX

## Par Victor DELCROIX

AVEC GRAVURES DANS LE TEXTE

## ROUEN

MÉGARD ET Cⁱᵉ, LIBRAIRES-ÉDITEURS

1882

# PREMIÈRE PARTIE.

## BIMANES & QUADRUMANES.

## I.

### PREMIERS HABITANTS DU GLOBE.

A quelle époque la terre, qui nourrit l'homme et les animaux, a-t-elle eu ses premiers habitants ?

Les savants avouent qu'il leur est impossible de résoudre cette question ; mais tous s'accordent à dire que la terre existait depuis une multitude de siècles, quand la vie put enfin s'y établir. Ce n'est pas une simple supposition ; c'est un fait dont l'aplatissement de notre globe vers ses pôles leur fournit la preuve positive.

Cet aplatissement n'est pas même de deux mètres sur mille ; mais, si léger qu'il soit, il nous apprend que la terre était, à l'origine, une masse de feu liquide, qui a pris, en tournant sur elle-même, la forme que nous lui connaissons et qui n'en pouvait prendre une autre ; tandis que si cette masse eût été solide, elle eût formé un globe parfaitement rond.

En se refroidissant, notre planète a perdu son éclat; la croûte qui l'a recouverte peu à peu, de brillante qu'elle était, est devenue terre, comme celle qui se forme sur le métal en fusion, lorsqu'il est sorti du creuset. Cette croûte s'est lentement épaissie; mais elle est longtemps restée brûlante, et l'effort du feu qu'elle emprisonnait l'a maintes fois brisée, en faisant surgir de son sein des montagnes et des rochers.

La terre était alors entourée d'une épaisse atmosphère, dans laquelle se trouvaient répandues des substances plus ou moins nuisibles. Les premières eaux qui tombèrent sur le sol ardent se réduisirent aussitôt en vapeur. Ce ne fut que plus tard, quand l'écorce terrestre, s'étant attiédie, put recevoir les eaux du ciel sans les rejeter dans les airs par un bouillonnement immédiat, que ces eaux se déposèrent d'abord dans les rides et les crevasses de l'enveloppe, au refroidissement de laquelle leur séjour devait contribuer.

Elles s'étendirent de proche en proche, et finirent par se répandre sur le sol tout entier. Le feu et l'eau se partagèrent alors la terre. « Également déchirée et dévorée par ces deux éléments, dit Buffon, elle n'offrait ni sûreté ni repos. Dans toutes les parties basses, des mares profondes, des courants rapides, et des tournoiements d'eau ; des tremblements de terre, produits par l'affaissement des cavernes et par les fréquentes explosions des volcans, tant sous mer que sur terre ; des orages généraux et particuliers, des tourbillons de fumée et des tempêtes excitées par les violentes secousses de la terre et de la mer ; des inondations, des débordements, des déluges occasionnés par ces mêmes commotions ; des fleuves de verre fondu, de bitume et de soufre, ravageant les montagnes et venant dans les plaines empoisonner les eaux ; le soleil même, presque toujours offusqué non-seulement par des nuages aqueux, mais par des masses épaisses de cendres et de pierres, poussées par les volcans ; et en songeant à cet affreux chaos, nous remercierons le Créateur de n'avoir pas rendu l'homme témoin de ces scènes effrayantes et terribles. »

Ces eaux, encore chaudes et chargées de divers acides, altérèrent les substances minérales de l'écorce du globe, et y laissèrent, en se retirant, une couche de sable et d'argile qui devint la première terre. Des herbes, des végétaux de l'organisation la plus simple, se montrèrent sur les hauteurs sorties du sein des eaux, pendant que dans les mers, dont la température s'était abaissée, des polypes, des mollusques et un petit nombre de crustacés commençaient à vivre.

Sous l'influence de la chaleur et de l'humidité qui régnaient alors, la végétation prit un merveilleux développement. Le nombre des espèces était rare, mais elles atteignaient d'incroyables proportions. La fougère, au feuillage élégant, qui croît encore à l'ombre de nos bois, y formait des arbres aussi grands que nos sapins les plus élancés ; les petites herbes, à tige ronde et creuse, que nous cueillons parfois au bord des ruisseaux, et qu'on nomme prêles, étaient aussi hautes que nos vieux chênes, et quelques-unes de nos plantes rampantes atteignaient la taille superbe des palmiers.

Il y en avait tant et tant, que tous ces géants s'enchevêtraient les uns dans les autres, les grands écrasant les petits, les entraînant sur le sol, où, bientôt décomposés par l'humidité, ils fournissaient ensemble un nouvel aliment à la fécondité de la terre.

Cette mer de verdure s'étendait d'un pôle à l'autre, si haute, si touffue, que les rayons du soleil, encore voilé par de tièdes vapeurs, y pénétraient à peine. Aucune fleur, aucun fruit ne s'y montrait ; donc il n'existait aucun animal qui en eût besoin. Ces végétaux gigantesques devaient, en purifiant l'air de l'acide carbonique qu'ils absorbaient pour se nourrir, le rendre propre à la respiration des animaux et de l'homme.

Personne n'a vu ces immenses et magnifiques forêts; mais nous les voyons aujourd'hui; mieux encore, nous en profitons. La houille qu'on brûle dans un grand nombre de ménages, celle dont on tire le gaz, qui fait la nuit la beauté et la sécurité de nos villes, celle qui alimente les locomotives et les milliers de machines à vapeur employées par l'industrie et la navigation; la houille, qu'on appelle aussi charbon de terre, est la substance même des grands arbres, des fougères, des prêles gigantesques qui couvraient alors notre globe.

« Ensevelis sous d'énormes épaisseurs de terre, dit M. Louis Figuier, ces végétaux s'y sont conservés jusqu'à nos jours, après s'être modifiés dans leur nature intime et leur aspect extérieur. Ayant perdu un certain nombre de leurs éléments constitutifs, ils se sont transformés en une sorte de charbon imprégné de ces substances bitumineuses et goudronneuses qui sont les produits ordinaires de la décomposition lente des matières organiques. »

Une houillère.

Ces mines de houille sont situées à des profondeurs diverses. Quelquefois il suffit de creuser un peu pour les rencontrer; mais le plus souvent il faut ouvrir des puits énormes avant d'arriver aux riches galeries où ce charbon est entassé. Des couches de grès, de schistes, d'argile, en recouvrent les bancs isolés et les immenses gisements.

Dans beaucoup de houillères, on distingue des branches, des tiges, des troncs assez bien conservés pour que les naturalistes puissent dire à quelle famille végétale ces débris ont appartenu. On trouve aussi, dans la houille même et surtout dans les couches d'argile et de schiste qui parfois y forment de longues veines, des coquilles fossiles et des empreintes de poissons, qui se rapprochent de la raie et du requin. Quelques insectes ailés, de diverses espèces, bourdonnaient aussi sous l'ombre épaisse de ces forêts.

De l'équateur aux pôles, les plantes et les animaux dont les débris se sont ainsi conservés, sont les mêmes, ce qui prouve que la température était alors égale sous toutes les latitudes. Cette égalité durait encore quand apparurent les premiers animaux terrestres. Ce furent d'abord des reptiles se traînant dans la fange, des lézards énormes, des crocodiles affreux; puis des animaux fantastiques, tenant à la fois du reptile, du lézard et du crocodile. Tous avaient des proportions colossales; plusieurs étaient pourvus de longues ailes, et l'imagination ne peut rien rêver de plus bizarre et de plus monstrueux que ces premiers hôtes du globe.

On nierait leur existence, si l'on n'avait retrouvé leurs ossements, et si des hommes d'un rare talent n'étaient parvenus, à force d'études, à reconstruire, même à l'aide d'un seul fragment, le squelette de ces animaux depuis si longtemps disparus.

Le mégalosaure, rendu à la science par l'illustre Cuvier, était un lézard de quinze à vingt mètres de longueur.

L'icthyosaure, moins grand de moitié, était cependant d'aspect plus effrayant. Ses yeux flamboyants, pour lesquels les ténèbres n'existaient pas, étaient aussi gros que la tête d'un homme; sa gueule monstrueuse était armée de cent quatre-vingts dents; et quand il poursuivait sa proie à travers les flots, il les agitait avec la violence d'une tempête.

Le plésiosaure, qui vivait aussi dans les eaux, était tout couvert d'écailles et portait une tête de lézard sur un cou de serpent.

Le ptérodactyle était un habitant des airs, du moins sa tête d'oiseau et ses longues ailes de chauve-souris l'annoncent. Cette tête, munie d'un bec long de deux mètres, garni de dents tranchantes, terminait un cou de serpent, à l'aide duquel l'animal pouvait enlacer sa victime, et ses jambes robustes avaient, pour la déchirer, des griffes semblables à celles d'un lion.

Malgré la force et les redoutables armes du ptérodactyle, il ne devait pas toujours demeurer vainqueur de l'épiornis, sorte de vautour, d'une taille si prodigieuse, que l'autruche n'eût été près de lui qu'un oiseau de très-médiocre grandeur. Un œuf d'autruche pourrait faire une belle omelette, car il égale en volume dix à douze œufs de poule; cependant un œuf d'épiornis était encore de quatre à cinq fois plus gros qu'un œuf d'autruche.

L'histoire des premiers habitants de notre globe est écrite dans ses entrailles. Les terrains granitiques, qui forment l'écorce terrestre la plus rapprochée du feu qu'il contient encore, ne renferment les débris d'aucun être organisé. Quelle plante aurait pu croître sur ces roches brûlantes ? quel animal aurait pu respirer dans cette atmosphère embrasée ?

Dans les couches formées ensuite par le séjour des eaux, couches appelées par les géologues terrains de sédiment, on trouve un grand nombre de coquilles, non-seulement au fond des vallées, mais sur les hauteurs, ce qui prouve que les eaux y ont longtemps séjourné. Cependant autrefois on ne savait comment expliquer la présence de ces coquilles à une si grande distance du niveau de la mer. On disait qu'elles n'étaient qu'un jeu de la nature. Ce fut Bernard Palissy qui déclara le premier que ces fossiles étaient de véritables coquilles, jadis habitées, et qu'elles ne pouvaient avoir été déposées là que par la mer.

Dans les terrains salifères, ainsi nommés des mines de sel qu'ils renferment, on remarque une multitude de mollusques fossiles, des ossements de reptiles de grande taille, des empreintes de poissons et des pas d'oiseaux. Quant aux débris végétaux, ils diffèrent peu de ceux qn'on distingue dans les houillères.

Plus haut encore, abondent les ossements des monstrueux animaux que nous avons décrits; puis d'autres qui ont, comme les premiers, attiré l'attention de Cuvier. Il n'eut pas à les chercher bien loin; les carrières à plâtre de Montmartre et de Pantin en sont remplies.

On pense qu'avant l'époque où la Corse et la Sardaigne surgirent du sein des flots, le sol de Paris formait un vaste golfe dans lequel se jetaient plusieurs cours d'eau douce, et que ce golfe, mis à sec par une si violente commotion, se peupla d'un grand nombre d'animaux, parmi lesquels apparurent les premiers mammifères terrestres.

Dans le terrain parisien, les débris végétaux appartiennent à des ordres plus élevés que ceux des terrains anciens. Il fallait qu'il en fût ainsi pour que les animaux herbivores pussent se nourrir.

L'étage supérieur de ce terrain se compose de sable, d'argile, de galets, d'amas de lignite ou charbon fossile, dans lequel s'est conservée l'empreinte de la plupart de ces végétaux.

Les arbres verts, très-nombreux, croissaient près des palmiers, des acacias, des érables, des mimosées, des noyers, des ormes, des chênes et des autres arbres qui prospèrent encore aujourd'hui dans nos régions tempérées; mais alors la végétation y avait une puissance beaucoup plus grande, et les forêts des environs de Paris ressemblaient aux forêts vierges des latitudes équatoriales.

La taille des animaux était en rapport avec celle des végétaux. Le mastodonte, plus grand que nos plus grands éléphants, l'était moins pourtant que le dinotherium. Celui-ci avait la tête longue d'un mètre et presque aussi large que longue, et les mâchoires armées de deux formidables défenses; mais ces défenses, dont la pointe était tournée vers la terre, ne pouvaient servir qu'à en arracher les racines.

Les premiers mastodontes furent découverts en Amérique, ce qui fit supposer d'abord que cet animal n'avait habité que le nouveau continent. Plus tard, on en trouva dans le Dauphiné des ossements qu'un médecin acheta et promena par toute l'Europe, en affirmant qu'il les avait enlevés d'un tombeau et qu'ils étaient ceux de Teutobocchus, roi des Cimbres. Il fit ainsi sa fortune, malgré les protestations de plusieurs savants, qui disaient que ces os gigantesques avaient appartenu à un éléphant et non à un homme. Ce ne fut qu'après sa mort qu'on reconnut enfin ce squelette pour celui d'un mastodonte.

Plusieurs autres animaux, dont les espèces sont anéanties, et qui paraissent se rapprocher du rhinocéros, de l'hippopotame, du singe et du castor, se trouvent aussi dans les étages supérieurs du terrain tertiaire, en compagnie d'un grand nombre d'oiseaux, de reptiles, de poissons et de coquilles fluviales.

Des bœufs beaucoup plus gros que les nôtres et des chevaux plus petits; le sivatherium, cerf colossal, dont la tête était ornée de quatre bois, au lieu de deux; des aigles, des vautours, des goëlands, des perroquets, des hirondelles, qui différaient peu de ceux de ces oiseaux qui vivent aujourd'hui, se montrèrent ensuite, pendant que des plantes ayant beaucoup d'analogie avec notre flore actuelle commençaient à couvrir la terre.

Le dauphin, la baleine et plusieurs autres grandes espèces devenues très-rares, peuplaient les mers profondes; une multitude d'insectes et d'oiseaux prenaient leurs ébats dans l'air assaini.

L'écorce qui recouvre le feu souterrain s'étant peu à peu solidifiée, les ruptures causées par l'effervescence de cet énorme foyer devinrent plus rares et moins terribles. On suppose qu'aujourd'hui l'épaisseur de cette couche est de douze lieues, ce qui, eu égard au volume de notre globe, peut être comparé à une feuille de papier enveloppant une orange.

Quant à l'existence du fluide brûlant que cette croûte enferme, personne ne pense à la contester. Il se révèle encore lui-même par l'éruption des volcans et par ces secousses, plus ou moins funestes, qu'on appelle tremblements de terre.

Les volcans sont, en quelque sorte, des soupapes de sûreté, qui empêchent le globe de se briser en éclats, comme se briserait une chaudière dont la vapeur ne pourrait s'échapper. Ils donnent issue à des gaz qui ont leur origine à une grande profondeur, et qui, sur leur passage, brisent les roches et fondent les métaux. Leur puissance est telle, qu'ils projettent à de grandes hauteurs des sables, des graviers, des pierres incandescentes, des torrents de lave, qui roulent sur les flancs des montagnes comme des fleuves de feu.

Les tremblements de terre, plus redoutables encore, détruisent en quelques secondes des cités entières, dessèchent le lit des rivières, rejettent au fond des mers des îles depuis longtemps connues, et parfois en font surgir de nouvelles. Des bruits étranges, des sifflements, des détonations souterraines, annoncent ordinairement ces catastrophes, dont l'approche saisit d'épouvante l'homme et les animaux.

De telles secousses ne sont rien cependant, si on les compare à celles qui, dans les premiers âges du globe, modifiaient à chaque instant sa surface, y creusaient des abîmes, y élevaient des montagnes, y créaient des mers et des golfes, brisaient et redressaient les bancs épais qui recouvraient l'ardent foyer et les lançaient jusque sur les crêtes des plus hauts sommets.

Une grande commotion fit sortir les continents de la mer universelle; d'autres leur donnèrent ensuite la forme et les limites qu'ils ont conservées. Les éruptions volcaniques et les tremblements de terre ne furent plus que des accidents locaux, et alors commença une nouvelle période, à laquelle on donne le nom d'époque quaternaire.

Un animal gigantesque, qui, comme le mastodonte, a de la ressemblance avec l'éléphant que nous connaissons, a laissé dans les terrains de cette époque des ossements qu'on a longtemps attribués à des hommes de taille colossale. Cette erreur s'est dissipée quand on a retrouvé sous les glaces de la Sibérie une grande quantité de ces ossements, ainsi que des crânes de buffle et des cornes de rhinocéros.

Des îles de la mer Glaciale sont presque entièrement formées de ces débris fossiles, réunis par des sables et des glaces. Les défenses du mammouth, longues et recourbées, y sont si abondantes, que les empereurs de Russie se sont réservé le droit d'exploiter cette source de richesse.

L'ivoire fossile est moins recherché que celui des éléphants et des hippopotames de nos jours; cependant on l'emploie aux mêmes usages sous le nom d'ivoire mort ou d'ivoire de Sibérie. Depuis plus de cinq cents ans que l'Europe s'approvisionne dans ces froides régions, c'est à peine si cet ivoire a diminué.

Le Mastodonte.

On se demande si ces régions aujourd'hui glacées pouvaient être habitées par ces animaux, qui ont tant d'analogie avec les éléphants et les hippopotames de nos latitudes les plus chaudes; s'ils ont été apportés en masse par quelqu'une des grandes catastrophes dont notre globe a tant de fois été le théâtre, ou si ces contrées boréales, étant alors plus tempérées qu'elles ne le sont, nourrissaient ces énormes mammifères. On ne sait pas positivement à laquelle de ces suppositions il convient de s'arrêter; cependant la dernière paraît la plus probable.

« S'ils n'eussent été gelés aussitôt que tués, dit Cuvier, la putréfaction les aurait décomposés. Et d'un autre côté, cette gelée éternelle n'occupait pas auparavant les lieux où ils ont été saisis; car ils n'auraient pas pu vivre sous une pareille température. C'est donc le même instant qui a vu périr ces animaux et qui a rendu glacial le pays qu'ils habitaient. »

En 1804, un pêcheur, qui depuis plusieurs années voyait, chaque fois qu'il revenait vers l'embouchure de la Léna, flotter près de la côte une masse énorme, voulut enfin s'assurer de ce que c'était. Il reconnut un animal de proportions colossales; sans s'occuper du reste du corps, il s'empara, pour les vendre, de ses énormes défenses.

Un savant professeur de Moscou, ayant entendu parler de cette découverte, voulut voir l'épave, et déclara que c'était un mammouth.

« Il le trouva fort mutilé. Les Jakontes du voisinage en avaient dépecé les chairs, pour nourrir leurs chiens, Les bêtes féroces en avaient aussi mangé. Cependant le squelette se trouvait encore entier, à l'exception d'un pied de devant. L'épine du dos, une omoplate, le bassin et les restes de trois extrémités étaient encore réunis par les ligaments et une portion de la peau. L'omoplate manquante se retrouva à quelque distance. La tête était couverte d'une peau sèche. Une des oreilles, bien conservée, était garnie d'une touffe de crins. On distinguait encore la prunelle de l'œil. Le cerveau se trouvait dans le crâne, mais desséché. La lèvre inférieure avait été rongée, et la lèvre supérieure, détruite, laissait voir les mâchelières. Le cou était garni d'une longue crinière. La peau était couverte de crins noirs et d'un poil ou laine rougeâtre. Ce qui en restait était si lourd, que dix personnes eurent beaucoup de peine à le transporter. On tira, selon M. Adams (le professeur), plus de trente livres de poils et de crins que les ours blancs avaient enfoncés dans le sol humide, en dévorant les chairs. L'animal était mâle; ses défenses étaient longues de plus de neuf pieds (environ trois mètres) en suivant les courbures, et sa tête, sans les défenses, pesait plus de quatre cents livres.

« Ce mammouth, restauré par les soins de M. Adams, figure au musée de Saint-Pétersbourg, près du squelette d'un éléphant de nos jours, qui semble n'être qu'un enfant à côté de son père. »

Notre grand naturaliste Cuvier, à qui nous empruntons ce récit, n'admet pas que l'homme ait vécu dès le commencement de l'époque quaternaire; cependant de nouvelles découvertes semblent prouver qu'il existait même dès la fin de l'époque tertiaire. On a retrouvé, parmi les débris des grands animaux d'alors, des ossements qui ne peuvent appartenir qu'à l'homme primitif, puisqu'ils étaient accompagnés de silex très-grossièrement travaillés

Les armes qu'on retrouve dans les terrains de l'époque suivante sont mieux travaillées et beaucoup plus nombreuses. Ces terrains quaternaires sont aussi appelés terrains diluviens, parce qu'on en attribue la formation au déluge universel, dont la tradition, plus ou moins altérée, s'est conservée chez la plupart des peuples.

Le terrain diluvien se rencontre sur tous les points du globe, quelquefois sur les hauteurs, mais le plus souvent au fond des vallées. Il se compose de sables, de cailloux, de débris roulés de toutes les roches voisines, et de blocs erratiques, arrachés du sommet des montagnes et transportés bien loin du lieu de leur origine. Toutefois, plusieurs naturalistes distingués pensent que ces blocs énormes n'ont pas été amenés par les eaux du déluge, mais entraînés par les glaciers jusque dans les vallées et les plaines.

On trouve dans les terrains diluviens une multitude de coquilles qui appartiennent pour la plupart aux espèces encore vivantes, des ossements de mammouth et des squelettes d'autres animaux : cerfs, bœufs, chevaux, qui servaient sans doute à la nourriture des tigres, des hyènes, des loups, dont les os gisent avec ceux des paisibles herbivores.

Les débris humains y sont plus rares; mais on voit, près de ces débris, des haches de silex, des flèches armées de pointes d'os, assez aiguisées pour s'enfoncer dans le cuir et la chair des animaux, auxquels l'homme donnait alors la chasse.

On comprend que l'homme nu et sans défense ait cherché à se fabriquer des armes, non-seulement afin de se mettre à l'abri des attaques des carnassiers, mais pour se nourrir de leur chair et pour se préserver des intempéries de l'air, en s'enveloppant de leurs dépouilles.

Ce qui indique un degré de civilisation plus avancé que ces haches et ces flèches, ce sont les poteries qu'on trouve dans leur voisinage. L'argile dont elles sont faites est grossière; elle est mêlée de petits cailloux et de coquilles, qui lui ont donné de la solidité; mais elle a simplement été séchée au soleil, et non cuite au four, comme on a plus tard appris à le faire pour la rendre imperméable.

C'est surtout dans des cavernes qui ont été comblées par des masses de sables et de galets, amenés sans doute par les eaux du déluge, que ces armes et ces ustensiles se rencontrent, avec les débris qui ont fait donner à ces retraites souterraines le nom de cavernes à ossements. Plusieurs de ces cavernes sont situées sur les bords de la Méditerranée.

Au-dessus du terrain diluvien se trouve l'humus ou la terre végétale, dont la fertilité fait la richesse et la beauté de notre globe. La terre végétale est formée du limon déposé par les eaux, de particules pierreuses ou sablonneuses et de la décomposition des êtres organisés, animaux et végétaux. Quand le sable, la pierre, la craie dominent dans la composition du sol, il est peu productif; mais quand le limon et les débris organiques y sont en grande quantité, il donne d'abondantes récoltes.

La terre est notre nourrice; elle fait croître le blé, les légumes, les fruits, qui forment une partie de notre alimentation, et, en produisant l'herbe que broutent les animaux, elle ajoute à cette nourriture végétale le lait et la viande dont nous avons besoin.

Tout sort du sein de cette mère féconde; mais tout y rentre et rien ne s'y perd. « Elle reprend ce qu'elle a donné, pour le reprendre encore, dit Fénelon. Ainsi la corruption des plantes et les excréments des animaux qu'elle nourrit la nourrissent elle-même et perpétuent sa fertilité. Plus elle donne, plus elle reprend, et elle ne s'épuise jamais, pourvu qu'on sache, dans la culture, lui rendre ce qu'elle a donné. »

Les premiers hommes ont été chasseurs, telle est l'opinion généralement répandue. Après avoir réuni en troupeaux ceux qu'un naturel moins sauvage que celui des autres leur a permis d'attirer autour de leurs demeures, ils les ont conduits dans les plaines et les vallées, où croissaient de gras pâturages, et de chasseurs sont devenus pasteurs.

Cette vie simple et paisible, déjà préférable à la guerre que l'homme faisait aux animaux, était un grand pas fait vers la civilisation ; et ce pas, son intelligence l'avait aidé à le franchir. Il accomplit encore un plus merveilleux progrès quand il entr'ouvrit la terre, pour lui confier des semences, qu'elle lui rendit au centuple. Elle était alors plus riche et plus féconde qu'aujourd'hui, et, malgré l'imperfection des instruments dont on se servait pour la cultiver, on en tirait des produits assez abondants pour que la subsistance des familles fût assurée.

L'homme alors prouva quelle est sa supériorité sur les animaux les plus intelligents ; car ils ne sèment ni ne moissonnent, et ils ne savent ni apprivoiser ni dompter ceux qui leur sont inférieurs en force ou en courage.

« Le plus stupide des hommes suffit pour conduire le plus spirituel des animaux, dit Buffon. Il lui commande, le fait servir à ses usages, et c'est moins par force et par adresse que par supériorité de nature et parce qu'il a un projet raisonné, un ordre d'actions, une suite de moyens par lesquels il contraint l'animal à lui obéir ; car nous ne voyons pas que les animaux qui sont plus forts et plus adroits commandent aux autres et les fassent servir à leur usage. Les plus forts mangent les plus petits ; mais cette action ne suppose qu'un besoin, un appétit, qualités fort différentes de celles qui peuvent produire une suite d'actions dirigées vers le même but.... »

« En comparant l'homme à l'animal, on trouve dans l'un comme dans l'autre un corps, une matière organisée, de la chair, du sang, du mouvement et une infinité de choses semblables. Mais toutes ces ressemblances sont extérieures et ne suffisent pas pour nous faire dire que la nature de l'homme soit semblable à celle de l'animal. »

L'homme, par ses organes intérieurs, se rapproche beaucoup d'animaux appartenant à l'ordre des mammifères. Par sa structure extérieure, il rappelle les quadrumanes ou singes, qui viennent immédiatement au-dessous de lui dans l'échelle des êtres, dont il occupe le sommet. « Cela prouve, dit Buffon, que le Créateur n'a pas voulu faire pour le corps de l'homme un moule absolument différent de celui de l'animal, et qu'il a compris sa forme, comme celle de tous les êtres, dans un plan général. »

Le singe peut se tenir debout, mais ce n'est pas sans de grands efforts. Cette attitude le fatigue promptement, parce qu'au lieu d'avoir des pieds qu'il puisse poser à plat sur le sol, il n'a que des mains au bout des jambes, aussi bien qu'au bout des bras. Ces mains sont loin d'avoir la même perfection que les nôtres : le pouce, très-court et très-écarté, ne s'oppose qu'imparfaitement aux autres doigts, et ces doigts ne peuvent agir que tous ensemble, ce qui les rend incapables des travaux que nous accomplissons facilement. Le singe est fait pour grimper, l'homme pour marcher.

L'homme se soutient droit et élevé. Son attitude est celle du commandement. Sa tête regarde le ciel et montre une face auguste sur laquelle est imprimé le caractère de sa dignité. L'image de l'âme y est peinte par la physionomie ; l'excellence de sa nature perce à travers les organes matériels et anime d'un feu divin les traits de son visage. Son port majestueux, sa démarche fière et hardie annoncent la noblesse de son rang; il ne touche à la terre que par ses extrémités les plus éloignées, il ne la voit que de loin et semble la dédaigner. Les bras ne lui sont pas donnés pour servir de piliers, d'appui à la masse de son corps; sa main ne doit pas fouler la terre et perdre, par des froissements réitérés, la finesse du toucher dont elle est le principal organe. Le bras et la main sont faits pour des usages plus nobles : pour exécuter les ordres de la volonté, pour saisir les choses éloignées, pour écarter les obstacles, pour prévenir le choc de ce qui pourrait nuire, pour embrasser et retenir ce qui peut plaire, pour le mettre à la portée des autres sens....

« L'homme, en venant au monde, arrive des ténèbres, l'âme aussi nue que le corps. Il naît sans connaissance comme sans défense; il n'apporte que des qualités passives; il ne peut que recevoir les impressions des objets et laisser affecter ses organes; la lumière brille longtemps à ses yeux avant que de l'éclairer. Il reçoit tout de la nature et ne lui rend rien; mais dès que ses sens sont affermis, dès qu'il peut comparer ses sensations, il forme des idées, il les conserve, les étend et les combine. L'homme, et surtout l'homme instruit, n'est plus un simple individu; il représente l'espèce humaine entière; il a commencé par recevoir de ses pères les connaissances qui leur avaient été transmises par leurs aïeux. Ceux-ci ayant trouvé l'art divin de tracer la pensée et de la faire passer à leur postérité, cette réunion dans un seul homme de l'expérience de plusieurs siècles recule à l'infini les limites de son être. »

Aucun animal ne jouit de ce précieux avantage, aucun ne possède ce moyen de communiquer ses pensées, tandis que si tous les hommes ne savent pas lire et écrire, tous peuvent y arriver avec plus ou moins d'efforts. L'écriture est un véritable langage, dans lequel des signes convenus remplacent les sons. Les animaux ont une voix qui se modifie dans certains cas : le cri de la joie n'est pas chez eux le même que celui de la douleur ou de l'effroi; mais ils ne peuvent parler.

Le singe, dont l'appareil vocal est organisé comme celui de l'homme, ne parle pas plus que les autres animaux. L'oiseau chante; et si le perroquet, la pie, le sansonnet, le corbeau prononcent quelques mots, c'est parce qu'ils les ont appris; mais on ne peut dire qu'ils parlent, la parole étant la faculté d'exprimer sa pensée par des sons articulés.

L'enfance est pour nous l'époque de l'ignorance. A mesure que nous grandissons, notre raison se développe; nous comprenons la nécessité de nous instruire, et nous y travaillons. Quand nous arrivons à l'âge mûr, notre intelligence aussi s'est mûrie par la réflexion et l'expérience. Il en est ainsi, non-seulement parmi les nations civilisées, mais chez les peuples encore plongés dans les ténèbres de l'ignorance. Partout l'homme sait mieux que l'enfant ce qu'il fait et ce qu'il doit faire dans son propre intérêt.

Le contraire a lieu chez le singe. C'est seulement pendant sa jeunesse qu'il se montre intelligent, soumis et sociable. Au lieu de progresser en vieillissant, il perd tout ce qu'il avait gagné, grâce aux soins de l'homme; il devient méchant, indocile, et se rapproche peu à peu de la brute.

Les derniers des sauvages se distinguent encore des animaux, parce qu'ils savent

se procurer du feu. Les moyens dont ils se servent sont tout primitifs ; ils frottent
l'un contre l'autre deux morceaux de bois jusqu'à ce qu'ils obtiennent de quoi allumer quelques brins d'herbe sèche. Le singe aime la chaleur ; il s'approche volontiers des feux entretenus pendant la nuit pour écarter les bêtes féroces ; mais, quoiqu'il imite volontiers ce qu'il voit faire, jamais on n'a vu un singe allumer du feu.

Sauvages se procurant du feu.

Aucun animal ne s'en sert pour préparer ses aliments. L'homme seul fait
cuire le gibier qu'il a tué, et sait rendre sa nourriture meilleure en l'accommo-
dant de diverses manières. Les animaux se contentent du poil ou de la plume que
la nature leur a donné. L'homme des régions tempérées sait non-seulement s'a-
briter contre le froid, mais il recherche un certain luxe, soit dans ses habits, soit
dans la maison qu'il habite, et même dans les pays où l'on peut se passer de
vêtements, on se pare de colliers, de bracelets, de diadèmes emplumés. Cet
amour du superflu a donné naissance à l'industrie et aux arts.

Quand la faim et la soif de l'animal sont largement apaisées, il s'endort ;
mais il faut autre chose à l'homme. Son esprit et son cœur ont des besoins
plus grands que ceux de son corps. L'orgueil, l'ambition, le doute l'agitent
et le fatiguent. Il aspire à la lumière et se débat dans les ténèbres ; il se trouve
pauvre au sein de l'opulence. Au faîte des grandeurs, il voudrait monter encore,
et, quelle que soit sa position, il rêve un bonheur qu'il ne rencontre jamais.

C'est donc uniquement par sa constitution physique que l'homme peut être
rangé parmi les autres êtres animés. Cette chair, ce sang, ces os, ces divers
organes par lesquels il leur ressemble, ne sont que l'enveloppe de l'âme im-
mortelle que Dieu lui a donnée, et qu'il a rendue capable d'admirer les merveilles de la création et d'en bénir le tout-puissant auteur.

# II.

## CLASSIFICATION DES ANIMAUX.

Pour faciliter l'étude des animaux, on a établi parmi eux de grandes divisions basées sur la réunion de plusieurs caractères généraux, puis des subdivisions indiquées par de sérieuses différences, et l'on a multiplié ces subdivisions autant qu'a pu l'exiger la diversité qui existe entre les individus dont se compose la multitude des êtres animés.

En examinant cette foule, les savants y ont remarqué quatre plans de structure, qui, diversement modifiés, se retrouvent dans tous les animaux. Ils ont commencé par ranger en quatre groupes, auxquels ils ont donné le nom d'*embranchements*, les individus appartenant à chacun de ces quatre types principaux.

Le premier des quatre embranchements, c'est-à-dire des quatre maîtresses branches du règne animal, regardé comme un tronc unique, renferme les animaux vertébrés.

Les vertébrés ont un squelette interne, dont les parties principales sont le crâne et l'épine dorsale. Cette épine, appelée aussi colonne vertébrale, est formée de la réunion de pièces annulaires, nommées vertèbres, parce qu'elles tournent les unes sur les autres. Le crâne renferme le cerveau, dont le prolongement est la moelle épinière, sorte de cordon dans lequel sont enfilées les vertèbres, et d'où partent les fils ou nerfs qui se ramifient jusqu'aux extrémités du corps.

Jamais les vertébrés n'ont plus de quatre membres; cependant les poissons, qui sont aussi des vertébrés, n'en ont pas. Cela prouve qu'il y a des exceptions à la règle; mais du moins tous les animaux appartenant à ce premier groupe ont les organes des sens plus parfaits que ceux des autres. Leur sang est rouge et circule au moyen du double appareil des artères et des veines.

Mais si tous les vertébrés se ressemblent par les caractères principaux de leur organisation, ils diffèrent beaucoup sous d'autres rapports. Les uns naissent vivants et ont pour première nourriture le lait de leurs mères; d'autres sont à peine ébauchés et achèvent de se former dans une poche dont la nature a pourvu la femelle; d'autres encore sortent d'un œuf, dans lequel ils se sont développés. Beaucoup vivent sur la terre, d'autres dans les airs et d'autres encore au sein des eaux. Il y en a qui marchent ou qui nagent; mais il y en a aussi qui ne peuvent que ramper.

Il serait impossible d'examiner à la fois tous les vertébrés; aussi s'est-on aidé de ces différences que nous signalons et de celles dont nous jugeons inutile de parler, pour faire de ce premier embranchement cinq classes distinctes, ou groupes secondaires. Les classes se subdivisent en ordres, les ordres en familles, les familles en genres, et les genres en espèces.

Le second embranchement renferme les animaux annelés ou articulés, comme l'écrevisse, l'araignée, la sauterelle, la sangsue.

Le troisième comprend les mollusques ou animaux à corps mou, soit nus, comme la limace, soit recouverts d'une coquille, comme l'huître et le colimaçon.

Le quatrième est formé d'animaux qui, au premier aspect, semblent appartenir au règne végétal : ainsi l'étoile de mer, l'actinie, le corail, l'éponge. On les nomme zoophytes, c'est-à-dire animaux-plantes.

Chacun de ces embranchements forme aussi plusieurs divisions, parmi lesquelles se rangent les animaux que nous avons nommés.

Nous étudierons successivement ces diverses classes, qui toutes nous offriront des sujets d'étonnement et d'admiration; mais nous nous occuperons d'abord des mammifères.

Disons toutefois que ces divisions et subdivisions forment ce qu'on appelle une classification. Nous sommes redevables de la classification des végétaux à Jussieu et de celle des animaux à Cuvier, dont nous avons déjà parlé.

« L'utilité pratique de ces classifications est facile à voir, dit M. Milne-Edwards. Si le porteur d'une lettre n'avait, pour se diriger dans la recherche de la personne à qui elle est destinée, que le signalement de celle-ci, sa tâche serait probablement presque interminable; mais si l'adresse de cette lettre lui indique d'abord le pays, puis successivement la province, la ville, le quartier, la rue, la maison et enfin l'étage que cette personne habite, il saura facilement s'acquitter de sa mission. Il en est de même pour le naturaliste. S'il voulait reconnaître un animal en y comparant successivement la description de tous les animaux déjà connus, il aurait à exécuter un travail long et pénible, tandis qu'en s'aidant des classifications zoologiques, il arrivera promptement au but;

car il lui suffira de déterminer d'abord à quelle grande division du règne animal appartient l'espèce dont il veut déterminer le nom ; puis à quel groupe secondaire, à quelle subdivision de ce groupe, et ainsi de suite, en restreignant de plus en plus, à chaque épreuve, le champ de la comparaison.

« Si, par exemple, il voulait, sans se servir de moyens semblables, définir le mot lièvre, il lui faudrait faire une longue énumération de caractères ; et pour appliquer cette définition, il aurait à comparer la description ainsi tracée à celle de plus de cent mille animaux différents ; mais si l'on dit que le lièvre est un animal *vertébré*, de la classe des *mammifères*, de l'ordre des *rongeurs*, du genre *lepus*, on saura, par le premier de ces mots, dont la définition est connue, que ce ne peut être ni un insecte, ni un mollusque, ni aucun autre animal sans squelette intérieur; par le second, on exclura de la comparaison tous les poissons, tous les reptiles et tous les oiseaux ; par le troisième, on distinguera le lièvre des neuf dixièmes des mammifères; et lorsqu'on aura déterminé, de la même manière, le genre auquel il appartient, on n'aura plus qu'à le comparer à un très-petit nombre d'animaux, dont il ne diffère que par quelques traits plus ou moins saillants ; pour le faire distinguer avec certitude, il suffira donc de quelques lignes.

« Il existe ici la même différence que celle qu'il y aurait à chercher tel ou tel soldat dans une armée dont tous les rangs seraient mêlés, ou dans une armée bien ordonnée, dont chaque division, chaque brigade, chaque régiment, chaque bataillon, chaque compagnie, aurait une place déterminée et porterait avec lui des signes distinctifs.

« La classe des mammifères se compose de l'homme et de tous les animaux qui lui ressemblent par les points les plus importants de leur organisation. »

Elle se place naturellement en tête du règne animal, comme renfermant les êtres dont les mouvements sont les plus variés, les sensations les plus délicates, les facultés les plus multipliées et l'intelligence la plus développée. Elle nous intéresse aussi plus que tout autre ; car elle nous fournit les animaux les plus utiles, soit pour notre nourriture, soit pour nos travaux ou pour les besoins de notre industrie.

Il est facile de distinguer un mammifère d'un oiseau, d'un reptile ou d'un poisson ; cependant c'est à tort que beaucoup de personnes prennent pour des poissons la baleine, le marsouin et quelques autres animaux qui habitent les mers. Ce sont de véritables mammifères, qui diffèrent des poissons par beaucoup de points essentiels. La chauve-souris paraît avoir plus de ressemblance avec un oiseau qu'avec un cheval, par exemple ; cependant c'est un mammifère.

Le mot mammifère signifie porte-mamelle ; donc tous les animaux qui ont des mamelles pour allaiter leurs petits, doivent être rangés dans cette classe. Le nombre des mamelles est en rapport avec le nombre des petits dont se compose ordinairement la jeune famille. Elles sont placées à la poitrine ou sous le ventre.

Les mammifères sont pour la plupart couverts de poils ; cependant la baleine et les autres grands cétacés ont la peau nue et lisse. Le poil n'est pas toujours le même : le mouton a de la laine, le sanglier des soies, le cheval des crins, le hérisson et le porc-épic des piquants.

Les piquants sont plus ou moins gros, finissent en pointes, sont très-raides et ressemblent à des épines; les crins sont longs et souples; les soies, plus courtes et plus raides que les crins, le sont cependant beaucoup moins que les piquants; la laine, dont la finesse varie, est un poil contourné en tous sens; quelquefois cette laine est un duvet d'une souplesse extrême, caché sous d'autres poils, plus durs, qu'on nomme jars.

La couleur du pelage des mammifères est très-variée. On peut dire qu'elle est formée de toutes les nuances du blanc au noir et du brun roux au jaunâtre. On suppose que ces nuances proviennent d'une graisse diversement colorée; car si l'on fait bouillir les poils dans l'esprit-de-vin, ils y abandonnent cette substance grasse et deviennent uniformément d'un gris jaunâtre.

La disposition des diverses teintes forme à l'animal une remarquable parure, lorsque le poil est fin, abondant et lustré. Quelquefois le pelage varie avec l'âge ou avec les saisons; il est généralement plus fourni en hiver qu'en été, et l'on remarque, avec un sentiment de reconnaissance envers la Providence, que les animaux des régions glacées sont protégés contre le froid par une fourrure très-épaisse, tandis que ceux des latitudes tropicales ne sont vêtus que d'un poil rare et court.

Beaucoup de mammifères muent en automne ou au printemps, c'est-à-dire que leur poil tombe. Ordinairement, la mue ne modifie en rien la couleur du pelage; mais quelquefois elle le change beaucoup. Ainsi l'écureuil, qui est d'un roux foncé pendant l'été, devient en hiver d'un gris bleuâtre, et fournit au commerce la fourrure connue sous le nom de petit-gris.

Le pelage de presque tous les animaux est d'une nuance plus claire à la partie inférieure du corps qu'à la partie supérieure; et quand il offre des taches, elles sont régulièrement disposées de chaque côté dans ceux qui vivent à l'état sauvage. Quant aux animaux domestiques, cette régularité ne se rencontre pas souvent. Chacun des poils des animaux sort, comme les cheveux de l'homme, d'un petit sac, appelé capsule, et logé dans la peau ou immédiatement au-dessous.

Quand les bulbes des poils sont très-rapprochées, les filaments qu'ils produisent se soudent les uns aux autres et forment des lames solides, qui deviennent des cornes, des ongles et des plaques cornées, comme celles des tatous.

Les ongles affectent des formes différentes, auxquelles on donne le nom de griffes, de sabots ou d'ongles proprement dits. Les chats ont des griffes; les chiens, des ongles; les ruminants, des sabots.

Le squelette intérieur ou la charpente osseuse des mammifères a beaucoup d'analogie avec celui de l'homme. Le crâne est uni à la colonne vertébrale par un cou, très-long chez la girafe, par exemple, et très-court chez la taupe, mais comptant cependant un certain nombre de vertèbres. Le crâne se compose aussi des mêmes os, quoique la forme de la tête varie beaucoup; mais il est à remarquer que plus le crâne est développé, plus l'animal est intelligent; plus, au contraire, la face prend d'extension, moins on doit attendre de cette intelligence.

La forme de la tête varie beaucoup parmi les mammifères : ronde chez le chat, allongée chez le chien, petite chez la girafe, énorme chez l'hippopotame, elle est ornée de cornes, qui affectent diverses dispositions, chez le bœuf, le bélier, le cerf, le renne, l'élan, etc.

Ces appendices ne sont pas formés de la soudure des poils et ne dépendent pas de la peau, comme celui dont le nez du rhinocéros est armé; ils sont un prolongement de l'os frontal et sont dits à cheville osseuse. Leur structure n'est pas toujours la même. Quelquefois la protubérance osseuse est recouverte par la peau du front, ce qu'on observe dans la girafe; chez d'autres animaux, cette peau se dessèche et laisse à nu la partie osseuse, qui tombe à son tour et fait place à une seconde corne, qui, l'année suivante, a le même sort. Ces cornes, qui tombent et se renouvellent, sont appelées bois et appartiennent au genre cerf.

Les vraies cornes, telles qu'en possèdent le bœuf, le mouton, la chèvre, croissent pendant toute la vie de l'animal. Elles sont creuses, reçoivent de l'air par les narines et sont recouvertes d'une substance analogue à celle des sabots.

L'éléphant se distingue par un prolongement excessif du nez, constituant un organe de préhension appelé trompe et terminé par une espèce de doigt. Cette trompe, que l'animal peut allonger, raccourcir et courber dans tous les sens, lui sert à cueillir l'herbe, qu'il porte à sa bouche, et à pomper l'eau, qu'il verse ensuite dans son gosier. Les tapirs, et plusieurs petits insectivores qui cherchent leur nourriture dans la terre, ont aussi le nez prolongé en une espèce de trompe.

La tête des mammifères est, comme celle de l'homme, le siége des organes de la vue, de l'ouïe, de l'odorat et du goût

Le sens de la vue n'est pas le plus développé chez ceux de ces animaux qui cherchent leur nourriture pendant le jour. Ceux, au contraire, qui chassent la nuit ont des yeux excellents. Les carnassiers, dont notre chat domestique fait partie, ont la vue perçante dans les ténèbres et ne supportent que difficilement une éclatante lumière. Leur pupille se rétrécit pendant le jour, de manière à ne présenter qu'une simple fente, mais elle s'arrondit vers le soir et dans l'obscurité.

Chez ceux qui vivent sous la terre, comme la taupe, l'œil est très-petit et à peine visible; mais il ne manque chez aucun des mammifères. La direction des yeux n'est pas la même chez les animaux de cette classe. Les plus intelligents regardent en avant, comme nous-mêmes, et leurs impressions se peignent dans ces regards; mais ceux dont les facultés sont moins développées regardent moins directement en avant; il y en a même qui ne peuvent voir que de côté.

L'ouïe est, dit-on, plus fine chez certains animaux que chez l'homme. Il est certain que nous n'entendons pas comme le chat le pas d'une souris; car il la suit, même quand elle trotte sous le parquet, où il lui est impossible de la deviner autrement qu'à ce bruit extrêmement léger. Le lièvre entend de loin le chasseur, et l'on croit que plus un animal est timide, plus il a l'ouïe fine.

Ceux qui vivent dans l'eau ou sous la terre ont l'appareil auditif très-petit et quelquefois à peine indiqué, tandis que le bœuf et l'âne ont l'oreille en forme de cornet acoustique. On remarque qu'ils aiment peu les sons éclatants, et que les mammifères à oreilles courtes témoignent au contraire un certain plaisir à entendre certains bruits musicaux. Le chameau fatigué se ranime au son de la cloche, le cheval répond en hennissant aux fanfares du régiment, et l'éléphant se montre sensible aux accords de la musique. Le chien, au contraire, supporte difficilement les sons de la flûte et de tous les instruments de cuivre; il gémit, il hurle en les entendant, ce qui prouve assez qu'ils affectent désagréablement son oreille trop sensible.

Son odorat n'est pas moins développé que son ouïe; il l'est peut-être encore davantage; car le chien suit le gibier sans autre guide que cet odorat, qui ne l' trompe jamais. Il sait aussi retrouver son maître, en flairant les traces de ses pas; il reconnaît les objets qui lui appartiennent, ou ceux qui ont passé par ses mains.

Le gibier ne le cède pas au chien sous le rapport du flair. Le lièvre sent de loin le chasseur, et la plupart des animaux que l'homme poursuit lui échappent quand le vent leur apporte ses émanations. Un nez humide et mobile est l'indice certain d'une grande finesse d'odorat.

Quant au goût des mammifères, il réside dans la langue et diffère chez les différents genres. Ainsi l'herbe plaît aux bœufs, aux moutons; la chair, au tigre, au lion; les insectes, à la musaraigne et au hérisson.

La sensibilité est répandue sur tout le corps des animaux; mais les pattes, le nez, les poils de la moustache sont les principaux organes du sens du toucher. Cependant la main possède encore un tact plus délicat. Les singes, qui ont quatre mains, s'en servent pour grimper et marcher; mais ils réservent celles des membres supérieurs pour tout ce qui demande de l'adresse.

Les mammifères à sabots ont le sens du toucher moins développé que ceux qui n'ont que des ongles ou des griffes; toutefois on suppose que cette corne dure dont leurs pieds sont enveloppés n'est pas exempte d'une certaine sensibilité. Le bœuf, le cheval, et même l'éléphant, malgré l'épaisseur de sa peau, sentent la piqûre des mouches.

La forme des mammifères varie beaucoup, puisque le cerf et la chauve-souris, le lion et la baleine appartiennent à cette classe. Il en est de même de leur taille dont l'éléphant et la souris forment les deux extrémités.

Les membres sont généralement au nombre de quatre; mais ces mêmes membres présentent de grandes variétés. Egaux en longueur chez les grands quadrupèdes, ils sont fort inégaux dans le kanguroo, dont les jambes de devant sont très-courtes, et auquel une forte queue, qui lui sert d'appui et de ressort, est aussi utile qu'une troisième jambe de derrière. La gerboise a aussi les membres supérieurs si courts, qu'elle paraît se tenir debout sur ceux de derrière.

La baleine et les autres mammifères connus sous le nom de cétacés n'ont que des bras; les membres inférieurs sont à peine indiqués ou manquent complétement.

Les os du bras et de la jambe sont dans la plupart des mammifères les mêmes que chez l'homme ; cependant ils présentent des variations chez ceux qui volent ou qui nagent. Ces os sont d'autant plus courts et plus larges, que l'animal doit mouvoir ses membres avec plus de force ; ils deviennent, au contraire, longs et grêles quand la rapidité est le caractère distinctif de leurs mouvements ; ainsi la taupe a les bras courts et gros, la main large et forte, tandis que le chamois et la gazelle ont les quatre membres minces et allongés.

Le système nerveux existe chez tous les mammifères, sans autre différence que le développement plus ou moins grand de quelques-uns de ses éléments. Le cerveau devient généralement plus petit et plus lisse, à mesure qu'on passe de l'homme aux singes, des singes aux carnassiers, aux rongeurs, aux ruminants, etc.

Les mammifères mangent et digèrent au moyen d'un appareil à peu près semblable à celui de l'homme. Presque tous sont pourvus de dents, à l'aide desquelles ils découpent, arrachent et brisent leurs aliments. Le nombre et la forme de ces dents varient selon le régime de l'animal. Les carnassiers les ont tranchantes et disposées comme les lames de nos ciseaux ; les herbivores les ont plates, et chez les insectivores, elles sont hérissées de petites pointes qui s'emboîtent les unes dans les autres.

Les dents manquent aux fourmiliers ; chez la baleine elles sont remplacées par des lames flexibles, appelées fanons et vulgairement baleines. Chez les reptiles, qui avalent leurs aliments sans les mâcher, les dents, à peu près uniformes, ne sont que des crochets qui leur servent à les saisir ; chez les ornithorinques, le museau s'allonge en un bec corné très-large, et garni de lames transversales.

Certains animaux carnassiers ont, de chaque côté de la bouche, une canine très-développée, qui dépasse de beaucoup les lèvres, et qui prend le nom de défense. L'éléphant a aussi des défenses, quoiqu'il ne soit pas carnassier.

Toutes les dents sont implantées dans les mâchoires, dont la partie supérieure est soudée au crâne, tandis que l'autre est mobile.

L'estomac des mammifères est une poche unique, chez la plupart d'entre eux ; mais chez les herbivores, appelés ruminants, il forme plusieurs sacs distincts. La nourriture remonte du second de ces sacs dans la bouche de l'animal, qui les mâche de nouveau plus complétement. C'est ce qu'on appelle ruminer.

La longueur de l'intestin chez les carnassiers n'est que d'environ trois ou quatre fois celle du corps, tandis que chez les herbivores, elle est de douze à vingt-huit fois plus grande.

L'appareil de la respiration et celui de la circulation sont les mêmes que ceux de l'homme.

Les mammifères marchent ordinairement sur quatre pattes, et ne marchent très-vite que quand ils y sont en quelque sorte forcés. Presque tous sautent lorsqu'ils ont un obstacle à franchir ; il y en a qui sont d'excellents sauteurs : le singe, l'écureuil, la gerboise, le kanguroo, le chamois, le bouquetin, l'emportent sur tous les autres. Le singe et l'écureuil grimpent aussi bien qu'ils sautent.

Les chats, les martes, les ours et d'autres animaux encore grimpent fort bien; mais, quoique les écureuils et les marsupiaux volants se servent, lorsqu'ils sautent de très-haut, d'une membrane tendue entre leurs membres, on ne peut dire qu'ils volent réellement. La chauve-souris elle-même, qui semble cependant se mouvoir dans les airs avec une grande facilité, y rampe plutôt qu'elle n'y vole, et ne peut s'y soutenir par un vent violent.

Presque tous les mammifères peuvent nager au besoin; mais il y en a qui nagent fort bien, parce que leurs mains, dont les doigts sont réunis par une membrane, leur servent de rames. Les grands cétacés nagent rapidement, plongent avec la promptitude d'une flèche, et restent sous l'eau jusqu'à ce que le besoin de respirer les ramène à la surface, ce qui a lieu de minute en minute. Toutefois, s'il y a danger pour eux à reparaître, ils peuvent se dérober plus longtemps à la poursuite de leurs ennemis.

Nous avons dit que le degré de développement du cerveau correspond à celui de l'intelligence. Il existe une différence entre l'instinct et l'intelligence: l'instinct est une impulsion naturelle qui porte l'animal à agir d'une manière déterminée; ainsi les jeunes canards, couvés et élevés par une poule, obéissent à leur instinct, lorsque, voyant pour la première fois une rivière, ils s'y jettent, malgré les efforts de leur mère adoptive, y nagent et y vivent, comme les oiseaux de leur espèce.

C'est à l'instinct des animaux qu'il faut attribuer le choix qu'ils font de leur nourriture, l'art de dresser des piéges aux autres animaux, ceux dont ils veulent faire leur proie, les ruses qu'ils déploient dans leurs chasses, le soin qu'ils prennent d'amasser des provisions, de se construire des habitations, d'émigrer quand le moment en est venu, enfin de pourvoir non-seulement à leur propre conservation, mais encore à celle de leurs petits.

« L'impulsion intérieure qui détermine les oiseaux à se tenir pendant des semaines presque immobiles sur leurs œufs, qui leur fait construire d'avance et avec tant d'art une demeure pour y abriter leurs petits, et qui les pousse à veiller au bien-être de leur jeune famille; celle qui apprend aux insectes à choisir la place où ils doivent déposer leurs œufs, afin que les larves qui en naîtront puissent trouver à leur portée les aliments dont elles ont besoin, ou qui détermine quelques-uns de ces animaux à prodiguer leurs soins à des jeunes provenant d'une mère étrangère; l'instinct qui guide quelques oiseaux et certains quadrupèdes dans l'espèce d'éducation qu'ils donnent à leurs petits; ces facultés et les phénomènes qui en résultent exciteront toujours dans notre esprit autant d'étonnement que d'admiration, et nous enseignent plus éloquemment que des paroles ne sauraient le faire, combien la puissance créatrice de tant de merveilles doit être au-dessus de tout ce que l'homme peut imaginer ou concevoir. Mais l'admiration que produisent en nous ces forces inconnues, qui déterminent chez les animaux tant d'actions surprenantes, est peut-être dépassée encore par celle que nous inspire cette affection également innée qui, dans l'espèce humaine, porte une mère à se dévouer tout entière au bien-être de ses enfants, et qui se retrouve, quoiqu'à un moindre degré, chez un assez grand nombre d'animaux.

« Un des phénomènes les plus propres à donner une idée nette de ce qu'on doit entendre par instinct est celui qui nous est offert par divers insectes, lorsqu'ils déposent leurs œufs. Ces animaux ne verront jamais leur progéniture et ne peuvent avoir aucune notion acquise de ce que deviendront ces œufs; cependant ils ont souvent la singulière habitude de placer à côté de chacun de ces corps un dépôt de matière alimentaire propre à la nourriture de la larve qui en naîtra, et cela lors même que le régime de celle-ci diffère totalement du leur, et que les aliments qu'ils déposent ainsi ne leur seraient bons à rien pour eux-mêmes. Aucune espèce de raisonnement ne peut les guider dans cette action; car, s'ils avaient la faculté de raisonner, les faits leur manqueraient pour arriver à de pareilles conclusions, et c'est en aveugles qu'ils doivent nécessairement agir; mais leur instinct supplée au défaut d'intelligence et de raison, et leur apprend à faire précisément ce qui convient pour atteindre le but qu'ils devraient se proposer. » (MILNE-EDWARDS.)

C'est encore à l'instinct qu'il faut attribuer la merveilleuse architecture déployée dans les constructions des abeilles, qui, sans guide et sans modèle, donnent à leurs cellules une si grande régularité, une si rare perfection, qu'il serait impossible à l'homme d'y réussir comme elles. De génération en génération, leur travail est le même; elles ne modifient en rien leurs procédés, d'où il faut conclure qu'elles obéissent à une impulsion naturelle, semblable à celle qui porte les nouveau-nés, enfants ou animaux, à sucer le lait de leurs mères.

Il en est de même des digues et des cabanes à deux étages construites par les castors avec tant de solidité, qu'on les prendrait pour l'ouvrage d'artisans habiles. Ce qui prouve que ces animaux obéissent à leur instinct, et non à l'intelligence et au raisonnement, c'est qu'on a vu un castor, élevé en captivité, couper des branches d'arbres, les planter en terre et commencer à bâtir, quoiqu'il ne manquât pas d'abri.

Les actions des animaux sont donc pour la plupart déterminées par l'instinct dont la nature les a doués; mais on doit ajouter que souvent ils font preuve d'intelligence, de mémoire et de jugement.

Le chien reconnaît son maître après une longue absence, quelques changements que cette absence ait opérés en lui. Qu'il revienne couvert de haillons et chargé d'infirmités, le chien n'hésitera pas à le saluer d'aboiements joyeux; il lui fera meilleur accueil que ses amis, que ses parents peut-être. Fidèle à ses amitiés, il ne l'est pas moins à sa haine : il garde le souvenir des bons traitements, mais il n'oublie pas les mauvais. Il menace celui qui l'a injustement harcelé et battu; mais les ennemis de son maître sont surtout les siens, et plus d'une fois il a su désigner à la justice des meurtriers inconnus.

Le cheval n'a pas moins de mémoire; il sait, mieux que son cavalier, retrouver un chemin qu'il n'a parcouru qu'une fois; et si ce chemin est difficile et dangereux, on fait souvent bien de se laisser conduire aveuglément par lui.

L'éléphant sait faire preuve d'intelligence et de raisonnement. Nous n'en citerons qu'un exemple, rapporté par Buffon : « Un peintre voulait dessiner l'éléphant de la ménagerie de Versailles dans une attitude extraordinaire, qui était de tenir la trompe levée et la gueule ouverte. Le valet du peintre, pour le faire demeurer en cet état, lui jetait des fruits dans la gueule, et le plus souvent faisait semblant d'en jeter. L'éléphant en fut indigné; et comme s'il eût reconnu que l'envie que le peintre avait de le dessiner était la cause de cette importunité, au lieu de s'en prendre au valet, il s'adressa au maître, et lui jeta, par sa trompe, une quantité d'eau, dont il gâta le papier sur lequel le peintre dessinait. »

Un chimpanzé, élevé par Buffon, obéissait à la parole ou aux moindres signes de son maître. Son air était sérieux et sa démarche posée. Il marchait presque toujours debout, s'approchait avec convenance des visiteurs du célèbre écrivain, leur offrait le bras et témoignait le plaisir qu'il éprouvait à recevoir leurs caresses ou les friandises qu'ils ne manquaient guère de lui apporter. Invité à se mettre à table, il prenait sa serviette, s'essuyait la bouche après avoir bu, se versait du vin et trinquait avec ses voisins. Il aimait beaucoup le thé, apportait, pour en prendre, une tasse et sa soucoupe, y mettait du sucre, et laissait refroidir ce breuvage avant de le porter à ses lèvres.

Un orang-outang du Jardin des Plantes boudait, quand on lui refusait ce qu'il aimait, jetait des cris et se frappait la tête contre terre, comme un véritable enfant gâté. Pour sortir de la chambre où on le tenait enfermé, il montait sur une chaise placée près de la porte et atteignait ainsi la clef. Le gardien enleva la chaise; le singe en alla chercher une autre, donnant ainsi une preuve évidente d'observation et de raisonnement.

Il s'en faut que tous les mammifères aient la même intelligence. Ceux des classes inférieures semblent uniquement guidés par l'instinct, et même, dans ceux des classes supérieures, il existe une très-grande différence entre tel ou tel individu. Cela n'a rien qui puisse nous étonner. N'y a-t-il pas entre les hommes de génie et les idiots une énorme distance? et parmi ceux qui passent pour intelligents, tous le sont-ils au même degré, et ne trouve-t-on pas en eux les aptitudes les plus variées?

# III.

## ORDRE DES BIMANES.

———

### L'homme.

L'homme forme à lui seul l'ordre des bimanes, c'est-à-dire des animaux à deux mains.

La perfection de ces mains et l'adresse dont elles sont douées suffiraient pour le placer au premier rang des êtres vivants, quand son intelligence ne mettrait pas entre eux et lui une distance infranchissable. Il est vrai que c'est son intelligence qui lui apprend à se servir de ses mains pour accomplir toutes sortes de travaux; mais si cet instrument dont il dispose est si parfait, c'est que des cinq doigts qui le composent, celui qu'on nomme le pouce est placé de côté et peut, en s'opposant aux autres, leur permettre de saisir les objets et de les retenir à volonté.

Nos pieds ont aussi cinq doigts; mais le plus gros n'est pas opposable aux autres, parce que nos pieds sont destinés à nous porter, tout notre corps étant organisé pour se mouvoir dans une position verticale.

Ce mode d'organisation ne se rencontre que dans l'espèce humaine; et quoiqu'on y remarque des variations dans la couleur de la peau, dans les traits du visage, dans les proportions des diverses parties du corps, on s'accorde à reconnaître qu'elle a une origine commune, et que le climat, les mœurs, les conditions d'existence ont établi les différences qui existent entre les trois grandes races d'hommes qui se partagent la terre.

La race blanche ou caucasique habite l'Europe, l'Asie occidentale et le nord de l'Afrique. Elle se distingue par l'ovale du visage, la teinte généralement blanche de la peau, et plus encore par le degré de civilisation qui règne dans ces contrées.

Homme blanc.

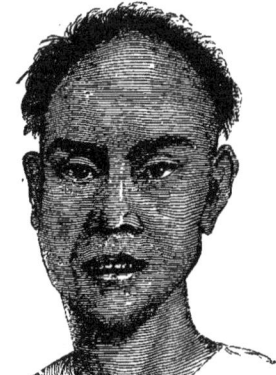

Homme jaune.

La race jaune ou mongolique a la face aplatie, le front bas, les yeux obliquement fendus, les pommettes saillantes et le teint variant du blanc jaunâtre au brun et à l'olive. Les îles de l'Océanie, la Chine et le Japon sont peuplés par cette race.

Homme noir.

Homme rouge.

Le centre et le midi de l'Afrique appartiennent à la race noire ou éthiopique. Outre la couleur, qui va du brun plus ou moins foncé au vrai noir, les nègres se font remarquer par un crâne allongé, une ligne faciale inclinée, et une bouche très-saillante. Ils ont la barbe rare et frisée, les cheveux courts et crépus, quelquefois implantés par petites touffes, séparées entre elles comme les pinceaux d'une brosse.

Les indigènes du nouveau continent ne peuvent être placés dans aucune de ces variétés, et cependant n'en forment pas une quatrième, sous le nom de race rouge, parce que si la teinte cuivrée distingue une partie des habitants du nord de l'Amérique, beaucoup d'autres sont loin de présenter la même coloration.

Si l'on a placé l'homme à la tête des mammifères, c'est parce que ses organes intérieurs se retrouvent en eux, à quelques modifications près. Nous allons donc jeter un coup d'œil sur ces organes, avant de passer à l'étude des animaux qui se rapprochent le plus de nous.

Tout le monde sait que nous avons besoin de nourriture. Si l'enfant grandit grâce aux aliments qu'il prend et qui se transforment en sa propre substance, l'homme n'a pas non plus d'autre moyen de réparer ses forces et d'entretenir sa vigueur.

La bouche, le pharynx, l'estomac et les intestins composent l'appareil digestif, à l'aide duquel notre nourriture devient du sang, de la chair et des os.

La bouche est l'ouverture supérieure de cet appareil. Elle s'élargit pour recevoir les aliments de la main de l'homme, et s'avance pour les saisir elle-même chez la plupart des animaux. Dans la bouche réside le sens du goût, qui nous rend agréables ceux de ces aliments qui sont sains et nous fait rejeter les autres.

Les boissons descendent directement dans l'estomac; mais les aliments solides séjournent dans la bouche jusqu'à ce qu'ils y soient découpés et broyés.

Les dents, chargées de cette tâche, sont des corps d'une extrême dureté, qui ressemblent beaucoup à des os et qui sont solidement fixés dans les os maxillaires ou les mâchoires. Chaque dent se développe dans l'intérieur d'un petit sac membraneux, caché dans l'épaisseur de l'os maxillaire et nommé capsule dentaire. Cette capsule renferme un petit noyau ou bourgeon, qui grandit peu à peu, en remontant vers le bord de la mâchoire, et la perce enfin bientôt. La partie de la dent qui se montre ainsi s'appelle la couronne; celle qui reste cachée se nomme la racine.

L'ivoire qui forme presque toute la masse de la dent est recouvert par une sorte de vernis, qu'on nomme émail, et dont la dureté est si grande, qu'il fait feu au briquet.

Toutes nos dents n'ont pas la même forme, parce qu'elles ne sont pas destinées au même usage. Celles qui servent à couper les aliments se terminent par une lame mince et tranchante, portent le nom d'incisives, et occupent le devant de la mâchoire. Elles sont au nombre de huit, dont quatre en haut et quatre en bas. De chaque côté de ces incisives se trouve une dent à couronne pointue; c'est la canine, ainsi appelée parce qu'elle ressemble aux crocs dont les chiens se servent pour déchirer leur proie. Les dents qui vont ensuite vers le fond de la bouche ont la couronne large et munie d'aspérités, qui servent à broyer les aliments, comme la meule broie le grain; aussi ont-elles reçu le nom de molaires, du mot latin *mola,* qui signifie meule.

L'appareil dentaire se modifie chez les mammifères suivant le genre de nourriture qui leur est propre, et « cette harmonie de la nature est toujours si évidente, dit M. Milne-Edwards, que, par la seule inspection de leur appareil masticateur, on peut arriver à connaître le régime, les mœurs et même la structure générale de la plupart de ces animaux. »

Nos premières dents, appelées dents de lait, tombent vers l'âge de sept ans et sont remplacées par d'autres plus fortes et plus nombreuses, dont les germes se développent même avant la chute des dents de lait. Ces dernières venues doivent être ménagées avec le plus grand soin; car, lorsqu'elles se carient ou qu'on les arrache, elles ne repoussent pas.

Les dents, mises en mouvement par les mâchoires, découpent les aliments, les écrasent et en font une espèce de bouillie, grâce au liquide qui s'échappe des glandes salivaires placées autour de la bouche. Ce liquide pénètre les matières broyées, en dissout quelques-unes et aide les autres à s'acheminer vers l'estomac. La langue, en se promenant à droite, à gauche, ramasse la bouillie, la roule en une petite pelote, appelée bol alimentaire, qui se trouve bientôt enfermée entre la langue et le palais, au fond de la bouche, où elle n'a plus rien à faire.

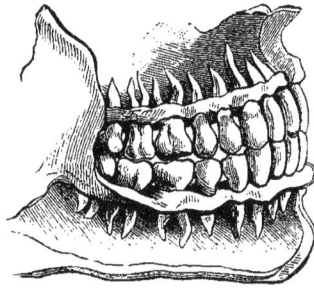

Appareil dentaire.

Entre la bouche et le tuyau qui doit recevoir cette pelote, se trouve une cloison mobile, qui reste fermée pendant que la mastication s'opère, et qui se soulève pour lui livrer passage.

Cette cloison, c'est le voile du palais, qui sépare la bouche du pharynx, sorte de cavité placée à la partie supérieure du cou. Mais dans le pharynx se trouvent plusieurs ouvertures, entre lesquelles il nous importe que la bouchée que nous avalons choisisse la bonne. Celle qui occupe le sommet du pharynx communique avec les fosses nasales; celle qui est placée au bas et en avant conduit l'air dans les poumons et se nomme larynx; enfin, toujours au bas du pharynx, mais en arrière, existe un tube long et étroit, qu'on appelle œsophage, et qui, passant entre les deux poumons, va déboucher dans l'estomac.

C'est donc cette dernière route que le bol alimentaire doit prendre, sans essayer de remonter vers le nez ni de pénétrer dans le larynx, qui ne sont pas faits pour le recevoir. Le voile du palais, en s'élevant horizontalement, s'applique contre la paroi postérieure du pharynx, aussi nommé arrière-bouche, et ferme le conduit des fosses nasales; le larynx s'élève tout entier vers la base de la langue, comme sous un abri, et, en exécutant ce mouvement, il abaisse sur l'ouverture du larynx, appelée aussi la glotte, une soupape, qui la recouvre exactement et qu'on nomme épiglotte.

Tout cela se fait très-vite, et sans que nous nous en apercevions. Ces divers mouvements poussent rapidement dans l'œsophage les aliments qu'il doit conduire à l'estomac; mais si nous n'avons rien à faire pour arriver à ce résultat, il est bien juste que nous admirions le mécanisme qui fonctionne avec une si merveilleuse précision.

Nous savons tous, par expérience, ce qui arrive quand, se trompant de chemin, la boulette attendue par l'estomac s'engage dans le tuyau à air, ou, comme on dit vulgairement, quand nous avalons de travers. Les poumons, justement alarmés, font de violents efforts; ils envoient de grosses bouffées d'air, pour chasser la boulette égarée; et ce qu'on a de mieux à faire alors, c'est de quitter la table, ou du moins de se couvrir la bouche de sa serviette. Pour prévenir cet accident, il ne faut pas parler, et il faut encore moins rire au moment où l'on avale.

L'œsophage est formé d'une suite d'anneaux, qui s'ouvrent pour laisser passer les aliments, et qui, en se refermant derrière eux, les poussent en avant, jusqu'à ce qu'ils arrivent à l'estomac.

L'estomac est une poche membraneuse placée en travers, à la partie supérieure de l'abdomen. Il a la forme d'une cornemuse; et nous ne devons pas nous en étonner, la cornemuse, qui est encore un instrument de musique cher aux Bretons, n'étant autre chose que l'estomac d'un porc, animal dont la structure intérieure est semblable à la nôtre. Cependant il ne faut pas croire que notre estomac ait la dimension d'une cornemuse : c'est un organe qui s'étend et se resserre de telle sorte, qu'on ne peut au juste en fixer l'étendue. Chez les personnes qui mangent peu, il n'occupe qu'un petit espace; il est même presque introuvable dans le cadavre d'un homme mort après un très-long jeûne; mais le cochon, étant un gros mangeur, profite de la complaisance que l'estomac met à se distendre.

L'ouverture par laquelle l'estomac communique avec l'œsophage est située près du cœur et se nomme, pour cette raison, ouverture cardiaque, et celle qui conduit les aliments de l'estomac dans l'intestin est appelée pylore, d'un mot grec qui signifie portier. Le pylore remplit, en effet, les fonctions d'un portier, en refusant le passage à ces substances jusqu'à ce qu'elles soient transformées en une pâte molle et grisâtre, à laquelle on donne le nom de chyme.

Cette transformation s'opère à l'aide d'un liquide appelé suc gastrique, que versent dans l'estomac une multitude de petites cavités qui en tapissent la membrane intérieure. Quand l'estomac est vide, ce liquide ne se forme qu'en très-petite quantité; mais quand les aliments pressent les parois de cet organe, le suc gastrique coule en abondance.

Les recherches des savants ont prouvé que ce suc est l'indispensable agent de la digestion. Un médecin américain, en retirant d'un estomac ouvert par une

3

blessure d'arme à feu, des aliments imbibés de suc gastrique, les a vus se transformer en chyme ; et en recueillant ce suc qu'il voyait suinter des parois de l'estomac, il a obtenu d'un morceau de bœuf une pâte demi-fluide et grisâtre, semblable à celle qu'eût donnée la digestion de ce morceau.

Il y a toutefois des substances qui résistent à l'action du suc gastrique ; mais elles rencontrent un peu plus loin, dans le tube intestinal, où elles s'engagent, ce qu'il faut pour les dissoudre.

Au delà du pylore, s'étend un long conduit, qui, replié maintes fois sur lui-même, ressemble à un gros paquet ; c'est ce qu'on appelle l'intestin grêle. Chez l'homme, le tube ainsi replié a sept fois la longueur du corps ; chez les animaux qui ne vivent que de chair et de sang, il est plus court ; chez les herbivores, son étendue est beaucoup plus considérable.

L'intestin grêle est très-étroit. Lisse à l'extérieur, il présente à sa surface intérieure une foule de plis et de replis, qui empêchent le chyme d'y circuler trop vite, et un grand nombre de follicules, qui sécrètent continuellement un suc visqueux. Deux canaux particuliers y versent en outre la bile produite par le foie et un liquide qui a beaucoup d'analogie avec la salive. Ce dernier liquide sort d'une masse glanduleuse, appelée pancréas et placée entre l'estomac et la colonne vertébrale.

Ces divers sucs se mêlent au chyme, lui enlèvent de l'acidité, le rendent jaunâtre, puis plus ou moins blanc et assez semblable à du petit-lait dans lequel nageraient de nombreux petits globules graisseux. Ce nouveau produit de la digestion prend le nom de chyle. Il est absorbé, à mesure qu'il se produit, par une multitude de petits suçoirs, qui hérissent les parois de l'intestin grêle ; et vers le dernier tiers de ce tube, il ne se trouve presque plus rien qui puisse servir à l'entretien de la vie.

La partie de nos aliments qui ne s'est pas transformée en chyle, passe seule dans le gros intestin, qui est chargé de la conduire au dehors.

Que devient le chyle, après sa sortie de l'intestin grêle ? Il s'en échappe, comme nous l'avons dit, par des milliers de bouches imperceptibles, qui forment l'ouverture d'autant de petits conduits appelés vaisseaux chylifères (porte-chyle). Dans ces petits vaisseaux, le chyle subit un dernier changement. Il perd son aspect laiteux, et prend une teinte rosée, qui rougit au contact de l'air.

A mesure qu'ils s'éloignent de l'intestin, ces canaux augmentent de grosseur en se réunissant les uns aux autres, et ils finissent par n'en plus former qu'un seul, qui va se déverser dans une grosse veine placée près du cœur.

Le chyle apporte au sang les matériaux dont celui-ci a besoin pour entretenir notre vie ; il le rajeunit, le fortifie, et monte avec lui jusqu'au cœur où le sang va se régénérer.

En parcourant toutes les parties de notre corps, cet infatigable pourvoyeur a déposé ici de quoi faire croître de la chair et des os, là des ongles et des cheveux, et il n'y a pas une place, même en supposant qu'elle puisse être couverte par la pointe d'une aiguille, où il n'ait trouvé quelque chose à laisser et à prendre. Sa course achevée, il a perdu sa belle couleur, il est devenu noirâtre, car il a donné

le meilleur de lui-même et s'est chargé de substances de rebut, qui ont altéré sa
pureté.

Affaibli et vicié, il ne possède plus la faculté de nourrir nos organes; il a besoin de se purifier et de se renouveler. D'abord, en arrivant dans le foie, il se
débarrasse d'une partie de ce qu'il a ramassé, et les mille petites cellules du foie
utilisent tout cela pour fabriquer la bile. La bile, vous le savez, descend dans
l'intestin grêle pour aider à la confection du chyle. Ainsi, rien ne se perd dans
cette admirable machine, dont Dieu lui-même est le constructeur.

Il ne reste plus au sang qu'à traverser les poumons pour retrouver, au contact
de l'air, sa riche teinte et ses propriétés vivifiantes. Cela fait, il reprend sa course,
comme s'il savait que sans lui tout souffre et dépérit.

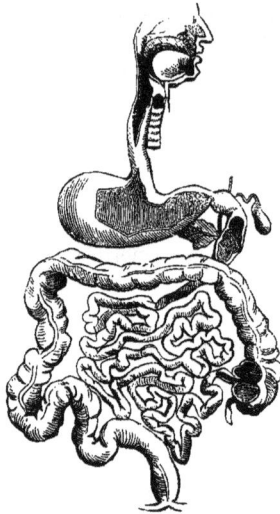

Appareil digestif.

Ce mouvement continuel du sang a reçu le nom de circulation. Ce liquide nour-
ricier circule en effet, c'est-à-dire qu'il décrit un cercle au dedans de nous. Il sort
du cœur pour y revenir, et recommence sans cesse le même chemin, jusqu'à ce
que notre mort mette fin à sa tâche.

Le phénomène de la circulation du sang était inconnu des anciens. On en doit
la découverte à un célèbre chirurgien anglais, Guillaume Harvey. Ses études ana-
tomiques lui firent d'abord entrevoir le merveilleux mécanisme au moyen duquel
le sang, après avoir porté partout la vie et la chaleur, retourne au cœur, pour s'en
échapper et y revenir encore. Après s'être assuré de la réalité de ses suppositions,
il en fit part à ses élèves, puis il développa sa théorie dans un ouvrage qui fit
grand bruit et qui lui suscita beaucoup d'envieux.

Qui dit envieux dit ennemis. Ceux du savant docteur l'accusèrent de folie et
entreprirent de le perdre dans l'esprit du roi Charles I$^{er}$, dont il était le médecin.

Harvey ne répondit à leurs railleries qu'en renouvelant ses expériences devant eux et devant son noble client, qui, admirant cette belle découverte, imposa silence aux ennemis de l'illustre savant.

Chez l'homme et chez les animaux qui se rapprochent le plus de lui, l'appareil de la circulation du sang est très-compliqué. Il est formé d'un système de canaux, appelés vaisseaux sanguins, et d'un organe de la plus haute importance, le cœur.

Le cœur, dont tout le monde connait la forme, est une poche charnue qui occupe le milieu de la poitrine et dont la pointe est tournée à gauche et en avant. Il renferme quatre compartiments distincts, une grande cloison verticale le partageant en deux moitiés, et chacune de ces deux moitiés étant divisée en deux par une cloison transversale, de manière à former deux cavités superposées. La cavité inférieure qui s'allonge en pointe, comme le cœur, est nommée ventricule; celle qui s'ouvre au-dessus s'appelle oreillette.

Il y a de chaque côté de la grande cloison verticale un ventricule et une oreillette, qu'on désigne par la place qu'ils occupent, soit à droite, soit à gauche. Les ventricules n'ont entre eux aucune communication; mais chacun d'eux s'ouvre dans l'oreillette qui le surmonte.

Les vaisseaux sanguins sont de deux sortes : les artères et les veines.

Les artères portent du cœur dans tous les organes le sang rouge qui leur donne la vie. Elles sortent du ventricule gauche par un grand canal, qu'on appelle l'aorte.

L'aorte remonte d'abord vers la base du cou, puis elle se recourbe en forme de crosse. De cette crosse partent des canaux plus petits, qui montent de chaque côté de la tête et longent les deux bras, en se ramifiant pour porter le sang dans toutes les parties supérieures de notre être.

L'aorte, après avoir assuré ce service, passe derrière le cœur, descend le long de l'épine dorsale, qui lui sert de rempart, et descend jusqu'aux reins, en envoyant de tous côtés des artères plus petites. Là, elle se divise en deux branches, qui vont, en se ramifiant toujours, jusqu'à l'extrémité des pieds. Il en est ainsi sur tout le parcours des artères, qui arrivent à former un nombre incalculable de vaisseaux, appelés capillaires, parce qu'en raison de leur finesse on les compare à des cheveux; mais il n'y a pas de cheveu qui ne soit un câble à côté de ces canaux dont les derniers ne peuvent être aperçus, même avec l'aide du microscope le plus perfectionné.

Le rôle confié aux artères est d'une importance dont leur structure est la preuve. Les artères, si petites qu'elles soient, sont formées de trois enveloppes ou tuniques, dont la moyenne, très-élastique, ne se resserre pas lorsqu'elle est coupée, et reste ouverte, même quand elle est vide ; ce qui a lieu après la mort.

Les veines n'ont pas cette enveloppe élastique ; leurs parois minces et flasques s'affaissent, à moins qu'elles ne soient distendues par l'affluence du sang; aussi est-il facile d'en cicatriser l'ouverture.

Les veines sont chargées de reconduire au cœur le sang que les artères ont porté par tout le corps. Les artères capillaires versent dans les veines capillaires ce sang devenu impropre à l'entretien de la vie, et ces veines, grossissant à mesure qu'elles se rapprochent du cœur, versent, par deux larges canaux, dans l'oreillette droite le sang qu'elles ont recueilli.

Ce sang est noir, tandis que le sang artériel est rouge. Si l'on nous demande pourquoi le sang qui sort d'une blessure est toujours rouge, nous dirons que, si légère que soit cette blessure, le sang qu'elle fait couler est un mélange de sang artériel et de sang veineux. Le sang noir d'ailleurs redevient rouge au contact de l'air.

Le sang veineux passe de l'oreillette droite dans le ventricule placé au-dessous, et de là il se rend aux poumons. Dans l'acte de la respiration, une portion de l'eau contenue dans ce sang s'exhale sous forme de vapeur; en même temps il abandonne l'acide carbonique dont il est chargé et le remplace par de l'oxygène, qui lui rend ses propriétés vivifiantes.

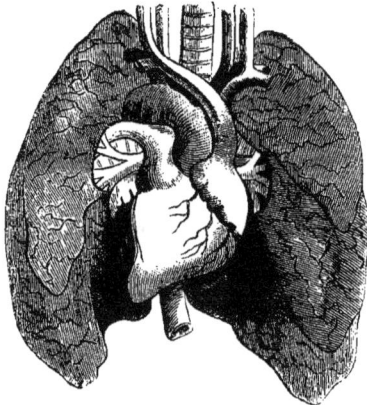

Poumons et cœur de l'homme.

Il sort alors de chaque poumon par deux conduits qui vont le verser dans l'oreillette gauche du cœur, d'où il passe dans le ventricule, lequel, à son tour, le chasse dans l'aorte, pour qu'il accomplisse un nouveau voyage réparateur.

On donne le nom de grande circulation au mouvement qui porte le sang de l'oreillette gauche à l'extrémité des artères, et qui le ramène à l'oreillette droite par les veines. On appelle, au contraire, petite circulation, le mouvement du sang veineux qui, versé dans l'oreillette droite, va se régénérer dans les poumons et retourne à l'oreillette gauche.

Les deux circulations ont lieu en même temps. L'oreillette droite, remplie de sang veineux, et la gauche, de sang artériel, se contractent à la fois. Cette contraction fait passer leur contenu dans les deux ventricules correspondants, qui n'en sont séparés que par une valvule ou soupape, disposée de manière à se refermer aussitôt, et à empêcher ainsi le sang de retourner d'où il vient. Les artères n'ont pas de valvules, mais les veines en sont pourvues.

Ces contractions forment ce qu'on appelle les battements du cœur. Elles sont au nombre de quatre; mais comme il s'en opère toujours deux à la fois, on n'en compte que la moitié. Les artères répètent exactement les battements du cœur; c'est donc le cœur que le médecin consulte, lorsqu'il tâte le pouls d'un malade, en posant le doigt sur l'artère du poignet. Il pourrait le poser à la tempe ou au pied, sans qu'aucun changement se produisît dans ces battements. Partout ailleurs les artères existent, mais elles sont placées trop loin de la peau pour qu'on puisse les interroger.

Les poumons de l'homme sont deux masses de chair molle, divisées en un grand nombre de petites cellules que l'air pénètre et dans lesquelles il régénère le sang veineux. Ils sont suspendus dans une espèce de cage, appelée thorax, fermée par les côtes, et placée chez l'homme à la partie supérieure du tronc. Une membrane lisse et mince, qu'on nomme plèvre, les enveloppe et tapisse également les parois du thorax.

Les poumons communiquent au dehors par la trachée-artère, qui vient s'ouvrir dans l'arrière-bouche, et qui, à sa partie inférieure, se divise en deux tuyaux appelés bronches. Les bronches se ramifient dans l'intérieur des poumons, et chacun de ces petits rameaux s'ouvre dans les innombrables cellules qu'ils contiennent. Ces tuyaux imperceptibles sont entourés d'une tunique transparente, sur laquelle courent les vaisseaux non moins imperceptibles dans lesquels le sang se revivifie.

L'air arrive dans les poumons et en est ensuite expulsé par un mécanisme très-simple, qui ressemble au jeu d'un soufflet, avec cette seule différence que, dans la respiration humaine, l'air, entré par la trachée-artère, sort par le même chemin, tandis que, dans le soufflet, il entre par la soupape et sort par le tuyau.

Les parois du thorax étant mobiles, il peut s'agrandir et se resserrer. Quand il s'agrandit, l'air, pressé par le poids de l'atmosphère, remplit aussitôt la trachée-artère, descend à travers les bronches, et gonfle les poumons, de la même manière que l'eau monte dans un corps de pompe dont on élève le piston; mais le thorax se resserre, les poumons en font autant, et l'air qui les dilatait est refoulé au dehors

On nomme inspiration l'entrée de l'air dans les poumons; la sortie du même air est appelée expiration. La réunion de ces deux actes constitue le phénomène de la respiration.

Ce phénomène assure, avec ceux que nous avons étudiés sous les noms de digestion et de circulation, le développement et l'entretien des diverses parties de notre corps, et tous les trois sont compris dans ce seul mot, la nutrition, c'est-à-dire le changement en notre propre substance des aliments que nous prenons.

Le sang artériel, en portant la vie dans toutes les parties de notre corps, y produit une chaleur, que les savants attribuent à ce que le carbone contenu dans nos tissus est brûlé par l'oxygène que le sang emprunte à l'air, lorsque nous respirons.

Les parties dans lesquelles le sang circule avec le plus d'abondance sont celles où se dégage le plus de chaleur; aussi remarque-t-on que les pieds et les mains se refroidissent en hiver beaucoup plus que la région du cœur et des poumons.

Plus la respiration est active, plus la chaleur vitale est grande; aussi la température du corps s'abaisse pendant le sommeil, parce que la respiration se ralentit. Le système nerveux n'est pas non plus étranger à la production de la chaleur; des expériences faites sur le cerveau et la moelle épinière de plusieurs animaux en ont fourni la preuve.

« Le système nerveux est, dit Langlebert, le principal instrument de la machine animale. C'est lui qui préside à la vie de relation, en même temps qu'il tient sous sa dépendance les actes de la vie organique. Siége des sensations, de l'intelligence et de l'instinct, agent incitateur des mouvements, il est l'appareil intermédiaire entre le monde extérieur et le monde intérieur, le lien mystérieux qui unit la matière à l'esprit. »

Le cerveau est le centre du système nerveux. Un nerf n'est sensible qu'autant qu'il est en communication avec ce centre; si on le coupe, comme on y est parfois forcé dans quelque opération chirurgicale, la partie qu'il traverse devient insensible.

Le cerveau proprement dit occupe la partie supérieure du crâne; le cervelet est placé immédiatement au-dessous, et n'a pas le tiers du volume de cet organe. La moelle épinière est un prolongement du cerveau et du cervelet. Elle a la forme d'une corde qui serait partagée en deux par un sillon longitudinal.

Douze paires de nerfs naissent du cerveau et sortent du crâne par des trous situés à sa base; trente et une autres paires partent de la moelle épinière et en sortent par des ouvertures placées entre les vertèbres, de chaque côté du canal vertébral qui la renferme

Les nerfs sont des cordons blanchâtres, composés d'un grand nombre de fibres, réunies en faisceaux, qui se séparent ensuite pour se rendre à des parties différentes, de telle sorte que le nerf semble se diviser en branches et en rameaux de plus en plus minces.

Les quarante-trois paires de nerfs parties du cerveau ou de la moelle épinière desservent nos sens et impriment à nos membres divers mouvements, dictés par la volonté; mais un autre appareil nerveux, composé de petites pelotes appelées ganglions, forme une double chaîne de la tête à l'extrémité de la colonne vertébrale, se retrouve à l'intérieur près des organes essentiels à la vie, et préside aux fonctions qui s'accomplissent en nous, sans que notre volonté y ait part.

Les nerfs portent au cerveau les impressions qu'ils reçoivent; ils sont, dit un savant auteur, les conducteurs de la sensation, comme le fil télégraphique est le conducteur de l'électricité. Le cerveau est le centre de la sensibilité; cependant, si l'on met à nu le cerveau d'un animal vivant, on peut en piquer, couper ou déchirer la substance sans que l'animal donne le moindre signe de douleur. On peut en faire autant aux nerfs optiques, si sensibles pourtant à l'influence de la lumière, sans que l'animal paraisse le sentir; mais si l'on pique ou si l'on coupe le nerf de la patte, il n'en est plus ainsi; la pauvre bête souffre cruellement.

C'est par les nerfs que les organes des sens apprécient les propriétés des objets; mais ces nerfs vont aboutir dans des instruments spéciaux sans lesquels ils nous seraient inutiles. Sans les yeux, sans les oreilles, nous ne pourrions ni voir ni entendre; mais si les nerfs qui desservent ces organes venaient à être détruits ou paralysés, nos yeux et nos oreilles nous deviendraient inutiles.

La vue est le plus précieux de nos sens, celui par lequel nous apprécions la forme, la couleur, la grandeur, la position des objets; celui qui nous permet d'admirer les beautés de la nature et de l'art, dont nous ne pourrions nous faire une idée, si jamais nos yeux ne s'étaient ouverts à la lumière.

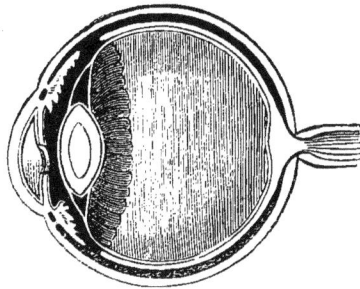

Structure de l'œil.

« Le globe de l'œil est une sphère remplie d'humeurs plus ou moins fluides. Son enveloppe extérieure est formée de deux parties bien distinctes : l'une blanche, opaque et fibreuse, nommée sclérotique; l'autre transparente et semblable à une lame de corne, qu'on appelle pour cette raison la cornée. Celle-ci occupe le devant de l'œil et se trouve comme enchâssée dans une ouverture circulaire de la sclérotique. Sa surface externe est plus bombée que celle de cette dernière membrane; elle ressemble à un verre de montre qui serait appliqué sur une sphère creuse et qui ferait saillie à sa surface. » (MILNE-EDWARDS.)

L'iris, dont la couleur varie, est une bande circulaire au milieu de laquelle une ouverture, appelée pupille, laisse apercevoir le fond sombre de l'œil.

Le cristallin, sorte de lentille transparente, est placé derrière la pupille, et logé dans une poche membraneuse et diaphane. Derrière le cristallin, se trouve une masse qui a beaucoup d'analogie avec du blanc d'œuf, et se nomme humeur vitrée. Excepté en avant de l'œil, l'humeur vitrée est entourée d'une membrane molle et blanchâtre, appelée rétine, qu'une autre membrane, également mince, sépare de la sclérotique. Cette seconde membrane est imprégnée d'une matière noire, qui donne au fond de l'œil la couleur foncée qu'on voit à travers la pupille.

L'intérieur de l'œil ressemble à la chambre obscure dans laquelle se forment, au moyen de la lumière, les images photographiques. Le cristallin joue, dans le phénomène de la vision, le même rôle que la lentille de la chambre obscure, c'est-à-dire qu'il laisse passer les rayons lumineux, au moyen desquels l'image des objets que nous regardons se peint sur la rétine, qui correspond à la feuille de papier disposée pour recevoir l'épreuve photographique.

Le nerf optique, dont la rétine n'est que la surface largement épanouie, porte au cerveau la sensation produite.

Les images qui s'impriment sur la rétine sont renversées, comme celles de la chambre obscure. Ce fait est certain ; car, en plaçant un objet vivement éclairé, une bougie allumée, par exemple, devant un œil ayant appartenu soit à un pigeon, soit à un lapin, animaux dont la sclérotique est transparente, on voit l'image de cette bougie renversée sur la rétine.

Le globe de l'œil, en conduisant et en concentrant la lumière sur la rétine, remplit l'office d'une espèce de lunette ; et aucun instrument d'optique n'a pu en atteindre la perfection. Aussi celui qui nous l'a donné a-t-il eu soin de le protéger. Il a placé nos yeux dans des orbites profondes, entourées d'os et renfermant assez de graisse pour entourer d'un bourrelet élastique ce merveilleux appareil. Des voiles mobiles, connus sous le nom de paupières, les mettent, pendant le sommeil, à l'abri de la lumière, n'en laissent arriver pendant la veille que la quantité nécessaire à la vision, et, par la faculté qu'elles possèdent de se fermer promptement, elles préservent ces précieux organes d'une foule de dangers.

L'appareil de l'ouïe occupe peu de place, ses diverses parties étant presque toutes d'une petitesse extrême ; mais il n'en est pas moins fort compliqué. L'oreille externe ou pavillon n'est qu'une espèce de conque, destinée à recueillir les sons. Le canal auditif les conduit à l'oreille moyenne, et de là ils se rendent dans l'oreille interne, où flottent, dans un liquide aqueux, les derniers filets du nerf acoustique. C'est là qu'est le véritable siége de l'ouïe. La perte du pavillon tout entier affaiblirait à peine cette faculté, et celle de l'oreille moyenne, cachée dans la tête, comme l'oreille interne, ne suffirait pas non plus à la détruire.

L'odorat réside dans les fosses nasales, qui reçoivent, au moyen des narines, les odeurs, c'est-à-dire les particules odorantes que certains corps dégagent dans l'air. Ces particules montent et vont frapper la membrane pituitaire, sur laquelle s'étendent les ramifications du nerf olfactif ; mais les conduits du nez étant fort étroits à leur partie supérieure, il ne faut qu'une légère inflammation pour nous priver momentanément du sens de l'odorat.

Celui du goût a son siége dans la bouche, et la langue en est le principal organe.

Enfin, le toucher, répandu sur toute la surface de la peau, réside surtout dans la main et peut, chez les aveugles, y acquérir assez de perfection pour remplacer, jusqu'à un certain point, la précieuse faculté dont ils sont privés.

Les mammifères, à la tête desquels on a placé l'homme, sont pourvus des mêmes sens que lui et ont à peu près la même organisation intérieure ; mais ils ne possèdent ni l'intelligence ni la réflexion qui lui permettent de raisonner les impressions reçues par son cerveau, de les comparer, d'en saisir les rapports, d'exercer son jugement sur les idées comme sur les choses, de s'interroger lui-même sur ce qu'il est et sur ce qui l'attend, de s'attacher au bien, d'obéir non à son caprice, mais à sa conscience, de s'oublier pour les autres, et de sacrifier, lorsqu'il le faut, sa vie à son devoir.

# IV.

## ORDRE DES QUADRUMANES.

L'ordre des quadrumanes comprend cinq familles : les singes, les ouistitis, les lémuriens ou makis, les chéiromys et les galéopithèques.

## Famille des singes.

Les singes ont quelque ressemblance avec l'homme, mais une ressemblance grotesque, qui, loin d'inspirer quelque sympathie, déplaît de plus en plus, à mesure qu'elle s'accentue dans les diverses espèces de ces animaux.

Les Arabes disent que les singes offrent l'image du démon unie à celle de l'homme. Les naturalistes, tout en admettant certaine ressemblance superficielle entre les bimanes et les quadrumanes, signalent de profondes dissemblances, et autant ils admirent la belle harmonie de toutes les parties du corps humain, autant ils sont frappés de l'irrégularité qu'ils reconnaissent dans la structure extérieure du singe.

Quant à son intelligence, elle est souvent plus apparente que réelle, et il la doit en grande partie à l'instinct d'imitation dont il est doué. Il étudie volontiers les mouvements de l'homme, et semble prendre plaisir à les répéter. Il apprend plus facilement que le chien ce que son maître lui enseigne ; mais il ne le fait pas avec la même exactitude, la même bonne volonté que le chien ; et quoique certaines espèces de singes s'attachent à celui qui les soigne et les nourrit, on n'a jamais pensé à leur donner, comme au chien, le beau titre d'ami de l'homme.

L'affection du singe est généralement capricieuse ; on la gagne et on la perd sans qu'il soit possible de savoir pourquoi. Il est juste de dire toutefois qu'à cette règle il y a des exceptions. On a vu quelques-uns de ces animaux ne pouvoir se consoler de la mort ou de l'absence de ceux qu'ils avaient pris en amitié. Ils n'ont pas d'ailleurs eu souvent l'occasion de faire preuve d'une longue fidélité, la plupart d'entre eux ne supportant que difficilement la captivité, et surtout le changement de climat auquel les assujettissent les Européens, jaloux d'étudier leurs mœurs et leurs habitudes.

Le singe à l'état libre est beaucoup plus robuste ; mais il se borne à se défendre contre ses ennemis et à se procurer de la nourriture. C'est seulement dans la société de l'homme que son intelligence paraît se développer. L'éducation est loin cependant d'exercer une égale influence sur toutes les familles de singes et sur les individus d'une même famille. Les uns profitent peu des soins qu'on leur donne, tandis que d'autres font preuve de mémoire et de réflexion. Il y a des singes méchants, batailleurs, rancuniers, et il y en a qui montrent de la patience et de la douceur; mais, en général, ils ont beaucoup plus de défauts que de qualités.

« On ne saurait, dit un savant auteur, attribuer aux singes une vertu quelconque, et moins encore les croire capables de rendre service à l'homme. Ils peuvent rester en faction, servir à table, chercher divers objets; mais ils ne le font que par intermittence, et tant que leur folle humeur ne reprend pas le dessus. Au point de vue physique, comme au point de vue moral, ils ne représentent que le mauvais côté de l'homme. »

Cette folle humeur, cette mobilité continuelle rendent désagréable la domesticité du singe. Pour l'empêcher de causer du dégât dans la maison, il faudrait s'occuper de lui sans cesse, à moins qu'on ne le tienne enfermé ou enchaîné, ce qui lui déplaît fort.

Les personnes qu'il n'aime pas ont à se tenir en garde contre ses colères, surtout s'il est robuste; car il sait se servir de ses dents et de ses ongles, et ceux qu'il traite en amis ont quelquefois peine à se débarrasser de ses caresses un peu brutales.

A l'état sauvage, ils sont un fléau pour les pays où ils vivent en grand nombre. Ils dévastent les forêts, les champs, les jardins, et gaspillent encore beaucoup plus qu'ils ne mangent. Les épis, les fruits, les jeunes pousses des arbres, les légumes, leur servent de nourriture; ils sont très-friands de sucre, d'épices, d'œufs et de petits oiseaux. Ils aiment à choisir, lorsqu'ils le peuvent, entre tous ces mets; ils rejettent les plantes qu'ils ont arrachées ou les fruits qu'ils ont cueillis, quand ils en trouvent ensuite de meilleurs; et lorsque leur appétit est satisfait, ils emportent les restes du festin.

Leur gourmandise est si grande, que parfois elle cause leur perte. Fatigués de leurs rapines, les habitants de la Guyane s'emparent d'eux en leur tendant un piège dont ils ne savent pas se méfier. Des calebasses sont remplies de fruits et de sucre, au moyen d'une ouverture par laquelle le singe peut introduire sa main ouverte, mais dont il ne peut la retirer fermée; et pendant qu'il essaie de la dégager, sans abandonner ce qu'il a pris, on s'approche et l'on s'empare du voleur.

L'agilité des singes est vraiment merveilleuse. Lorsqu'ils grimpent, ils le font avec la plus grande rapidité; et quand ils passent de branche en branche ou d'arbre en arbre, en franchissant parfois d'énormes distances, ils semblent voler, plutôt que sauter. Leur marche, au contraire, n'a rien de léger ni de gracieux. La plupart d'entre eux ne peuvent avancer qu'en s'aidant de leurs quatre mains; et si, dans quelques circonstances, ils font deux ou trois pas en se tenant debout, ils ne tardent pas à retomber. Ils ne peuvent courir ainsi, et quelques-uns même ne marchent qu'en avançant avec peine leurs mains de derrière entre celles de devant, qui ne posent à terre que sur leurs doigts repliés.

Les singes de l'Amérique ont une queue qui fait l'office d'un cinquième membre, et leur rend même plus de service qu'aucun des autres. A l'aide de cette queue, ils se suspendent aux branches si solidement, qu'ils peuvent s'endormir ou se balancer sans avoir à craindre la moindre chute. Elle leur sert de balancier lorsqu'ils veulent sauter, et ils permettent parfois à quelque compagnon de s'en faire une échelle pour arriver plus haut.

Les diverses espèces de singes vivent ordinairement en troupes, sous la conduite du plus fort de la bande, lequel en est souvent le plus brave et le plus âgé. Il veille au salut de tous, les prévient à l'heure du danger, qu'il reconnaît assez tôt pour les y soustraire; mais il exige une obéissance absolue.

Presque toujours c'est dans la fuite que chacun cherche son salut, en suivant le chef de la bande et ne s'arrêtant que quand il permet de faire halte. Toutefois les grands singes, dont la force est bien supérieure à celle de l'homme, se défendent contre lui, et en triomphent souvent, si bien armé qu'il soit. Les espèces plus faibles se défendent aussi quand la fuite est impossible; mais les mères ne songent qu'à mettre leurs petits en sûreté, et ne se battent que quand la vie de ces chers petits est menacée.

L'amour de la famille est très-développé chez les singes. Non-seulement la mère adore l'être grimaçant et difforme qu'elle a mis au monde, mais souvent le père partage les soins que réclame sa faiblesse, et s'occupe avec elle de son éducation.

Le nouveau-né enlace de ses quatre membres le cou et les reins de sa mère, et demeure dans cette position jusqu'à ce qu'il soit assez fort pour courir et jouer avec les singes de son âge. Plus sage et plus docile que nos enfants, il revient avec sa mère aussitôt qu'elle fait entendre un cri d'appel; et si, par hasard, il tarde à lui obéir, elle le pince ou le bat, pour qu'il se corrige. Elle donne sans hésiter sa vie pour le sauver, et sa douleur est si grande lorsqu'il vient à périr, que souvent elle n'y peut survivre.

Cependant il est juste de dire que cet amour maternel ne connaît pas le dévouement, l'abnégation de tous les instants. La même femelle qui meurt volontiers pour son enfant, l'empêchera de toucher aux fruits, aux grains dont elle se nourrit, et elle n'aura pas honte de fouiller dans la bouche et jusque dans le gosier du pauvre petit, pour en retirer quelque friandise et la croquer ensuite.

Tous les singes sont laids; mais ils ne le sont pas également. Ils doivent cette laideur à la disproportion de leurs membres, à la dépression de leur crâne, à l'étrange mobilité de leur face ridée, sur laquelle se peignent presque au même instant les passions les plus opposées.

Le cynocéphale ou singe à tête de chien est vraiment effrayant, tandis que l'orang-outang a, dans ses heures de calme, quelque chose de doux, de sérieux, de triste même, qui se rapproche quelque peu de la physionomie humaine. Mais si la colère l'agite, ses yeux flamboient, son museau grimace, son front se ride, ses énormes mâchoires deviennent menaçantes, et l'on a sous les yeux un animal effrayant.

Les singes, nous l'avons dit, possèdent à un haut degré le talent d'imiter ce qu'ils voient faire. C'est même de là qu'est venu le nom sous lequel on les désigne, puisque *simius*, qui signifie singe en latin, est tiré du mot simuler, imiter. Leur organisation, voisine de la nôtre, leur rend cette imitation facile; aussi la plupart des singes apprivoisés sont-ils très-adroits à exécuter les tours qu'on leur enseigne, et copient-ils, sans qu'on les y engage, les mouvements de leur maître. Ils sont capables d'éprouver, comme nous, de l'affection, de la haine, de l'orgueil, de la rancune, et ils savent, à l'occasion, manifester ces sentiments.

On a cru longtemps que le singe n'avait pas existé dans les temps primitifs; mais des squelettes trouvés à de grandes profondeurs, il n'y a pas encore un demi-siècle, ont fourni la preuve du contraire.

Les singes forment deux grandes divisions : ceux de l'ancien et ceux du nouveau continent; mais, dans l'un comme dans l'autre, ces animaux n'habitent que les régions équatoriales.

## Les gibbons.

Les singes qui, par leur taille, leur force et leur structure, se rapprochent le plus de l'espèce humaine ont reçu le nom d'*anthropomorphes*, mot qui veut dire, en grec, forme de l'homme. Ils n'ont pas de queue; leur poitrine est large et aplatie; leurs membres antérieurs, plus longs que les postérieurs, donnent à leurs corps une position inclinée Ils marchent sur leurs quatre mains, quoiqu'on ait dit longtemps qu'ils se tenaient debout et couraient ainsi, appuyés sur une massue, dont ils se faisaient une arme terrible.

On les divise en quatre genres : les gibbons, les orangs, les gorilles et les chimpanzés.

Les gibbons ont la tête ovale et petite, les reins étroits, les fesses calleuses, les membres grêles, terminés par de très-longues mains, celles de devant surtout. Leur pelage, épais et doux, varie du noir au brun, au gris et au jaune clair. Quelques espèces de gibbons ont le second et le troisième doigts réunis par une membrane qui ne dépasse pas la première phalange.

Ces singes habitent les épaisses forêts et les jungles des Indes et des îles voisines. Ils grimpent et sautent avec une extrême agilité. Quand ils veulent passer d'un arbre à l'autre, ils se balancent à l'extrémité d'une branche flexible , pour se donner un élan, et ils franchissent ensuite, sans effort, une distance de dix à douze mètres. En sautant ainsi, ils changent de direction selon leur caprice, et continuent parfois longtemps ce jeu qui semble leur plaire.

Les gibbons sont timides et d'ailleurs mal armés ; ils fuient au moindre bruit et trouvent un asile inviolable au sommet des plus grands arbres. Ils passent pour les moins intelligents des anthropomorphes. Leur caractère est doux et change peu, quand ces animaux avancent en âge. Ils s'apprivoisent facilement, et vivent en captivité comme à l'état libre, de fruits, de racines, d'œufs et d'insectes.

On compte plusieurs espèces de gibbons, dont les plus remarquables sont le gibbon agile et le siamang ou ungko de Sumatra.

Gibbons jouant ensemble.

Une femelle de gibbon agile, amenée à Londres, se livrait à des exercices qui amusaient fort les spectateurs, et elle faisait entendre en même temps des sons musicaux. Elle paraissait se méfier des hommes, quelques-uns l'ayant sans doute maltraitée ; elle accueillait mieux les femmes, et parfois elle consentait, quand elle en était sollicitée par quelque personne de sa connaissance, à descendre de son arbre et à donner une poignée de main.

Le siamang est de petite taille. Il se reconnaît à son pelage, noir comme sa face ; à une sorte de goître, formé par le développement du larynx, et qui donne à ses cris beaucoup de retentissement

Un naturaliste anglais, Georges Bennett, avait en sa possession un siamang, qu'il appelait Ungka. « Ses habitudes, dit-il, quoique ressemblant, sous quel- ques rapports, à celles des autres singes, méritaient bien de fixer l'attention d'un observateur. Il semblait désireux de se retirer au coucher du soleil, pour prendre le repos que la nature accorde, la nuit, à presque tous les êtres créés.

« Il dormait couché tout de son long, sur un côté, ou sur le dos, et appuyait sa tête sur ses mains. Mais souvent, après le lever du soleil, il aimait à rester quelque temps encore dans son lit, contrairement aux habitudes des autres animaux, dont le sommeil et la veille sont généralement mesurés, dans l'état sauvage, par la présence de la lumière sur l'horizon. Plus d'une fois je le vis, quoique éveillé, couché sur son dos, ses longs bras étendus hors du lit, les yeux ouverts, et plongé, on pouvait du moins le croire, dans de profondes réflexions.

« Les bruits qu'il faisait entendre variaient selon ses émotions. Lorsqu'il était content de revoir ses amis, il jetait un cri particulier, dont les notes perçantes me sont encore présentes aux oreilles; irrité, il poussait un sourd aboiement; effrayé ou châtié, il formait des sons bruyants et gutturaux qui peuvent être ainsi fixés par l'écriture humaine : ra, ra, ra. Lorsque je m'approchais de lui pour la première fois dans la matinée, il me saluait avec des notes gazouillantes, et avançait en même temps la tête, comme s'il eût voulu me donner le bonjour. »

Il connut promptement son nom et se rendit alors à l'appel des personnes qu'il aimait. Une petite négresse, qui se trouvait à bord avec lui, devint sa meilleure amie.

« On les voyait souvent assis ensemble, comme frère et sœur, près du cabestan, les longs bras de l'animal jetés au cou de l'enfant. Rien n'était plus amusant que de les voir courir, le singe poursuivant la petite ou poursuivi par elle. Ungka saisissait une corde, la balançait autour de la fillette, et quand celle-ci avançait la main pour la prendre, il la jetait lestement d'un autre côté. Ils se roulaient tous deux sur le pont, et le singe feignait de mordre l'enfant; quelquefois cependant, quand il n'était pas d'humeur à jouer, il imprimait légèrement ses dents sur le bras de la négresse, afin qu'elle cessât de l'importuner....

« Lorsque le garçon de service annonçait que le dîner était servi, Ungka ne manquait jamais d'entrer dans la cabine, prenait sa place devant la table et recevait avec reconnaissance les bons morceaux. Si, par hasard, on riait de lui, il témoignait son indignation d'être pris pour un sujet de plaisanterie. Notre convive faisait entendre ce sourd aboiement qui était le bruit particulier de sa colère. En même temps, gonflant d'air ses bajoues, il regardait les rieurs d'un air extrêmement sérieux, jusqu'à ce qu'ils eussent cessé de s'égayer à ses dépens. Il reprenait alors tranquillement son repas....

« Il détestait la solitude. Renfermé, il entrait dans de grands accès de colère; mais libre, il était parfaitement tranquille. Au coucher du soleil, il s'approchait de ses amis, en faisant entendre des notes particulières, qui indiquaient le désir d'être pris dans les bras. Une fois sa demande exaucée, il était difficile de le déplacer de cette couche provisoire. Toute tentative pour changer sa position était aussitôt suivie de cris violents, et il se collait encore plus étroitement à la personne dans les bras de laquelle il était placé. Il fallait alors attendre, pour le déposer dans son lit, qu'il tombât de sommeil. J'ai connu plus d'un enfant auquel l'indulgence des mères ou des nourrices avait laissé contracter la même habitude. »

D'autres gibbons se sont aussi très-facilement apprivoisés. Le docteur Burrough en avait un de l'espèce hooloc, qui venait à lui lorsqu'il l'appelait, prenait une chaise, se mettait à table, choisissait dans l'assiette de son maître un œuf ou une aile de poulet, partageait avec lui le thé, le café, le chocolat, sans gâter la nappe ni endommager la vaisselle. Il se laissait avec plaisir peigner et brosser, se souvenant sans doute des soins de sa mère; car les femelles des gibbons nettoient, frottent leurs petits, les lavent à la rivière, malgré leurs cris, et donnent à leur propreté un temps et une attention que nos propres enfants pourraient envier.

## L'orang-outang.

L'orang-outang est plus grand, plus robuste et plus intelligent que le gibbon. Son corps est revêtu de poils d'un roux brun; sa face est entourée de poils qui lui forment des favoris et une longue barbe.

Le dos et la poitrine sont moins velus que la tête, les bras et les flancs; les mains et les doigts, très-longs, sont presque nus, comme le visage.

Il atteint ordinairement un mètre trente centimètres de hauteur; mais la femelle n'a guère qu'un mètre. Lorsqu'il est tout jeune, son crâne ressemble à celui d'un enfant; mais à mesure qu'il avance en âge, cette ressemblance disparaît. Sa tête s'allonge en forme de cône, son museau devient saillant, son nez s'aplatit, sa mâchoire inférieure dépasse l'autre, et de ses lèvres ridées et gonflées sortent des canines menaçantes.

Le cou de cet animal est très-court; son ventre est gros, et la longueur de ses bras l'empêche non-seulement de se tenir debout, mais encore de marcher vite, même sur ses quatre mains, dont il ne pose d'ailleurs à terre que la face supérieure des doigts repliés. Il grimpe bien, mais sans déployer la même agilité que beaucoup d'autres singes. Il saute, quand il le faut, d'un arbre à l'autre; mais tous ses mouvements sont mesurés. Il s'établit ordinairement assez haut, à l'abri d'un épais feuillage qui le dérobe aux regards; il s'y fait un lit et ne quitte l'arbre qu'il a choisi que quand il n'y trouve plus une nourriture suffisante ou quand il y est menacé de quelque danger.

Malgré l'attention qu'il met à cacher sa demeure, il se dénonce lui-même, en poussant de grands cris, lorsqu'il est blessé, et en jetant sur son ennemi des branches qu'il casse avec une extrême facilité. Il est à peu près impossible de s'emparer d'un orang vivant, à moins qu'il ne soit encore petit. Devenu adulte, il se défend avec courage; même épuisé par la perte de son sang, il lutte de toute la force de ses bras, de ses dents, et devient alors très-redoutable.

Il habite les îles de Bornéo et de Sumatra. Il se hasarde rarement dans les endroits peu boisés. C'est au plus profond des forêts qu'il s'abrite, et c'est de là que lui vient le nom d'orang-outang, qui, dans la langue du pays, signifie homme des bois.

4

Une des sociétés géologiques de Londres possède la dépouille d'une femelle d'orang, tuée par l'équipage d'un brick anglais, non loin de la côte de Sumatra.

Perchée sur le sommet d'un arbre gigantesque, elle tenait son petit dans ses bras quand elle fut découverte. Au premier coup de feu qui lui brisa le grand orteil, elle jeta un cri horrible.

« Puis, dit le docteur Franklin, soulevant à l'instant même son enfant, aussi loin que ses grands bras lui permettaient d'atteindre, elle le lâcha vers les dernières branches, qui semblaient trop faibles pour la supporter elle-même. Pendant ce temps, les chasseurs s'approchèrent de l'arbre avec précaution, pour tirer sur elle un second coup. L'animal ne chercha pas à fuir, mais observa avec soin leurs mouvements, tout en poussant en même temps des sons particuliers.

« A partir de cet instant, la pauvre mère sembla s'oublier elle-même, pour ne plus songer qu'au sort de son enfant. Jetant de moment en moment un coup d'œil vers l'extrémité de l'arbre, elle exhortait de la main son petit à s'échapper au plus vite. Elle semblait même lui tracer la route qu'il devait suivre, pour gagner, de branche en branche, les parties sombres et inaccessibles de la forêt.

« La seconde décharge étendit l'animal à terre. Une balle avait traversé sa poitrine; mais son enfant était sauvé. Même en mourant, elle demeura fidèle à son attachement maternel et jeta un dernier regard à son petit, qui était, Dieu merci! en lieu de sûreté. »

Frédéric Cuvier rend ainsi compte des observations qu'il fit en 1808, au château de la Malmaison, sur une femelle d'orang-outang, âgée de dix à onze mois :

« Cet orang-outang était entièrement conformé pour grimper et pour faire des arbres sa principale habitation. En effet, autant il grimpait avec facilité, autant il marchait péniblement; lorsqu'il voulait monter à un arbre, il en empoignait le tronc et les branches avec ses mains et ses pieds, et ne se servait ni de ses bras ni de ses cuisses. Il passait facilement d'un arbre à l'autre lorsque les branches se touchaient, de sorte que dans une forêt un peu épaisse il n'y aurait eu aucune raison pour qu'il descendît jamais à terre, où il marchait difficilement. En général, tous ses mouvements avaient de la lenteur; mais ils semblaient être pénibles, lorsqu'il voulait se transporter sur terre d'un lieu à un autre : d'abord il appuyait ses deux mains fermées sur le sol, se soulevait sur ses longs bras et portait son train de derrière en avant, en faisant passer ses pieds entre ses bras et en les portant au delà des mains; ensuite, appuyé sur son train de derrière, il avançait la partie supérieure de son corps, s'appuyait de nouveau sur ses poignets, se soulevait et recommençait à porter en avant son train de derrière. Ce n'était qu'en étant soutenu par la main, qu'il marchait sur ses pieds; encore, dans ce cas, s'aidait-il de son autre bras; je l'ai peu vu s'appuyer sur la plante entière; le plus souvent il n'en posait à terre que le côté externe, semblant par là vouloir garantir ses doigts de tout frottement sur le sol; cependant quelquefois il appuyait le pied sur toute sa base ; mais alors il tenait les deux dernières phalanges des doigts recourbées, excepté le pouce, qui restait ouvert et écarté.

« Dans son état de repos, il s'asseyait ayant les jambes repliées sous lui, à la manière des Orientaux ; il se couchait indistinctement sur le dos ou sur les côtés, en retirant ses jambes à lui et en croisant ses bras sur sa poitrine ; alors il aimait à être couvert, et, pour cet effet, il prenait toutes les étoffes, tous les linges qui se trouvaient près de lui.

« Cet animal employait ses mains comme nous employons généralement les nôtres, et l'on voyait qu'il ne lui manquait que de l'expérience pour en faire l'usage que nous en faisons dans un très-grand nombre de cas particuliers. Il portait le plus souvent ses aliments à sa bouche avec ses doigts ; mais quelquefois aussi il les saisissait avec ses longues lèvres, et c'était en humant qu'il buvait, comme tous les animaux dont les lèvres peuvent s'allonger. Il se servait de son odorat pour juger de la nature des aliments qu'on lui présentait et qu'il ne connaissait pas, et il paraissait consulter ce sens avec beaucoup de soin. Il mangeait presque indistinctement des fruits, des légumes, des œufs, du lait, de la viande ; il aimait beaucoup le pain, le café et les oranges ; et une fois il vida, sans en être incommodé, un encrier qui tomba sous sa main. Il ne mettait aucun ordre dans ses repas et pouvait manger à toute heure, comme les enfants.

« Sa vue est fort bonne, ainsi que son ouïe. On a eu la curiosité de voir quelle impression ferait sur lui notre musique, et, comme on aurait dû s'y attendre, elle n'en a fait aucune ; elle n'est, même pour nous, qu'un besoin dû à notre perfectionnement. Jamais elle n'a fait sur les sauvages d'autre effet que celui de bruit.

« Pour se défendre, notre orang-outang mordait et frappait de la main ; mais ce n'était qu'envers les enfants qu'il montrait quelque méchanceté, et c'était toujours par impatience plutôt que par colère. En général, il était doux et affectueux, et il éprouvait un besoin naturel de vivre en société. Il aimait à être caressé et donnait de véritables baisers. Son cri était guttural et aigu ; il ne le faisait entendre que quand il désirait vivement quelque chose. Alors tous ses signes étaient expressifs : il secouait la tête en avant, pour montrer sa désapprobation, boudait lorsqu'on ne lui obéissait pas ; et, quand il était en colère, il criait très-fort, en se roulant par terre. Alors son cou se gonflait singulièrement....

« Cet animal, bien différent de ceux dont on a fait l'histoire, n'avait été soumis à aucune éducation particulière, et n'avait reçu d'autre influence que celle des circonstances au milieu desquelles il avait vécu ; il ne devait rien à l'habitude, toutes ses actions étaient indépendantes et les simples effets de sa volonté, et ce sont ces actions qui vont nous occuper.

« La nature n'a donné aux orangs-outangs qu'assez peu de moyens de défense. Après l'homme, c'est peut-être l'animal qui trouve dans son organisation les plus faibles ressources contre les dangers ; mais il a de plus que nous une extrême facilité à grimper aux arbres et à fuir ainsi les ennemis qu'il ne peut combattre. Ces seules considérations suffiraient pour faire présumer que la nature a doué l'orang-outang de beaucoup de circonspection. En effet, la prudence de cet animal s'est montrée dans toutes ses actions et principalement dans celles qui avaient pour but de le soustraire à quelques dangers....

« Pendant les premiers jours de son embarquement, cet orang-outang montrait beaucoup de défiance en ses propres moyens, ou plutôt, ne pouvant apprécier la cause du roulis, il s'en exagérait les dangers. Il ne marchait jamais sans tenir fortement en ses mains plusieurs cordes ou quelque autre chose qui tînt au vaisseau ; il refusa constamment de monter aux mâts, quelques encouragements qu'il reçût des personnes de l'équipage, et il ne fut poussé à le faire que par la force d'un sentiment que la nature semble avoir porté dans cette espèce à un très-haut degré : celui de l'affection.... Il n'eut le courage de monter aux mâts que lorsqu'il eut vu M. Decaen, son maître, y monter lui-même ; il le suivit, et, dès ce moment, il y monta seul chaque fois qu'il en éprouva le désir : l'expérience heureuse qu'il avait faite lui donna assez de confiance en ses propres forces pour qu'il osât la répéter.

« Les moyens employés par les orangs-outangs pour se défendre sont en général ceux qui sont communs à tous les animaux timides : la ruse et la prudence ; mais tout annonce que les premiers ont une force de jugement que n'ont point la plupart des autres, et qu'ils l'emploient dans l'occasion pour éloigner des ennemis plus forts'qu'eux. Notre animal, vivant en liberté, avait coutume, dans les beaux jours, de se transporter dans un jardin, où il trouvait un air pur et les moyens de se donner quelques mouvements ; alors il grimpait aux arbres et se plaisait à rester assis entre les branches.

« Un jour qu'il était ainsi perché, on parut vouloir monter après lui pour le prendre ; mais aussitôt il saisit les branches auxquelles on s'accrochait et les secoua de toute sa force, comme si son intention était d'effrayer la personne qui faisait semblant de monter. Dès qu'on se retirait, il cessait de secouer les branches ; mais il recommençait dès qu'on paraissait vouloir monter de nouveau, et il accompagnait ce geste de tant d'autres signes d'impatience ou de crainte, que son intention d'éloigner par le danger d'une chute, ou par une chute même, celui qui menaçait de le prendre fut évidente pour toutes les personnes qui se trouvaient dans ce moment-là près de lui. Cette expérience, qui a été tentée plusieurs fois, a toujours produit les mêmes résultats.

« Souvent il se trouva fatigué des nombreuses visites qu'il recevait ; alors il se cachait entièrement dans sa couverture et n'en sortait que lorsque les curieux s'étaient retirés ; jamais il n'agissait ainsi quand il n'était entouré que des personnes qu'il connaissait....

« Un des principaux besoins de notre orang-outang était de vivre en société et de s'attacher aux personnes qui le traitaient avec bienveillance. Il avait pour M. Decaen une affection presque exclusive, et il lui en donna plusieurs fois des témoignages remarquables. Un jour, cet animal entra chez son maître pendant qu'il était encore au lit, et, dans sa joie, il se jeta sur lui, l'embrassa avec force, et, lui appliquant ses lèvres sur la poitrine, il se mit à lui téter la peau, comme il faisait souvent du doigt des personnes qui lui plaisaient. Dans une autre occasion, cet animal donna à son maître une preuve plus forte encore de son attachement. Il avait l'habitude de venir à l'heure des repas, qu'il connaissait fort bien, demander à son maître quelques friandises. Pour cet effet, il grimpait par derrière la chaise sur laquelle M. Decaen était assis, de sorte qu'il ne pouvait le voir, de manière à le reconnaître, qu'après être arrivé à la partie la plus élevée du dossier de la chaise; là, perché, il recevait ce qu'on voulait bien lui donner. A son arrivée sur les côtes d'Espagne, M. Decaen fut obligé d'aller à terre, et un autre officier du vaisseau le remplaça à table. L'orang-outang, comme à son ordinaire, entra dans la chambre et vint se placer sur le dos de la chaise sur laquelle il croyait que son maître était assis; mais aussitôt qu'il s'aperçut de sa méprise et de l'absence de M. Decaen, il refusa toute nourriture, se jeta à terre et poussa des cris de douleur en se frappant la tête. »

Il agissait de même quand on lui refusait ce qu'il désirait vivement; de temps en temps il relevait la tête pour s'assurer de l'effet produit par sa douleur; et quand il ne rencontrait que des regards indifférents, il recommençait à crier.

Non-seulement il aimait les personnes au milieu desquelles il vivait, mais il avait pris en affection deux petits chats. Il les portait sous son bras ou les plaçait sur sa tête. Cette dernière manière était sans doute un effet de l'instinct auquel il obéissait en mettant sur sa tête des poignées de cendre, de la terre, du papier, des os dont il n'avait plus que faire. Mais les chats, dans les divers mouvements auxquels leur ami se livrait, craignaient de tomber; ils se cramponnaient à lui de toute la puissance de leurs griffes, et le bon singe souffrait avec patience ce fâcheux traitement.

« Deux ou trois fois, à la vérité, il examina attentivement les pattes de ces petits animaux, et, après avoir découvert leurs ongles, il chercha à les arracher, mais avec ses doigts seulement. N'ayant pu le faire, il se résigna à souffrir plutôt qu'à sacrifier le plaisir qu'il éprouvait à jouer avec eux.

« Nous avons dit que pour manger, continue Cuvier, il prenait ses aliments avec ses mains ou avec ses lèvres; il n'était pas fort habile à manier nos instruments de table, et, à cet égard, il était dans le cas des sauvages que l'on a voulu faire manger avec nos fourchettes et nos couteaux; mais il suppléait par son intelligence à sa maladresse: lorsque les aliments qui étaient sur son assiette ne se plaçaient pas aisément sur sa cuiller, il la donnait à son voisin pour la faire remplir. Il buvait très-bien dans un verre, en le tenant entre ses deux mains. Un jour qu'après avoir reposé son verre sur la table, il vit qu'il n'était pas d'aplomb et qu'il allait tomber, il plaça sa main du côté où ce verre penchait, pour le soutenir. Le premier de ces faits, qui a souvent été répété ici, a été vu de plusieurs personnes; le second m'a été rapporté par M. Decaen....

« Notre animal avait été habitué à s'envelopper dans ses couvertures, et il en avait presque un besoin continuel. Dans le vaisseau, il prenait pour se coucher tout ce qui lui paraissait convenable; aussi, lorsqu'un matelot avait perdu quelques hardes, il était presque toujours sûr de les retrouver dans le lit de l'orang-outang. Le soin que cet animal prenait à se couvrir le mit dans le cas de nous donner encore une très-belle preuve de son intelligence. On mettait tous les jours sa couverture sur un gazon, devant la salle à manger, et, après ses repas, qu'il faisait ordinairement à table, il allait droit à cette couverture, qu'il plaçait sur ses épaules, et revenait dans les bras d'un petit domestique, pour qu'il le portât dans son lit. Un jour qu'on avait retiré la couverture de dessus le gazon, et qu'on l'avait suspendue sur le bord d'une croisée pour la faire sécher, notre orang-outang fut, comme à l'ordinaire, pour la prendre; mais, de la porte, ayant aperçu qu'elle n'était pas à sa place habituelle, il la chercha des yeux et la découvrit sur la fenêtre; alors il s'achemina de ce côté, la prit et revint, comme à l'ordinaire, pour se coucher. »

Ce singe, fatigué d'une longue traversée, avait été débarqué en Espagne, d'où on l'avait amené en France; mais le froid était si vif dans les Pyrénées, qu'en les franchissant il eut plusieurs doigts gelés et fut atteint d'une fièvre, dont les soins les plus assidus ne parvinrent pas à le débarrasser. Il mourut, après avoir langui pendant cinq mois.

Notre climat ne convient pas à ces habitants des chaudes latitudes; presque tous y sont promptement atteints de phthisie; cependant plusieurs succombent à divers accidents.

Le capitaine Smitt en amenait en Europe un qui était fort gourmand. Ce défaut, commun d'ailleurs à tous les singes, semblait régler les actions de celui-là, et lui inspirait une foule de ruses pour se procurer les objets de sa convoitise. Il se glissait dans la cuisine; quand il s'y voyait seul, il ouvrait le coffre à farine, y plongeait les mains et se régalait, sans songer qu'en les essuyant ensuite à sa tête, il dénonçait lui-même son vol. Très-friand de sucre et de sagou, il ne manquait pas d'assister à la distribution qu'on en faisait deux fois la semaine aux matelots; mais il aimait par-dessus tout le vin et les liqueurs.

Un jour que le tonnelier avait mis du rhum en bouteilles, l'orang-outang remarqua qu'il en laissait quelques-unes à sa portée, sans se méfier de lui. Le singe, en se levant à deux heures du matin, selon son habitude, se saisit d'une de ces bouteilles et la vida presque entièrement, avant que le bruit qu'il faisait eût réveillé son maître. Quelques instants après le liquide enivrant produisit son effet. On essaya vainement d'attacher l'animal, en proie à une folle agitation, à laquelle succéda bientôt un anéantissement complet. Il tomba ivre-mort sur le plancher et ne revint à lui qu'au bout de quelques heures. Une fièvre nerveuse se déclara et l'emporta en moins de quinze jours.

Un orang-outang que le docteur Abel Clarck ramena de Java en Angleterre, aimait aussi beaucoup les liqueurs fortes. Il le prouva en volant à bord la bouteille d'eau-de-vie du capitaine. Le thé, le café, le vin lui plaisaient aussi; mais quand il fut arrivé à Londres, le lait et la bière devinrent sa boisson favorite.

Cet animal avait joui, avant son embarquement, d'une liberté relative. Il s'était familiarisé avec les personnes qui lui portaient des fruits sous un arbre placé près de la demeure de son maître. Un ou deux jours seulement avant son départ pour l'Angleterre, on l'enferma dans une grande cage, fermée par des barreaux de bambou.

« Cet emprisonnement le rendit furieux, dit le docteur Clarck. Aussitôt qu'il se vit captif, il prit les barreaux de sa cage avec les mains, et, les secouant violemment, il tâchait de les mettre en pièces; mais, trouvant que l'ensemble de ce système de clôture ne cédait point sous ses efforts, il se mit à attaquer chaque barreau séparément. Ayant découvert un des bambous plus faible que les autres, il travailla sans relâche, jusqu'à ce qu'il l'eût brisé.

« A bord du vaisseau, on essaya de l'attacher, au moyen d'une chaîne fixée à un fort poteau; il se délia aussitôt et se sauva avec la chaîne, qu'il traînait derrière lui. La longueur de ce lien l'incommodant, il le roula et le jeta sur son épaule. Il répéta souvent la même manœuvre; et quand la chaîne ne se comportait point à son gré sur son épaule, il la prenait dans sa bouche.

Orang-outang sous un arbre.

« Après quelques tentatives infructueuses pour le maintenir à l'attache, on le laissa rôder librement sur le vaisseau. Il devint sur-le-champ familier avec les matelots, qu'il surpassait d'ailleurs en agilité. Ils lui donnèrent plus d'une fois la chasse dans les agrès; mais toutes les entreprises de ce genre ne firent que lui fournir l'occasion de déployer son adresse, en échappant à leurs mains. Les hommes de l'équipage secouaient souvent les cordes sur lesquelles il s'attachait, et cela avec une violence qui me faisait craindre la chute de l'animal confié à mes soins; mais je ne tardai point à reconnaître qu'il n'était pas facile de vaincre la puissance de ses muscles.

« A bord, il dormait ordinairement à la tête du mât, après s'être enveloppé lui-même dans une voile. En faisant son lit, il prenait le plus grand soin de repousser tout ce qui pouvait contrarier la surface lisse de la couche.... Souvent, pour le tourmenter, je le prévenais en m'emparant de son lit. En pareil cas, il se mettait à tirer la voile de dessous moi ou à me pousser hors de sa couche, et il ne se donnait point de repos qu'il n'eût réussi dans son entreprise. Si le lit était assez large pour deux, il se couchait tranquillement à mon côté. Quand toutes les voiles étaient mises au vent, il rôdait çà et là, à la recherche de quelque autre couchette. Il volait alors soit les vestes des marins et les chemises qui étaient en train de sécher, soit quelque hamac dépouillé de ses couvertures.

« Passé le cap de Bonne-Espérance, il souffrit beaucoup de l'abaissement de la température, surtout le matin de bonne heure. Quand il descendait du mât, tremblant de froid, il courait vers un de ses amis, sautait dans ses bras, et, le serrant étroitement, il tirait de lui quelque chaleur naturelle. »

A bord, il se nourrissait de viandes de toutes sortes, mais surtout de viande crue. Il aimait beaucoup le pain; mais il préférait encore les fruits. Les œufs étaient pour lui un régal, qu'il savait fort bien se procurer. Son meilleur ami était un brave matelot qui partageait ses vivres avec lui; mais le singe était assez gourmand pour voler de temps à autre le grog et le biscuit de son bienfaiteur. Il poursuivait d'un bout à l'autre du navire les personnes qui lui montraient quelques friandises. Le docteur Clarck venait rarement sur le pont sans avoir dans ses poches des fruits ou des sucreries.

« Jamais, dit-il, je ne pouvais, en pareil cas, échapper à son œil vigilant. Quelquefois j'essayais de me soustraire à sa poursuite en montant à la tête du mât; mais j'étais toujours gagné de vitesse dans ma fuite. Quand il montait avec moi sur les haubans, il assurait sa position, en appuyant une de ses mains contre mes jambes; pendant ce temps-là le voleur fouillait mes poches. S'il trouvait impossible de me surprendre à cet égard, il grimpait à une hauteur considérable sur les cordes détendues, et alors sautait tout d'un coup sur moi....

« Quelquefois je liais une orange au bout d'une corde et je la descendais sur le pont, du haut de la tête du mât. A chaque fois qu'il essayait de la saisir, je l'attirais lestement à moi. Après avoir été plusieurs fois trompé dans ses tentatives, il changeait de système. Paraissant désormais se soucier fort peu de l'orange, il s'écartait à quelque distance, et montait avec une indifférence bien jouée dans les agrès; puis, au moyen d'une gambade soudaine, il saisissait la corde qui soutenait le fruit. S'il arrivait qu'il fût déçu, cette fois encore, dans ses desseins, par la rapidité de mon geste, il entrait dans un véritable désespoir, abandonnait la partie et courait dans les agrès, en poussant des cris perçants. »

Cet orang-outang était d'humeur douce et paisible; il ne faisait ni les grimaces ni les farces ordinaires des autres singes. Une gravité douce et mélancolique était le caractère habituel de sa physionomie. Quand il se trouvait avec des personnes qu'il ne connaissait pas, il se tenait assis, la main sur sa tête, et regardait autour de lui d'un air pensif. Lorsque leur curiosité l'incommodait, il se cachait sous quelque abri. Il évitait ceux dont il avait à se plaindre, et bien rarement il cherchait à se venger; mais il était plein d'affection pour ceux qui le traitaient bien; il aimait à s'asseoir auprès d'eux, à prendre leurs mains entre ses lèvres, et il venait, au besoin, réclamer leur protection.

Il y avait avec lui, à bord du *César*, plusieurs autres singes, de petites espèces : l'orang semblait les dédaigner; cependant on le vit jouer furtivement avec l'un d'eux, et un jour qu'ils avaient obtenu quelques friandises que lui-même convoitait, il voulut jeter à la mer la cage où trois de ces animaux étaient enfermés.

Un autre jour, il témoigna une extrême frayeur, à la vue de plusieurs grandes tortues amenées à bord, et l'on ne put le décider à s'en approcher. Quelques hommes se baignant dans la mer lui causèrent la même épouvante, et, dans ces deux occasions, il fit entendre des sons qui tenaient le milieu entre le grognement du cochon et le coassement de la grenouille.

On ignore s'il existe plusieurs espèces d'orangs-outangs. Il y a, sous tous les rapports, principalement sous celui du caractère et de l'intelligence, une si grande différence entre ce singe à ses divers âges, qu'on pourrait facilement prendre pour appartenir à des espèces différentes le même individu, quand on l'a connu jeune et qu'on le revoit vieux. L'orang est aussi connu sous le nom de pongo.

## Le gorille.

Le gorille est un singe monstrueux, qui a été longtemps fort peu connu des naturalistes, et qui a cependant été découvert très-anciennement, ainsi que le prouve la relation d'un voyage fait par le Carthaginois Hannon. Dans une île, entourée d'un lac enfermé par une autre terre, située dans une baie, qu'il appelle la Corne du Sud, il vit des sauvages couverts de poil. Lui et ses gens les poursuivirent et ne purent, dit-il, prendre que trois femmes, les hommes grimpant au milieu des précipices et faisant tomber sur leurs agresseurs des quartiers de rocher.

Ces soi-disant sauvages étaient des gorilles, animaux si robustes et si courageux, qu'il fut impossible aux chasseurs de s'en emparer. Les femelles mordaient, griffaient et ne voulaient pas suivre ceux qui les avaient prises; ils les tuèrent et portèrent leur dépouille à Carthage.

En 1847, le docteur Savage envoya en Angleterre le croquis d'un crâne de gorille. Plus tard, un véritable crâne et des os de gorille furent présentés, par un missionnaire américain, à une Société d'histoire naturelle des Etats-Unis.

Aujourd'hui, plusieurs musées possèdent des squelettes de ce terrible habitant de l'Afrique équatoriale, et l'on doit à M. Paul du Chaillu, fils d'un négociant français établi près du fleuve Gabon, des détails pleins d'intérêt sur ce singe colossal, auquel il a lui-même donné la chasse.

Dans un livre ayant pour titre : *Aventures et Voyages dans l'Afrique équatoriale*, M. du Chaillu commence par faire justice de ce qui avait été dit, avant lui, des habitudes de ce redoutable animal, tout en avouant qu'on n'a pu trop insister sur l'horreur qu'inspire son aspect, sur la férocité de son attaque et sur l'implacable méchanceté de son naturel.

« Je regrette, dit-il, d'être obligé de détruire d'agréables illusions; mais le gorille ne s'embusque pas sur les arbres de la route, pour saisir avec ses griffes le voyageur sans défiance; il ne l'étouffe pas entre ses pieds comme dans un étau; il n'attaque pas l'éléphant et ne l'assomme pas à coups de bâton; il n'enlève pas les femmes de leurs villages; il ne se bâtit pas une cabane de branchages dans les forêts, et ne se couche pas sous un toit, comme on l'a rapporté avec tant d'assurance; il ne marche pas non plus par troupes; et, dans ce que l'on a raconté de ses attaques en masse, il n'y a pas l'ombre de la vérité.

« Il vit dans les parties les plus solitaires et les plus sombres des jungles épaisses de l'Afrique, et de préférence dans les vallées profondes, bien boisées, ou sur les hauteurs très-escarpées; il se plaît aussi sur les plateaux, quand le sol est parsemé de gros quartiers de rochers, dont il fait alors ses repaires favoris. Les cours d'eau abondent dans cette partie de l'Afrique, et j'ai remarqué que le gorille se trouve toujours dans leur voisinage.

« C'est un animal vagabond et nomade, errant de place en place. On ne le trouve guère deux jours de suite sur les mêmes terrains. Ce vagabondage provient en partie de la difficulté qu'il trouve à se procurer sa nourriture préférée. Le gorille, malgré ses énormes dents canines, malgré sa force prodigieuse, capable de terrasser et de tuer tous les hôtes de la forêt, est exclusivement frugivore.... C'est un gros mangeur, qui sans doute a bientôt fini de dévorer toute la provision d'aliments à son usage, dans un espace donné, et qui se trouve bien forcé d'en aller chercher ailleurs....

« Il n'est pas exact de dire qu'il vit habituellement sur les arbres ni même qu'il y séjourne jamais. Je l'ai presque toujours trouvé à terre, bien qu'il grimpe souvent sur un arbre pour cueillir des baies ou des noix; mais, quand il les a mangées, il redescend à terre. Ces énormes animaux ne pourraient pas, en effet, sauter de branche en branche, comme les petits singes.... »

La canne à sucre, la substance blanche des feuilles de l'ananas, des graines, des noix si dures, qu'on ne peut les casser qu'en frappant très-fort avec un lourd marteau, étaient à peu près les seuls aliments trouvés par M. du Chaillu dans l'estomac des gorilles qu'il a eu l'heureuse chance de tuer, et il attribue à la dureté excessive de ces noix la puissance des mâchoires dont la nature a doué un animal non carnivore.

Pour se procurer la nourriture qui lui convient, le gorille n'est pas obligé de séjourner sur les arbres; mais la femelle s'y abrite quelquefois avec son petit; et tant que les jeunes sont encore faibles, ils y montent pour se soustraire aux attaques des bêtes féroces. Le mâle s'assied à terre pour dormir, et s'appuie au tronc d'un arbre; aussi son poil est-il usé le long du dos, bien plus que sur les autres parties du corps.

Les gorilles ne vivent pas en troupes. M. du Chaillu n'a jamais trouvé ensemble plus de cinq jeunes, et souvent il a rencontré seulement le mâle et la femelle. Tous ont l'oreille très-fine et s'éloignent au moindre bruit que fait le chasseur. Cependant, si celui-ci se trouve en présence d'un couple de gorilles, la femelle seule se sauve; le mâle se lève lentement, examine son ennemi, se bat la poitrine, redresse sa grosse tête ronde et pousse un rugissement formidable, dont les premiers sons peuvent être comparés aux aboiements d'un chien furieux, et deviennent ensuite semblables au roulement lointain du tonnerre.

Chasse au gorille.

« Il est de principe chez tous les chasseurs qui savent leur métier, qu'il faut réserver son feu jusqu'au dernier moment. Soit que la bête furieuse prenne la détonation du fusil pour un défi menaçant, soit pour toute autre cause inconnue, si le chasseur tire et manque son coup, le gorille s'élance sur lui, et personne ne peut résister à ce terrible assaut.

« Un seul coup de son énorme pied, armé d'ongles, éventre un homme, lui brise la poitrine ou lui écrase la tête. On a vu des nègres en pareille situation, réduits au désespoir par l'épouvante, faire face au gorille et le frapper avec leur fusil déchargé; mais ils n'avaient pas même le temps de porter un coup inoffensif, le bras de leur ennemi tombait sur eux de tout son poids, brisant à la fois le fusil et le corps du malheureux. Je crois qu'il n'y a pas d'animal dont l'attaque soit si fatale à l'homme, par la raison même qu'il se pose devant lui face à face, avec ses bras pour armes offensives, absolument comme un boxeur, excepté qu'il a les bras bien plus longs et une vigueur bien autrement grande que celle du champion le plus vigoureux que le monde ait jamais connu.

« Quelquefois il s'assied pour se battre la poitrine et pour rugir, en regardant son adversaire avec fureur; puis il marche en se dandinant de droite et de gauche; car ses jambes de derrière, qui sont très-courtes, paraissent suffire à peine pour supporter la masse de son énorme corps. Il prend son équilibre en balançant ses bras, comme les matelots sur le pont d'un navire; son large ventre, sa tête grossièrement plantée sur le tronc, sans aucune attache apparente du cou, ses gros membres musculeux et sa poitrine caverneuse, tout cela donne à son dandinement une gaucherie hideuse, qui ajoute à son air de férocité. En même temps, ses yeux gris, enfoncés dans leurs orbites, jettent des éclairs sinistres; ses traits contractés se sillonnent de rides affreuses, et ses lèvres minces, en se séparant, laissent voir de longs crochets et des mâchoires formidables, entre lesquelles les membres d'un homme seraient broyés comme du biscuit.

« Lorsqu'un nègre attaque un hippopotame, la nuit, sur le rivage, il se sauve toujours lorsqu'il a tiré son coup; mais s'il a fait feu sur un gorille, il l'attend de pied ferme; car la fuite ne servirait à rien. S'il n'est pas tué, il reste souvent estropié pour toujours. J'ai vu des nègres ainsi mutilés dans les villages du fleuve Supérieur. Heureusement le gorille meurt aussi facilement qu'un homme. Un coup dans la poitrine, s'il est bien dirigé, l'abat tout de suite. Il tombe la face en avant, ses grands bras écartés, et poussant, avec un dernier soupir, un affreux cri de mort, moitié rugissement, moitié râle, signal de délivrance pour le chasseur, et qui pourtant résonne lugubrement à son oreille, comme le cri suprême d'une agonie humaine. »

Il est impossible de prendre un gorille vivant, à moins qu'il ne soit tout jeune; encore ne doit-on pas espérer d'adoucir sa farouche humeur ni de le conserver longtemps. La captivité le rend furieux, et, sans maladie apparente, il ne tarde pas à mourir.

Des nègres qui chassaient pour le compte de M. du Chaillu parvinrent à s'emparer d'un petit gorille de deux ou trois ans, haut de deux pieds et demi, qu'ils avaient aperçu prenant son repas en compagnie de sa mère. Quand leur approche donna l'éveil à celle-ci, ils firent feu et la blessèrent mortellement.

« Elle tomba. Le petit gorille, au bruit de la décharge, se précipita vers sa mère et se colla contre elle, se cachant sur son sein et embrassant son corps. Les chasseurs s'élancèrent avec un hourra de triomphe; mais leurs cris rappelèrent à lui le petit animal, qui, lâchant le corps de sa mère, s'enfuit vers un arbre et grimpa avec agilité jusqu'au sommet, où il s'assit, en poussant des hurlements sauvages. »

Pour l'atteindre, les nègres abattirent l'arbre sur lequel il s'était réfugié et l'aveuglèrent en lui jetant un pagne sur la tête, ce qui n'empêcha pas deux d'entre eux de recevoir de cruelles morsures. Il fallait l'emmener, et ce n'était pas chose facile ; car il se débattait avec une vigueur étonnante. On s'avisa de lui enfermer le cou dans une fourche, pour le faire marcher à distance. La fourche le blessant, M. du Chaillu lui fit sans retard construire une cabane, fermée par des barreaux assez espacés pour qu'on pût l'examiner.

« C'était un jeune mâle, qui évidemment n'avait pas encore trois ans. Tout à fait en état de marcher seul, il était doué pour son âge d'une force musculaire extraordinaire. Sa face et ses mains étaient toutes noires, ses yeux moins enfoncés que ceux des adultes. Les poils de sa chevelure commençaient juste aux sourcils et s'élevaient au sommet de la tête, où il était d'un brun rougeâtre, pour redescendre des deux côtés de la face jusqu'à la mâchoire inférieure, en dessinant des lignes assez pareilles à nos favoris. La lèvre supérieure était bordée d'un poil peu fourni et grossier, plus long sous la lèvre inférieure. Les paupières étaient très-minces, les sourcils droits et longs de trois quarts de pouce.

« Le pelage du dos était gris de fer, tirant sur le noir vers les bras, et tout à fait blanc autour de l'anus. La poitrine et le ventre étaient velus aussi ; mais, vers la poitrine, le poil était un peu moins fourni et plus court. Sur les bras, ce poil s'allongeait plus que partout ailleurs et paraissait d'un noir grisâtre, ce qui provenait de ce qu'il était noir à sa racine et blanchâtre à son extrémité. Aux poignets et aux mains, le poil était noir et descendait sur les doigts jusqu'à la seconde phalange, quoique ce ne fût encore que le duvet précurseur des longs poils qui recouvrent la partie supérieure des doigts de l'adulte. Le poil des jambes était d'un noir grisâtre, qui devenait plus foncé à mesure qu'il se rapprochait des chevilles ; celui des pieds était tout noir.

« Quand je vis le petit camarade solidement enfermé dans sa cage, je m'approchai pour lui adresser quelques paroles d'encouragement. Il se tenait dans le coin le plus reculé ; mais dès que j'avançai, il rugit et s'élança sur moi, et, quoique je me fusse retiré le plus vite possible, il réussit à saisir mon pantalon, qu'il déchira avec un de ses pieds ; puis il retourna vite dans son coin. Cette attaque me rendit plus circonspect. Pourtant je ne désespérais pas de parvenir à l'apprivoiser. Il était accroupi au fond de la cage ; ses yeux gris lançaient des regards méchants ; je n'ai jamais vu une figure plus sombre que celle de ce petit animal.

« La première chose que j'avais à faire, c'était d'épier les besoins de mon prisonnier. J'envoyai chercher dans la forêt les fruits que cet animal préfère, et je les plaçai avec un vase d'eau à sa portée. Mais il se tint complétement sur la réserve et ne voulut toucher à rien que je ne me fusse éloigné à une distance considérable.... »

Le second et le troisième jour, il se montra de plus en plus farouche et menaçant ; le quatrième, il s'échappa, après avoir rongé un des barreaux de sa cage, et se réfugia sous le lit de son maître. Il en sortit avec fureur, en apercevant les nègres appelés pour le saisir.

On lui jeta un filet sur la tête, et, malgré ses rugissements, malgré les coups de pied qu'il lançait, quatre hommes parvinrent à le porter dans sa cabane, où il fut enfermé de nouveau.

« Je n'ai vu de ma vie une bête si furieuse, dit M. du Chaillu. Elle s'élançait sur tout ce qui s'approchait ; elle mordait les barreaux de sa prison ; elle nous lançait des regards courroucés et sinistres, et chacun de ses mouvements révélait une nature féroce et indomptable. »

En soumettant les animaux à un jeûne plus ou moins prolongé, on arrive ordinairement à les rendre moins sauvages. Tout ce que le maître du petit gorille put obtenir fut de lui faire prendre dans sa main, lorsqu'il était affamé, des graines de la forêt où il était né ; encore les prenait-il en grondant, et se retirait-il à l'écart pour les dévorer.

Au bout de quinze jours, une nouvelle évasion obligea de le mettre à la chaîne, et ce ne fut pas sans beaucoup de peine qu'on put y réussir. Une moitié de tonneau, remplie de foin, fut placée près de lui ; il comprit que c'était son lit ; et, quand la nuit vint, il s'y blottit, après avoir remué le foin et en avoir pris des poignées pour se couvrir.

« Dix jours après, il mourut subitement. Il paraissait cependant en bonne santé, et mangeait abondamment de ses aliments ordinaires, qu'on lui apportait chaque jour.

« Sa mort fut accompagnée de quelque souffrance. Il n'avait pas cessé jusqu'à la fin de se montrer indomptable ; et, quand on l'eut enchaîné, il ajouta la sournoiserie aux autres vices de sa nature. Ainsi, il lui arriva plusieurs fois, quand il venait prendre sa nourriture dans ma main, dit M. du Chaillu, de me regarder bien en face, pour occuper mon attention, et, pendant ce temps, il avançait son pied et m'accrochait la jambe. »

## Le chimpanzé.

Le chimpanzé habite, comme le gorille, avec lequel on l'a parfois confondu, les brûlantes contrées de l'Afrique, et c'est seulement aussi dans les forêts les plus épaisses qu'il est possible de le rencontrer. Moins grand et moins robuste que ce géant des singes, il est aussi moins redoutable.

Le chimpanzé, lorsqu'il a fini de grandir, mesure environ un mètre et demi, quand il se tient debout. Cette attitude ne lui est pas naturelle ; mais il la prend plus facilement que les autres singes, et il peut la garder assez longtemps, en s'appuyant sur un bâton. Il a les bras assez longs pour grimper aux arbres, sur lesquels il passe la plus grande partie de sa vie ; cependant ils sont bien proportionnés et ne tombent guère que jusqu'à ses genoux. Ses jambes se rapprochent de celles de l'homme par un mollet peu développé, mais qui n'existe pas chez les autres anthropomorphes ; elles sont terminées par des mains mieux faites pour s'appuyer au sol, et qui diffèrent moins de nos pieds. Toutefois ils marchent avec peine quand ils ne se servent pas de leurs mains de devant, et ils ne prennent guère cette attitude dans leurs forêts.

Ils vivent en sociétés, sous la conduite du plus fort et du plus courageux d'entre eux. Au premier signal par lequel ce chef annonce le danger, chacun fuit au plus vite ; mais si quelque chimpanzé est blessé, les autres ne l'abandonnent pas. Ils se précipitent sur le chasseur, et les naturels prétendent qu'un seul de ces animaux peut tenir tête à dix hommes.

Le cerveau du chimpanzé est celui qui se rapproche le plus du cerveau de l'homme ; aussi est-ce le plus intelligent des grands singes, et en même temps le plus doux, le plus facile à apprivoiser. Il ne faut pour cela que peu de jours quand le chimpanzé est pris tout jeune.

Chimpanzé à table.

« La femelle a beaucoup de tendresse pour son petit ; elle le caresse sans cesse, et le tient propre avec beaucoup de soin. Elle le porte sur ses bras, à la manière des nourrices, quand elle n'a qu'une légère distance à parcourir ; s'il s'agit d'un long trajet, elle le place sur son dos, où il se cramponne des mains et des pieds absolument à la manière des négrillons. Elle y est beaucoup attachée et le garde avec elle longtemps après le sevrage ; mais le mâle le chasse quand il est assez fort pour se défendre et assez intelligent pour savoir chercher et choisir ses aliments. »

Deux des amis de M. Boitard, à qui nous empruntons ces lignes, lui ont assuré que, pendant leur séjour en Guinée, ils ont vu un chimpanzé, surpris par plusieurs hommes, s'armer d'un bâton, se tenir debout et menaçant devant eux, pour donner à la femelle le temps de s'échapper.

Le capitaine Payne avait un chimpanzé qui vivait en bonne intelligence avec tout son équipage, à l'exception d'un mousse, qu'il ne pouvait supporter. Quand les matelots mangeaient, le singe faisait le tour de la table, en les embrassant ;

puis il prenait place au milieu d'eux et recevait les bons morceaux, en faisant entendre le son *hem!* pour témoigner sa satisfaction. Il prenait plaisir à se couvrir de leurs vêtements, et on le vit plusieurs fois se promener fièrement sur le pont, avec un chapeau à cornes.

Au jardin zoologique d'Anvers, un chimpanzé témoignait beaucoup d'affection aux enfants du directeur. Il partageait leurs jeux, se prêtait à leurs fantaisies, traînait la voiture dans laquelle ils montaient, grimpait dans les arbres dont ils désiraient les fruits, et les cueillait pour les leur jeter. Quand le directeur l'invitait à sa table, il s'y tenait convenablement et il buvait volontiers un verre de vin de Champagne, à la santé de l'amphytrion.

Une femelle de chimpanzé amenée à Paris vécut plusieurs années au Jardin des Plantes. On la nommait Jacqueline; elle était très-caressante et connaissait fort bien les personnes qui lui apportaient des fruits ou des sucreries. Un peintre ayant été chargé de faire son portrait, elle lui prit le crayon des mains et voulut dessiner comme lui. La pointe s'étant cassée, elle appuya moins fort, devinant bien à quelle cause il fallait attribuer cet accident. Un jour, elle obtint de sa gardienne une aiguille enfilée et se mit à coudre, mais elle se piqua les doigts et jeta bien vite son ouvrage.

Un officier de marine, M. de Grandpré, qui vit, à bord de son navire, un jeune chimpanzé, dit : « Il serait trop long de citer toutes les preuves que cet animal a données de son intelligence ; je n'ai recueilli que les plus frappantes. Il avait appris à chauffer le four; il veillait attentivement à ce qu'il n'échappât aucun charbon qui pût incendier le vaisseau, jugeait parfaitement quand il était suffisamment chaud, et ne manquait jamais d'avertir à propos le boulanger, qui, de son côté, sûr de la sagacité de l'animal, s'en reposait sur lui et se hâtait d'apporter sa pâte, aussitôt que le singe venait le chercher, sans que ce dernier l'ait jamais induit en erreur.

« Lorsqu'on virait au cabestan, il se mettait lui-même à tenir dessous (tirer sur le câble), et choquait à propos, avec plus d'adresse qu'un matelot. Lorsqu'on envergua les voiles pour le départ, il monta, sans y être excité, sur les vergues, avec les matelots, qui le traitaient comme un des leurs ; il se serait chargé de l'empointure, partie la plus difficile et la plus périlleuse, si le matelot désigné pour ce service n'avait pas insisté pour ne pas lui céder la place. Il amarra les rabans aussi bien qu'un matelot, et, voyant engager l'extrémité de ce cordage pour l'empêcher de pendre, il en fit aussitôt autant à ceux dont il était chargé. Sa main se trouvant prise et serrée fortement entre la ralingue et la vergue, il la détacha sans cris, sans grimaces ni contorsions, et lorsque le travail fut fini, les matelots se retirant, il déploya la supériorité qu'il avait sur eux en agilité, leur passa sur le corps à tous, et descendit en un clin d'œil.

« Cet animal ne parvint pas jusqu'en Amérique : il mourut dans la traversée, victime de la brutalité du second capitaine, qui l'avait injustement et durement maltraité. Cette intéressante créature subit la violence qu'on exerçait contre elle, avec une douceur et une résignation attendrissantes, tendant les mains d'un air suppliant, pour obtenir que l'on cessât les coups dont on la frappait. Depuis ce moment, elle refusa constamment de manger ; elle mourut de faim et de douleur, le cinquième jour, regrettée comme un homme aurait pu l'être. »

Un jeune chimpanzé, acheté par la Société zoologique de Londres, n'avait rien de la malice ni de la folle pétulance de la plupart des singes. Agé seulement de dix-huit à vingt mois, ainsi que le prouvaient ses dents, il ressemblait à un vieux nègre, avec ses joues entourées de favoris blancs, sa barbe de même couleur, sa taille voûtée et rabougrie. Malgré cela, il aimait à courir, à jouer ; il était surtout curieux et il examinait tous les objets placés à sa portée, avec un sérieux qui faisait rire les spectateurs.

Il connaissait et aimait ses gardiens ; il jouait avec eux comme un véritable enfant, et il en était bien traité, son caractère doux et docile leur inspirant aussi de l'affection. La cuisinière était sa favorite, sans doute parce qu'elle lui donnait des fruits et du sucre, dont il était très-friand. Il s'attachait à ses pas, se suspendait à sa robe, et la fatiguait parfois de ses caresses.

Un jour, il ouvrit la croisée de la cuisine et se mit à regarder, d'un air pensif, les arbres du jardin sur lequel donnait cette fenêtre. Dans la crainte qu'il ne s'échappât, on lui commanda sévèrement de rentrer. Il obéit aussitôt, referma la fenêtre et alla retrouver son gardien.

Il ne buvait ni bière, ni vin, ni liqueurs fortes ; mais il aimait le lait et le thé. Il prenait sa tasse à la main, en dégustait gravement le contenu, et la reposait sur la table. Quand on lui donnait un gâteau, il l'acceptait avec gentillesse et le mangeait d'un air délibéré.

« Les naturalistes fondaient sur lui les espérances les plus chères pour éclairer l'histoire naturelle du chimpanzé, dit le docteur Franklin. Conserverait-il, en vieillissant, sa bonne humeur et sa docilité ? Ces questions restèrent malheureusement sans réponse ; car, après quelque temps de captivité, le chimpanzé de Régent's park mourut, comme meurent d'ailleurs, au bout d'un temps très-court, tous les chimpanzés qu'on enlève à leur soleil et à la liberté.

## Les semnopithèques.

Les semnopithèques ont la queue plus longue que les autres singes de l'ancien continent, le corps élancé, le museau court, le poil long et épais. Leurs joues n'ont presque pas de poches, et leurs mains antérieures sont à peu près privées de pouces.

Ils sont généralement doux, et cette douceur fait place, lorsqu'ils vieillissent, à une tristesse résignée. Ils ne manquent pas d'intelligence et s'apprivoisent facilement.

Les plus grands semnopithèques atteignent plus d'un mètre de hauteur. Ils se distinguent de tous les autres singes par l'extrême longueur de leur nez ; aussi les appelle-t-on nasiques. On leur donne aussi le nom de kahau, parce qu'ils poussent en jouant le cri que représente ce mot. Ils vivent sur les arbres des profondes forêts de l'île de Bornéo, et on les voit rarement à terre.

Parmi les semnopithèques proprement dits, les uns ont la chevelure en forme de capuchon, d'autres en huppe ou en mitre ; d'autres encore sont ornés de couleurs éclatantes, et chacune de ces espèces prend un nom qui indique ces différences ; ainsi il y a des semnopithèques mitrés, huppés, dorés, rouges, etc.

L'Inde, la Cochinchine, les îles de la Malaisie, sont la patrie de ces divers singes.

Les colobes, qui forment le troisième genre des semnopithèques, doivent ce nom, qu'on peut traduire par le mot mutilé, à la complète absence de pouces. Ils habitent l'Afrique occidentale et l'Abyssinie.

C'est dans cette dernière contrée que se trouve le guéréza, qui passe pour le plus beau des singes. Sa face nue est entourée d'une crinière blanche, qui lui forme un diadème et qui retombe sur sa poitrine. Deux longues bandes de poils soyeux, d'un blanc moucheté de gris, qui partent du cou, s'étendent sur ses flancs et recouvrent comme d'un manteau sa robe noire à reflets de velours. Sa longue queue est aussi terminée par un panache blanc ; son corps est élancé ; ses mouvements sont hardis et gracieux. Il passe sa vie sur les arbres les plus élevés et ne descend jamais à terre pour y chercher sa nourriture. On ne l'entend crier que quand il est blessé, ce qui arrive rarement ; car il sait se soustraire par des bonds énormes aux dangers qui le menacent.

Il est difficile et tout à fait inutile de s'en emparer ; car, si jeune qu'il soit, ce bel animal ne tarde pas à mourir lorsqu'on le prive de sa liberté.

Mais l'espèce la plus remarquable du groupe des semnopithèques est le houlman ou l'entelle, appelé aussi singe des Hindous, parce qu'il est en grande vénération parmi les sectateurs de Brahma.

Les entelles vivent en troupes nombreuses et commettent dans les plantations de grands dégâts, dont on ne songe pas à se venger. On leur prépare même dans les greniers des maisons d'abondantes provisions de riz, de cannes à sucre, de dattes ; car les Hindous sont persuadés que leurs princes décédés habitent les corps des entelles ; et pour rien au monde, ils ne voudraient mériter la colère de ces animaux. Ceux-ci le savent bien ; car ils s'enhardissent au point d'entrer dans les maisons, de s'approcher des tables dressées et même d'arracher les morceaux des mains des convives.

« Dans le Dhuboy, dit le docteur Franklin, quand un homme veut se venger de son voisin, il attend vers l'époque périodique des pluies. Un peu avant cette époque, il guette l'occasion de s'introduire dans la maison de son ennemi, au moment où les tuiles viennent d'être ajustées pour faire face aux intempéries de la saison. Une fois entré, il répand sur le toit une certaine quantité de riz ou d'autres graines. Les singes ne tardent point à découvrir cette provision : non-seulement ils la dévorent, mais ils retirent les tuiles les unes après les autres, pour chercher ce qui a pu tomber dans les crevasses. Dans ces conjonctures critiques, la pluie commence : on ne peut alors trouver un ouvrier pour replacer les tuiles ; la maison est inondée, l'ameublement ruiné, et les greniers, généralement formés en terre molle, sont détrempés par les torrents d'eau qui tombent, tombent toujours. »

## Les cercopithèques ou guenons.

La tribu des guenons comprend plus de vingt espèces, qui toutes ont des formes légères et gracieuses, des membres bien proportionnés, une queue longue et relevée, qui leur a fait donner le nom de cercopithèques, c'est-à-dire singes à queue.

Les guenons ont le front fuyant et presque nul, de larges abajoues, des callosités très-développées, un pelage de couleur vive et quelquefois agréablement bigarré.

Ces singes habitent le continent africain et l'île de Madagascar. Chaque espèce a son canton particulier et ne souffre pas que des étrangers y pénètrent. Toutes se réunissent au besoin pour faire respecter les droits des anciens possesseurs, et l'on retrouve même ce respect de la propriété dans les ménageries, où l'on voit souvent plusieurs guenons se réunir pour défendre un de leurs frères injustement dépouillé.

La mone de Buffon, le singe vert, le singe Diane, les singes à nez blanc ou à paupières blanches, et le singe à collerette, sont les espèces principales des cercopithèques.

Rien n'égale leur agilité, si ce n'est la promptitude avec laquelle les guenons passent en quelques instants de la gaîté à la tristesse, de la tristesse à la joie, de la joie à la colère. « On les voit, dit I. Geoffroy Saint-Hilaire, désirer ardemment un objet, témoigner la joie la plus vive, si elles parviennent à l'avoir, et, presque aussitôt, le rejeter avec indifférence, le briser avec colère. On les voit se complaire dans la société d'un individu, lui donner à leur manière des marques de tendresse, et tout d'un coup s'irriter contre lui, le poursuivre en jetant des cris rauques, et le mordre comme un ennemi; puis la paix se fait, et les caresses recommencent jusqu'à ce qu'un nouveau caprice amène une nouvelle crise. »

Les cercopithèques vivent en bandes nombreuses, sous la conduite du plus fort et du plus rusé d'entre eux. Leur taille mignonne et bien proportionnée, leurs adroites petites mains, leurs ébats pleins de gaîté, en font de gracieux animaux. Ils vivent sur les arbres, comme les colobes; mais ils ne dédaignent pas de visiter les jardins ou les champs de maïs et de sorgho, où ils causent de grands dégâts. Ils commencent par remplir de grains les larges abajoues, c'est-à-dire les poches que la nature a ménagées de chaque côté de leurs mâchoires; puis ils arrachent des poignées d'épis pour choisir ensuite les plus beaux et les meilleurs. Ils rejettent les autres, et en arrachent de nouveaux, jusqu'à ce qu'ils se lassent de ce jeu ruineux pour les indigènes, ou jusqu'à ce que leur guide, alarmé par quelque apparence de danger, donne le signal de la retraite.

Tous alors prennent leur course avec une agilité sans égale, et, sautant au-dessus des fossés et des rivières, ils regagnent leurs forêts, où ils prennent le repos nécessaire pour songer à une nouvelle expédition.

La mone est un joli petit singe, très-vif, très-élégant, très-gracieux. Tous ses mouvements sont doux, et ses traits ne grimacent pas comme ceux de la plupart des autres singes; mais elle est voleuse, et aucun châtiment ne peut la corriger de ce défaut. Pour s'emparer d'un fruit, d'un bonbon, elle pousse l'adresse jusqu'à ouvrir les caisses ou les armoires, et il n'y a pas d'escamoteur qui sache enlever plus prestement le contenu d'une poche.

Plus doux et moins capricieux que la mone, le roloway ou cercopithèque Diane, qui habite la Guinée et le Congo, s'apprivoise fort bien, s'attache à son maître, et le suit sans chercher à s'enfuir.

Une de ces petites guenons allait souvent de la ville à une maison de campagne, en longeant une avenue d'arbres. Elle grimpait sur tous et sautait agilement de l'un à l'autre, quand ils n'étaient pas trop éloignés. Malgré sa légèreté, elle se fatiguait à ce jeu, et elle montait alors sur le dos d'un épagneul, que, bien malgré lui, elle forçait à la porter.

Elle était un peu voleuse, et, comme elle aimait beaucoup les œufs crus, elle se glissait dans le poulailler, en prenait un de chaque main, et se sauvait en marchant sur ses pieds de derrière. Elle cassait ensuite ces œufs, en frappant doucement le bout sur le carreau, élargissait le trou à l'aide de ses doigts et en suçait le contenu. Elle acceptait volontiers un verre de liqueur, non pour le boire, mais pour s'en parfumer le visage et le corps. Elle se servait d'une pierre pour casser les noix et les amandes; cependant, quoiqu'elle parût intelligente en beaucoup de choses, elle prenait la flamme de la bougie qu'on apportait sur la table pour une friandise, et, après s'y être souvent brûlé la langue, elle recommençait chaque fois que l'occasion s'en présentait.

Le mangabey sans collier est doux, familier, caressant, et ne fait de grimaces que quand il saute ou qu'il est en colère.

« On ne peut appeler grimaces, dit M. Boitard, les jolies petites mines que ces singes font quelquefois pour exprimer leurs désirs. J'en avais un tellement doux et privé, que je le laissais libre de courir dans toute la maison. Quand sa convoitise était éveillée pour un fruit ou un bonbon, il mettait son doigt index dans sa bouche, en appuyait le bout derrière ses incisives supérieures, en tournant la paume de sa main en dehors, et restait dans cette gracieuse attitude jusqu'à ce qu'on lui eût donné ce qu'il demandait avec un petit cri suppliant et répété : *Heu! heu! heu!*

« Il était du reste fort caressant et répétait fort doucement ce cri, quand on lui passait la main sur le dos. Il était fort peu capricieux, mais très-voleur, et il ne le cédait pas à la mone ni au roloway pour l'adresse qu'il mettait à commettre ses larcins. J'en citerai un exemple.

« Une femme de la campagne vint, un jour, m'apporter un présent d'œufs frais, qu'elle avait déposé dans un panier à deux couvercles. Comme le panier renfermait, outre les œufs, quelques objets assez lourds, elle l'appuya sur une table, sans l'ôter de son bras, et, debout, elle se mit à parler avec beaucoup d'attention. Quand elle eut fini, elle m'annonça ses œufs frais, retira le panier de son bras, l'ouvrit, et.... jugez de son étonnement quand elle n'y trouva plus

rien. Je m'amusai un moment de sa surprise et de sa confusion ; puis je la tirai
d'embarras, en soulevant l'oreiller d'un vieux sofa, et lui montrant ses œufs
dessous, car j'avais vu la manœuvre de Jacquot, nom que portait mon
mangabey.

« La bonne femme, en entrant, n'avait pas aperçu le petit animal. Celui-ci
avait profité de son incognito pour se glisser derrière elle, monter sur la table,
ouvrir le panier sans bruit, y mettre la main avec autant d'adresse que de précaution, pour n'être pas surpris en flagrant délit, enlever deux œufs, un dans
chaque main, les porter sous le coussin du sofa, et recommencer cette manœuvre jusqu'à ce qu'il les eût tous volés.

« Jacquot s'apercevait bien que je le suivais des yeux. Aussi, de temps à
autre, il s'interrompait et me jetait un regard suppliant, pour me mettre dans
sa complicité. Il crut probablement y avoir réussi ; car il entra dans une colère
terrible quand je révélai son larcin, et surtout sa cachette. Dans sa fureur, il
se jeta, non sur moi ni sur la bonne femme, qui ne s'était aperçue absolument de rien, mais sur les œufs ; il en saisit deux et se sauva debout à toutes
jambes.

« J'ai conservé ce charmant animal pendant deux ans, sans que jamais le
climat ait paru l'incommoder beaucoup. L'hiver, il quittait rarement le coin de la
cheminée, et il se chauffait les quatre mains à la fois, en tournant la paume
vers la flamme. J'avais un bon vieux chien auquel j'accordais le privilége de se
coucher auprès du feu, à cause de sa fidélité et des anciens services qu'il
m'avait rendus à la chasse. La place favorite de Jacquot était entre les quatre
pattes de ce vieux serviteur, qui, avec beaucoup d'indulgence, le souffrait couché le long de lui. Du reste, ces deux animaux vivaient dans la meilleure intelligence. Mon singe mourut empoisonné par accident. »

La guenon ascagne ou blanc-nez a les oreilles grandes, la face noire, à l'exception de la moitié du nez. Le roux, le gris, le blanc et l'olivâtre se rencontrent
dans son pelage. Ce joli singe est très-agile, très-doux, et s'apprivoise bien.
Toutefois, il ne supporte pas qu'on se moque de lui ; il se met en colère et pousse
des cris aigus ; mais une friandise, une caresse ou une parole d'amitié suffit
pour le calmer.

Plusieurs espèces de cercopithèques sont remarquables par leur beauté ;
d'autres, comme on le voit par les détails qui précèdent, font preuve d'intelligence, de réflexions et de sentiments affectueux. Presque toutes les ménageries
possèdent quelques-uns de ces animaux, qui supportent mieux les intempéries
de notre climat que la plupart des autres singes.

## Les macaques.

Les macaques ne diffèrent pas beaucoup des cercopithèques ; cependant ils
ont le corps plus gros, la tête plus volumineuse, la queue plus courte. Dans
quelques espèces même, elle manque tout à fait. Originaires de l'Asie, ils y
vivent, comme les guenons vivent en Afrique ; mais ils s'y montrent plus effron-

tément pillards. On voit en Algérie et au Maroc des macaques qui appartiennent au genre magot, et qui font de fréquentes excursions dans les jardins et les plantations. Quelques-uns d'entre eux seulement y pénètrent; mais la bande est échelonnée sur le parcours de la forêt à l'enclos, et les fruits passent de main en main avec une incroyable rapidité.

La toque ou macaque radié s'élève bien dans les ménageries et s'y fait remarquer par la gravité comique qui préside à toutes ses actions. Cet animal, très-familier dans sa jeunesse, est facile à instruire et fait preuve de beaucoup d'adresse. Quand deux ou trois toques sont enfermées dans la même chambre, elles se cajolent, se soignent, se peignent réciproquement, cherchent avec attention les puces et autres parasites qui vivent à l'abri de la fourrure de chacune d'elles, et les croquent avec un plaisir évident. Ce passe-temps n'est pas toutefois particulier aux macaques; tous ou presque tous les singes le connaissent et l'apprécient.

Les chats ou les chiens qu'on donne quelquefois pour compagnons de captivité aux macaques magots, deviennent de leur part l'objet des mêmes soins; ils sont obligés de se prêter à leurs caresses, et, s'ils ne veulent être châtiés, se montrer disposés à jouer chaque fois que cela plaît à leur seigneur et maître.

Franklin parle d'un gros chat qui, ayant eu l'impolitesse de s'endormir, puis de donner un coup de griffe au singe dont les taquineries l'agaçaient, fut saisi par la queue, suspendu dans la cage, pincé cruellement, et reçut en outre force coups de poings.

Le macaque rhésus, très-répandu dans l'Inde, y est l'objet d'un profond respect et des plus délicates attentions. Pour lui, on cultive dans les jardins des fruits délicieux, auxquels on ne se permettrait pas de toucher, et on laisse dans les champs, au moment de la récolte, la dixième partie de ce qu'ils ont produit. Ôter la vie à un de ces singes est un attentat digne des plus sévères châtiments, et les Européens ont besoin de savoir en quelle vénération les Hindous tiennent ces animaux pillards pour ne pas les tuer, quand l'occasion s'en présente.

La taille du rhésus n'excède guère soixante centimètres; son poil touffu varie du gris jaune au verdâtre à la partie supérieure du corps, et passe du jaune au blanc à la partie inférieure. Sa queue est courte; sa face et ses mains sont cuivrées; ses callosités sont d'un rouge éclatant.

Frédéric Cuvier donne les détails suivants sur un jeune singe de cette espèce, qu'il put observer au Muséum d'histoire naturelle :

« Immédiatement après sa naissance, le jeune rhésus s'attacha sous le ventre de sa mère, en s'attachant fortement de ses quatre mains au pelage, et porta sa bouche aux mamelons, qu'il saisit et qu'il ne quitta pas pendant environ quinze jours, gardant continuellement la même situation, toujours prêt à téter quand il en sentait le besoin, dormant quand sa mère était assise, mais ne lâchant pas, même pendant son sommeil, les poils qu'il avait saisis. Quant aux mamelons, il n'en abandonnait un que pour prendre l'autre, et c'est ainsi que les premiers jours de sa vie se sont écoulés, ne faisant pas d'autre mouvement que celui de sa langue pour téter et de ses yeux pour voir ; car, dès les premiers moments de sa vie, il parut distinguer les objets et les regarder véritablement; il suivait des yeux les mouvements qui se faisaient autour de lui.

« Les soins de la mère, dans tout ce qui tenait à l'allaitement et à la sécurité de son nouveau-né, étaient aussi dévoués, aussi prévoyants que l'imagination peut se le figurer. Elle n'entendait pas un bruit, n'apercevait pas un mouvement sans que son attention fût excitée et qu'elle manifestât une sollicitude qui se reportait entièrement sur lui. Le poids de ce petit ne paraissait nuire à aucun de ses mouvements ; mais tous étaient si adroitement dirigés, que, malgré leur vivacité et leur pétulance, jamais son nourrisson n'en souffrait; jamais elle ne l'a heurté, même légèrement, contre les corps très-irréguliers sur lesquels elle pouvait courir et sauter.

« Quinze jours après la naissance, le jeune rhésus se détacha de sa mère et montra dans ses premiers mouvements une prestesse tout instinctive. Dans chacune de ses gambades pour s'accrocher aux barreaux de sa prison, la tendresse maternelle se manifestait par une constante sollicitude, et, suivant tous ses mouvements d'un œil attentionné, sa mère semblait en surveiller les suites, afin de parer assez vite aux accidents qui pourraient en résulter.

« A mesure qu'il grandissait, elle cherchait de temps en temps à l'éloigner d'elle, non par indifférence, mais pour exercer ses organes. Dans le danger, au contraire, elle le serrait avec amour dans ses bras et boudissait dans sa prison, en calculant tous ses gestes, de manière à ce qu'il n'en arrivât point de mal à l'objet de ses affections. Ce jeune rhésus ne tarda pas à acquérir l'expérience de ses père et mère; mais on peut dire que, sous le rapport de la justesse du coup d'œil et de la certitude de la locomotion, il se montra, dès le début, aussi habile que les individus adultes. Après six semaines environ, il cherchait une nourriture plus substantielle que le lait, qui, jusqu'à ce jour, avait fait la base de son existence ; mais c'est alors que la mère montra le plus de sévérité; qu'à l'affût des aliments saisis par son enfant, et sans doute dans la crainte de son inexpérience, elle les lui arrachait des mains et s'efforçait d'empêcher qu'il n'y touchât. Pressé par la faim, ce jeune singe devenait très-entreprenant, s'attirait parfois des corrections, et n'obtenait qu'à force d'adresse quelques parcelles des vivres qu'on plaçait dans sa cage. »

Le macaque maimon est aussi appelé singe-cochon, parce que sa queue courte et mince se roule sur elle-même comme celle des pourceaux. Il est plus doux que beaucoup d'autres singes, s'apprivoise facilement, témoigne de l'affection à son maître et lui obéit. On utilise sa docilité dans les îles de Bornéo et de Sumatra, qu'il habite, en le faisant monter sur les cocotiers pour en détacher les fruits. Il les choisit fort bien, et jamais il ne jette à terre que ceux qui ont atteint leur maturité.

Le macaque magot est le seul singe qui vive encore à l'état libre en Europe. Sans qu'on sache d'où il y est venu, on le voit sur les rochers de Gibraltar. Toutefois, il n'y vit pas en grandes troupes comme dans le nord-est de l'Afrique. Un vieux mâle, prudent et courageux, conduit la bande et veille à sa sûreté. Le magot vit dans les montagnes, et se nourrit d'insectes, aussi bien que de racines et de fruits. Sa face, profondément ridée et des plus grimaçantes, est couleur de chair; le poil de son front est noir, sa barbe jaunâtre, et le reste de son corps passe du brun vert au jaune rougeâtre.

## Les cynocéphales.

Les cynocéphales, ou singes à tête de chien, ne ressemblent pas plus à ce bon et fidèle animal que l'orang-outang, le chimpanzé et le gorille ne ressemblent à l'homme.

Les cynocéphales, très-grands et très-robustes, diffèrent des autres singes en ce que leur tête présente un museau allongé, surmonté d'un gros nez, largement ouvert. Leurs mâchoires laissent voir des dents aiguës et tranchantes; leurs yeux annoncent la ruse et la férocité; leurs membres sont courts et forts; leur queue est plus ou moins longue, et leur pelage d'un gris tirant sur le jaune ou sur le vert, selon les espèces.

Les contrées montagneuses de l'Afrique sont leur séjour de prédilection. Cependant on les trouve aussi en Arabie. Ils sont lourds et grimpent difficilement aux arbres; mais ils se plaisent sur les rochers, avec lesquels on les confond lorsqu'ils y sont en repos.

Méchants, irascibles, rusés, ces singes peuvent cependant recevoir une certaine éducation lorsqu'ils sont jeunes; mais il ne faut jamais se fier à eux; car leur naturel sauvage et féroce reparaît, pour peu qu'on les contrarie.

Le cynocéphale nègre est le plus petit animal de sa famille; mais il en a les manières et les mauvais instincts. Hardi, remuant, querelleur, il maltraite les animaux avec lesquels il vit en captivité.

Au musée d'Anvers, deux cynocéphales nègres prenaient plaisir à tourmenter deux grands cercopithèques unis d'une étroite amitié. Ils grimpaient sur eux, les griffaient, les battaient, leur tiraient la queue, et, en entendant leurs cris et leurs plaintes, ils semblaient s'animer encore à les maltraiter.

Ce petit cynocéphale a la queue courte, le museau large et aplati. Sa face, d'un noir velouté, est nue, mais entourée de poils noirs qui figurent des favoris et qui se relèvent en aigrette sur la tête. Tout le corps est couvert de poils moins longs, également noirs, à l'exception du siége, dont la peau est rougeâtre.

On le trouve dans plusieurs îles de la mer des Indes.

A l'état sauvage, les cynocéphales vivent en troupes et attaquent ensemble leurs ennemis. L'homme leur inspire de la crainte, mais pas assez pour les empêcher de se défendre contre lui lorsqu'ils sont en nombre. Ils tiennent tête aux chiens et souvent les maltraitent cruellement; mais ils ont dans le léopard un terrible ennemi, sans lequel ils se multiplieraient à l'excès, au grand déplaisir des populations voisines de leurs montagnes.

Il serait difficile, pour ne pas dire impossible, de s'emparer de ces singes, si l'on n'exploitait, à cet effet, leur goût prononcé pour les liqueurs fortes. On place dans les lieux qu'ils fréquentent des jarres remplies d'eau-de-vie ; ils y boivent à longs traits, et l'on profite, pour les capturer, de l'ivresse dans laquelle ils tombent promptement. Ils apprennent à faire quelques tours d'adresse, et ils ont un instinct particulier pour trouver l'eau qui manque généralement dans ces brûlantes contrées.

Parmi les diverses espèces de cynocéphales, le babouin se fait remarquer par son intelligence, sa douceur et sa gentillesse. Il n'y a pas d'espiègleries qu'il ne fasse ; il est très-vif, très-gai, très-attaché à son maître, ce qui ne l'empêche pas d'aimer plusieurs animaux, tels que des chats, des chiens et même d'autres singes. Les bateleurs utilisent les dispositions du babouin ; mais ils préfèrent la femelle au mâle, parce qu'elle reste plus douce et plus aimable. Les indigènes les prennent tout jeunes, les élèvent et leur confient la garde de leurs maisons.

Cynocéphale nègre.

Une autre espèce de cynocéphale, le mandrill, passe pour le plus laid de tous les singes, avec son poil hérissé, teinté de noir et de vert olive, son nez rouge, sa face sillonnée de brun, ses mains et ses oreilles jaunes, sa barbe couleur de citron. Le rouge vif, le violet, le jaune de diverses teintes se rencontrent sur son corps robuste et trapu, qui a plus d'un mètre de hauteur.

Agile et vigoureux, féroce, colère et rancunier, il inspire aux indigènes une si grande crainte, qu'ils n'osent approcher des parties de la forêt où sa présence est signalée. « Les meilleurs traitements ne peuvent l'adoucir, dit F. Cuvier, et les actions les plus insignifiantes, un geste, un regard, une parole, suffisent pour exciter sa fureur ; mais aussi la circonstance la plus légère l'apaise, sans le rendre meilleur. Sa voix est sourde, semblable à un grognement, et formée des syllabes *aou, aou.*

« A l'état sauvage, toute sa force, toute sa puissance d'organisation ne sont mises en jeu que par les passions les plus grossières et les plus cruelles. Il déteste tous les êtres vivants, et ne semble pas avoir de plus grand plaisir que celui de la destruction. Ce penchant à déchirer tout ce qu'il peut atteindre se montre jusque sur les végétaux dont il fait sa nourriture : il se complait à les déchiqueter, à les éparpiller brin à brin, après les avoir brisés ou lacérés. »

Il devient, avec l'âge, d'une atroce méchanceté. Cependant, lorsqu'il est tout jeune, il se montre généralement doux et confiant.

Un mandrill qui vivait à la Tour de Londres attirait l'attention des visiteurs. Un pot d'étain à la main, il quêtait du porter, et avalait avec sensualité celui qu'il obtenait ainsi. Il mourut, dit-on, d'en avoir trop bu. Un autre singe de la même espèce aimait aussi le porter et fumait avec plaisir.

## Singes du nouveau continent.

Les chaudes latitudes de l'Amérique nourrissent des singes, aussi bien que celles de l'Asie et de l'Afrique; mais les singes du nouveau monde n'ont pas de représentants dans l'ancien, et aucune des espèces de l'ancien ne se trouve dans le nouveau.

Les singes américains ont généralement le corps grêle et les membres allongés; leurs narines sont percées de côté et non en dessous; ils manquent d'abajoues et de callosités fessières, et ils ont la queue longue.

Chez plusieurs d'entre eux, cette queue est prenante. Non-seulement elle leur sert de balancier et remédie à leur lourdeur naturelle; non-seulement ils l'enroulent aux branches des arbres sur lesquels ils veulent grimper, s'ébattre ou dormir, mais elle est pour eux une cinquième main, douée de plus d'adresse que celles dont tous les singes sont pourvus.

Les hurleurs, les atèles, les sapajous, les lagotriches et les ériodes forment la tribu des singes à queue prenante.

Les stentors, appelés aussi alouates et hurleurs, occupent, par leur taille, le premier rang parmi les singes de l'Amérique. Ils ont les membres bien proportionnés, la tête allongée, le museau saillant, la face entourée de longs poils, qui figurent une barbe et des cheveux. Ce qui les caractérise surtout, c'est le grand développement de leur larynx; aussi ont-ils la voix si forte, si retentissante, qu'ils lui doivent le nom de hurleurs.

C'est le matin et le soir, au lever et au coucher du soleil, que ces singes, qui vivent en troupes, font entendre tous à la fois des hurlements comparables à ceux que pousseraient une réunion de bêtes féroces. Cependant quelques voya-geurs disent que les stentors ne crient que pendant le jour, et seulement lorsqu'il fait chaud. Tant que dure ce désagréable concert, ils restent immobiles, les mâles sur les branches élevées des arbres, les femelles et les petits un peu plus bas.

Ces singes marchent lentement à terre, et n'y descendent que quand la soif les presse et qu'il leur est impossible de boire en se laissant pendre à la branche autour de laquelle leur queue est enroulée. On ne les voit jamais courir, ni jouer entre eux, comme les autres singes. Leur caractère est morose ; ils passent leur vie à dormir ; aussi ne cherche-t-on guère à les apprivoiser. Lorsqu'ils sont menacés, ils se réunissent en phalange et cherchent d'abord à effrayer l'ennemi par leurs cris ; lorsqu'ils sont attaqués, ils lui jettent tout ce qui se trouve sous leurs mains, et même, dit-on, leurs ordures. Puis, quand ils voient ces efforts impuissants, ils sautent de branche en branche avec tant d'agilité, que l'œil a peine à suivre leurs mouvements.

Singe hurleur se balançant à une branche.

Les indigènes, qui aiment beaucoup la chair de ces animaux, leur font une guerre acharnée. Quand une balle atteint les hurleurs, ils ne tombent pas toujours : blessés et même morts, ils restent suspendus aux branches par leur queue solidement enroulée, et les chasseurs ne peuvent souvent grimper assez haut pour les atteindre.

Plusieurs voyageurs disent que, quand un hurleur est frappé d'un coup de feu, ses compagnons sondent la plaie et en retirent les grains de plomb. Si le sang sort en abondance, quelques-uns compriment la blessure, pendant que d'autres vont chercher des feuilles qu'ils mâchent et poussent ensuite adroitement dans la plaie.

Les singes hurleurs habitent le bord des grands fleuves de la Guyane, de la Colombie, du Brésil et du Paraguay. On en compte plusieurs espèces, qui toutes ont à peu près les mêmes mœurs.

L'alouate doré a le poil d'un beau rouge, tournant au jaune sur le dos; le caraya a le poil noir et la peau rougeâtre sur toutes les parties que ce poil ne recouvre pas.

Les atèles, nommés aussi singes-araignées, ont les membres longs et menus, la tête petite et sans barbe, la queue mince et nue. Ils sont encore plus laids et moins vifs que les hurleurs, excepté cependant ceux de quelques espèces qui atteignent, y compris leur queue, une longueur de plus d un mètre. Ceux-ci sont doux, faciles à apprivoiser, et s'attachent généralement à ceux qui les soignent. Cependant on n'en voit guère en Europe que dans les jardins zoologiques. Ils doivent leur nom d'atèle, qui signifie incomplet, à ce que le pouce manque entièrement à la main antérieure, ou ne s'y montre que comme un tubercule dépourvu d'ongle.

Les sapajous, originaires du Brésil, ressemblent aux singes de l'ancien continent par leur vivacité, leur intelligence et leur espièglerie. Ils vivent en troupes, parmi lesquelles se rencontrent souvent plusieurs espèces. Leur pelage est très-varié, leur queue s'enroule autour des branches; mais elle ne devient jamais pour eux une cinquième main.

On leur donne le nom de singes pleureurs, parce qu'ils ont la voix douce et plaintive, ce qui ne les empêche pas de pousser de grands cris lorsqu'ils sont effrayés ou contrariés. On les appelle aussi singes musqués, à cause de leur odeur, et sajous par abréviation du mot sapajou.

Le saï ou capucin est un sajou très-intelligent, très-rusé, qui supporte bien la captivité lorsqu'il est pris jeune, mais qui ne tarde pas à mourir s'il perd sa liberté, après en avoir complètement joui. Il s'attache à ceux qui le traitent avec douceur; mais il se venge de ceux qui le tourmentent ou qui le taquinent, et avec eux il devient aussi rusé que méchant. Il est d'ailleurs très-délicat, s'enrhume facilement. et presque toujours est enlevé promptement par la phthisie, quand on l'amène en Europe.

Le sajou apelle ou sajou brun, très-commun à la Guyane, résiste mieux aux intempéries de notre climat. On en voit dans toutes les ménageries et chez la plupart des bateleurs.

Les lagotriches ou singes à queue de lièvre sont doux et intelligents. Ils sont plus grands que les sajous, ont le pelage doux et se tiennent sans trop de peine sur leurs mains de derrière.

Les ériodes se distinguent par leurs narines plus rapprochées que celles des autres singes du nouveau monde, par leurs ongles resserrés et tranchants comme des griffes, et par l'absence ou l'état rudimentaire du pouce antérieur; ils ne hurlent pas comme les stentors; mais leur voix ressemble aux claquements d'un fouet.

Les singes à queue non prenante sont les callitriches, les saïmiris, les nocthores et les sakis.

Les callitriches ou sagouins vivent au Brésil et au Pérou. Ils ont la tête ronde, les oreilles très-grandes et déformées. Leur queue longue et mince ne leur sert pas à saisir les objets et manque du ressort nécessaire pour s'enrouler solidement autour des branches. Ils sont doux, vifs, sociables, et leur gaîté les fait rechercher de ceux qui aiment à élever des singes. Malheureusement pour eux, la délicatesse de leur chair invite les habitants à leur donner la chasse.

Les callitriches ressemblent beaucoup aux sajous; aussi le saïmiri, classé parmi les callitriches, est-il parfois appelé sajou jaune.

Le saïmiri, dont le nom signifie belle chevelure, est un joli petit animal qui habite les forêts de la Guyane et du Brésil. Comme nos écureuils, dont il a la taille, les allures rapides et l'œil éveillé, il vit sur les arbres, où il se nourrit de fruits, de graines, d'insectes; cependant il recherche aussi les fourrés et les creux des rochers, où il fait sa proie de petits mammifères qu'il rencontre.

Saïmiri sur l'épaule de son maître.

« Par la gentillesse de ses mouvements, dit Buffon, par sa petite taille, par la couleur brillante de sa robe, par la grandeur et le feu de ses yeux, par son petit visage arrondi, le saïmiri a toujours eu la préférence sur les autres sapajous; et c'est en effet le plus joli, le plus mignon de tous; mais il est aussi le plus délicat, le plus difficile à transporter. Sa queue, sans être absolument inutile et lâche, comme celle des autres sagouins, n'est pas aussi musclée que celle des sajous; elle n'est, pour ainsi dire, qu'à demi prenante, et, quoiqu'il s'en serve pour s'aider à monter et à descendre, il ne peut ni s'attacher fortement, ni saisir avec fermeté, ni amener à lui les choses qu'il désire, et l'on ne peut plus comparer cette queue à une main, comme nous l'avons fait pour les autres sapajous. »

Ce charmant animal se distingue par ses formes élancées et gracieuses. Son corps tout mignon est orné d'une très-longue queue, et son pelage fin et brillant, dont la couleur dominante, tantôt rouge, tantôt grise ou jaune d'or, s'unit agréablement au noir, au blanc ou au jaune clair, est réellement admirable.

« Sa physionomie est celle d'un enfant, dit I. Geoffroy Saint-Hilaire; c'est la même expression d'innocence, quelquefois le même sourire malin, et constamment la même rapidité dans le passage de la joie à la tristesse ; il ressent aussi vivement le chagrin et le témoigne de même en pleurant. Ses yeux se mouillent de larmes lorsqu'il est inquiet ou effrayé. Il est recherché par les habitants pour sa beauté, ses manières aimables et la douceur de ses mœurs. Il étonne par son agitation continuelle ; cependant ses mouvements sont pleins de grâce.... »

Très-craintif et très-frileux, il se plaint quand la température s'abaisse. Souvent, lorsqu'il pleut, les saïmiris, qui vivent en bandes, se serrent les uns contre les autres, s'embrassent et enroulent leurs queues autour de leur cou pour se réchauffer. Ceux qui occupent le milieu de ces groupes sont joyeux; mais ceux qui ne peuvent y arriver, pleurent et font entendre des gémissements.

Pendant son sommeil, le saïmiri est assis, les jambes étendues, les mains de devant appuyées sur celles de derrière, le dos courbé et la tête touchant à la terre ou à la branche sur laquelle il est placé. Sa voix est un petit sifflement doux lorsqu'il témoigne de la joie ; ce sifflement devient plus ou moins aigu, s'il veut obtenir quelque chose, ou exprimer sa frayeur et sa colère.

Dans sa jeunesse, il est très-attaché à sa mère; si on le prend alors, il s'apprivoise bien, fait preuve d'intelligence et témoigne de l'affection à son maître. Il reconnaît, même sur des gravures non coloriées, les insectes dont il est friand, et il fait, dit Humboldt, un mouvement pour les saisir. Il a l'habitude bizarre, dit le même auteur, de regarder fixement la bouche des personnes qui parlent, et s'il parvient à s'asseoir sur leurs épaules, il approche ses mains de leurs lèvres, pour mieux saisir les paroles qui s'en échappent.

Le saïmiri ne se plaît que dans les forêts humides où il est né ; cependant on est parvenu à en nourrir plusieurs au Jardin d'Acclimatation du bois de Boulogne. Ce singe et d'autres non moins délicats y habitent des compartiments dans lesquels on pénètre par des portes à tambour, disposées de manière à éviter les courants d'air.

Le callitriche à collier n'est guère moins beau que le saïmiri et n'est pas moins gracieux. Sa queue est longue de quarante-huit centimètres, tandis que son corps n'en a que quarante. Sa face est d'un blanc bleuâtre, ainsi que ses mains, et ses petites oreilles sont mieux faites que celles des autres sagouins. Son pelage soyeux est d'un brun foncé, sur lequel tranche un épais collier de longs poils blancs.

Le sagouin à fraise n'a qu'un demi-collier blanc sur sa robe presque noire, et ses mains sont jaunes, au lieu d'être blanches.

Le sagouin mitré, dont le pelage est gris en dessous, a la queue roussâtre à son origine et noire à son extrémité. Il a au-dessus des yeux une grande tache blanche, entourée de noir, qui figure une mitre.

Le sagouin à mains noires est très-commun dans les forêts du Brésil, où il pousse des cris rauques au lever du soleil.

La viduita ou petite veuve, qui n'est peut-être qu'une variété du sagouin à collier, a le pelage presque noir, la gorge et les mains blanches, la queue à peine plus grande que le corps. Elle vit isolée, quoique les autres callitriches se rencontrent toujours en bandes de dix à douze au moins. Elle est très-rare, et paraît beaucoup plus douce qu'elle ne l'est réellement. Très-friande de viande fraîche, elle fait une guerre cruelle aux oiseaux et s'élance sur eux comme un chat. Elle est d'ailleurs très-agile, et rien n'égale la rapidité de sa fuite, quand elle aperçoit quelque autre singe ou qu'elle redoute un danger.

Les nocthores ou nyctipithèques forment un groupe très-remarquable. Ils vivent par couples, se nourrissent de fruits, de bananes, de cannes à sucre, et ne cherchent ces aliments que pendant la nuit. Ils dorment tout le jour, dans des nids de mousse ou de feuilles sèches, qu'ils cachent dans le tronc creusé des vieux arbres.

Callitriche à collier et son petit.

La lumière du soleil les éblouit; mais leurs yeux, qui ressemblent à ceux du hibou, les guident sûrement dans les ténèbres, et ils se dédommagent alors de l'immobilité qu'ils ont gardée.

Le douroucouli est le plus connu ou, pour parler plus juste, le moins inconnu des singes nocturnes. Il habite les forêts voisines de l'Orénoque, et quoiqu'il n'ait pas même trente centimètres du sommet de la tête à la naissance de la queue, il fait entendre la nuit un cri qui ressemble à celui du jaguar.

« Ce cri retentissant se rapproche et semble articuler les syllabes *muh, muh;* tout à coup il lui succède une sorte de miaulement, *é-i-aou*, tout aussi sinistre. Déjà l'Européen épouvanté porte la main à ses armes, lorsque l'animal féroce se laisse apercevoir aux rayons brillants de la lune.... C'est un titi-tigre, un douroucouli nocturne, à peine de la grandeur d'un petit lapin, moins dangereux qu'un

écureuil, et qui n'a aucune résistance à opposer à l'épagneul qui l'attaque ;
car sa lenteur et sa maladresse ne lui permettent de se servir ni de ses
dents ni de ses ongles pointus. Cependant il ne se rend pas sans avoir au
moins essayé de faire peur à son ennemi ; pour cela, il se hérisse, élève son
dos recourbé en arc, comme fait un chat ; il enfle sa gorge et pousse un cri
beaucoup moins terrible, mais tout aussi désagréable que le premier, *quer*,
*quer*. » (BOITARD.)

Le douroucouli aime beaucoup sa femelle. Il la protège, la défend avec
courage, et partage avec elle les soins qu'elle donne à ses petits. Il surprend, la nuit, les oiseaux dans les branches ou les couveuses sur leurs nids ;
il donne aussi la chasse aux insectes ; mais quand toute proie vivante lui
manque, il sait se contenter d'une nourriture végétale.

Un de ces singes, élevé à la ménagerie, y vivait de lait, de biscuits et de
fruits. Il était fort doux ; mais c'était une jeune femelle, et les femelles sont plus
faciles à apprivoiser que les mâles.

Saki satan à longue barbe.

Les sakis ressemblent aux sapajous. Ils en diffèrent toutefois par une queue
non prenante, mais très-touffue, qui leur a fait donner le nom de singes à queue
de renard. Ils ont la tête ronde, le museau court, les oreilles arrondies et de
moyenne grandeur. Ils vivent en petites troupes, dans les forêts vierges les moins
humides du Brésil, de la Colombie et de la Guyane.

Ce sont plutôt des animaux crépusculaires que nocturnes ; ils dorment la nuit
comme le jour, et ne cherchent leur nourriture que le matin et le soir. Ils sont
doux, timides, et ne s'apprivoisent que difficilement. Ils vivent de fruits, d'insectes,
et sont très-friands de miel. On dit que les sajous les suivent de loin, à la recherche des ruches d'abeilles sauvages, qu'ils battent les sakis à outrance et les
forcent à fuir, en abandonnant leur butin.

Les sakis forment deux groupes distincts : les vrais sakis, qui ont la queue à
peu près aussi longue que le corps. Plusieurs possèdent en outre une chevelure

et une barbe qui les font paraître méchants, quoiqu'ils ne le soient pas. Le second groupe est formé des sakis à courte queue. Parmi les premiers, le saki à tête noire ou à tête blanche et le saki satan doivent ces noms à la couleur de leur pelage.

Le capucin de l'Orénoque est d'un roux marron; il a la barbe longue et touffue et sa chevelure, séparée en deux par le milieu, se relève en huppe de chaque côté de la tête. Il prend les plus grandes précautions pour ne pas mouiller sa barbe, quand il boit au bord d'un ruisseau. Il y puise de l'eau dans le creux de sa main, et recommence jusqu'à ce qu'il soit complétement désaltéré. Toutefois il paraît que plusieurs espèces de singes boivent ainsi.

## Famille des ouistitis.

On désigne sous ce nom et sous celui d'arctopithèques, qui signifie singes à mains d'ours, une famille de quadrumanes dont les mains antérieures sont des pattes armées de griffes, et dont le pouce n'est pas opposable aux autres doigts. Ils ont la tête ronde, le museau court, la face aplatie, les yeux petits, les oreilles grandes et velues. Leur corps est élancé, leur queue longue et touffue, leur poil brillant et soyeux. Leurs narines, éloignées l'une de l'autre, sont percées latéralement dans l'épaisseur du mufle, et ils n'ont que deux molaires de chaque côté de la mâchoire, tandis que les autres singes du nouveau monde en ont trois.

Ces petits animaux, très-vifs, très-gracieux, vivent en petites bandes dans les forêts vierges de l'Amérique méridionale. Ils se nourrissent de jeunes feuilles, de graines, de fruits, d'insectes, d'œufs et même d'oiseaux, qu'ils poursuivent de branche en branche avec une merveilleuse agilité. A terre, ils mangent les limaçons, les lézards, et, sur le bord des eaux, ils saisissent et dévorent, dit-on, les petits poissons.

Ils ont plus d'un trait de ressemblance avec les écureuils. Comme eux, ils grimpent aux arbres, en enfonçant leurs griffes dans l'écorce, et souvent aussi ils se couchent à plat sur quelque branche. Ils sont très-craintifs, s'enfuient au moindre bruit et se blottissent de telle sorte à la naissance de deux grosses branches, qu'il est impossible de les y apercevoir. En tout temps, d'ailleurs, l'épaisseur du feuillage les dérobe aux regards ; mais le sifflement *ouistiti* qu'ils font entendre pour s'appeler les uns les autres, les dénonce aux chasseurs.

Quand on parvient à les prendre vivants, ils mordent, en hérissant leurs poils ; et quand on les élève en captivité, ils se montrent méfiants et irascibles, ne caressent pas leurs maîtres et n'aiment pas à en être caressés. Cependant on les recherche, parce qu'ils sont mignons et jolis. Ils supportent bien la captivité, même dans nos pays, et l'on en a vu se reproduire au Jardin des Plantes de Paris et même à Saint-Pétersbourg.

« Le mâle et la femelle ne se quittent jamais, dit Boitard, et cependant ils paraissent avoir assez peu d'affection l'un pour l'autre. La femelle montre une sorte de férocité dans des circonstances où presque tous les animaux développent

6

les sentiments de tendresse que leur a dévolus la nature. Ainsi elle met bas trois ou quatre petits, et, assez ordinairement, elle débute dans les soins maternels par manger la tête d'un ou deux. Ce n'est que lorsqu'ils sont parvenus à saisir la mamelle, chose qu'ils cherchent à faire aussitôt qu'ils sont nés, qu'ils sont à peu près sûrs de n'être pas dévorés. Dans la suite de leur éducation, elle ne montre pas plus de tendresse. Les petits se cramponnent sur son dos ; et quand elle consent à les porter, ce n'est pas pour longtemps. Au moindre embarras qu'ils lui causent, à la plus petite fatigue, elle se frotte le dos contre une branche ou un tronc d'arbre, au risque de les écraser, les force ainsi à la lâcher, s'en débarrasse et s'en va, sans s'inquiéter davantage de ce qu'ils deviendront.

Ouistiti à pinceaux.

« Heureusement pour eux que, s'ils ont une mauvaise mère, leur père se montre beaucoup plus affectueux. En entendant leurs cris de détresse, il vient à leur secours, les place sur son dos et les porte. De temps à autre, il rejoint la femelle et les lui présente pour qu'elle leur donne à téter, ce qu'elle fait presque toujours en rechignant. »

Ceux qui se sont reproduits à Paris n'ont jamais voulu élever leurs petits pendant plus de quinze à vingt jours. Ils les laissaient ensuite mourir, faute de soins et de nourriture.

La famille des ouistitis comprend deux genres : les ouistitis proprement dits et les tamarins.

Les ouistitis sont de plusieurs espèces, qu'on désigne sous divers noms, d'après la disposition et la couleur des poils qui ornent leur tête.

L'ouistiti vulgaire n'a pas plus de seize centimètres de longueur ; mais sa queue, annelée comme celle d'un chat, est deux fois plus grande que son corps. Sa face, couleur de chair, est semée de poils blanchâtres ; sa croupe et les côtés de son dos sont rayés d'étroites bandes noires, blanches, jaunes, et quelquefois d'un roux vif. Son front est marqué d'une tache blanche, et, de chaque côté de la tête, au-devant des oreilles, s'étend une longue touffe de poils raides, appelés pinceaux.

Six espèces d'ouistitis ont des pinceaux noirs ou blancs. Leur pelage ondé varie de couleur, sans cesser d'être agréable.

Le tamarin n'a pas de pinceaux ; ses oreilles nues sont longues et lui ont fait donner le surnom de Midas ; mais une crinière élégante, et plus ou moins longue, entoure son visage et retombe gracieusement en arrière. Il n'est ni plus grand ni moins beau que les autres ouistitis ; son pelage offre des teintes variées, dans lesquelles dominent le jaune d'or, le roux vif et le marron tranchant sur le noir.

Il est très-gracieux dans tous ses mouvements ; mais son intelligence est peu développée et son caractère capricieux et irascible. Ses accès de colère sont plus risibles que dangereux ; car ses mâchoires ont trop peu de force pour que ses dents puissent entamer la peau.

Le marikina, un peu plus robuste que les autres tamarins, se rapproche plus encore de l'écureuil. Il est très-propre, très-craintif, et déteste la solitude. En liberté, il vit d'insectes et de fruits doux ; réduit en servitude, il mange volontiers du lait, du biscuit, des fruits, des sauterelles ; mais, s'il est seul de son espèce, il ne tarde pas à mourir de chagrin.

Le singe-lion n'a de menaçant que son nom. C'est le plus petit animal de la famille des ouistitis. Le Jardin d'Acclimatation, à l'époque de la dernière exposition universelle, en possédait un, dont la fourrure, d'un roux éclatant, très-longue et très-soyeuse, faisait l'admiration de tous les visiteurs.

## Famille des lémuriens ou makis.

On désigne sous le nom de faux singes ou makis une famille d'animaux dont l'organisation se rapproche de celle des chéiroptères, et qui semble former un trait d'union entre les singes et les chauves-souris. On les appelle aussi lémuriens, mot qui signifie spectre, parce que c'est la nuit seulement qu'on les voit gambader sur les arbres, à la recherche des fruits, des insectes, des petits oiseaux et de leurs œufs.

Les lémuriens ont le corps grêle, le museau allongé, comme celui du renard, les yeux ronds et grands, les membres terminés par des mains dont le pouce est opposable, la queue touffue et très-longue dans plusieurs espèces. Ils dorment pendant le jour, mais d'un sommeil très-léger ; ils ne sont agiles que la nuit, et ils la saluent par des cris plus retentissants que ne pourrait le faire supposer leur petite taille. Plus propres et moins méchants que les singes, ils s'habituent à vivre dans les maisons, comme les chiens et les chats.

Les makis proprement dits forment le premier genre de cette famille et se subdivisent en un grand nombre d'espèces, dont les plus remarquables sont : le maki vari, tacheté de noir et de blanc; le maki rouge, dont le pelage, d'un roux vif, tranche avec le noir du museau, des mains, de la poitrine, de la queue; le maki brun; les makis à front blanc et à front noir, et le mococo, dont le pelage varie du gris au rouille, et dont la queue est annelée de noir et de blanc.

Comme tous les singes, les makis craignent le froid; cependant, un mococo a vécu dix-neuf ans en France et a fini ses jours à la ménagerie du Muséum. « On le tenait l'hiver, dit Et. Geoffroy Saint-Hilaire, à la portée d'un foyer au-devant duquel il s'asseyait, en étendant les bras pour les approcher plus près du feu; c'était aussi sa manière d'aller se chauffer au soleil. Il aimait le feu au point de se laisser souvent brûler les moustaches et le visage, avant de se décider à s'éloigner à une distance convenable, ou bien il se contentait de détourner la tête, tantôt à droite, tantôt à gauche. »

Ce singe vivait de pain, de fruits, de légumes et de viande cuite. Il était friand d'œufs et de liqueurs fortes. Très-remuant et très-curieux, il touchait à tout; aussi fallait-il le surveiller constamment pour le laisser en liberté. Il était d'ailleurs très-doux, recevait les caresses avec plaisir, mais ne témoignait à personne une affection particulière.

Les loris, appelés aussi singes paresseux, sont de jolis petits animaux, au corps élancé, au museau pointu, au pelage soyeux, de couleurs variées.

Le loris grêle, qui habite les forêts de l'île de Ceylan, se tient, dit-on, fort bien sur ses pieds de derrière, et grimpe aux arbres avec beaucoup d'agilité. Le mâle cueille les fruits, les goûte et les passe à la femelle, qui paraît les recevoir avec reconnaissance.

Le loris tardigrade rampe plus qu'il ne marche, et ne fait preuve de vivacité que quand il s'agit pour lui de saisir des insectes ou des oiseaux, qu'il aime avec passion. Il grimpe la face tournée vers le sol, et marche aussi à reculons; c'est ce qui lui a valu le surnom de tardigrade.

Les galagos sont aussi des singes nocturnes, qui, pour dormir, se cachent la tête entre leurs mains et couvrent en outre leurs yeux de leur queue touffue.

Une petite espèce de ce groupe, désignée sous le nom de rat de Madagascar, et une plus petite encore, appelée galago-souris, sont remarquables par leur gentillesse et leur beauté.

## Famille des chéiromys.

Un animal découvert à Madagascar, vers la fin du siècle dernier, forme à lui seul la famille des chéiromys. C'est l'aye-aye, ainsi nommé des cris d'étonnement poussés par les habitants de la côte, lorsqu'ils le virent pour la première fois.

L'aye-aye ressemble à l'écureuil par sa taille, sa forme, ses dents et sa queue touffue; mais sa grosse tête arrondie, ses membres postérieurs terminés par de longs doigts et un pouce opposable, enfin l'existence de deux mamelles seulement chez la femelle, le rapprochent des makis, et ont décidé les naturalistes à le classer parmi les quadrumanes.

Cet animal craint encore plus la lumière que les lémuriens, et même, pendant la nuit, le moindre bruit l'effraie. On suppose qu'à l'état libre, il se nourrit d'insectes et de larves cachées sous l'écorce des arbres ; mais, en captivité, il ne vit que de riz cuit et de lait. Sa taille est d'un mètre, la queue comptant pour moitié.

## Famille des galéopithèques.

Les galéopithèques ou chats-singes, dont on ne connaît qu'un petit nombre d'espèces, habitent les îles de la Sonde, les Moluques, les Philippines et la presqu'île de Malacca.

Ils vivent de fruits, d'insectes et de petits oiseaux, qu'ils cherchent pendant la nuit. Ils passent tout le jour à dormir, suspendus aux branches par leurs mains de derrière, à la manière des chauves-souris. Des naturels, friands de leur chair, qui cependant exhale une odeur désagréable, profitent de ce long sommeil pour s'en emparer.

Les galéopithèques se distinguent de tous les autres singes par une membrane velue qui les enveloppe de chaque côté du corps, depuis le cou jusqu'au bout de la queue, en passant par leurs doigts, armés de griffes rétractiles.

Cette membrane, qui leur permet de se soutenir en l'air, les a quelquefois fait appeler singes ailés ; mais, quoique plusieurs auteurs aient dit qu'ils franchissent en volant une distance assez considérable, il est à croire qu'ils sont seulement munis d'un parachute Quoi qu'il en soit, ils courent avec facilité, la membrane qui pourrait embarrasser leur marche se collant à leur corps, lorsqu'ils sont à terre.

Ils n'ont ordinairement qu'un petit à la fois. La mère le laisse, pendant deux ou trois jours, dans un nid d'herbes sèches, caché dans un tronc d'arbre ; puis elle l'emporte et ne le quitte plus. Soit qu'elle chasse, soit qu'elle dorme, elle le tient dans sa membrane déployée, dont elle lui fait un hamac.

Là finit l'ordre des quadrumanes, le galéopithèque étant un animal de transition, qui tient presque autant de la chauve-souris que du singe.

FIN DE LA PREMIÈRE PARTIE.

# DEUXIÈME PARTIE.

## CHÉIROPTÈRES. — INSECTIVORES. — RONGEURS. — CARNASSIERS.

## I.

### ORDRE DES CHÉIROPTÈRES.

Chauves-souris. — Vespertilions. — Roussettes. — Vampires.

Le nom de chéiroptères, par lequel les naturalistes désignent les chauves-souris, est formé de deux mots grecs qui signifient main ailée.

Les anciens prenaient pour des oiseaux nocturnes ces animaux qui, après le coucher du soleil, pendant les beaux jours de l'été, sortent des clochers, des carrières, des cavernes, des édifices en ruines, et même des troncs d'arbres, dans lesquels ils demeurent cachés pendant le jour. Toutefois, ils les distinguaient des autres oiseaux, en disant qu'ils avaient des ailes de peau.

On sait aujourd'hui que les chauves-souris sont des mammifères qui volent, grâce à la transformation de leurs mains en deux ailes très-développées. Ces mains ont le pouce court, écarté, muni d'un ongle robuste. Les autres doigts en sont dépourvus. Très-minces, très-allongés, ils sont réunis par une membrane qui, lorsqu'elle est repliée, ressemble à un parapluie fermé dont ces doigts seraient les baleines.

Cette membrane, transparente et nue, est plus ou moins étendue entre les membres inférieurs; mais les doigts des pieds sont libres, courts, armés d'ongles forts et crochus, par lesquels les chauves-souris se suspendent la tête en bas, pour se reposer et dormir.

Par leur organisation intérieure, par les poils qui les couvrent, par leurs mamelles placées très-haut sur la poitrine, par les soins qu'elles donnent à leurs petits, lorsqu'elles les portent enveloppés dans leurs ailes et pressés contre leur sein, elles occupent un des premiers rangs de l'échelle animale; mais leur structure extérieure prouve que l'air est leur élément. A terre, leur marche est grotesque et peu agile; on les y voit rarement d'ailleurs, une station élevée rendant leur élan plus facile.

Les chauves-souris ont le corps ramassé, le cou très-court, la tête longue et épaisse, la bouche large, garnie de dents qui ressemblent à celle des insectivores, mais dont cependant la forme et le nombre varient, la nourriture n'étant pas la même pour toutes les espèces.

Les oreilles très-grandes, très-largement ouvertes, les narines revêtues au dedans de feuilles membraneuses, prouvent que, chez ces animaux, l'ouïe et l'odorat ont une rare perfection, qui toutefois est encore plus remarquable dans le toucher.

La membrane qui leur sert d'aile est douée d'une extrême sensibilité, qui leur permet de se guider dans les ténèbres les plus épaisses.

« Quelques voyageurs, dit le docteur Franklin, ont trouvé dans les hypogées de l'ancienne Égypte des légions de chauves-souris, qui naissent, meurent et se reproduisent là depuis une longue série de siècles. Ces animaux vivent dans les souterrains, au milieu des plus profondes ténèbres, et dirigent leur vol avec une sûreté parfaite. Si quelque chose les étonne, c'est la lumière.

« L'apparition des flambeaux dans les sourdes demeures de la mort a plus d'une fois aveuglé ces animaux volants, et plusieurs d'entre eux venaient brûler leurs ailes à la flamme ou buttaient, tout effarés, le front des indiscrets visiteurs. Ces chauves-souris, condamnées à une nuit perpétuelle, à une nuit sans astres, ne trouvent très-certainement leur chemin dans ces labyrinthes sinistres qu'au moyen de la réaction de l'air sur les surfaces de leur corps, principalement sur le front, le nez et les organes du vol. »

Les yeux des chauves-souris ne semblent pas cependant organisés pour voir dans une complète obscurité; mais il résulte d'expériences faites par des naturalistes que, même privées de la vue, elles dirigeaient leur vol sans la moindre hésitation, évitant les recoins, les meubles, le plafond de la chambre dans laquelle on les avait lâchées, et s'échappant par la porte, sans toucher le chambranle.

Les chauves-souris sont des animaux hibernants, c'est-à-dire qu'aussitôt que les premiers froids se font sentir, elles se retirent dans leurs demeures habituelles, s'y engourdissent et y passent tout l'hiver, sans prendre de nourriture. Les pieds en l'air, la tête en bas, elles ressemblent à des toques noires suspendues aux murailles, et parfois elles sont en si grand nombre, qu'elles pourraient se soutenir ainsi sans le secours de leurs ongles. On peut alors les toucher, les secouer, les jeter en l'air sans qu'elles donnent signe de vie, à moins qu'on ne les tienne assez longtemps dans les mains pour leur rendre quelque chaleur. Quand on les réveille, en les approchant du feu, elles en meurent presque toujours.

A la fin de l'hiver, elles sont d'une maigreur excessive ; car elles ont vécu aux dépens de la graisse qu'elles avaient amassée pendant l'été ; mais l'appétit leur revient avec les beaux jours. Une grande chauve-souris peut manger en un seul repas une douzaine de hannetons, et toutes, petites et grandes, font une forte consommation de mouches, de cousins, de papillons de nuit, d'insectes de toutes sortes. Ce sont autant d'ennemis dont elles nous délivrent, et c'est bien mal reconnaître un tel service que de détruire ces animaux.

Ils ont droit à la protection de tous, aussi bien que les hirondelles, qui pendant le jour donnent, comme eux, la chasse aux insectes nuisibles.

Chauve-souris.

La superstition, compagne de l'ignorance, a fait des chauves-souris un objet de répulsion et d'effroi. La mythologie avait donné leur ressemblance aux Harpies ; le moyen-âge les choisit pour l'emblème du démon ; et quand on nous dépeint l'antre d'une sorcière, le crapaud et la chauve-souris y trouvent toujours place. Aujourd'hui, on ne croit plus aux sorcières ; cependant la réprobation poursuit encore un animal qui ne nous fait que du bien. C'est à tort qu'on prétend que les chauves-souris aiment à se suspendre aux cheveux des femmes ou à se cacher dans les rideaux des lits ; c'est un conte fait à plaisir, pour augmenter l'effroi qu'inspirent leurs formes bizarres et leur apparition aux heures où les oiseaux ont cessé de voltiger dans les airs.

« Dans nos pays, dit Franklin, il est rare que l'homme se familiarise avec les chauves-souris ; mais, en Orient, il est peu de maisons habitées dans lesquelles ces animaux ne vivent en assez bonne intelligence avec les maîtres du lieu. J'ai vu un grand nombre de ces mammifères ailés s'accrocher aux arcades des caves de Bagdad. Or, ces caves fraîches sont habitées pendant l'été. Je les ai vus même se fixer au plafond haut et voûté des appartements du premier étage. Nous les avions ainsi continuellement pour compagnons de chambre. Jamais une seule de ces chauves-souris ne changeait de position pendant la journée. De la masse fourrée et informe sortait pourtant, çà et là, une tête qui jetait sur nous un regard curieux. Cela arrivait même assez souvent pour montrer que si ces chauves-souris étaient immobiles, ce n'était pas le seul besoin de sommeil qui les tenait en repos. Le bruit ne semblait point les incommoder. Si nous les touchions, elles fuyaient tout d'abord; mais bientôt elles revenaient et se reformaient en grappes dans le même endroit. »

Le même auteur dit avoir vu dans des fermes de l'Angleterre des chauves-souris apprivoisées. Elles vivaient dans la même chambre que la famille du fermier. Quelques-unes d'entre elles venaient prendre des mouches entre les lèvres d'une des personnes réunies autour de la vieille table de chêne, pendant les tièdes soirées d'automne.

« Une chauve-souris, appelée noctule, continue-t-il, ne voulait pas toucher les mouches en état de captivité, mais dévorait avidement la viande crue et hachée. Le seul insecte qu'elle voulût prendre était le hanneton commun, et encore la plupart du temps cet insecte était rejeté. Cette chauve-souris était heureusement pourvue d'un jeune, de sorte que l'on put étudier sur elle la manière dont ces animaux nourrissent leur progéniture....

« Le jeune était complétement enveloppé dans les plis de l'aile maternelle, qui se trouvait ainsi transformée en un berceau chaud et moelleux. Ce berceau n'avait pas seulement pour avantage de réchauffer le tendre nourrisson; il l'empêchait encore de tomber. La mère tenait ainsi son nouveau-né si étroitement emmaillotté, qu'on ne pouvait plus le voir du tout....

« Une chose à laquelle peut-être on ne s'attend pas, c'est que les chauves-souris sont extrêmement coquettes. La plupart de celles qu'on a été à même d'observer se montraient très-délicates et très-scrupuleuses sur le chapitre de la toilette. On les a vues passer un temps considérable à se peigner elles-mêmes, avec leurs pieds de derrière. Se peigner, il n'y a encore rien là de bien extraordinaire; mais faire sa raie, voilà qui annonce un soin particulier de sa personne. Eh bien! les chauves-souris partagent leur poil avec autant d'exactitude et de précision qu'en met une jeune lady à diviser en deux sa chevelure. Nos petites-maîtresses (ce sont les chauves-souris que je veux dire) tracent une belle ligne droite depuis la tête jusqu'à la queue, en passant par le dos. »

Les chauves-souris n'ont ordinairement qu'un petit, quelquefois deux. Ils naissent aveugles, sourds et nus; mais au bout de deux ou trois jours ils sont presque entièrement vêtus; ils commencent à entendre, mais il faut dix jours pour que leurs yeux soient ouverts. Les poils des chauves-souris sont minces à la racine, puis plus épais et roulés en spirales; un peu plus loin, ils s'amincissent et s'épaississent encore, avant de finir en pointe. Souvent un développement extraordinaire de la peau couvre le nez d'excroissances de diverses formes, qui ne contribuent pas à embellir ces étranges animaux. Quelques-uns ont les oreilles plus longues que le corps; chez d'autres, elles sont très-larges et soudées, à la base, en un seul pavillon fermé.

Le vol des différentes espèces de chauves-souris dépend de la forme de leurs ailes; celles qui les ont longues et étroites volent rapidement, sans hésitation et sans fatigue; celles qui les ont courtes et larges volent lourdement, à peu de distance du sol, changent rarement de direction et éprouvent bientôt le besoin de se reposer.

L'Europe ne compte guère plus d'une trentaine d'espèces de chauves-souris, et toutes sont de petite taille. Dans les pays chauds, on en voit de fort grandes, et plus la température des contrées qu'elles habitent est élevée, plus leur nombre est considérable. En Espagne, en Italie, dans tout le sud de l'Europe, on ne les voit guère voler isolément, mais s'ébattre et se poursuivre dans les airs, tout en faisant activement la chasse aux insectes. Dans les Indes, c'est par bandes innombrables qu'elles se montrent, dès que la nuit tombe; elles volent dans les jardins, autour des maisons, entrent dans les appartements, sans que leur présence cause la moindre frayeur.

Il y a des chauves-souris qui se nourrissent de fruits, et qui, pour cette raison, vivent dans les forêts ou fréquentent les jardins; mais le plus grand nombre préfère les insectes. Leur voracité est si grande, qu'elles se laissent parfois prendre à l'hameçon auquel on a attaché une proie vivante. C'est ainsi qu'on s'en empare. Il est très-difficile de les abattre à coups de fusil, parce qu'en volant elles font des crochets continuels.

Elles s'apprivoisent facilement; mais elles ne vivent pas longtemps en captivité. A l'état libre, elles s'accommodent de n'importe quelle retraite, pourvu qu'elle soit chaude, bien abritée, et surtout pourvu qu'on ne les y dérange pas. Si on les y inquiète, elles l'abandonnent pour un temps, souvent même pour toujours.

Plusieurs espèces vivent en bonne intelligence et passent ensemble l'hiver; d'autres se détestent et s'entretuent. Il va sans dire que jamais on ne les trouve réunies, ne fût-ce qu'une journée.

Près de Châteaudouble, dans le département du Var, une grotte, à laquelle on parvient par un étroit couloir, après avoir traversé une première grotte ornée de stalactites, sert d'asile à une multitude de chauves-souris, et cela depuis bien des siècles; car leurs excréments y ont formé une profonde couche dans laquelle on a découvert des débris d'animaux dont la race a disparu.

On connaît un très-grand nombre d'espèces de chauves-souris; car ces mammifères volants sont répandus partout. On peut les partager en trois principales familles : les vespertilions, les roussettes et les vampires.

La famille des vespertilions se divise en trois groupes, qu'on distingue entre eux par la conformation du nez. Le premier de ces groupes se subdivise en trois genres : les taphiens, les noctilions et les molosses, qui ont tous le nez simple. Le second, celui des nyctères, a le nez creusé d'une cavité; le troisième, qui comprend les rinolophes et les mégadermes, a le nez surmonté d'un appendice ou feuille, dont la forme varie.

Les vespertilions ou chauves-souris proprement dites ont les lèvres simples, la langue courte, la tête allongée et velue. Leurs oreilles ovales sont aussi grandes que leur tête; leur poil, d'un brun roussâtre ou d'un gris cendré, est d'une teinte plus claire à la poitrine et au ventre que sur le dos. Leurs oreilles, rarement unies à la base, ont un oreillon interne que l'animal peut fermer, et comme plusieurs espèces de singes, ces chauves-souris ont reçu de la nature des abajoues pour emmagasiner leurs provisions.

On les trouve dans toutes les parties du monde, à l'exception des contrées froides.

Les vespertilions sont généralement de petite taille; mais leur appétit est prodigieux, et ils nous rendent de véritables services en dévorant des quantités considérables d'insectes nuisibles.

Les représentants les plus connus de ce groupe sont le vespertilion murin, le plus grand de tous, qui habite en Europe les clochers, les ruines, et qui joint volontiers à sa nourriture ordinaire la chair fraîche ou corrompue. Comme toutes les chauves-souris, il exhale une odeur de musc peu agréable.

La pipistrelle est à peu près de la taille d'une souris, et lui ressemble par sa couleur grise, légèrement teintée de roux. Elle a les oreilles droites, les yeux petits, les ailes longues et noires. C'est la chauve-souris commune. Elle fréquente la lisière des bois, les promenades ombragées, et cherche souvent sa nourriture en rasant les eaux où abondent les cousins et les papillons nocturnes.

La barbastelle, de couleur plus foncée que la pipistrelle, est marquée de taches blanches. Un naturaliste anglais, M. Bell, a eu pendant quelque temps une de ces chauves-souris en sa possession. C'était un animal timide, qui ne montrait aucune disposition à se familiariser avec lui. Il vivait de viande et d'eau, comme les autres chauves-souris dont il partageait la captivité; il s'engourdissait plus tôt qu'elles; mais quand on l'éveillait, il se montrait fort remuant et mordait avec violence les fils de fer de sa cage. Quand on l'en laissait sortir, il volait à travers la chambre, mais plus lentement et moins haut que ses compagnes. Il aimait à se poser devant l'âtre, sur le garde-feu, et semblait heureux d'en recevoir la chaleur.

La noctule, un des vespertilions les plus communs en France et dans presque toute l'Europe, a le pelage d'un brun rougeâtre et les ailes noires. On la trouve aussi en Afrique et dans l'Asie centrale. Elle est très-forte, très-vigoureuse; son vol rapide et élevé peut lutter avec celui de l'hirondelle. Elle se plaît dans les forêts, les parcs et les lieux ombragés.

L'oreillard, ainsi nommé de ses oreilles démesurées, qui atteignent presque la longueur de son corps, est peut-être le plus étrange des animaux de notre pays.

« Quand il est en repos, dit M. Boitard, ses oreilles se plissent en travers, se raccourcissent et finissent par recouvrir le canal auditif, en disparaissant presque, ou du moins en ne montrant que des proportions ordinaires. Cette faculté lui est d'autant plus nécessaire qu'il habite nos maisons, nos cuisines même, et se loge le plus souvent dans des trous de murs, où ses oreilles le gêneraient beaucoup et seraient constamment froissées, s'il n'avait le pouvoir de les replier, à peu près comme les membranes de ses ailes.

« Beaucoup plus commun chez nous que la chauve-souris ordinaire, s'il échappe à l'observation, c'est parce qu'il sort plus tard de sa retraite, qu'il vole avec une rapidité telle, qu'à peine peut-on l'apercevoir dans l'obscurité, outre que ses petites dimensions favorisent son incognito. Il marche sur la terre avec plus de facilité que les autres animaux de sa famille, et je l'ai vu quelquefois grimper contre de vieux murs avec autant d'agilité que pourrait en mettre une souris.

« Son vol est très-irrégulier, très-capricieux, et l'on dirait qu'il prend à tâche de ne pas parcourir trois toises en ligne droite. Il monte, il descend; il tourne à droite, à gauche ; il va, il revient ; et tout cela par des mouvements brusques et anguleux, qu'il est presque impossible de suivre avec les yeux. Comme la chauve-souris, il est très-curieux ; et si l'on veut l'attirer en quelque endroit, il ne s'agit que d'agiter un linge blanc autour d'un bâton ; il viendra aussitôt voltiger autour, jusqu'à ce qu'il ait reconnu cet objet étrange pour lui. Alors, il se remet en chasse et saisit dans les airs les plus petits insectes.

« Ses oreilles monstrueuses ne lui ont pas été données inutilement par la nature. Je ne pense pas, comme Cuvier, qu'elles lui servent beaucoup pour recevoir les impressions de l'air et reconnaître la présence des corps contre lesquels il pourrait se heurter ; mais je crois que le sens de l'ouïe est prodigieusement développé chez lui, parce qu'il remplace jusqu'à un certain point celui de la vue, ou du moins il lui est un puissant auxiliaire. En effet, comment l'oreillard, avec des yeux très-petits, presque cachés dans les poils de son front, pourrait-il, surtout lorsque la nuit est noire, apercevoir à une certaine distance les insectes dont il se nourrit ? Il ne les voit pas, j'en suis persuadé ; mais il les entend bourdonner, et alors il se précipite vers l'endroit où son oreille l'appelle, le parcourt dans tous les sens, y fait mille tours et détours, toujours en obéissant à son guide, jusqu'à ce que sa faible vue ait découvert l'objet de ses recherches et qu'il ait pu le saisir. Il me semble que ceci expliquerait assez bien l'irrégularité de son vol et les mille crochets brusques qu'on lui voit décrire, dans un espace quelquefais très-resserré. »

Les noctilions ont les ailes longues et étroites, les lèvres grosses et fendues en manière de bec de lièvre, la tête courte, obtuse, et la queue recourbée. En somme, ce sont de grossiers animaux. Dans quelques espèces, le nez se confond avec les lèvres, qui sont garnies de verrues.

Le noctilion unicolore a tout le corps d'un fauve pâle. Il habite les chaudes contrées de l'Amérique et atteint à peu près les dimensions d'un rat.

Les molosses ont le museau renflé, les oreilles, les lèvres plus ou moins fendues, la tête courte, les oreilles réunies ou couchées sur la face, et la moitié de la queue enveloppée dans la membrane.

Le molosse à collier a le dos nu et le ventre couvert d'un court duvet ; quelques poils rudes, épars sur son cou, lui forment une espèce de fraise ou de collier, auquel il doit son nom. Il habite le royaume de Siam.

Un autre molosse vit dans les souterrains de l'Egypte. Son poil gris de souris, un peu plus pâle en dessous, est lisse, fin, serré, long sur les doigts et rare sur le museau. Ses lèvres sont larges, pendantes et plissées.

Le molosse à poil ras, qu'on trouve au Brésil, a le poil d'une belle nuance marron, très-ras, très-serré et lustré en dessus, avec des ailes noires. Un autre habitant de cette contrée a le pelage court et noir, à reflets veloutés, et de longues soies au croupion.

Diverses espèces du genre molosse se rencontrent dans les contrées de l'Amérique méridionale ; mais on s'est peu occupé jusqu'à présent d'étudier leurs habitudes.

Les vespertilions du genre nyctère semblent appartenir à l'Afrique ; cependant ou les trouve aussi dans l'île de Java. Ils ont le nez creusé par une cavité dans laquelle la feuille nasale est cachée. Cette cavité est même marquée sur le crâne ; les oreilles sont longues et réunies à leur base, et la queue bifurquée est comprise dans la membrane.

Le nyctère de Java est d'un rouge vif en dessus et d'un gris roussâtre en dessous.

Les taphiens ont le front creusé, la queue courte et se détachant de la membrane, la lèvre supérieure épaisse, les oreilles moyennes et écartées. Ils habitent l'Afrique et l'Asie méridionale. Une seule espèce de ce genre, le taphien roux, est originaire des Etats-Unis d'Amérique.

Le taphien longimane, dont le pelage épais est d'un brun de suie et les ailes noires, est un objet de terreur pour les femmes de Calcutta. Il entre parfois dans les maisons, et l'on se persuade que sa visite est un présage de mort.

Les rinolophes se reconnaissent à la disposition d'une feuille nasale dont la partie supérieure figure, au bas du front, un fer de lance, et dont l'autre, ressemblant à un fer à cheval, borde la lèvre. Les narines s'ouvrent au fond de la cavité formée par cette double feuille. Leurs oreilles, de moyenne grandeur, sont latérales, et la membrane interfémorale prend la queue tout entière. Les femelles portent au ventre des excroissances de chair simulant des mamelles.

Les diverses espèces de rinolophes sont répandues dans tout l'ancien continent, et se trouvent communément en France et en Angleterre. Deux de ces espèces, le *grand* et le *petit fer à cheval,* sont particulières à l'Europe. La première est remarquable par son beau poil blanc et lustré.

Les mégadermes ont de très-grandes oreilles soudées à la base ; leur nez porte trois crêtes, une horizontale, une verticale, et l'autre en fer à cheval ; ils n'ont pas de queue, et leur membrane très-développée est coupée carrément. On ne les trouve qu'en Afrique et en Asie.

Le capitaine Cook, dans la relation de son premier voyage sur les côtes de l'Australie, en 1770, raconte qu'un matelot qui venait de faire une excursion à terre revint, tout effaré, vers ses camarades, et leur dit qu'il avait vu le diable. Invité à en faire le portrait, il répondit :

« Il était gros comme un baril ; il avait des cornes et des ailes, et pourtant il rampait si lentement dans l'herbe, que, sans la peur que j'en avais, j'aurais pu le toucher. »

La peur avait, en effet, augmenté aux yeux du matelot les dimensions de l'être bizarre qu'il avait pris pour messire Satan ; c'était une roussette, dont le corps n'était pas plus gros que celui d'un écureuil, mais dont les ailes pouvaient avoir un mètre et demi d'envergure.

Buffon accusait ces chauves-souris de tuer les volailles et les petits animaux, de se jeter même sur les hommes et de les mordre cruellement au visage.

Le grand naturaliste a accueilli trop facilement les rapports de quelques voyageurs. Si la roussette mord, c'est pour se défendre, quand on veut s'en emparer ; mais elle n'attaque pas l'homme et ne se nourrit d'oiseaux ou de petits quadrupèdes que quand elle ne trouve point de fruits. Le régime végétal lui convient mieux que tout autre, et l'on en a la preuve dans ses molaires à couronne plate ou seulement tuberculeuses.

La tête de la roussette ressemble à celle du renard et du chien; aussi lui a-t-on quelquefois donné le nom de chien et de renard volant. Elle a les oreilles courtes, la queue presque nulle, les ailes très-développées, et l'index armé d'un ongle en forme de griffe.

Elle doit son nom à sa couleur généralement rousse, mais qui, selon les espèces, va du brun vif au jaune paille et même au blanc. Quelquefois ces teintes sont agréablement mélangées, comme dans la roussette masquée des Moluques.

Les roussettes choisissent pour asiles les endroits les plus sauvages des forêts; là, elles se suspendent aux branches d'un arbre gigantesque et s'y entassent en si grand nombre, qu'elles le couvrent entièrement. Elles restent ainsi pendant le jour, sans faire le moindre bruit, à moins qu'un ennemi ne vienne les troubler; car elles poussent alors des cris aigus; et leurs efforts maladroits pour se dégager, alors qu'elles sont éblouies par le soleil, est un spectacle étrange et amusant.

Dès que cet astre a disparu, elles sortent de leur sommeil, et volent par milliers vers l'intérieur de la forêt, ou vont s'abattre sur les plantations, où elles commettent d'incalculables dégâts. Elles dévorent ou sucent toutes sortes de fruits, depuis la noix de coco jusqu'aux pêches, aux raisins, aux produits les plus délicats des jardins des riches colons ou des nababs. Elles savent fort bien choisir les plus mûrs, les plus succulents, et laissent les autres à des pillards moins difficiles.

Les propriétaires qui ne se soucient pas d'être ainsi privés de ce qu'ils ont de meilleur, sont obligés d'entourer leurs arbres de filets ou de grandes corbeilles faites de lames de bambou, à l'abri desquels les fruits peuvent achever de mûrir.

On dit que ces chauves-souris aiment aussi beaucoup la séve du palmier. Les habitants la recueillent et en font une liqueur enivrante, dont l'odeur attire les roussettes. Elles en boivent avidement; mais leur gourmandise ne tarde pas à recevoir son châtiment : elles tombent ivres au pied de l'arbre. On les prend alors sans aucune peine, et ceux qui les mangent trouvent à leur chair un goût exquis.

On leur donne aussi la chasse dans les bois où elles passent la journée; mais il faut, avant de leur tirer des coups de fusil, les réveiller; car si elles étaient solidement cramponnées aux branches, elles y resteraient, même après leur mort.

Les roussettes s'apprivoisent facilement; elles connaissent ceux qui les soignent et ne cherchent ni à les griffer ni à les mordre. Elles prennent alors tous les fruits qu'on leur présente, ainsi que du pain, du riz cuit et sucré. Celles qu'on a amenées en Europe ont, à défaut d'autre nourriture, mangé de la viande crue.

La roussette d'Egypte, plus petite que celles d'Asie et d'Australie, a les mêmes habitudes.

Les vampires sont les chauves-souris de l'Amérique méridionale. Ils ont la tête grosse, les oreilles moyennes, assez éloignées l'une de l'autre; la gueule largement fendue, la langue épaisse et hérissée de papilles cornées. Deux canines font saillie hors des lèvres minces et bordées aussi de papilles. Au-dessus de la lèvre supérieure une feuille nasale forme un fer à cheval, et cette feuille est surmontée d'une autre qui se dresse en fer de lance. Les vampires n'ont pas plus de cinquante centimètres d'envergure.

Ils vivent dans les forêts, se nourrissent de fruits, d'insectes, et sucent volontiers le sang des animaux et de l'homme.

En parlant des vampires, dont il a étudié les mœurs, le naturaliste espagnol Azara dit qu'ils mordent les crêtes et les barbes des volailles endormies, qu'ils en sucent le sang, et que ces volailles meurent de la gangrène qui s'engendre dans ces morsures. Ils mordent les chevaux, les ânes, les bœufs, au cou, aux épaules, aux fesses, parce qu'en choisissant ces endroits, ils peuvent s'attacher à la crinière ou à la croupe de ces animaux.

« Enfin l'homme, ajoute cet écrivain, n'est point à l'abri de leurs attaques; et à cet égard, je puis donner un témoignage certain, parce qu'elles ont (ces chauves-souris) mordu quatre fois le gros du bout de mes doigts de pied, tandis que je dormais en pleine campagne dans les cases. Les blessures qu'elles me firent, sans que je les eusse senties, étaient circulaires ou elliptiques, et avaient de deux à trois centimètres de diamètre; mais si peu profondes, qu'elles ne percèrent pas entièrement ma peau, et l'on reconnaissait qu'elles avaient été faites en arrachant une petite bouchée, et non pas en piquant, comme on pourrait le croire. Outre le sang qu'elles sucèrent, je juge que celui qui coula pouvait être d'environ quinze grammes, lorsque leur attaque m'en tira le plus; mais comme l'épanchement pour les chevaux et les bœufs est de près de quatre-vingt-douze grammes, et que le cuir de ces animaux est très-épais, il est à croire que les blessures sont plus grandes et plus profondes....

« Quoique mes plaies aient été douloureuses pendant plusieurs jours, elles furent de si peu d'importance, que je n'y appliquai aucun remède.

« A cause de cela, à cause que ces blessures sont sans danger, et parce que les chauves-souris ne les font que dans les nuits où elles éprouvent une disette d'autres aliments, nul ne craint ici ces animaux, et personne ne s'en occupe, quoiqu'on dise d'eux que, pour endormir le sentiment chez leurs victimes, ils caressent et rafraîchissent, en battant leurs ailes, la partie qu'ils vont mordre ou sucer. C'est une erreur ou un compte fait à plaisir.

« Un savant naturaliste, Rengger, dit que la disposition des ailes de ces animaux est telle, qu'il leur est impossible de se fixer à l'aide de leurs pieds et de faire mouvoir en même temps la membrane qui s'étend jusque-là.

« Toutes les chauves-souris que j'ai vues s'approcher des bêtes de somme, ajoute-t-il, se fixaient par les pieds et pliaient les ailes. Pour s'accrocher plus facilement, elles choisissaient de préférence les parties couvertes de poils longs ou bien les parties planes du corps de l'animal, et blessaient toujours le cheval au cou, sur le dos ou à la naissance de la queue; le mulet, sur le garrot et au cou; le bœuf, sur l'omoplate et au cou. La blessure n'a rien de dangereux par elle-même; mais comme il arrive que quatre, cinq, six chauves-souris, ou même davantage, s'attaquent à la même bête, il en résulte que celle-ci doit être affaiblie par les pertes qu'elle subit plusieurs nuits de suite, pertes d'autant plus grandes, qu'après le départ du vampire, la blessure laisse encore échapper soixante à quatre-vingts grammes de sang. De plus, les mouches envahissent quelquefois la plaie, qui se transforme alors en tumeur considérable. »

Vampire spectre volant.

On a beaucoup exagéré le mal que fait le vampire, mais on ne peut le nier entièrement; et quand il ne serait pas vrai que cette chauve-souris peut, en ouvrant une veine, amener la mort d'un homme endormi, il n'est pas agréable d'être exposé, pendant son sommeil, à la visite de ces êtres bizarres et hideux.

La famille des vampires comprend plusieurs genres : les *rhinopomes*, qui ont le nez surmonté d'une feuille en forme de lancette; les *glossophages*, dont la langue, extensible et garnie de poils, s'enfonce, dit-on, sous l'écorce des vieux arbres, et les *sténodernes*, qui se nourrissent principalement de fruits.

Le vampire spectre, qui appartient au Brésil, et qui atteint jusqu'à soixante centimètres d'envergure, est le plus grand et le plus redouté de tous les vampires.

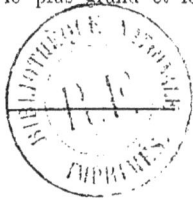

# II.

## ORDRE DES INSECTIVORES.

### Musaraignes. — Hérissons. — Taupes.

Les insectivores sont des animaux qui se rapprochent des chéiroptères par leur petite taille, par leurs habitudes généralement nocturnes et par leur régime alimentaire; car ils se nourrissent d'insectes, comme leur nom l'indique, et comme suffirait à le prouver leur système dentaire.

« Les deux mâchoires sont hérissées de pointes et de crocs aigus, dit Vogt dans ses *Leçons sur les animaux utiles et nuisibles*. Des dents comme des poignards s'élèvent tantôt à la place des canines, tantôt tout à fait par derrière, au-dessus du niveau des dents mâchelières. Des pyramides aiguës, dont les pointes ressemblent à une scie à double rang, alternent avec des dents qui ont quelque ressemblance avec la lame d'un couteau de poche. Cette conformation prouve que ces dents sont destinées à saisir et à percer même des insectes à enveloppe dure, comme les coléoptères.

« Les insectivores ne mâchent ni ne broient avec les dents; ils mordent et perforent. La couronne de leurs dents n'est point usée en haut par le frottement de la mastication, mais, au contraire, aiguisée par l'opposition des dentelures. Si l'on prend la peine de comparer le râtelier d'un petit rongeur, d'un rat, par exemple, avec celui d'une chauve-souris ou d'une taupe, les caractères distinctifs des deux sautent clairement aux yeux. Le râtelier d'une chauve-souris, grossi à la grandeur naturelle de celui du lion, présenterait un effroyable instrument de destruction. »

Les insectivores cherchent leur nourriture à la surface du sol, dans l'eau ou sous la terre. Ils ont quatre membres, terminés par des doigts onguiculés, et ils s'appuient en marchant sur toute la plante du pied, ce qui fait dire qu'ils sont plantigrades.

On rencontre des insectivores dans toutes les parties du monde, et la plupart d'entre eux s'endorment en hiver, sage précaution de la bonne mère nature, qui ne peut leur fournir alors de quoi assouvir le formidable appétit dont ils sont doués. Leur intelligence est peu développée, et l'on ne parvient pas à les apprivoiser. Ils ne sont pas plus favorisés sous le rapport de l'élégance ou de la beauté. Il existe souvent une grande disproportion entre leurs divers organes, dont les uns semblent s'être allongés ou fortifiés aux dépens des autres.

Ces animaux forment trois familles : les musaraignes, les hérissons et les taupes.

La musaraigne sert de type à la première de ces familles, qui comprend les plus petits des insectivores et se divise en cinq genres, dont les principaux sont les musaraignes proprement dites, les macroscélides et les desmans.

La musaraigne, vulgairement appelée musette, atteint rarement la grosseur d'une souris ; beaucoup de personnes la confondent

Musaraignes.

avec ce rongeur, dont elle a la couleur et la forme, mais dont la distinguent son museau très-effilé, sa queue courte et carrée. Elle porte sur chaque flanc une petite bande de soies raides et serrées, entre lesquelles suinte une matière grasse, dont l'odeur musquée déplaît aux chats et les empêche de manger les musettes, qu'ils n'épargnent pas plus que les souris.

Si l'on pouvait faire entendre raison à messieurs les chats, on les empêcherait de commettre ce meurtre, en leur disant que la musaraigne est un animal utile ; car il détruit un grand nombre de vers, d'insectes, de petits mollusques, et même de rats, de souris et d'animaux de son espèce.

La musaraigne court mal et a de mauvais yeux ; aussi ne sort-elle de sa demeure qu'au crépuscule. C'est dans le creux des arbres, sous la mousse ou les feuilles sèches, dans les trous abandonnés par les taupes et les mulots, qu'elle fixe sa résidence, à moins qu'elle ne se creuse elle-même un terrier. Elle ne s'en éloigne jamais beaucoup, et elle se hâte d'y rentrer au moindre danger.

Quand le froid commence à se faire sentir, elle quitte le plein air, entre dans les granges, les écuries, les greniers, où elle vit de ce qu'elle trouve, grains, débris de cuisine ou cadavres d'animaux. La musette est souvent alors victime d'un préjugé répandu dans les campagnes. On l'accuse de mordre les chevaux, d'avoir la dent venimeuse et de leur causer des maladies mortelles. C'est bien à tort; car elle n'a pas le moindre venin, et sa bouche est si petite, qu'il lui serait à peu près impossible d'entamer la peau d'un cheval.

· La musaraigne construit au fond de sa retraite un nid de foin et soigne d'abord avec amour les six, huit ou dix petits qu'elle y dépose; mais bientôt sa tendresse se refroidit, et ses enfants sont obligés de chercher eux-mêmes leur nourriture.

Il y a plusieurs espèces de musaraignes, qui toutes ont à peu près les mêmes mœurs. La musaraigne étrusque, qu'on trouve en Italie, dans le midi de la France et au nord de l'Afrique, est le plus petit des mammifères connus : tête et queue comprises, elle n'a guère plus de six centimètres. Elle a le museau et les pattes couleur de chair; et son pelage, d'un gris roux ou brun, devient couleur de rouille lorsque l'animal est vieux.

La musaraigne d'eau plonge et nage avec beaucoup de facilité. Elle habite le bord des ruisseaux, soit dans des terriers abandonnés, soit dans des trous qu'elle se creuse. Elle attaque les jeunes écrevisses, les petits poissons, quelquefois les gros, et les poursuit dans leur domaine. Elle n'a pas les pieds palmés; ils sont seulement garnis de poils raides en éventail, qui l'aident à nager. Son pelage est si serré, qu'il est imperméable; et ses oreilles larges et courtes se ferment hermétiquement lorsqu'elle plonge.

« Un jour, sur le bord d'une fontaine, dans les bois de Meudon, mon attention fut captivée, dit M. Boitard, par le singulier combat d'une musaraigne d'eau et d'une grenouille aussi grosse qu'elle. Le petit mammifère s'était glissé doucement parmi les herbes pour surprendre sa proie, et il était parvenu à la saisir par une patte. La grenouille, se sentant prise, voulut se jeter à l'eau, croyant par là se débarrasser de son antagoniste; mais celui-ci se cramponnait de toutes ses forces, avec ses quatre pattes, à tous les corps auxquels il pouvait s'accrocher, et la pauvre grenouille, malgré la violence de ses mouvements convulsifs, avait bien de la peine à l'entraîner vers l'élément perfide où elle espérait le noyer. Elle y parvint néanmoins peu à peu, et bientôt ils roulèrent tous deux dans les ondes, dont la transparence me permettait de voir parfaitement la suite de cette bizarre lutte.

« La grenouille entraîna d'abord son ennemie au fond de l'eau; mais la musaraigne ne lâcha pas prise, et parvint à la ramener à la surface. Dix fois de suite ils s'enfoncèrent et revinrent au grand jour, sans que le reptile se lassât de recommencer la même manœuvre et sans que le mammifère lâchât la patte dont il s'était saisi. Cependant, par un mouvement brusque et heureux, la grenouille parvint tout à coup à se débarrasser; elle plongea subitement dans la vase, troubla le fond de l'eau et se déroba ainsi aux yeux de son ennemie, qui l'avait suivie avec rapidité. Je les perdis un instant de vue toutes les deux; mais la musaraigne ne tarda pas à reparaître sur l'eau pour respirer, et j'observai ses petites manœuvres avec le plus grand intérêt.

« Soit pour se reposer, soit pour donner à l'eau le temps de s'éclaircir, en déposant le limon que la grenouille avait soulevé, elle resta dans une parfaite immobilité pendant cinq minutes; puis, lorsqu'on put voir le fond de la fontaine, elle se mit à nager, en regardant en bas et en décrivant des cercles, absolument comme un faucon qui guette sa proie en tournoyant dans les airs. Plusieurs fois elle plongea ; je la vis parcourir le fond, en cherchant avec beaucoup de soin ; mais probablement que la grenouille s'était cachée profondément dans la vase, car elle ne put la découvrir. »

La musaraigne d'eau est insatiable ; toutes les proies lui sont bonnes ; elle dévore aussi bien un oiseau qu'une souris et un poisson, et elle est assez courageuse pour attaquer des animaux qui, comparés à elle, sont de véritables colosses.

Diverses espèces de musaraignes habitent l'Europe, et l'on en trouve dans toutes les parties du monde. La musaraigne gracieuse, très-petite et très-jolie, est d'une étonnante fertilité. La musaraigne géante, appelée aussi mondjourou, vit dans l'Inde. On la supporte dans les maisons, malgré l'odeur musquée qu'elle exhale, parce que, dit-on, cette odeur éloigne les serpents. Elle atteint la taille d'un rat.

Les macroscélides, dont le nom signifie grandes jambes, ont les membres postérieurs plus longs que les autres. Ils ont le corps gros pour sa longueur, qui, selon les espèces, varie de dix à quinze centimètres. Ce sont des animaux sauteurs, très-vifs, très-gracieux, reconnaissables à leur trompe, qui porte à sa racine une touffe de poils raides, et qui leur a fait donner le nom de musaraignes éléphants. Ils habitent les contrées sèches et montagneuses de l'Afrique, et sont communs en Algérie, où on les appelle rats à trompe.

Les desmans ont le museau terminé par une petite trompe très-flexible, qu'ils agitent continuellement. Leur pelage, d'un gris cendré ou brun sur le dos, blanc sous le ventre, est soyeux et brillant. Ils n'ont point d'oreilles externes ; leurs pieds de derrière sont palmés, et leur queue large et aplatie leur sert de rame ; car ils vivent dans les étangs, les lacs, les rivières, et n'en sortent que bien rarement.

Le desman a sous la queue plusieurs glandes qui laissent suinter une matière grasse, d'une odeur de musc si pénétrante, qu'elle infecte tout ce qu'elle touche, même la chair des poissons assez voraces pour se nourrir de ces petits mammifères.

On connait deux espèces de desmans, dont l'une habite la Russie méridionale et l'autre les Pyrénées. Le premier, appelé aussi rat musqué de Russie, ou desman moscovite, est deux fois plus gros que notre rat d'eau, tandis que le desman des Pyrénées est plus petit.

Le desman moscovite se creuse un terrier, qu'il a soin de placer au-dessus du niveau qu'atteignent les eaux dans les plus fortes inondations ; un boyau oblique conduit de cette demeure, où il vit avec sa femelle et ses petits, jusqu'au-dessous du niveau des plus grandes sécheresses.

Les jeunes sont allaités et soignés avec une grande tendresse ; et jusqu'à ce qu'ils soient assez forts pour nager, la mère les retient dans la partie supérieure de l'établissement, qui jamais n'a d'ouverture à la surface du sol.

Le desman des Pyrénées construit son terrier avec moins d'art que le mosco-

vite ; mais il a les mêmes habitudes. L'un et l'autre font activement la chasse
aux vers, aux larves, et surtout aux sangsues, dont ils sont très-friands.

On tue les desmans pour leur fourrure, qui ressemble à celle du castor.

La famille des hérissons se compose des plus gros insectivores, et se distingue par ses poils, qui sont des piquants plus ou moins durs. Le corps est
lourd, les pattes basses, la queue courte ou nulle, le museau alllongé et terminé par un mufle, sur lequel s'ouvrent les narines.

Les hérissons proprement dits forment le premier genre de cette famille. Ils
ont trente-six dents ; leur corps, couvert d'épines très-dures, possède la faculté
de se rouler en boule au moyen de muscles puissants, dont la peau du dos est
munie. Leurs membres sont courts et leurs pieds ont cinq doigts, garnis
d'ongles peu robustes.

Hérissons.

« Le hérisson sait, dit Buffon, se défendre sans combattre et blesser sans
attaquer. N'ayant que peu de force et nulle agilité pour fuir, il a reçu de la nature une armure épineuse, avec la facilité de se resserrer en boule et de présenter de tous côtés des armes défensives poignantes et qui rebutent ses ennemis ;
plus ils le tourmentent, plus il se hérisse et se resserre. Il se défend encore par
l'effet même de sa peur : il lâche son urine, dont l'odeur et l'humidité, se ré-
pandant sur tout son corps, achèvent de les dégoûter. Aussi la plupart des
chiens se contentent de l'aboyer et ne se soucient pas de le saisir ; cependant il
y en a quelques-uns qui trouvent moyen, comme le renard, d'en venir à bout,
en se piquant les pieds et se mettant la gueule en sang ; mais il ne craint ni la
fouine, ni la marte, ni le putois, ni le furet, ni la belette, ni les oiseaux de
proie.... »

Au commencement de l'été, la femelle met bas de trois à cinq petits, tout
blancs, mais sur la peau desquels on voit déjà marquée la place des piquants.
L'appétit de ces petits est tel, que leur mère paraît bientôt fatiguée de les allaiter. Buffon, qui a élevé plusieurs hérissons en captivité, dit qu'une mère a,
chez lui, dévoré ses enfants, et qu'une autre, étant sortie de la cage où ses

jeunes étaient restés, n'y serait pas revenue si l'on n'avait eu soin de l'y rapporter.

Quand un grand calme règne autour de l'asile que le hérisson s'est choisi, sous un épais buisson, dans une haie, dans un tronc d'arbre creux, dans le trou d'un vieux mur, il se hasarde quelque peu hors de chez lui, et marche le nez en terre, à petits pas. Au moindre bruit, il s'arrête, il écoute, et, s'il est tout près de son gîte, il se hâte d'y rentrer; mais le plus souvent il se roule en boule, hérisse ses piquants et demeure immobile.

Toutefois, c'est un animal nocturne, qui ne sort guère qu'au crépuscule. Sa nourriture consiste en vers, grillons, hannetons, scarabées de toutes sortes. A défaut d'insectes ou d'autre proie, il se contente de fruits tombés et de racines. C'est à tort qu'on a dit qu'il monte sur les arbres et se sert de ses épines pour rapporter les fruits qu'il a cueillis.

Le hérisson s'apprivoise difficilement; cependant il finit par ne plus s'effrayer au bruit des pas ou de la voix de celui qui le nourrit. Il mange alors de la viande cuite ou crue; et, quand il n'a plus faim, il s'endort. Les grillons, si nombreux dans certaines maisons, n'ont pas de plus grand ennemi; il les détruit jusqu'au dernier. Il peut manger des centaines de cantharides sans en être incommodé, et le venin de la vipère est sans effet sur lui.

Vipères.

Un professeur allemand, Lentz, jeta une grande vipère dans la caisse où un hérisson femelle élevait ses petits.

« Cette vipère était assurément venimeuse; car, deux jours auparavant, elle avait tué une souris. Le hérisson la sentit bientôt; car c'est par l'odorat et non par la vue qu'il se guide; il se leva, s'approcha d'elle sans crainte, la flaira depuis la queue jusqu'à la tête, et surtout à la gueule. La vipère siffla et le mordit plusieurs fois au museau et aux lèvres. Comme pour se railler d'un aussi faible assaillant, il se contenta de lécher ses blessures, poursuivit encore son examen et fut encore mordu, mais cette fois à la langue. Il n'en continua pas moins à flairer la vipère, à la lécher, mais sans la mordre encore. Enfin, il la saisit à la tête, la broya, broya aussi les dents et les glandes venimeuses, et dévora la moitié du corps du reptile.

« Il alla ensuite se recoucher auprès de ses petits et leur donner de nouveau à téter. Le soir, il mangea une autre vipère et ce qui restait de la première. Le lendemain, il mangea deux jeunes vipères nouvellement nées. Sa santé n'en était pas plus altérée que celle de ses petits. Ses blessures n'étaient pas même tuméfiées. »

Deux jours après, un combat de douze minutes eut lieu entre le hérisson et une nouvelle vipère, qui lui fit de nombreuses morsures et demeura même suspendue à sa lèvre supérieure. Il s'en débarrassa en la secouant. La lutte recommença ; la vipère eut enfin la tête broyée, et fut dévorée par le vainqueur, sans que sa santé ni celle de ses petits en fût altérée.

On ferait donc bien de respecter la vie des hérissons dans les pays où les vipères sont communes, et même partout ; car ils causent fort peu de dommage et détruisent quantité d'animaux nuisibles.

A l'automne, le hérisson est devenu gras, et cette graisse doit entretenir sa vie pendant tout l'hiver. Dès que les premiers froids se font sentir, il s'enfonce dans son trou, s'y roule en boule, de peur des ennemis dont il se sent menacé, et il s'endort, pour ne se réveiller qu'au printemps. Ce long sommeil est si profond, qu'on peut faire à l'animal des blessures graves sans qu'il témoigne aucune souffrance.

On se servait autrefois des piquants du hérisson pour carder la laine et sérancer le chanvre ; mais ils sont aujourd'hui sans emploi.

Il y a peu de chiens qui se soucient de chasser le hérisson ; quelques-uns cependant, en lui appuyant sur la terre la partie qui correspond au ventre et en le faisant aller de côté et d'autre, parviennent à obtenir qu'il s'étende et lui broient la tête d'un coup de dents. Les renards agissent sans doute de même ; car on voit des débris de hérissons autour de leurs terriers.

Le meilleur moyen de forcer un hérisson à sortir de sa cuirasse épineuse, c'est de le mettre à l'eau. Quelquefois lui-même s'y jette, pour traverser un ruisseau ou une rivière ; car il est habile à nager.

Les tanrecs sont plus élancés que les hérissons ; leurs piquants, moins raides, sont mêlés de poils soyeux et ne se dressent pas de manière à l'envelopper complétement.

Les tendracs, qui appartiennent au même genre que les tanrecs, ne diffèrent que fort peu du hérisson et se mettent en boule comme lui.

Les tupaïas, qui habitent l'Inde, ressemblent beaucoup plus aux écureuils qu'aux hérissons. Leur pelage est doux et abondant ; et ils ont des griffes qui leur permettent de grimper aux arbres. C'est là qu'ils vivent d'insectes et de fruits.

Les taupes habitent les contrées fertiles. Elles préfèrent les terres douces aux sols pierreux, les plaines aux montagnes, les champs cultivés aux lieux arides; elles se plaisent surtout dans les prairies et dans les jardins. Elles mènent une vie souterraine, se creusent des habitations très-compliquées, et rejettent au dehors la terre qu'elles en retirent. Ces petites éminences, appelées taupinières, sont la seule trace apparente de leurs travaux.

L'odorat, l'ouïe et le toucher sont très-développés chez ces animaux; la vue paraît l'être beaucoup moins. L'œil est petit, caché sous le poil, et se montre, quand on jette la taupe à l'eau, sous la forme d'un point noir, qui fait au dehors une légère saillie.

La famille des taupes se divise en quatre genres : les taupes proprement dites, les condylures, les chrysoclores et les scalopes.

« Les taupes, dit Cuvier, sont connues de tout le monde, par leur vie souterraine et par leur forme éminemment appropriée à ce genre de vie. Un bras très-court, attaché par une longue omoplate, soutenu par une clavicule vigoureuse, muni de muscles énormes, porte une main extrêmement large, dont la paume est toujours tournée en avant ou en arrière; cette main est tranchante à son bord inférieur; on y distingue à peine les doigts; mais les ongles qui les terminent sont longs, forts, plats et tranchants. Tel est l'instrument que la taupe emploie pour déchirer la terre et pour la pousser en arrière.... Pour percer la terre et la soulever, la taupe se sert de sa tête allongée et pointue, dont le museau est armé au bout d'un osselet particulier et dont les muscles cervicaux sont très-vigoureux. Le ligament cervical s'ossifie même entièrement. Le train de derrière est faible, et l'animal sur terre se meut aussi péniblement qu'il le fait avec vitesse dessous. Il a l'ouïe très-fine et le tympan très-large, quoique l'oreille externe lui manque; mais son œil est si petit et tellement caché par le poil, qu'on en a nié longtemps l'existence. Ses mâchoires sont faibles, et sa nourriture consiste en insectes, en vers, et, ce qui n'est pas bien certain, en quelques racines tendres. »

Il est prouvé que la taupe ne se nourrit d'aucune substance végétale.

« Pour acquérir une certitude, dit M. Vogt, examinons le système dentaire : vingt-quatre dents, toutes tranchantes et pointues, des canines semblables à des poignards, des mâchelières semblables à des couronnes murales ou à des scies, cela ressemble-t-il à la mâchoire d'un herbivore? Et cependant l'opinion presque générale des paysans et des jardiniers est encore aujourd'hui que la taupe mange les racines, tandis qu'il nous paraît impossible de comprendre comment, avec des dents aiguës, propres seulement à déchirer, elle pourrait broyer les fibres des plantes. Peut-être la taupe mange-t-elle aussi des racines, malgré sa mâchoire de carnassier; peut-être forme-t-elle une exception dans l'ordre des mammifères; mais ce qu'elle a mangé, elle doit l'avoir dans l'estomac : regardons dans l'estomac. Nous trouvons dans le magasin alimentaire des tronçons de vers rongés, à moitié digérés; des fragments de téguments jaunâtres, que nous reconnaissons sans peine pour les débris de la tête, des pinces et des pattes du ver blanc; des élytres, des anneaux, des pieds et d'autres débris cornés et indigérables de la carapace des coléoptères; des cuirasses de mille-pieds et autres larves souterraines, des insectes de toutes espèces; mais jamais une fibre de plante, une feuille, un morceau d'écorce ou de bois, pas une trace de matière végétale. Même avec le microscope, on réussit difficilement à découvrir çà et là des cellules de végétaux provenant de l'intestin des animaux avalés, dont l'intestin nous offre des débris. J'ai disséqué des douzaines de taupes sans jamais rencontrer un fragment végétal dans l'estomac ou l'intestin. »

Sa nourriture consiste donc principalement en vers de terre et en insectes; mais elle mange aussi des mollusques, des grenouilles, des cadavres d'oiseaux et de petits mammifères.

Les crapauds seuls lui font horreur; elle mourrait plutôt que d'y toucher, quoiqu'elle ait un appétit dévorant et insatiable.

« Elle n'a pas faim comme tous les autres animaux, dit Etienne Geoffroy Saint-Hilaire; ce besoin est chez elle exalté; c'est un épuisement ressenti jusqu'à la frénésie. Elle se montre violemment agitée, elle est animée de rage quand elle s'élance sur sa proie; sa gloutonnerie désordonne toutes ses facultés; rien ne lui coûte pour assouvir sa faim; elle s'abandonne à sa voracité, quoi qu'il arrive; ni la présence d'un homme, ni obstacles, ni menaces ne lui imposent, ne l'arrêtent. »

Les taupes de même sexe se mangent sans pitié. M. Flourens, en ayant mis deux dans un vase plein de terre, retrouva intacte une racine de raifort qu'il leur avait donnée, mais une seule taupe vivait encore : elle avait dévoré l'autre. Transportée dans un vase vide, elle s'agitait, torturée par la faim; on lui donna un oiseau, dont on avait coupé les ailes. Elle fondit sur lui, et, malgré les coups de bec, elle lui déchira le ventre, élargit l'ouverture avec ses pattes, y plongea sa tête tout entière, et le mangea à moitié en dessous de la peau. Elle le quitta un instant pour boire à longs traits l'eau placée près d'elle, puis elle acheva son repas. Elle ne fut pas rassasiée pour longtemps; un autre moineau fut traité comme le premier; le lendemain elle mangea le reste de ce moineau et une grenouille; mais le jour suivant, on ne lui donna que des choux, des carottes, de la salade et un crapaud; elle ne toucha à rien de tout cela, et on la trouva morte de faim.

Le professeur Lentz donna à une taupe captive une grande couleuvre. Il était cinq heures du soir; le lendemain matin, il ne restait de ce reptile que la tête, la queue, le squelette et la peau.

La taupe se construit avec beaucoup d'art un terrier qui a près de cinquante centimètres de profondeur. Cette demeure, en forme de dôme, est recouverte d'une voûte en terre à laquelle des fragments de racines donnent de la solidité, et qui, bien battue, résiste à la pluie. Une chambre, qui occupe le centre, sert à la taupe de lieu de repos. Deux galeries circulaires concentriques l'entourent; elles sont mises en communication avec la chambre par plusieurs conduits, et la première galerie est reliée à la seconde par d'autres passages, lisses, fermes et battus, qui rayonnent de tous côtés. Un boyau, généralement droit, partant de la plus large galerie, s'étend jusqu'à vingt, trente, quarante mètres, et même davantage. De ce boyau partent d'autres conduits, que la taupe parcourt trois fois le jour, à la recherche de sa nourriture ou de celle de ses petits.

Elle prépare dans sa chambre un nid qu'elle garnit de feuilles. Elle en coupe la tige et les fait descendre en les tirant à travers la terre. On a trouvé dans un nid de taupe plus de quatre cents épis. Sur ce lit douillet, elle dépose quatre ou cinq petits, qu'elle allaite et qu'elle soigne jusqu'à ce qu'ils puissent se suffire. Quand elle est menacée, elle fuit avec la rapidité d'un cheval au trot, et presque toujours elle parvient à emmener ses enfants.

Dans les contrées où les taupes sont très-abondantes, il y a des gens qui font métier de les prendre.

« Les taupiers, pris en masse, constituent une race ignorante, dit le docteur Franklin. Il y avait pourtant un Français, nommé Le Court, homme fort instruit et de beaucoup de persévérance, qui n'avait pas cru déroger en appliquant tous ses moyens d'observation à la connaissance de la taupe.... Cet habile homme sauva une vaste et fertile province de France d'un fléau qui la menaçait. Les taupes avaient miné, dans toutes les directions, les bords d'un canal, et l'inondation était imminente. Le Court seul vit la cause du mal et l'arrêta. »

C'est à Caen qu'un canal de navigation faillit être détruit par le travail des taupes, qui, d'un pré voisin, remontaient la berge et la perçaient d'outre en outre, pour faire la chasse aux vers, très-nombreux dans la vase abandonnée par les eaux.

Dans les pays où elles abondent, les taupes sont regardées comme très-nuisibles à l'agriculture. Peut-être devrait-on tenir compte de l'énorme quantité de larves, de vers blancs, d'insectes de toutes sortes qu'elles détruisent sans cesse; mais on ne voit que les dégâts qu'elles causent en coupant les racines des plantes, en bouleversant les semis, en élevant dans les prairies une multitude de taupinières, qui gênent les faucheurs et diminuent la récolte. Quelques agriculteurs leur reprochent en outre de détruire la régularité des irrigations, en perçant les digues et en livrant passage aux eaux, tandis que d'autres disent que les boyaux qu'elles creusent en tous sens forment pour les terres un utile drainage.

On dresse des piéges à la taupe, et beaucoup de paysans sont assez adroits pour la retourner d'un coup de bêche donné à la tranchée, pendant qu'elle y travaille. Il est alors très-facile de la tuer : il suffit pour cela d'un léger coup appliqué sur le nez; mais quand celui qui l'a prise la jette un peu trop loin de lui, elle parvient souvent à s'échapper, non en courant sur le sol, mais en s'ouvrant vivement un passage dans la terre meuble.

« Nous pourrions faire des taupes les gardiens de nos jardins, dit M. Vogt. Puisqu'elles se reprennent si aisément, il serait facile au printemps de leur faire pendant quelque temps nettoyer nos jardins et nos prairies de cette vermine souterraine qui nous cause tant de dommage. Je connais des cultivateurs qui suivent cette pratique et s'en trouvent bien. Ils donnent volontiers quelques sous pour une taupe vivante, qu'ils placent dans un champ ravagé par les vers gris et blancs, et ils ne reculent pas devant la peine de suivre chaque jour les taupinières, de les fouler ou de les étendre au râteau, et de reprendre la taupe, sitôt qu'elle a fait sa tâche. »

La taupe ne s'endort pas à l'approche de l'hiver comme les autres insectivores; elle travaille en toute saison, mais surtout au printemps. Chaque jour elle commence, au lever du soleil, une chasse qui dure environ une heure ; elle la reprend à midi, à trois heures et au coucher du soleil. C'est alors qu'elle travaille avec le plus d'ardeur et qu'elle est le plus facile à prendre. Elle passe le reste du jour et toute la nuit à dormir.

Outre la taupe commune, dont on connaît plusieurs variétés, on trouve en Europe la taupe aveugle, qui n'est pas privée de la vue, comme ce nom pourrait le faire croire, mais dont les yeux sont recouverts d'une membrane translucide, percée seulement d'un petit trou, qui ne permet pas d'apercevoir le globe de l'œil. La taupe aveugle est de la même taille et a les mêmes habitudes que la taupe commune; on la reconnaît à la blancheur de ses lèvres, de ses pieds et de sa queue. Elle habite la Grèce et l'Italie.

Une autre espèce, la taupe woogura, dont le poil est d'un fauve sale, se rencontre au Japon.

Le condylure a la trompe terminée par des cartilages figurant une étoile, au milieu de laquelle sont placées les narines; ce qui leur a fait donner le nom de condylure étoilé.

Les chrysoclores ont le museau court, le corps trapu. Leurs mains robustes n'ont que trois doigts armés d'ongles recourbés, et les pieds en ont cinq. L'oreille externe et la queue manquent; l'œil est caché.

Les chrysoclores sont aussi appelées taupes dorées, parce que leur pelage est orné des couleurs brillantes qu'on admire sur les ailes de certains oiseaux ou sur la carapace de certains insectes. Le vert doré, le pourpre, le violet, forment à cet animal un vêtement à reflets métalliques, qu'on ne trouve chez aucun autre mammifère. La taupe dorée habite les environs du cap de Bonne-Espérance.

Les scalopes ou taupes d'eau se plaisent dans le voisinage des ruisseaux et des étangs. Leur museau pointu ressemble à celui de la musaraigne; mais leurs mœurs sont celles de la taupe commune. Elles habitent le nord de l'Amérique.

# III.


## ORDRE DES RONGEURS.


Rats. — Souris. — Mulots. — Campagnols. — Hamsters. — Lemmings. — Rats-taupes. — Castors. — Marmottes. — Écureuils. — Loirs. — Gerboises. — Chinchillas. — Octodons. — Caviens. — Porcs-épics. — Léporidés.

L'ordre des rongeurs renferme un grand nombre d'animaux de mœurs différentes. Ils sont répandus sur tout le globe. On les trouve dans les régions polaires, comme sous l'équateur; sur les montagnes, comme dans les plaines; dans les lieux arides, comme au fond des bois. Les uns vivent à la surface de la terre, d'autres se cachent dans ses entrailles; ceux-ci ne se plaisent que sur les arbres, ceux-là n'habitent que les eaux.

Ils se nourrissent de feuilles, de fruits, de graines, de racines, d'herbes et d'écorces. Quelques-uns, les rats, par exemple, mangent de tout, même de la chair corrompue. Mais les rongeurs vivent généralement de végétaux, ainsi que l'indique leur système dentaire. Ils n'ont point de canines, mais seulement des molaires, et leurs incisives, placées en avant de chaque mâchoire, présentent un caractère tout particulier. Grandes, fortes, recourbées en arc, elles ne sont recouvertes d'émail que sur leur face extérieure. Cet émail est plus dur que l'ivoire de la face intérieure; aussi les dents des rongeurs, en s'usant au dedans par le frottement, offrent un tranchant si bien aiguisé, qu'il peut couper des racines et même des branches.

Ces dents ont encore une autre propriété, que beaucoup d'entre nous, humbles mortels, ont le droit d'envier aux rongeurs : elles repoussent sans cesse; et, quoiqu'elles s'usent beaucoup, elles ont toujours la même longueur et la même force. Si, par quelque accident, l'animal perd une de ces incisives, celle qui y correspond, ne subissant plus aucun frottement et grandissant toujours, sort de la bouche, se contourne et finit par gêner le jeu des mâchoires.

Les lèvres des rongeurs sont garnies de moustaches, et plusieurs ont, dans la bouche, comme beaucoup de singes, des abajoues, c'est-à-dire des poches dans lesquelles ils peuvent entasser des provisions.

Ils sont généralement doués d'une grande vivacité de mouvements. La vue, l'ouïe, l'odorat sont plus développés chez eux que l'intelligence. Presque tous sont craintifs, sauvages, prudents et rusés. Quelques-uns d'entre eux s'endorment pour tout l'hiver et vivent sur leur graisse; d'autres amassent dans leurs demeures de quoi passer la dure saison, sans éprouver les atteintes de la faim. Quelques autres enfin sont d'excellents architectes et ne doivent ce talent qu'à la nature.

Plusieurs espèces se réunissent en bandes nombreuses; mais la plupart vivent par couples, élèvent leurs petits, et s'en séparent dès que ceux-ci peuvent se suffire. Ils se multiplient rapidement, et ils deviendraient de véritables fléaux, en dévastant les champs, les jardins, les forêts, si un grand nombre d'ennemis ne leur faisaient une guerre acharnée. Ils servent de pâture ordinaire aux animaux féroces. L'homme aussi les détruit, soit pour se nourrir de leur chair ou s'emparer de leur fourrure, soit pour se garantir de leurs méfaits.

Les rats ne sont que trop connus. On les trouve à la ville et à la campagne, dans les maisons et dans les champs, dans les caves et dans les greniers, dans les granges et les écuries, partout et même dans l'eau. Ils se multiplient prodigieusement, et, malgré les chats, le poison, les piéges, ils obligeraient l'homme à leur abandonner la demeure qu'ils ont envahie, s'ils ne se détruisaient eux-mêmes.

Quand leur grand nombre amène parmi eux la disette, les plus forts se jettent sur les plus faibles, leur ouvrent la tête, mangent d'abord la cervelle, puis achèvent le cadavre. La guerre recommence dès que la faim se fait de nouveau sentir, et l'on explique ainsi qu'une maison infestée par ces rongeurs s'en trouve à peu près débarrassée au bout d'un certain temps.

L'effronterie des rats égale leur voracité. Même en plein jour, ils s'attaquent à tout ce qu'ils trouvent : les fruits, les racines, les grains, les légumes, le pain, la viande, les graisses, les étoffes, le cuir, la corne, le bois, et même les animaux vivants. Ils pénètrent dans les pigeonniers et les poulaillers, mangent les œufs et les petits dans les nids, tuent les jeunes lapins, percent le jabot des poussins et des pigeonneaux pour manger les graines qu'il contient, disputent la nourriture à ceux qu'ils ne peuvent vaincre, entament le lard des cochons trop gras pour se mouvoir facilement, rongent la membrane palmaire des oies, et parfois même le dos des poules ou des dindes qui couvent.

Les vieux navires en contiennent toujours un certain nombre; les vaisseaux qui prennent la mer pour la première fois en emmènent, et, quoi qu'on fasse pour s'en débarrasser, on les transporte d'un hémisphère à l'autre et jusque dans les îles les plus désertes.

Le rat ordinaire cependant aime le voisinage de l'homme et ne s'éloigne guère de ses habitations. Autrefois notre rat commun était noir; mais depuis 1750, époque où le surmulot nous a été apporté de l'Inde, le nombre des rats noirs a diminué, le surmulot, plus grand, plus fort, plus féroce, lui faisant une guerre d'extermination.

Le surmulot a le pelage d'un gris roux, tournant au brun sur le dos. Le dessous du corps est blanchâtre; la queue, nue, est longue de vingt centimètres environ, l'animal mesurant en tout un peu plus de cinquante centimètres. Il a les mêmes habitudes que le rat ordinaire; toutefois il aime à courir dans les champs. Quelquefois il y passe toute la belle saison, vivant de menu gibier, levrauts, lapins, cailles, perdrix, faisans. Il se creuse un terrier ou s'établit dans celui de quelqu'une des victimes qu'il a faites. En automne, il regagne les habitations et recommence à y faire le dégât.

Le surmulot est très-courageux; il lutte contre les chats, les chiens, et même contre l'homme, qui le poursuit et l'attaque. Les bons chats, les chats forts et aguerris, ne craignent pas de se mesurer avec lui; ils le guettent nuit et jour, l'inquiètent sans cesse

Rats.

et finissent par le faire disparaître; mais beaucoup de chats se contentent de prendre les souris et ne se soucient pas de combattre un ennemi si redoutable.

Le surmulot s'est tellement multiplié dans les voiries de Montfaucon, que, si l'on détruisait ces voiries, tout le quartier de, Paris qui en est voisin risquerait d'être envahi et dévasté. En une seule nuit cette légion de rongeurs y a dévoré les cadavres de trente-cinq chevaux, et,

chose aussi incroyable que certaine, on a tué en un mois seize mille rats dans un des abattoirs de Paris.

Le rat n'inspire que de la répulsion; cependant il n'a rien de laid ni de disgracieux; il court, grimpe et nage à merveille; il n'est pas dépourvu d'intelligence; il s'apprivoise parfaitement, et, grâce à l'éducation qu'on lui donne, il vit en paix avec ses ennemis naturels.

« Un Anglais, voyageant dans le Mecklembourg, dit le docteur Franklin, fut témoin d'un fait curieux dans l'hôtel de la Poste, à New-Stargard. Après le dîner, le propriétaire plaça sur le plancher un plat de soupe et se mit à siffler. A l'instant même, entrèrent dans la chambre un mâtin, un joli chat angora, une vieille corneille et un rat d'une taille remarquable, ayant une sonnette au cou. Les quatre animaux s'établirent autour du plat et se comportèrent les uns vis-à-vis des autres, durant tout le repas, en gens bien élevés. »

Le même auteur raconte qu'un rat blanc lui ayant été apporté, il réussit à le rendre très-familier non-seulement avec lui, mais avec une petite chienne de l'espèce des terriers blancs, douée d'un grand courage et détruisant un grand nombre de rats. Il fallut les ordres du maître pour empêcher Flora — la petite chienne — d'attaquer Scugg, son nouveau compagnon : mais bientôt ils devinrent bons amis ; et quand un étranger entrait dans la chambre, le docteur s'amusait fort de voir le rat se retirer dans un coin, tandis que Flora se tenait en sentinelle, grognant et montrant les dents avec fureur, jusqu'à ce qu'elle se fût bien assurée qu'on ne méditait aucun mauvais coup contre son favori.

« Dès que j'avais pris ma place à table, dit-il, Scugg courait sur mes jambes, montait sur la nappe, et, si l'on n'y prenait garde, emportait le sucre, la pâtisserie ou le fromage, qu'il rongeait quelque peu, laissant le reste à Flora. Mais si, ce qui arrivait quelquefois, Flora cherchait à donner sur la nourriture le premier coup de dent, Scugg la rappelait à l'ordre, en lui donnant un coup sur le nez avec sa patte. Flora n'usait jamais de représailles ; mais elle se tenait coite, les yeux fixés sur le rat, jusqu'à ce que celui-ci lui permit de prendre sa part. Ils lappaient le lait ensemble dans la même soucoupe, et Scugg dormait au coin du feu, entre les pattes de Flora. La présence d'un étranger à ma table n'empêchait pas le rat de marauder ; mais il n'acceptait la nourriture d'aucune autre main que de la mienne. »

Cet animal était tellement attaché à son maître, qu'il mourut de joie en le revoyant après une absence, pendant laquelle le chagrin avait altéré sa santé.

Les rats quittent, dit-on, les bâtiments qui menacent ruine, et ils abandonnent aussi ceux où ils ne trouvent plus rien à manger. Ils émigrent alors, quelquefois en si grand nombre, que le chemin en est entièrement couvert. Le docteur Franklin dit que, dans une de ces émigrations, M. Ferryman vit un vieux rat, privé de la vue, qui tenait dans sa bouche l'extrémité d'un petit bâton, dont l'autre bout était porté par un autre rat, qui conduisait ainsi le pauvre aveugle.

La souris est un joli petit animal, à l'œil éveillé, aux allures dégagées ; mais on ne peut l'aimer, parce qu'elle a les mêmes instincts que le rat, les mêmes habitudes, et qu'elle commettrait les mêmes dégâts, si elle avait autant de force.

Elle perce le bois le plus dur, pour pénétrer dans nos armoires ; elle touche à tous nos aliments et souille ceux qu'elle ne peut dévorer. Elle est friande de beurre, de sucre, de confitures, de fruits ; mais elle ne dédaigne pas la chandelle. Elle ronge le linge, les étoffes, les livres et les papiers les plus précieux.

La fécondité de la souris est telle, que la même peut avoir trente et même trente-cinq petits dans une année. Elle les soigne avec beaucoup de tendresse, et s'expose aux griffes du chat pour les sauver.

Le mulot tient, pour la taille, le milieu entre le rat et la souris. Il habite les bois et les champs, s'installe dans un trou de taupe, ou dans quelque crevasse, entre les racines d'un arbre, y arrange une chambre pour lui et sa famille. S'il n'y trouve pas de magasin, il en creuse un, dans lequel il entasse, pour l'hiver, des faînes, des glands, des noisettes, et du blé, quand ces fruits secs sont peu abondants.

Il fait bonne chère dans son terrier ; mais si les froids se prolongent, que la disette survienne, les gros mangent les petits, et vont ensuite attaquer leurs voisins. La guerre devient générale, et les martes, les belettes, les renards, les loups, les hiboux aidant, on est quelquefois débarrassé des mulots pendant plusieurs années.

Le mulot nain, ou souris des moissons, se construit avec art un véritable nid d'herbes sèches, finement entrelacées, de forme sphérique, ouvert d'un seul côté. Elle le suspend aux branches d'un buisson, à des roseaux, à des tiges de blé, qui en forment l'enveloppe extérieure. Elle y dépose ses petits, et ils grandissent assez vite pour le quitter avant que la verdure sous laquelle se cache le berceau soit fanée.

Le rat de Barbarie est remarquable par sa petite taille et la beauté de son pelage brun, marqué sur le dos de dix lignes blanches. Le dessous du corps est également blanc. On le trouve dans toute l'Afrique septentrionale.

Plusieurs autres espèces de rats sont répandues dans les diverses parties du monde ; mais, outre les rats proprement dits, il existe dans la grande famille de ces rongeurs des genres qui doivent être indiqués.

Les campagnols se distinguent par leur queue courte et velue des autres rats, chez lesquels cet appendice est nu et presque aussi long que le corps.

Le campagnol vulgaire ou petit rat des champs se pratique en terre des trous dans lesquels il amasse des faînes, des glands et surtout du blé. Il n'est pas plus gros qu'une souris ; mais il est parfois si nombreux, qu'il amène la famine dans les contrées qu'il envahit.

Dans une ferme de l'abbaye de Dommartin, dans le Pas-de-Calais, on en détruisit, en moins de deux mois, plus de 53,000, leur tête ayant été mise à prix Au commencement de notre siècle, plusieurs provinces de l'Ouest, et surtout la Vendée, furent presque ruinées par des bandes de campagnols. En été, ils coupèrent les tiges du blé, pour en manger l'épi ; en automne, ils enlevèrent les semences à mesure qu'on les confiait à la terre ; ils dévorèrent les racines d'une multitude d'arbres, minèrent le sol des prairies et empêchèrent l'engraissement du bétail. On estima le dégât à près de trois millions, pour la Vendée seulement ; et malgré tous les moyens mis en œuvre pour détruire cette légion dévastatrice, elle était encore très-nombreuse, quand les pluies et les neiges vinrent y causer de grands ravages.

Le campagnol vulgaire est répandu dans toute l'Europe, à l'exception de l'Italie.

Le campagnol économe habite la Sibérie. Il n'a guère plus de douze centimètres de longueur, y compris sa queue, qui en a trois. Il se creuse des sentiers qui aboutissent à un terrier profond, dans lequel se trouve un nid, communiquant à un ou plusieurs magasins, qu'il remplit de racines de toutes sortes. Ces racines, parfaitement nettoyées, séchées au soleil, coupées d'égale longueur, sont réunies par espèces et forment souvent un poids de quinze à vingt kilogrammes, réparti dans les diverses chambres du terrier.

Les habitants de ces pauvres contrées ouvrent en automne les magasins de ce

8

rongeur ; ils choisissent parmi ses provisions celles qui leur conviennent ; les cochons sauvages mangent le reste et n'épargnent pas les campagnols.

Ces petits animaux émigrent souvent au printemps, et se dirigent vers l'Ouest, sans se détourner de leur chemin, malgré les rivières et les montagnes. Beaucoup se noient ou sont dévorés par les renards et les martes qui les accompagnent. Ils reviennent en automne, et les indigènes, qui ne les voient partir qu'avec regret, fêtent joyeusement leur retour.

Le campagnol des neiges vit, sur les Alpes et sur les Pyrénées, des derniers produits de la végétation de ces hautes montagnes. Il amasse, pendant l'été, quelques provisions ; et, si dur que soit l'hiver, il ne descend jamais jusqu'à la région habitée.

Plusieurs autres espèces de campagnols ont les mêmes habitudes que ceux dont nous avons parlé. Nous dirons donc seulement quelques mots du rat d'eau ou campagnol aquatique.

Le rat d'eau se creuse au bord des ruisseaux, des rivières et des lacs, un terrier peu profond et à plusieurs issues. Il se nourrit de racines, d'herbes, de fruits et principalement de tiges de roseaux. Le nid dans lequel la femelle dépose et élève ses petits, trois ou quatre fois par an, est situé à une plus grande profondeur que le terrier ordinaire, et douillettement rembourré d'herbes sèches. Quelquefois il est placé sous un buisson, assez loin du bord de l'eau. Quand la mère croit ses enfants menacés, elle les transporte dans un autre nid, en les prenant l'un après l'autre dans sa bouche ; elle les défend avec courage, et mord ceux qui veulent les lui enlever.

Le campagnol aquatique mine les digues des étangs et peut amener des inondations, lorsqu'il est très-nombreux. On dit que sa chair n'est pas mauvaise ; elle cause moins de répugnance que celle des autres espèces de rats.

Les hamsters se divisent en plusieurs espèces, dont la mieux connue habite le nord de l'Europe et de l'Asie.

Le hamster commun est un bel animal de trente centimètres de longueur, sans compter la queue, qui en a trois. Son pelage, gris roussâtre en dessus, noir en dessous, est marqué de taches blanches et jaunes sur les flancs, la gorge et la poitrine.

Loin de vivre en troupes ou en familles, plus ou moins nombreuses, le hamster hait ses semblables et ne saurait en rencontrer un sans l'attaquer. Le plus fort reste vainqueur et dévore le vaincu, même lorsque la nourriture est abondante ; aussi, quand il y a disette, ils se cherchent et se font une guerre terrible, ce qui est fort heureux pour la contrée qu'ils ont choisie.

Les terrains humides ou sablonneux ne leur conviennent pas ; un sol fertile, gras et sec, leur plaît au contraire, surtout si la réglisse y croît, parce qu'ils sont friands de la graine de cette plante. Ils se creusent des terriers qui, composés d'une chambre de repos et de plusieurs magasins, occupent souvent un espace de trois à quatre mètres de diamètre. Deux ouvertures, l'une oblique, l'autre verticale, y donnent accès, et la femelle, dit-on, creuse plusieurs passages perpendiculaires, afin de ménager à ses petits une retraite plus facile.

Le hamster se nourrit d'herbes, de racines, de fruits, de légumes, d'oiseaux, de souris, de lézards, de couleuvres et d'insectes. Pendant toute la belle saison, il s'occupe de remplir ses magasins d'épis de blé, de seigle, d'orge, de fèves, de pois, de vesces, de graine de lin. Il ne travaille de jour que quand il est sûr de n'être pas dérangé ; mais de très-grand matin et assez tard dans la nuit, il coupe les épis, les tourne, les retourne, pour en recueillir les grains, qu'il entasse dans ses abajoues, pour les porter à son terrier. Ces vastes poches peuvent contenir un décilitre. Lorsqu'elles sont pleines, elles donnent à l'animal la plus singulière figure et la plus maladroite allure qu'on puisse imaginer.

Quand ses magasins sont remplis, le hamster nettoie sa récolte et rejette au dehors les pailles, les cosses, les graines avariées ; et, dès que les froids se font sentir, il bouche avec tant de soin l'entrée de son terrier, qu'elle serait très-difficile à trouver, si la terre qu'il a retirée de ses chambres n'y formait un monticule qu'il n'a pu faire disparaître.

Les provisions qu'il a ramassées et qui parfois s'élèvent jusqu'à cinquante kilogrammes, sa peau qui donne une fourrure assez recherchée, le désir de se venger de ses méfaits, et la prime que, dans divers pays, on paie pour chaque tête de hamster, engagent l'homme à lui faire la chasse.

Pendant son sommeil hivernal, on ouvre son terrier; on le tue, on le dépouille, et l'on fait moudre son grain. Toutefois la belette et le putois sont encore pour le hamster des ennemis plus terribles que l'homme. Quant aux chiens, ils le poursuivent avec ardeur; mais ils n'en triomphent ordinairement qu'après un sanglant combat.

Les lemmings sont de la taille d'un rat ordinaire. Ils ont le corps trapu, la queue très-courte; leur pelage long, abondant, marqué de noir, de blanc et de jaune, est agréable à l'œil.

Ils habitent la Norwége, la Laponie, le Groënland, où ils se nourrissent d'herbes, de mousses, de chaton de bouleau et de lichens. Ils dorment pendant le jour, mais ils sont très-actifs la nuit. On croit qu'ils n'amassent pas de provisions ; mais à cela près, leurs mœurs sont les mêmes que celles du hamster.

On a cru longtemps que les lemmings tombaient du ciel, pendant un orage ou une grande pluie. Ils apparaissaient, disait-on, comme les sauterelles, en bandes innombrables, sans qu'on pût autrement s'expliquer leur présence.

Il paraît certain qu'à des époques indéterminées les lemmings, devenus trop nombreux pour que la disette n'arrive pas bientôt, émigrent en colonnes immenses, qui prennent diverses directions. Rien ne les détourne de leur route, aucun obstacle ne les effraie ; ils glissent entre les jambes de ceux qui veulent les arrêter, se séparent à droite et à gauche pour contourner un rocher, s'ouvrent un passage à travers une meule de foin, traversent les lacs et les rivières, montent sur les bateaux qui s'y trouvent et se rejettent à l'eau de l'autre côté.

Ils vont en ligne droite, marchant la nuit et le matin, se reposant le jour, et profitant de cette halte pour dévorer les récoltes au milieu desquelles ils se sont arrêtés.

Pendant leur émigration, ils périssent en grand nombre, lorsqu'ils traversent les fleuves. Ils sont suivis dans leur marche par les renards, les gloutons, les martes, les oiseaux de proie ; les chiens, les chats, les porcs leur font aussi la guerre, et bien peu d'entre eux revoient les montagnes qu'ils ont abandonnées, sans qu'on sache comment ni par qui leur est donné le signal du départ.

Un groupe de rongeurs qui se rapproche des rats par sa dentition et des taupes par ses habitudes, a reçu, pour cette raison, le nom de rats-taupes.

Le spalax ou zemmi, qui est le type de ce groupe, est le plus laid de tous les fouisseurs. Un corps épais, un cou énorme, une tête plus grosse que le tronc, des yeux recouverts par la peau, des pieds larges armés d'ongles robustes, des poils d'un brun jaunâtre, tournant au blanc sale, tel est le portrait peu flatteur du spalax.

Il vit de racines et de tubercules, se creuse un terrier assez profond, d'où rayonnent plusieurs conduits, indiqués par de petits amas de terre, qu'il pousse au dehors comme la taupe. On le trouve dans l'Asie occidentale, et en Europe, dans la Grèce, la Turquie, la Hongrie et la Russie méridionale. Sa grosseur est à peu près celle de la taupe.

Les bathyergues, plus grands que les spalax, aiment les terrains sablonneux, et se plaisent dans les dunes voisines de la mer.

La principale espèce, connue sous le nom de grande taupe du Cap, creuse, au sud de l'Afrique, des galeries si profondes, que les chevaux s'y enfoncent parfois jusqu'aux genoux. Dans les dunes elle creuse aussi fort avant ; aussi, dans la crainte des chutes qu'elle peut causer, on lui dresse des piéges, ou on la détruit en inondant son terrier.

Les rhyzomys habitent les forêts de l'Inde. Ils sont un peu plus petits que les bathyergues, et se nourrissent principalement des racines et des jeunes pousses du bambou.

Les castors ont tous les caractères de la famille des rats ; aussi plusieurs naturalistes les désignent-ils sous le nom de rats-nageurs.

Le castor paraît lourd et gauche ; mais il s'en faut qu'il le soit autant qu'il le paraît. A terre, sa marche n'est pas très-agile ; c'est dans l'eau qu'il se montre avec tous ses avantages. Là, ses mouvements sont aussi rapides qu'assurés ; il nage avec une extrême facilité, ses pieds postérieurs palmés lui servent de rames ; ceux de devant sont ordinairement étendus sous son menton, et sa queue, large, ovale, aplatie, couverte d'écailles imbriquées, fait l'office de gouvernail.

Le castor a la tête grosse et les yeux petits. Sa lèvre supérieure, largement fendue, laisse voir des incisives assez fortes pour couper la patte d'un chien. Ses narines sont très-mobiles, ainsi que ses oreilles, qui s'appliquent à la tête de manière à ce que l'eau ne puisse pénétrer à l'intérieur.

Long d'un mètre environ, haut de trente à trente-cinq centimètres, cet animal est vêtu de deux sortes de poils ; les uns, longs, soyeux, lustrés, recouvrent les autres qui forment une sorte de bourre ou de duvet grisâtre, imperméable à l'eau.

Les castors du Canada sont d'un brun roussâtre ; d'autres qui habitent vers l'Ohio et le pays des Illinois sont d'un fauve pâle ; ceux du nord sont noirs et

quelquefois blancs. Leurs habitudes aquatiques leur font aimer les pays entre-
coupés de lacs et de cours d'eau. Ils sont devenus, pour cette raison, fort rares
en Europe, et ce n'est plus que dans quelques provinces de l'Amérique septentrionale qu'on peut en rencontrer un certain nombre. Encore leur fait-on une
guerre si active, que la race de ces intelligents animaux est menacée d'une prochaine destruction. Ce n'est pas seulement pour se nourrir de leur chair ou
s'emparer de leur fourrure qu'on les poursuit sans pitié, mais encore pour la
substance huileuse que sécrètent deux glandes placées à la naissance de leur
queue. Cette substance, appelée castoréum, sert encore quelque peu en médecine,
mais on en faisait autrefois un très-grand usage.

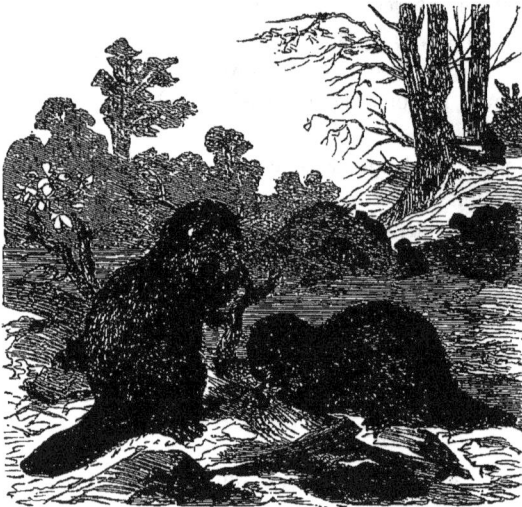

Castors.

« Le piége ou la trappe dont on se sert pour prendre les castors ne diffère en
rien de nos piéges à renards et à putois. Les trappeurs, qui ne voyagent qu'en
caravanes pour se défendre contre les peuplades sauvages, ont l'œil tellement
exercé à cette chasse, qu'ils découvrent, au signe le plus léger, la piste du castor, sa hutte ou son terrier fussent-ils placés dans le taillis de saules le plus épais.
Ce même coup d'œil leur fait deviner exactement le nombre des animaux qui s'y
trouvent. Alors le chasseur pose sa trappe à deux ou trois pouces au-dessous de
la surface de l'eau, et par une chaîne l'attache à un tronc d'arbre ou à un piquet
fortement enfoncé sur la rive. L'appât consiste en une jeune tige de saule, nouvellement dépouillée de son écorce, fixée dans un trou de la bascule du piége, et
la sommité dépassant la surface de l'eau de cinq à six pouces. Ce sommet a été
préalablement trempé dans la *médecine* (pour me servir du mot technique des
trappeurs) qui doit attirer l'animal par son odeur alléchante. Or, la composition

de la médecine est le secret du trappeur, secret qui néanmoins n'a pas été si bien tenu que nous ne puissions le révéler ici.

« Au printemps, le chasseur ramasse une grande quantité de bourgeons de peuplier, au moment où ils sont le plus couverts de cette sorte de glu visqueuse et odorante destinée probablement par la nature à protéger le développement des jeunes feuilles. Ils jettent ces bourgeons dans une chaudière, avec de l'eau, quelques feuilles de menthe des ruisseaux, un peu de camphre, et une suffisante quantité de sucre d'érable. Quand tout a bouilli assez longtemps pour réduire l'eau à l'état de sirop, sans emporter l'odeur du bourgeon de peuplier, ils passent au filtre, et la médecine est faite. On la conserve dans des fioles bien bouchées, et on y trempe l'appât quand on tend le piége.

« Le castor, doué d'un odorat très-fin, ne tarde pas à être attiré par l'odeur; mais dès qu'il a touché l'appât qui tient la détente, le piége part et le prend par les pattes. L'animal se débat; il entraîne la trappe de toute la longueur de la chaîne; bientôt épuisé de fatigue, il coule à fond avec le piége et se noie. Quelquefois, quand le piquet vient à manquer, le castor gagne la rive et emporte le piége dans les bois, où l'on a beaucoup de peine à le retrouver. Il arrive aussi que, lorsque ces animaux ont été trop inquiétés, ils deviennent méfiants et déjouent les ruses du trappeur. En ce cas, le chasseur abandonne la partie, met ses piéges sur son dos, et s'éloigne, en se disant vaincu. » (BOITARD, *Jardin des Plantes.*)

Les castors sont des animaux très-sociables. Au printemps, ils vivent par couples ou seulement en famille, dans les bois ou dans des terriers qu'ils se creusent au bord de l'eau; mais, vers la fin de juin, ils se réunissent en grand nombre, près d'une rivière ou d'un fleuve, pour y construire ce qu'on appelle un village.

Pour mettre ce village à l'abri d'une inondation et pour assurer au cours d'eau un niveau toujours le même, ils sont obligés de construire une digue, et voici comment ils procèdent.

Ils commencent par choisir sur la rive un arbre dont la hauteur dépasse la largeur du cours d'eau; ils l'attaquent par le pied, le scient au moyen de leurs fortes incisives, et savent assez bien prendre leurs précautions pour qu'il tombe en formant un pont d'un bord à l'autre.

Cela fait, d'autres arbres plus petits sont abattus, dépouillés de leurs branches, sciés à la longueur voulue, soigneusement affilés, et confiés au courant, qui les conduit au point où doit s'élever la digue. Là, les castors les arrêtent; et après que plusieurs d'entre eux ont creusé le trou qui doit les recevoir, d'autres les y enfoncent et en appuient l'extrémité supérieure à l'arbre posé en travers (1). L'espace compris entre ces pieux est rempli par des bois plus minces et par des branches flexibles, que les castors entrelacent avec soin. Ils remontent ensuite sur le bord, ramassent de la terre mouillée, la foulent et la battent en se servant de leurs pieds et de leur queue, la transportent, à l'aide de leur bouche et de leurs

---

(1) Plusieurs auteurs disent que ces pièces de bois ne sont ni affilées ni enfoncées dans le lit de la rivière; qu'elles y sont posées à plat et maintenues par le poids des pierres dont les castors les chargent.

pattes de devant, jusqu'à la digue, où ils s'en servent pour boucher tous les interstices que présentent les claies de branchages.

La digue a ordinairement de trois à quatre mètres d'épaisseur à la base; en amont, elle forme un talus, et par conséquent se rétrécit vers le haut, qui souvent a moins d'un mètre; en aval, elle est perpendiculaire, et l'on ne peut qu'admirer ces architectes, qui savent que le talus offre plus de résistance aux efforts de l'eau. On dit même que, quand la rivière est très-rapide, cette digue est recourbée et offre sa partie convexe à la force du courant.

De menues branches de saule et de peuplier, des semences diverses portées sur le barrage par le vent et par les eaux, y prennent racine, le consolident et le transforment, avec le temps, en un véritable rivage, orné de beaux arbres, et dont personne ne songerait à attribuer la construction à ces industrieux animaux.

La digue achevée, il faut songer à bâtir le village. Les castors, qui tous ensemble ont pris part à ce difficile travail, se séparent en autant de petits groupes qu'il doit y avoir de cabanes. C'est ordinairement en amont de la chaussée, sur le côté sud d'une île, et quelquefois au milieu même de l'eau, que ces huttes sont placées. Elles se composent de deux étages et quelquefois de trois. Elles sont de forme ronde, et terminées par un dôme, qui s'élève de plusieurs pieds au-dessus de l'eau. Les murs ont beaucoup d'épaisseur; ce qui n'empêche pas les chambres d'avoir de deux à trois mètres de diamètre. Il y a certainement à Paris des centaines de cuisines moins grandes que la principale pièce de ces solides cabanes, dans la construction desquelles le bois, la pierre, le sable et la vase sont employés.

L'entrée de la maison est au-dessous du niveau de l'eau, et conduit au magasin dans lequel les castors entassent des écorces et des branches de saule, de bouleau, de peuplier, pour se nourrir en hiver. Quand le magasin est rempli, ils font encore un supplément de provisions, en coupant des arbres qu'ils jettent dans l'eau devant leurs huttes.

Le nombre des habitants de ces maisons varie. Quelquefois plusieurs couples y vivent isolés, au moyen de cloisons qu'ils élèvent; mais ordinairement ces divers couples habitent tous ensemble, en parfaite intelligence. Chacun a droit aux provisions faites en commun; mais un voisin serait mal reçu, s'il osait venir en demander sa part.

Les dents des castors sont leur principal instrument de travail. Quelques coups de leurs incisives tranchantes suffisent pour couper les petites branches comme avec un sécateur. Quant aux troncs, ils rongent l'arbre, à la hauteur d'un mètre à peu près. Ils se tiennent assis sur leur train de derrière et appuient leurs pieds de devant un peu au-dessous de cette entaille, qu'ils font plus profonde du côté opposé à celui vers lequel ils veulent jeter l'arbre.

On dit qu'en une seule nuit, deux castors peuvent renverser ainsi une cinquantaine de saules aussi gros que le bras ou que la jambe d'un homme. Ils attaquent très-rarement les bois durs, tels que l'orme et le chêne. C'est après le coucher du soleil qu'ils sortent de leurs demeures; ils ne s'en éloignent pas avant de s'assurer qu'aucun danger ne les menace, et ils y reviennent sans attendre le jour.

La femelle soigne tendrement ses petits; et quand ils ont à peu près la taille d'un chat de cinq à six mois, elle les emmène à terre, pour qu'ils apprennent à y chercher leur nourriture.

Dans les endroits où les castors sont en petit nombre, en France, par exemple, où l'on en rencontre encore au bord du Rhône, ils ne construisent ni digues ni maisons; ils se creusent seulement des terriers. Ils sont très-craintifs, et ne se montrent qu'après avoir exploré, d'un prudent coup d'œil, tous les environs. Quand ils vivent en colonies, ils ont la nuit des sentinelles qui veillent au salut de tous.

Quand ils sont pris jeunes, les castors s'apprivoisent parfaitement. Ils aiment leur maître, le caressent, s'ennuient en son absence, et le fêtent à son retour, absolument comme le ferait un chien fidèle. Ils mangent de tout : du pain, du riz, des fruits, même de la viande et du poisson. Ils sont très-doux, très-propres, vont à l'eau quand ils le peuvent, et ne paraissent pas souffrir lorsqu'ils en sont privés.

Plusieurs colonies de castors constructeurs existent encore en Bohême, en Bavière, en Autriche. Leurs travaux ressemblent à ceux des castors du Canada; mais leur nombre diminue d'année en année.

Le castor en captivité ne perd pas son goût pour la construction. Le docteur Franklin raconte qu'un de ces animaux, embarqué sur le même vaisseau que lui, s'emparait de tout ce qu'il trouvait pour élever un barrage. Balais, brosses, corbeilles de jonc, livres, souliers, chemises, habits, tourbes sèches, tels étaient les matériaux qu'il employait.

« Un autre castor du Rhin vivait, il y a quelques années, au Muséum d'histoire naturelle à Paris. On lui jetait dans sa loge des légumes, des fruits, et aussi des branches, pour l'amuser pendant la nuit. C'était durant le cours d'un rigoureux hiver. Il n'avait qu'un peu de litière pour se défendre contre le froid, et la porte de sa cage fermait mal. Une nuit, il neigea à gros flocons, et la neige, chassée par le vent, s'amassa dans un coin de la loge. Il fallut inventer un plan afin de se mettre à couvert contre ce nouvel inconvénient. Les seuls matériaux qui se trouvassent à portée du pauvre castor, pour se défendre contre les intempéries de l'air, étaient les branches d'arbre qu'on lui avait données pour qu'il pût exercer sa faculté de rongeur. Il entrelaça ces branches dans les barreaux de sa cage, absolument comme eût fait un vannier. Dans les intervalles restés à jour, il plaça la litière, les carottes, les pommes, tout ce qu'il avait sous la main, façonnant les divers matériaux avec ses dents, et les appropriant aux vides qu'il s'agissait de combler. Cette défense contre l'air froid ne lui paraissant pas encore suffisante, il maçonna le tout avec de la neige, qui gela pendant la nuit; et le lendemain matin, on trouva qu'il avait bâti un mur occupant les deux tiers de la porte. Cette barricade élevée contre un ennemi, le froid, annonce de la part du castor un fonds de réflexion. Quel autre nom donner, en effet, à une série d'actes ayant pour objet d'appliquer un instinct déterminé à des circonstances que la nature n'avait point prévues, au moins sous cette forme-là ? »

Les myopotames, ou rats de rivière, appelés aussi castors de la Plata, ont beaucoup de ressemblance avec les vrais castors. Ils sont presque aussi grands et ont les pieds de derrière palmés ; mais ils ont la queue cylindrique comme les rats. On leur fait une telle guerre, pour s'emparer de leur fourrure, qu'on en a vendu trois millions en une seule année.

Les ondatras, ou rats musqués, dont la taille est celle d'un lapin, sont très-répandus dans l'Amérique septentrionale, et surtout au Canada. Ils se rapprochent des castors par leurs instincts, par leurs habitudes aquatiques, et par la possession d'une glande qui sécrète une matière laiteuse, d'une odeur de musc très-prononcée.

Ils ont les pieds de derrière à demi palmés, les doigts garnis de poils raides, la queue longue, comprimée et garnie d'écailles. Ils sont noirs, blancs, bruns ou tachetés, et leur fourrure, comme celle du castor, est formée de poils laineux et de poils soyeux.

On trouve les ondatras en familles et même en tribus, au bord des grands lacs, des marais, des étangs, des fleuves dont le cours est lent, et même des ruisseaux à pente douce. Ils aiment surtout à construire leurs huttes sur les rives couvertes de roseaux et de joncs. Ils entrelacent ces joncs, les revêtent d'une couche de terre glaise, et posent autour de cette première enceinte une muraille faite des mêmes matériaux que la première, mais beaucoup plus épaisse, et terminée en dôme.

La hutte s'ouvre sur un couloir souterrain qui conduit au-dessous du niveau de l'eau, niveau sur lequel l'animal ne se trompe jamais. Elle n'est construite que pour l'hiver ; ses hôtes la quittent au printemps pour aller dans les bois ; mais il paraît que les femelles reviennent y déposer et y élever leurs petits.

Les indigènes disent que l'ondatra et le castor sont frères ; mais que le castor étant l'aîné, a plus d'expérience et d'industrie.

L'ondatra s'apprivoise fort bien ; mais l'odeur qu'il exhale, surtout au printemps, rend désagréable son séjour à la maison. Les meubles mêmes en sont imprégnés ; aussi le désigne-t-on sous le nom de rat puant ; ce qui n'empêche pas les Canadiens de manger sa chair.

La marmotte vulgaire est l'animal le mieux connu du groupe dont elle est le type. Elle habite les hauts sommets des Alpes et se tient à la limite des neiges éternelles.

Elle a le corps trapu, la tête grosse et aplatie, de grands yeux très-doux, des oreilles courtes et arrondies. Sa lèvre supérieure, garnie d'une forte barbe, et fendue par le milieu, laisse voir de très-longues incisives, qui sont blanches chez les jeunes et prennent, avec le temps, une teinte orangée. Une fourrure épaisse, longue et grossière, des membres ramassés, un cou gros et court, contribuent à donner à la marmotte une lourdeur apparente.

C'est un animal fort leste, qui fait des bonds énormes, et court avec une grande rapidité. Ses larges pattes, armées d'ongles robustes, lui servent à grimper aux rochers et à se creuser un terrier, large et profond, qui sert d'asile à deux ou trois familles, et auquel on arrive par des couloirs étroits, mais d'une étendue considérable.

Les marmottes vivent, jouent, travaillent et dorment en petites sociétés. Elles ont généralement deux habitations, l'une pour l'hiver, l'autre pour l'été. La première est plus vaste que la seconde; car elles aiment à passer au soleil les jours trop rares de la chaude saison, et ne se retirent chez elles que quand un danger les menace, tandis qu'elles s'endorment, dans leur vraie maison, pour toute la durée du long hiver de ces froides régions.

Tschudi, dans son ouvrage intitulé *les Alpes*, dit que l'été s'écoule gaîment pour les marmottes. « A la pointe du jour, les vieilles sortent de leurs terriers, avancent la tête avec précaution, prêtent l'oreille et guettent de tous côtés, pour s'assurer s'il ne se passe rien d'extraordinaire dans le voisinage; elles se hasardent enfin à faire quelques pas et se mettent à déjeuner. Ce repas est promptement expédié : l'herbe verte et surtout les jolies fleurs des Alpes en font les principaux frais, et on les voit disparaître rapidement autour des établissements des marmottes. Les jeunes suivent de près les parents. Dès qu'elles sont toutes rassasiées, elles se rangent en cercle, sur une pierre plate, bien exposée au soleil, et aussi rapprochée que possible de leur demeure. Alors elles commencent leurs jeux et leurs plaisirs, qui consistent à se peigner, à se gratter, à faire leur toilette, à se taquiner les unes les autres, et à faire les belles, en se dressant sur leurs jambes de derrière. Pendant que les jeunes se livrent ainsi à leur humeur folâtre, les vieilles marmottes font sentinelle; et dès que paraît quelque chose de suspect, un homme, un oiseau de proie ou un renard, fût-ce à des lieues de distance, le sifflet se fait entendre, clair, fort, retentissant. Ce son, quoique aigu et perçant, a quelque chose de plaintif et de profond. Le reste de la troupe n'ayant pas vu l'ennemi ne répond pas au signal de la sentinelle, mais s'attache à suivre tous les mouvements de celle-ci, restant tant qu'elle reste et fuyant quand elle fuit.

« Les avertissements se renouvellent de moment en moment. Mises ainsi sur leurs gardes, toutes les marmottes de la montagne cherchent à découvrir l'ennemi; quand elles y sont parvenues, elles sifflent à leur tour, et bientôt, de tous les côtés, les vigilantes sentinelles sont à leur poste. Si l'ennemi se cache ou s'arrête, les signaux cessent; mais la surveillance ne se relâche pas. A l'approche du danger, elles se précipitent toutes dans leur demeure, et ne se hasardent à sortir de nouveau que quand tout sujet de crainte a disparu. Celles qui n'ont pas vu l'ennemi sont les premières à reparaître. On ne sait pas si les marmottes ont des sentinelles proprement dites, comme les chamois; les chasseurs ne le croient pas. Ils pensent que la petitesse, la couleur grise de ces animaux, et plus encore leur vue perçante, qui leur fait découvrir un homme à une distance telle, que le meilleur télescope nous permettrait seul de le distinguer, les gardent mieux que la plus grande vigilance. »

Il est donc très-difficile au chasseur de s'approcher assez des marmottes pour en abattre quelqu'une d'un coup de fusil; et si sa présence a été signalée, il perdrait son temps à attendre qu'une seule se montrât de nouveau.

On les prend plus facilement en hiver, lorsqu'elles sont plongées dans un sommeil dont rien ne peut les tirer, sommeil qui a donné lieu au proverbe : Dormir comme une marmotte. On en pourrait alors détruire un si grand nombre, que l'espèce ne tarderait pas à disparaître. Ce serait un grand malheur pour les habitants de ces froides montagnes; car les marmottes, qui ne leur coûtent rien, leur donnent une chair blanche et délicate, comme celle du lapin, et leur fournissent, en outre, une grande quantité de graisse. On fond cette graisse, qui est fort bonne, et qui sert aux mêmes usages que le beurre.

On mange la marmotte fraîche, ou bien on la sale et on la fume, comme le cochon, et c'est, disent les voyageurs, un fort bon mets. Si, écoutant une imprudente avidité, les chasseurs de marmottes oubliaient l'avenir pour ne songer qu'au présent, ils détruiraient eux-mêmes cette grande ressource. Aussi a-t-on établi dans plusieurs cantons suisses des règlements grâce auxquels les terriers étant ouverts à certaine époque, on enlève les bêtes âgées et les mâles gras, en respectant les femelles et tous les jeunes individus.

Marmotte se tenant sur ses jambes de derrière.

Les marmottes profitent de l'été pour préparer leurs quartiers d'hiver. Il ne suffit pas d'avoir un grand appartement, il faut le rendre commode et chaud. Pour cela, on s'entend, et chacun prend sa part de la besogne. Il y a des marmottes qui coupent les meilleures herbes, d'autres les étendent et les retournent au soleil; d'autres encore les ramassent et les traînent jusqu'à l'entrée du terrier. On transporte, non sans peine, jusqu'à la chambre principale, le foin à travers les galeries, qui parfois ont plus de dix mètres de longueur. On le secoue, on l'étend par couches successives, pour en faire un lit douillet, dans lequel on n'ait plus qu'à s'enfoncer quand viendront les premiers froids.

Dès qu'ils se font sentir, nos prévoyantes marmottes bouchent l'entrée de leur gîte avec de la terre et des pierres, puis elles s'y endorment, les unes près des autres, et chacune tellement repliée sur elle-même, qu'on ne saurait dire où est sa tête. La maçonnerie qui ferme les portes de ce réduit est si solide, qu'il est plus facile d'entamer le sol partout ailleurs que là.

La marmotte prise toute jeune s'apprivoise facilement ; nous en avons la preuve, puisque les petits Savoyards lui apprennent à marcher sur deux pattes, à danser, à faire divers exercices, qui amusent les enfants et font pleuvoir les petits sous dans la main de son maître. Les vieilles marmottes, au contraire, ne peuvent être apprivoisées ; elles griffent, mordent, refusent de manger et ne tardent guère à mourir.

Elevée en captivité, la marmotte vit de pain, de fruits, de légumes, d'herbes fraîches ou séchées. Elle ne veut ni viande ni œufs ; mais elle est très-friande de beurre et de lait. Elle est aussi douce qu'un chien ; cependant on ne peut la laisser libre dans une maison, parce qu'elle ronge tout ce qui lui tombe sous la dent. Elle craint l'humidité plus que le froid, et elle n'a pas de sommeil hivernal quand on la tient à une température assez élevée.

Le docteur Franklin raconte qu'une marmotte dont il voulait étudier les mœurs, s'étant échappée de sa cage, ne fut retrouvée qu'au bout de quinze jours.

Une servante, descendant alors dans une cave profonde qui s'étendait sous la maison, n'en put ouvrir la porte ; elle prévint le docteur, qui eut besoin de toute sa force pour y réussir. Il vit avec surprise la marmotte perdue en possession de ce logement. Elle était entrée dans la cave par une petite ouverture, et, désirant s'assurer une retraite impénétrable, elle avait creusé le sol et gratté le mur, afin d'élever un tas de terre et de plâtre contre la porte, à la hauteur de deux pieds. Avant d'y accumuler ces débris, elle avait bouché, à l'aide d'un morceau de bois enlevé à une étagère, un interstice de deux ou trois pouces qui se trouvait sous la porte. Elle avait détaché un lien de paille qui enveloppait une vingtaine de bouteilles, et de cette paille elle s'était fait un lit, dans un coin de là cave. Ensuite, voulant sans doute se protéger contre les attaques des rats, l'industrieuse créature avait brisé plusieurs bouteilles, et avait tracé, avec une grande régularité, un demi-cercle de tessons et d'éclats de verre devant sa couche.

Ce fait suffirait à prouver que la marmotte est douée de plus d'intelligence qu'on ne le supposerait à la voir.

On connaît plusieurs espèces de ces animaux. Le bobak ou marmotte de Pologne habite ce pays et presque toute l'Asie septentrionale. Il a les mêmes mœurs que la marmotte des Alpes ; mais il ne creuse son terrier que sur des collines peu élevées. La marmotte du Canada ou monax habite toute l'Amérique du Nord, et se plaît dans les rochers, où elle vit plutôt par couples qu'en sociétés.

Entre les marmottes et les écureuils se placent plusieurs petits groupes d'animaux qui semblent tenir des uns et des autres. Ainsi, il existe dans l'Amérique septentrionale un animal qui ressemble à la marmotte par ses formes trapues, mais qui a cinq doigts armés d'ongles forts aux quatre pieds, et qui possède de petites abajoues. On le connaît sous les noms de chien des prairies et d'écureuil jappant.

Les chiens des prairies se creusent dans le sol couvert de gazon des demeures qu'ils habitent par couples ou par petites familles. Ils rejettent au dehors la terre qui provient de ces excavations, et elle forme à l'entrée de chaque réduit un monticule qui fournirait la charge d'un cheval attelé à un tombereau.

Ces monticules, éloignés les uns des autres de cinq ou six mètres, occupent assez d'étendue pour former ce qu'on appelle des villages. Tous ces propriétaires vivent en bonne intelligence; ils se visitent, jouent ensemble, s'ébattent sur le gazon, et font entendre de fréquents aboiements.

Comme les marmottes, ils s'endorment en hiver; mais ils ne font pas de provisions. Leur chair est très-bonne, dit-on; cependant on les chasse peu, dans ces pays où le gros gibier abonde. Il est d'ailleurs très-difficile de les approcher, le moindre bruit les faisant disparaître dans leurs terriers.

Les spermophiles, plus rapprochés de l'écureuil que de la marmotte, n'ont cependant ni la queue touffue ni la vie presque aérienne du premier de ces animaux. Ils ne pèsent guère qu'un demi-kilogramme et n'ont pas plus de 20 à 25 centimètres de longueur.

Le spermophile souslik, qui sert de type à ce genre, est très-joli, avec sa taille élégante et mignonne, son pelage d'un gris jaune tacheté de roux sur le dos, roux encore sous le ventre, mélangé de brun sur la tête, blanc au menton et sous la gorge. Quelquefois le dos est brun, semé de petites taches rondes et blanches; le museau, les moustaches et les ongles sont toujours noirs.

Le spermophile à treize lignes est encore plus beau. Son poil épais et soyeux est sillonné, dans toute la longueur du dos, de bandes d'un jaune clair, séparées par d'autres bandes d'un roux foncé semées de taches jaunes, qui forment ainsi treize lignes, d'une remarquable régularité. Le brun, le blanc et le jaune se retrouvent sur le reste du pelage. Cette espèce est un peu plus petite que la précédente.

Le souslik se trouve dans l'Europe orientale et dans quelques contrées de l'Asie. Il vit en troupes dans les champs, dans les prairies; et comme il aime beaucoup les grains, les légumes, les fruits, il y cause des dégâts. Chaque individu se creuse un terrier, qu'il garnit de mousse et de foin, et qui renferme plusieurs chambres, dans lesquelles l'animal transporte des provisions à l'aide de ses abajoues. Il s'y réfugie à la moindre alarme, s'y tient enfermé quand il pleut, et y reste endormi pendant tout l'hiver.

L'homme lui fait la guerre pour s'emparer de sa chair, de sa fourrure, et pour empêcher que son voisinage ne lui devienne trop onéreux.

On en détruit beaucoup en hiver; car les terriers peu profonds sont facilement ouverts. Les chats, les chiens, les martes, les corbeaux, les chouettes, leur donnent aussi la chasse, et les grandes pluies leur sont encore plus fatales que ces divers ennemis.

Le spermophile à treize lignes habite l'Amérique du Nord. Il a les mêmes mœurs que le souslik; mais son terrier est moins profond et moins étendu. Les spermophiles doivent leur nom à ce qu'ils aiment le grain plus que toute autre nourriture.

L'écureuil est un joli petit animal, qu'on aime à rencontrer lorsqu'on se promène dans les bois. On admire la prestesse de ses mouvements, ses folles gambades, sa pétulante gaîté, la grâce incomparable avec laquelle il saute de branche en branche, et bondit parfois jusqu'à terre d'une hauteur difficile à mesurer.

« Il est propre, leste, vif, très-alerte, très-éveillé, très-industrieux, dit Buffon ; il a les yeux pleins de feu, la physionomie fine, le corps nerveux, les membres très-dispos. Sa jolie figure est encore rehaussée, parée par une belle queue, en forme de panache, qu'il relève au-dessus de sa tête et sous laquelle il se met à l'ombre.... Il se tient ordinairement assis, presque debout, et se sert de ses pieds de devant, comme d'une main, pour porter à sa bouche. Au lieu de se cacher sous la terre, il est toujours en l'air. Il approche des oiseaux par sa légèreté ; il demeure comme eux sur la cime des arbres, parcourt les forêts, en sautant de l'une à l'autre, y fait aussi son nid, cueille les graines, boit la rosée, et ne descend à terre que quand les arbres sont agités par la violence des vents. On ne le trouve point dans les champs, dans les lieux découverts, dans les pays de plaine ; il n'approche jamais des habitations ; il ne reste point dans les taillis, mais dans les bois de hauteur, sur les vieux arbres des plus belles futaies.... »

Les noisettes, les amandes, les faines, les glands, les châtaignes, les cônes des pins et des sapins, les baies mûres, les bourgeons et les jeunes pousses des arbres composent sa nourriture ordinaire. Mais s'il trouve un nid, il n'en dédaigne pas les œufs ; et, quand les œufs sont éclos, il dévore les petits ; quelquefois même il s'empare de la couveuse. Il aime peu la chair des cerises, des prunelles ; il la découpe et la rejette ; mais il casse les noyaux, pour en avoir l'amande, et ne mange des pommes et des poires que les pépins.

Vers la fin de l'été, quand il n'a qu'à choisir entre toutes ces bonnes choses, il songe aux mauvais jours de l'hiver, et il amasse des provisions, qu'il porte dans les creux des arbres, ou qu'il cache dans des trous, sous d'épais buissons. Quelquefois cependant les pluies arrivent avant que ses greniers soient remplis, et comme il craint beaucoup l'humidité, il attend que le soleil revienne pour compléter ses approvisionnements. Si le mauvais temps continue pendant presque tout l'automne, il n'est pas heureux pendant l'hiver ; il est obligé de chercher les fruits tombés sous les feuilles et même sous la neige.

Quand l'arrière-saison est belle, il vit dans l'abondance, sans autre peine que celle de vider, les uns après les autres, ses divers magasins, qu'il a soin de ne pas placer trop loin de sa maison.

Cette maison est propre, commode, rembourrée de foin et de mousse, et bien abritée contre la pluie. Quand l'écureuil qui n'a pas encore d'habitation convenable en veut bâtir une, sa besogne est singulièrement facilitée, s'il a la chance de rencontrer un nid de pie. Il le nettoie, l'élargit et l'approprie à ses besoins. S'il ne trouve rien qui puisse lui être utile, il choisit l'enfourchure des grosses branches d'un arbre ; il y transporte des bûchettes, qu'il entrelace avec de la mousse ; il serre, il foule le tout, lui donne la forme d'un nid d'oiseau, assez grand pour contenir le père, la mère, et leur famille, ordinairement composée de trois à six petits.

Ce nid est recouvert d'un dôme de forme conique, construit avec les mêmes matériaux que le fond. Vers le haut, l'architecte ménage une étroite ouverture, par laquelle il puisse s'échapper au besoin, et, de peur que la pluie ne pénètre par là chez lui, il construit au-dessus un toit pour la conduire au dehors.

On dit que chaque couple d'écureuils a plusieurs demeures; mais elles ne sont pas toutes aussi artistement bâties; parfois même ces domiciles supplémentaires ne consistent qu'en un lit de mousse et de foin, placé dans le creux d'un vieil arbre. Les mères aiment à avoir deux ou trois de ces nids, afin d'y transporter leur jeune famille, quand elles la croient menacée de quelque danger.

Le mâle et la femelle ont grand soin de leurs petits; ils se tiennent sur quelque branche voisine de la couche douillette sur laquelle dorment les nouveau-nés, et là, ils jouent, gambadent, se font des agaceries, ou s'occupent de leur toilette.

Quand les petits commencent à sortir, la mère les descend un à un sur la mousse, où ils se livrent à des jeux, des ébats, des sauts, des courses, auxquels les parents prennent part, sans perdre de vue leurs enfants. Si

Écureuils.

quelque bruit se fait alors entendre, la mère saisit celui qui se trouve le plus près d'elle, et l'emporte, non pas jusqu'à son nid, ce qui pourrait lui faire perdre du temps, mais jusqu'à la naissance d'une grosse branche, derrière laquelle elle le cache; puis elle revient chercher les autres et les emporte de même.

Si le mâle et la femelle sont seuls et qu'ils aperçoivent un chasseur, ils se cachent derrière le tronc de l'arbre au pied duquel ils se trouvent; et si l'homme en fait le tour, eux aussi, tournant toujours, de manière à n'être pas aperçus, grimpent rapidement, jusqu'à ce qu'ils puissent se blottir contre une grosse branche. Là, ils restent immobiles et silencieux; la couleur de leur fourrure se confond avec celle du bois, et il est presque impossible à leur ennemi de savoir sur quel point ils ont trouvé asile.

L'écureuil se jette à l'eau et nage fort bien, quand il le faut; mais il ne s'embarque pas, comme on l'a dit, sur un bateau d'écorce et ne se sert pas de sa queue comme d'un gouvernail.

Ce joli animal s'apprivoise bien, lorsqu'il est pris tout jeune. Le mieux est, quand on a pu en prendre un dans le nid, de le faire élever par une chatte privée de ses petits. La chatte soigne parfaitement cet enfant d'adoption, et il ne souffre pas d'être privé du lait de sa mère. Il apprend à connaître son maître; il vient quand on l'appelle; il est vif, gai, caressant. Mais on est obligé de l'enfermer dans une cage solidement doublée de tôle ou de zinc; car il l'aurait bientôt rongée, si elle n'était que de bois. On ne peut le laisser libre dans la maison; il touche à tout et ronge tout. En devenant vieux, il devient méchant; il griffe, il mord, et sa société cesse d'être agréable.

Le renard et les oiseaux de proie font la guerre à l'écureuil; mais la marte est son plus terrible ennemi. Elle grimpe aussi bien que lui et le suit dans les trous où il croit trouver un asile.

Les écureuils de France et d'Allemagne sont roux; mais dans le Nord il y en a d'un roux piqueté de gris, d'autres d'un gris foncé ou d'un gris blanc; enfin d'autres encore sont noirs.

Dans les froides régions, l'écureuil devient en hiver d'un beau gris ardoisé. Sa fourrure, connue dans le commerce sous le nom de petit-gris, est très-solide, se vend fort bien et s'exporte en grande quantité.

L'écureuil du Malabar est de la grosseur d'un chat. Le roux vif, le noir, le jaune, lui forment une robe agréable à l'œil. Il est d'ailleurs aussi vif, aussi leste, aussi gai que l'écureuil commun. Il vit sur les cocotiers, très-nombreux dans cette contrée

Il y a aussi des écureuils qui vivent en bandes nombreuses : ainsi l'écureuil noir, qui, en 1749, causa tant de dégâts dans quelques provinces des Etats-Unis, que le gouvernement se vit obligé d'accorder une prime par tête d'écureuil. Quelquefois ces animaux se multiplient de telle sorte, que, ne trouvant plus de quoi vivre, ils émigrent par milliers.

Les écureuils volants habitent le Canada et une partie des Etats-Unis. Ils doivent à la membrane qui s'étend entre leurs pattes la faculté de franchir d'un arbre à l'autre des distances prodigieuses. Ils ne descendent presque jamais à terre et se nourrissent, comme les autres écureuils, de graines, de bourgeons et de fruits. Ces animaux sont doux et s'apprivoisent bien; mais ils ne s'attachent pas assez à ceux qui les soignent, pour ne pas guetter l'occasion de ressaisir leur liberté.

En 1809, un couple de ces écureuils s'est reproduit à la Malmaison chez l'impératrice Joséphine. La Ménagerie en a possédé plusieurs. Ils dormaient tout le jour, cachés dans un nid qu'ils se faisaient avec le foin de leur litière.

L'écureuil volant d'Europe se trouve en Laponie et en Norwége, où il se nourrit des jeunes pousses du bouleau et du pin. Quand la femelle a des petits et qu'elle est forcée de les quitter pour aller à la recherche de sa nourriture ou de la leur, elle ne s'éloigne jamais sans les avoir enfouis dans la mousse de leur nid.

La membrane dont les écureuils volants sont pourvus leur sert de parachute, et non d'ailes; aussi la faculté de s'élever est-elle très-limitée chez eux. Ils se bornent à s'élancer d'un point élevé vers le lieu où est l'objet qu'ils veulent atteindre.

Le docteur Franklin, qui a conservé plusieurs de ces animaux en captivité, dit qu'ils dormaient tout le jour, roulés en boule et le nez recouvert par leur queue.

Vers le soir, on ouvrait la porte de leur cage, et rien n'était plus amusant pour lui que de les voir bondir, ou voler, si l'on veut, à travers l'appartement

« Mes amis, dit-il, s'amusèrent plus d'une fois à observer les écureuils tranquillement assis sur la corniche de la chambre, jusqu'à ce que le thé fût servi. Ces animaux descendaient alors, les uns après les autres, soit sur ma tête, soit sur la table, et volaient des morceaux de sucre si habilement, que nous pouvions rarement les attraper sur le fait. Nous fûmes souvent obligés de placer une soucoupe, en forme de couvercle, sur le sucrier, afin de conserver quelques morceaux pour nous-mêmes. Ils guettaient alors l'occasion d'enlever notre pain rôti ou notre beurre, qu'ils portaient sur la corniche; puis ils rôdaient çà et là, jusqu'à ce qu'ils crussent avoir trouvé une place sûre pour l'y cacher. Cette opération exige quelques formalités : ils grattent la terre avec leurs pieds de devant, poussent la nourriture dans le trou avec leur museau, et marchent dessus, comme font les Arabes pour cacher le grain dans les silos. »

Le docteur ayant fait repeindre sa chambre, on trouva dix-huit morceaux de sucre, sans compter les rôties et les fragments de beurre, dans les recoins de la corniche; et quand les écureuils eurent la permission d'y reprendre leurs ébats, il se divertit fort de les voir aller et venir, inquiets d'abord, puis désappointés, en reconnaissant que leurs provisions avaient disparu.

Ces animaux étaient très-familiers; ils se cachaient dans les poches de leur maître, se glissaient dans son gilet, et souvent s'enveloppaient de son mouchoir.

L'écureuil nain est à peine aussi gros qu'une souris. Il a le dos brun, le ventre gris, la queue noire et touffue. Il habite les îles de Bornéo et de Sumatra.

Les tamiàs ou écureuils terrestres forment un genre qui se rapproche de celui des spermophiles. Ils ont le poil court et raide, la queue courte, et leurs joues sont munies de poches dans lesquelles ils peuvent emporter ce qu'ils ne consomment pas. Ils se creusent des terriers au pied des arbres, et ne grimpent guère que sur ceux dont le tronc est incliné. Leur pelage est rayé sur chaque côté de la tête et sur le dos, mais avec moins de symétrie que celui des spermophiles.

Ils habitent l'Europe orientale, l'Afrique, l'Inde et l'Amérique du Nord.

Les loirs sont fort jolis, mais si farouches, qu'il est impossible de les apprivoiser. Ils ont les mêmes habitudes que l'écureuil, grimpent sur les arbres et se nourrissent des fruits, des graines, et même des œufs et des oiseaux qu'ils y trouvent. Ils amassent, pendant l'été, des provisions pour l'hiver; cependant ils n'y touchent que quand la température s'adoucit assez pour qu'ils se réveillent.

Ce sont des animaux hibernants. Dès que les premiers froids se font sentir, ils s'endorment, soit seuls, soit à deux ou trois, dans le creux d'un arbre, d'un rocher, ou dans quelque trou de mur situé au midi. Leur nid, fait sans art, est rempli de mousse et de feuilles sèches; ils s'y enfoncent, s'y roulent en boule, et demeurent ainsi pendant tout l'hiver, à l'exception des rares beaux jours. Ils grignotent alors quelques fruits, à moins qu'ils n'aillent faire un tour au dehors; mais dès que le temps se refroidit, ils rentrent et s'endorment de nouveau.

9

Il est rare qu'on les voie à terre, à moins que ce ne soit dans des creux au pied des arbres, quand le moment est venu pour eux de s'engourdir. C'est l'époque où ils sont le plus gras. Les Romains regardaient la chair du loir comme un aliment de luxe. Ils établissaient des garennes dans lesquelles ils en élevaient une grande quantité ; ils connaissaient l'art de les engraisser, et l'on trouve encore dans les écrits d'Apicius, un de leurs auteurs, la manière d'assaisonner les loirs pour les rendre dignes de la table des gourmets.

« En Italie, où l'on est encore dans l'usage de les manger, dit Buffon, on creuse, dans les bois, de petites fosses, qu'on remplit de mousse et qu'on recouvre de paille. On y jette des faines ; et comme on a choisi un lieu sec, à l'abri d'un rocher exposé au midi, les loirs, alléchés par l'odeur de la faine et trouvant tout fait un nid si bien situé, viennent y chercher leur nourriture, s'y établissent, s'y endorment et ne se réveillent plus ; car on profite de leur sommeil pour les tuer. »

Loir mangeant des cerises.

La chair du loir commun est seule mangeable ; on dit qu'elle ressemble à celle du rat d'eau. Elle a peu d'amateurs, quoique cette espèce se rencontre en Espagne, en France, en Grèce, en Allemagne et en Suisse, aussi bien qu'en Italie.

Le loir n'a guère plus de quinze à dix-sept centimètres, sans compter sa queue, qui est longue et touffue. Son pelage est d'un gris brun à la partie supérieure du corps et d'un gris blanchâtre en dessous. Son museau est orné de fortes moustaches ; ses yeux sont vifs, ses mouvements rapides et gracieux.

Il prend dans ses mains les fruits dont il se nourrit et s'assied pour les porter à sa bouche. Quelquefois, tout en mangeant, il se suspend à une branche par ses pieds de derrière, et semble s'y trouver à l'aise. C'est le soir seulement qu'il cherche sa nourriture ; il dort tout le jour, et c'est de là qu'est venue l'expression : Paresseux comme un loir. Mais sa paresse ne l'empêche pas d'être fort courageux : il ne craint ni la belette ni les petits oiseaux de proie, et il se défend même contre les martes et les chats sauvages, qui sont ses plus terribles ennemis.

Le lérot, vulgairement appelé loir, loirot ou rat dormeur, n'habite pas les forêts, comme le loir proprement dit. Il se plaît dans les jardins et se trouve quelquefois dans nos maisons.

Un peu plus petit que le loir, un peu moins foncé en couleur, ce qui le fait aussi parfois appeler rat blanc, le lérot est un véritable fléau pour les arboriculteurs. Il niche dans les trous des murailles ou dans les vieux arbres des vergers ; il y dort le jour, mais, dès que le soleil est couché, il court sur les espaliers, entame plusieurs fruits avant de se décider à en manger un, et ne choisit pas le plus mauvais. Il aime les cerises, les bonnes prunes, les chasselas dorés, et se montre surtout friand de pêches et d'abricots.

Quand ces fruits leur manquent, les lérots se contentent de noisettes, de noix, d'amandes et de semences recueillies par les jardiniers. On trouve des coques et des débris de graines dans les nids où ils passent l'hiver, enveloppés de mousse, de foin, de feuilles, parfois même roulés dans quelque boîte oubliée dans un grenier, et contenant du coton, de la laine, des chiffons ou des fourrures de rebut.

J'ai vu un lérot tomber d'un vieux manchon dans lequel il s'était endormi ; j'en ai vu tuer deux autres de deux coups de fusil, dans les branches d'un cerisier ; et pendant une semaine que j'ai passée à la campagne, vers la fin d'un été pendant lequel les lérots avaient commis de grands dégâts dans les jardins, un chat très-fort, très-courageux, et bien nourri, ne manquait guère d'en étrangler chaque nuit un ou deux, qu'il apportait sur les marches du perron.

Il y a peu de chats qui osent attaquer le lérot ; celui-ci sait se défendre, et la gourmandise n'excite pas le chat à le combattre ; car il le laisse intact.

Le loir du Sénégal est un peu plus petit que le lérot ; il a le pelage d'un gris clair tournant au jaune sur le dos et sur la queue ; ses joues sont d'un beau blanc.

Le muscardin n'est pas plus gros qu'une souris ; il a les yeux brillants, la queue touffue, presque aussi longue que le corps, et le pelage plutôt blond que roux. C'est une vraie miniature de l'écureuil, dont il a d'ailleurs les habitudes. Il vit dans les bois et se construit un nid d'herbes entrelacées ; mais, au lieu de le placer à l'enfourchure des grosses branches d'un arbre, il le cache dans un buisson de noisetiers, où il trouve ainsi la nourriture et l'abri.

Ce nid, qui n'a pas plus de seize à dix-huit centimètres, sert de berceau à ses petits, que la mère soigne avec tendresse, et qui sont bientôt en état de pourvoir à leur subsistance. Quand les noisettes sont mûres, la famille les récolte et les transporte dans un creux d'arbre, où elle se retire et s'engourdit aux premiers froids.

Le muscardin dort encore plus profondément que le loir ; on peut le prendre, le retourner, le changer de place, sans qu'il donne signe de vie. Si on le garde assez longtemps dans la main pour qu'il s'y réchauffe, il finit par ouvrir les yeux; mais ce n'est que pour un instant; le printemps seul a le pouvoir de le réveiller. Il s'apprivoise fort bien; il est propre, doux, gracieux; mais par malheur c'est la nuit seulement qu'il se montre agile. En Angleterre, on enferme ces animaux dans des cages et on les vend au marché, comme des oiseaux.

Les gerboises et les hélamys forment les deux genres d'un groupe d'animaux remarquables par la disproportion qui existe entre leurs membres antérieurs et leurs membres postérieurs. Les premiers sont courts et menus, les autres longs et robustes, d'où il résulte qu'au lieu de marcher sur leurs quatre pattes, ils sautent sur deux.

Les gerboises ont la tête grosse, les oreilles grandes, les yeux saillants, vifs et doux, les narines larges, le museau pourvu de fortes moustaches, la queue plus longue que le corps et garnie à son extrémité d'une touffe de poils raides, disposés sur deux rangs, comme les barbes d'une plume. Les jambes de derrière sont six fois plus longues que celles de devant, qui semblent être de tout petits bras, terminés par une main formée de quatre doigts, munis de griffes, et d'un pouce à peine indiqué. Les pieds ressemblent à ceux d'un oiseau et n'ont que trois doigts, armés d'ongles pointus, recouverts de longues soies.

Ces jolis rongeurs habitent les vastes plaines de la Russie, de la Tartarie, et le nord-est de l'Afrique. Ils se creusent des terriers ou s'établissent dans les murailles des maisons abandonnées. On a peine à comprendre comment leurs bandes peuvent vivre dans les lieux arides qu'ils semblent préférer. Les gerboises ne sortent de leurs retraites que le soir; cependant on peut en apercevoir quelqu'une assise près de sa demeure, et se chauffant à l'ardent soleil de midi. Dès que son ouïe, très-développée, perçoit le moindre bruit, elle disparaît au fond de son terrier.

Quand on les voit au clair de la lune, cherchant leur nourriture, on ne peut s'empêcher d'admirer la légèreté de leurs bonds. Elles semblent voler plutôt que sauter; et leur rapidité est si grande, qu'un bon cheval a de la peine à les suivre. Un habile tireur n'est pas sûr d'atteindre ce gibier; aussi les Arabes qui tiennent à se le procurer étendent des filets ou simplement leur burnous devant le terrier, toujours habité par plusieurs gerboises, y introduisent un long bâton et les forcent à sortir. Elles se jettent alors dans les filets ou le burnous, se laissent prendre vivantes ou sont aussitôt massacrées.

On parvient à les apprivoiser; on les nourrit de grains, de fruits, de légumes, qu'elles prennent avec les doigts et qu'elles mangent assises sur leur train de derrière. Elles boivent volontiers du lait, en y trempant leurs mains qu'elles portent pleines à leur bouche. Elles sont douces, inoffensives; mais il faut les tenir dans une cage métallique; car le bois le plus dur ne résisterait pas à leurs dents.

L'alactaga flèche doit ce surnom à la rapidité de ses mouvements. Il habite la Russie méridionale et quelques contrées de l'Asie. Il s'engourdit deux fois par an : pendant les grandes chaleurs de l'été, et quand arrive l'hiver. Il a soin, dans ce dernier cas, de boucher avec de la terre les passages qui conduisent à sa demeure. Il ne fait pas de provisions, et ne garnit son terrier que d'un peu de mousse et de foin. Loin d'avoir la douceur de la gerboise, il attaque parfois ses semblables, et l'on dit que souvent même il dévore ses enfants.

On connaît plusieurs espèces de gerboises, qui ne sont peut-être que des variétés, et qui ont à peu près les mêmes habitudes.

Les hélamys ou pédètes remplacent les gerboises dans l'Afrique méridionale. Les Hollandais établis au Cap les nomment aussi bonshommes de terre ou lièvres sauteurs.

Le lièvre sauteur est de la taille de notre lièvre commun. Son pelage, épais et long, est d'un roux fauve, mêlé de noir en dessus et blanc en dessous; sa queue, plus longue que le reste du corps, est forte, velue et terminée par une touffe de poils. Il vit dans les montagnes, aussi bien que dans les plaines, et de ses ongles puissants, aidés peut-être de ses dents, il se creuse un terrier, auquel aboutissent de nombreux couloirs, qui s'entrelacent de manière à ce que l'animal, attaqué chez lui, trouve presque toujours le moyen de fuir.

Il passe toute la journée dans cette demeure, et y dort profondément. Assis sur son train de derrière et appuyé au mur, il cache sa tête entre ses genoux écartés, et, pour ne rien voir ni rien entendre, il prend des deux mains ses longues oreilles et les tient rabattues sur ses yeux. Au crépuscule, il se réveille, sort de son terrier, et ne s'en éloigne qu'après s'être assuré qu'aucun danger n'est à craindre. Il mange de l'herbe, des graines, des racines, et il en emporte assez pour vivre dans sa maison, si la pluie le contraint à y passer quelques jours.

Au moindre bruit, il prend l'alarme. Les mains serrées sur sa poitrine, il s'élance en étendant ses longues pattes de derrière et sa queue. Il fait ainsi des bonds énormes et franchit, dit-on, d'un saut, jusqu'à huit et dix mètres.

Il ne faut pas songer à le prendre à la course, et rarement on peut l'abattre d'un coup de fusil. Pour se procurer sa chair et sa peau, on a recours à un autre moyen : on ouvre son terrier, on y introduit de l'eau, et l'on se rend maître de l'hélamys, qui cependant résiste et dont parfois les griffes font de profondes blessures.

Cet animal supporte assez bien la captivité. Il est propre, facile à nourrir de pain, de grains, de légumes, et témoigne de l'attachement à son maître.

Les mériones, qui habitent le Canada; les gerbilles, qu'on trouve dans la Russie méridionale, en Asie et en Afrique, sont aussi des animaux sauteurs, qui se creusent des terriers et y amassent des provisions. Leur taille varie depuis celle de la souris jusqu'à celle du rat noir.

Les saccophores, dont le nom signifie porteurs de sacs, ont des abajoues si grandes, qu'elles pendent jusqu'à terre lorsqu'elles sont remplies de racines et de bulbes. Ils vont les vider dans leur terrier et amassent ainsi de bonnes provisions d'hiver. Ils habitent le Mexique.

Une jolie famille de rongeurs, qui semble se rapprocher du lapin et qui cependant tient aussi du rat, vit sur les hautes montagnes du Pérou et du Chili.

C'est celle des chinchillas, qui renferme trois genres : les chinchillas proprement dits, les lagotis et les viscaches.

Le chinchilla vulgaire a de trente à trente-trois centimètres de longueur ; sa tête est ronde et grosse ; ses oreilles sont grandes, larges et presque nues ; sa queue est longue et velue. Une épaisse et soyeuse fourrure, d'une douceur et d'une finesse extrême, dont les poils du dos et des flancs ont près de dix centimètres, rend cet animal très-remarquable. Le noir, le blanc, le gris bleuâtre s'y mêlent et donnent au pelage une teinte veloutée, d'un gris argenté, à reflets foncés.

Cette fourrure est fort belle ; et quand la mode en doublait la valeur, on faisait au chinchilla une guerre si acharnée, que le gouvernement chilien crut devoir prendre sous sa protection l'intéressante espèce, menacée d'une destruction prochaine.

Les chinchillas cependant se reproduisent abondamment, chaque femelle ayant par an deux portées de quatre à six petits, qui grandissent vite et quittent bientôt leurs parents.

Très-sociables, les chinchillas vivent en bandes nombreuses dans les crevasses des rochers les plus élevés ; ils y grimpent rapidement, même à pic, en insérant leurs ongles robustes dans les moindres fentes. Ils restent à l'ombre ou dans leurs réduits pendant le jour ; mais le soir et le matin, ils jouent ensemble, courent, sautent et s'arrêtent pour ronger, ici et là, quelque pousse chétive, quelque racine ou quelque plante bulbeuse, seule végétation de ces hauts sommets.

Un peu craintifs, mais très-doux, ces animaux se laissent prendre sans résistance ; et, comme ils sont très-curieux, ils viennent parfois le long des sentiers frayés jusque dans les jambes des mulets. Rien n'est plus facile que de les apprivoiser ; aussi en trouve-t-on dans un grand nombre de maisons, où leur gentillesse, leur propreté, la grâce de tous leurs mouvements, les font aimer. Ils s'asseient pour manger et portent leurs aliments à leur bouche avec leurs pattes de devant.

Les lagotis, plus élancés, plus élégants que le chinchilla vulgaire, se tiennent à la limite des neiges, dans les Cordillères du Pérou, du Chili et de la Bolivie. Ils ont les mêmes mœurs que les chinchillas ; mais leur fourrure, moins bien nuancée, a moins de valeur.

Les viscaches remplacent les chinchillas sur le versant oriental des Andes. Elles ressemblent beaucoup aux lapins, vivent en bandes nombreuses et se creusent des terriers très-étendus, qu'elles divisent en autant de compartiments qu'il y a de familles. Pendant tout le jour ces terriers sont habités ; à l'heure où le soleil se couche, les viscaches en sortent pour prendre leurs ébats et chercher leur nourriture. Elles prennent la fuite à la moindre apparence de danger ; et quand elles sont rentrées dans leurs terriers, elles poussent des cris et des grognements désagréables.

Elles vivent d'herbes, d'écorces, de racines et d'une espèce de petit melon, qu'elles aiment beaucoup. Partout où l'on voit de ces melons, il est certain qu'on trouvera des viscaches. Elles dénoncent elles-mêmes leur présence par l'habitude qu'elles ont d'apporter tout ce qu'elles trouvent devant leur terrier. On leur fait la chasse plutôt encore pour les empêcher de miner le sol que pour s'emparer de leur fourrure, beaucoup moins recherchée que celle du chinchilla proprement dit.

Les octodons sont des rongeurs qui tiennent de l'écureuil et du rat. Ils ont le corps trapu, le cou gros et court, la tête grande, les pattes de derrière beaucoup plus longues que celles de devant, la queue écailleuse et garnie d'un pinceau de poils à l'extrémité. Comme les chinchillas, ils habitent le Pérou, le Chili et la Bolivie.

Les caviens, qui appartiennent aussi à l'Amérique méridionale, comprennent quatre genres principaux : les cabiais, les cobayes, les agoutis et les pacas.

Les cabiais sont les plus gros de tous les rongeurs. On n'en connaît qu'une seule espèce, désignée aussi sous le nom de cochons d'eau. Ces animaux sont de la taille d'un mouton ; ils ont le corps massif, la tête grosse, les oreilles courtes, les membres assez longs, terminés par des doigts à demi palmés et garnis de poils raides. Ils vivent au bord de l'eau et s'y creusent des terriers. Leur chair est, dit-on, très-bonne ; aussi leur fait-on la chasse à la Guyane, où ils vivent en bandes assez nombreuses, ainsi qu'au pays des Amazones.

Le cobaye, vulgairement appelé cochon d'Inde, parce que son cri rappelle le grognement du porc, est un animal domestique plutôt que sauvage. On trouve cependant au Brésil, à la Guyane, au Pérou, le cobaye apéréa, qui vit en liberté, se creuse un terrier et n'en sort que le soir. Mais on ne sait si le cochon d'Inde descend de l'apéréa ou forme une espèce distincte. Quoi qu'il en soit, l'utilité de ce petit rongeur n'est pas grande, et Geoffroy Saint-Hilaire a eu raison de dire que de tous les animaux du nouveau continent, nous avons acclimaté d'abord celui qui ne pouvait nous rendre aucun service.

Le paca, dont la chair est excellente, serait une plus précieuse conquête. On ne désespère pas de le joindre à nos animaux domestiques ; car il est doux, robuste et très-facile à nourrir.

Les agoutis sont aussi regardés comme un fort bon gibier. Ce sont des rongeurs nocturnes, qui se nourrissent de fruits et de racines, mais qui, en captivité, mangent à peu près de tout. Ils se sont reproduits plusieurs fois en Europe ; il est donc à croire qu'un peu plus tôt ou un peu plus tard, nos chasseurs pourront tirer l'agouti comme le lièvre, avec lequel il a, d'ailleurs, quelque ressemblance.

Les échymis ou rats-épineux forment un groupe de transition entre les autres rongeurs et la famille des porcs-épics. Cette famille, qui ne se distingue pas plus par l'intelligence que par la grâce et la beauté, attire cependant l'attention de ceux qui visitent les jardins zoologiques.

Le porc-épic proprement dit se trouve en Afrique, en Italie, en Grèce, en Espagne. Il a la tête ornée d'une longue crête de poils grêles et durs, qu'il élève et qu'il abaisse à volonté. Ses pattes, fourrées aussi de poils raides et courts, sont terminées par des doigts à ongles robustes ; ses yeux sont petits ; sa bouche, peu fendue, est armée de fortes incisives ; mais son pelage surtout le fait reconnaître au premier coup d'œil.

Son corps est revêtu de piquants très-durs et fort longs, épais au milieu, pointus au bout, lesquels, grâce à l'action d'un muscle puissant, peuvent se heurter les uns contre les autres, se hérisser et former à l'animal une redoutable armure. Ces piquants, élégamment nuancés de noir et de blanc, atteignent jusqu'à 25 centimètres de longueur et font des blessures douloureuses.

Quoique bien armé, le porc-épic n'attaque jamais ni l'homme ni les animaux ; il vit dans son terrier, d'où il ne sort que la nuit, et qu'il creuse dans les lieux les plus retirés. Il s'y endort en hiver, mais non d'un sommeil aussi profond que beaucoup d'autres hivernants. Il se nourrit d'herbes et de fruits. Sa voix est un grognement sourd, qui probablement lui a valu le nom de porc. Il la fait entendre quand il est en colère. Il dresse alors ses flèches, tourne le dos à son ennemi, s'élance sur lui à reculons, lui enfonce ses baïonnettes dans la chair, et parfois même en laisse quelques-unes dans les blessures qu'elles ont faites. C'est sans doute ce qui a fait croire longtemps que le porc-épic lançait ses dards contre ses adversaires.

Ces piquants, que tout le monde connaît, car on en fait des porte-plumes solides et légers, sont entremêlés de longues soies ; et quand l'animal est paisible, ses javelots couchés sur son dos n'ont rien de menaçant. Le dessous du corps n'est garni que de poils assez doux ; la queue, très-courte, est revêtue de plumes creuses qui, lorsqu'elles sont agitées, produisent un certain cliquetis.

Malgré cet attirail et malgré toutes les fables auxquelles la singulière apparence du porc-épic a donné lieu, il est, en somme, fort peu redoutable. Les carnassiers qui lui font la guerre en viennent à bout ; un chien bien dressé le tient en arrêt, et le chasseur peut le prendre vivant ou le tuer d'un coup sur le museau.

Quoique timide, le porc-épic s'habitue à la captivité ; il prend avec ses pattes de devant les légumes, les fruits, et même les morceaux de sucre qu'on lui présente.

Une espèce plus petite que celle du porc-épic commun habite Sumatra, Java, Fernando-Po et Sierra-Leone. Elle a la queue longue et terminée par une touffe d'appendices cornés qui ne sont ni des piquants ni des poils, et ne sont pas régulièrement disposés. Les vrais piquants, placés sur le corps, sont courts, acérés, et mêlés de soies qu'on retrouve aussi sous le ventre de l'animal, auquel on donne le nom d'athérure ou porc-épic de Malacca.

Le porc-épic de l'Amérique du Nord est un grimpeur, auquel on donne le nom d'urson ou d'ourson. Il a la tête épaisse, le museau tronqué, les narines petites, les doigts armés de griffes longues et fortes. Son corps est entièrement couvert de poils épais ou de soies raides, qui sur le dos cachent des piquants, d'une longueur de huit centimètres. Le brun, le noir, le blanc se trouvent réunis sur son pelage.

L'urson vit de l'écorce des jeunes arbres, qu'il dépouille complètement et qui ne tardent pas à mourir. Il ne se construit pas de terrier, il habite dans le creux des vieux arbres ou dans les crevasses des rochers. On le chasse pour sa chair, qui, dit-on, n'est pas désagréable, pour sa fourrure, qui, débarrassée de ses piquants, est douce et chaude, et plus encore pour empêcher les dégâts qu'il commet dans les bois, où un seul urson peut faire périr des centaines d'arbres en un seul hiver.

Cet animal ne craint que l'homme, qui peut le tuer de loin. Quand il est attaqué, même par un dogue ou un lynx, il se roule en boule, s'élance sur son ennemi et lui laisse dans la chair une multitude d'aiguillons ; car ses piquants tiennent si peu à sa peau, qu'il suffit de les toucher pour qu'ils s'en détachent et restent où ils se sont enfoncés.

La taille de l'ourson est de 80 centimètres, y compris la queue, qui en a 20.

Les sphiggures, qui habitent les chaudes contrées de l'Amérique, ont les piquants plus courts et mieux cachés que ceux de l'ourson ; aussi est-il dangereux d'essayer de les caresser. Leurs dards, pointus comme des aiguilles, entrent dans la main, et l'on a beaucoup de peine à les en retirer.

Le sphiggure mexicain a près d'un mètre de long, en y comprenant sa queue, qu'il enroule pour s'affermir sur l'arbre où il dort tout le jour, à la bifurcation de deux branches. Il se nourrit de feuilles, de bourgeons, de fruits, d'écorce tendre. Il se donne peu de mouvement, et ne se dérange que quand il est pressé par la faim.

Les anlacodes ont les pattes courtes, le corps allongé, la queue garnie de poils épineux. Leur taille est à peu près celle du lapin. Ces animaux habitent l'Afrique occidentale.

La famille des porcs-épics et celle des léporidés, dont nous allons parler, ne se nourrissent que de végétaux.

La famille des léporidés comprend les lièvres et les lapins, c'est-à-dire les plus connus de tous les rongeurs, si l'on en excepte toutefois les rats et les souris.

Les léporidés ont les membres postérieurs plus longs que les antérieurs ; leurs pattes de devant sont terminées par cinq doigts, et celles de derrière par quatre seulement. Ils ont le corps allongé, le pelage épais, les oreilles grandes, les lèvres très-mobiles, les moustaches bien fournies. Ce sont les seuls rongeurs qui aient quatre incisives à la mâchoire supérieure ; tous les autres n'en ont que deux.

Outre le genre lièvre et le genre lapin, cette famille compte les lagomys ou lièvres-rats, qui ont la taille exiguë, les oreilles courtes et arrondies, la queue nulle. Ils habitent les plus hautes montagnes et se creusent des retraites dans les fentes des rochers. On en trouve plusieurs espèces en Sibérie, et une dans les Alpes.

Le lagomy des Alpes est très-difficile à prendre. Pendant le jour, il reste dans son terrier ; et quand il en sort au crépuscule, il y rentre au moindre bruit, par de nombreux sentiers qu'il a su se frayer à travers les rochers. Pendant l'été, il amasse des provisions, les recouvre de feuilles, et creuse sous la neige des galeries qui conduisent à ses magasins.

La même espèce habite les montagnes du Kamtchatka, et n'y montre pas moins de prévoyance.

Les lagomys se réunissent en assez grand nombre pour cueillir et faire sécher au soleil l'herbe dont ils auront besoin quand ils ne trouveront plus rien à brouter. Ils en font des meules qui, par leur hauteur et leur largeur, attirent l'attention des Mongols, et ceux-ci ne se font aucun scrupule d'en nourrir leurs chevaux.

Le lièvre proprement dit a les oreilles au moins aussi longues que la tête, la poitrine étroite, la croupe large, les membres postérieurs plus longs et plus forts  ue ceux de devant. La fourrure épaisse, formée de poils duveteux et de poils soyeux, blanche sous la gorge et sur les flancs, prend sur le dos, par un mélange de brun, de jaune et de noir, la couleur de la terre, avec laquelle il se confond si bien, qu'il faut d'excellents yeux pour le distinguer, lorsqu'il est couché, même à peu de distance.

Les contrées tempérées plaisent au lièvre ; il aime surtout les terres fertiles situées dans le voisinage des forêts et les premières pentes boisées des montagnes. Il ne se creuse pas de terrier ; mais seulement une cavité de six à huit centimètres de profondeur, assez longue et. assez large pour qu'on ne puisse apercevoir que le haut de son dos, lorsqu'il y est couché, la tête sur ses pattes de devant et celles de derrière ramassées sous lui. C'est là ce qu'on appelle son gîte. Il y passe tout le jour, à moins qu'il ne soit forcé de s'en éloigner ; mais quand approche le coucher du soleil, il en sort, pour n'y rentrer que le lendemain matin.

Il broute le thym, le serpolet, toutes les plantes tendres et aromatiques ; mais il ne dédaigne ni les choux ni les navets, et il est très-friand du persil. En été, il ne manque de rien ; car, s'il ne trouve pas ce  qu'il lui faut dans les champs, il entre dans les jardins mal fermés ou s'aventure au milieu des cultures maraîchères. L'hiver, il mange les nouvelles pousses du blé , les brindilles et l'écorce des jeunes arbres, soit fruitiers, soit forestiers. Il cause ainsi des dégâts qui deviendraient considérables, si le lièvre avait moins d'ennemis.

Les chiens, les chats, les renards, les belettes, les pies, les corbeaux, les chouettes, détruisent un grand nombre de lièvres ; et l'homme à lui seul en tue peut-être encore davantage. Si la chasse était interdite pendant deux ou trois années seulement, les pépinières, les forêts et les jardins seraient dévastés.

Il est facile de comprendre que la vie d'un animal ainsi menacé se passe dans des transes continuelles ; et si l'on songe que le lièvre n'a, pour échapper à tant de dangers, que la rapidité de sa course, on ne lui reprochera pas d'avoir sans cesse l'oreille aux aguets et de détaler au moindre bruit. Sans la timidité qui le tient en éveil, cet animal ne tarderait guère à disparaître ; mais la feuille sèche qui tombe, le bruit du grillon sous l'herbe, le coassement de la grenouille, le pas d'une souris suffit pour lui faire quitter son gîte.

Les vieux lièvres cependant sont moins prompts à s'inquiéter ; ils ont à leur service des ruses sur lesquelles il leur est permis de compter un peu. Ils choisissent le côté le plus favorable à leur fuite, et courent vent arrière, pour que leurs émanations n'arrivent pas au nez des chiens. Ils savent couper et entremêler leurs voies, chasser un autre lièvre de son gîte, y prendre sa place, et laisser passer la meute et les chasseurs, sans trahir sa présence par le moindre mouvement.

Lièvre mis en fuite par le coassement de grenouilles.

« J'ai vu, dit du Fouilloux, un lièvre si malicieux, que depuis qu'il oyait la trompe, il se levait du gîte ; et eût-il été à un quart de lieue de là, il s'en allait nager en un étang, se relaissant au milieu d'icelui, sur des joncs, sans être aucunement chassé des chiens. J'ai vu courir un lièvre bien deux heures devant les chiens, et, après avoir couru, venait pousser un autre et se mettait en son gîte. J'en ai vu d'autres qui nageaient deux ou trois étangs, dont le moindre avait quatre-vingts pas de large. J'en ai vu d'autres qui, après avoir été bien courus l'espace de deux heures, entraient par la porte d'un tect (étable) à brebis et se relaissaient parmi le bétail. J'en ai vu, quand les chiens les couraient, qui s'allaient mettre parmi un troupeau de brebis, qui passaient par les champs, ne les voulant abandonner ni laisser. J'en ai vu d'autres qui, quand ils oyaient les chiens courants, se cachaient en terre. J'en ai vu d'autres qui allaient par un côté de haie et retournaient par l'autre, en sorte qu'il n'y avait que l'épaisseur de la haie entre les chiens et le lièvre. J'en ai vu d'autres qui, quand ils avaient couru une demi-heure, s'en allaient monter sur une vieille muraille de six pieds de haut et s'allaient relaisser en un pertuis de chauffant, couvert de lierre. J'en ai vu d'autres qui nageaient une rivière qui pouvait avoir huit pas de large, et la passaient et repassaient, en longueur de deux cents pas, plus de vingt fois devant moi. »

Quand le lièvre est parvenu à dépister les chiens ou à lasser le chasseur, il retourne à son gîte ; mais il ne s'y rend pas directement ; il le dépasse, revient en arrière, le dépasse encore, et n'y arrive qu'en faisant un bond de côté. Le lendemain, de grand matin, on est presque sûr de l'y retrouver ; mais les vrais chasseurs ne se soucient pas de tuer le lièvre au gîte ; ils aiment mieux l'en déloger, le poursuivre de nouveau, et faire feu sur lui de loin.

Si un lièvre, au lieu de regagner son gîte par un certain nombre de tours et de détours, file droit devant lui, et s'éloigne beaucoup du lieu où l'on a commencé de le chasser, on en peut conclure qu'il est étranger au canton.

La femelle du lièvre se nomme hase, et le mâle bouquin.

Les petits naissent déjà forts, bien vêtus et les yeux ouverts. La mère les allaite pendant une dizaine de jours, puis elle les abandonne. Elle n'a d'ailleurs aucun soin de leur préparer un nid ; elle les dépose dans le creux d'un vieil arbre, sur des feuilles sèches, sur un fumier et souvent même sur la terre nue. Le père aime encore moins ses enfants : il les maltraite et semble y prendre plaisir.

Les jeunes lièvres grandissent très-vite, lorsqu'ils naissent pendant la belle saison ; mais ceux de l'automne souffrent souvent du froid et périssent en grand nombre. Quand ils sont assez forts pour se suffire, ils se séparent, mais sans beaucoup s'éloigner les uns des autres ; et quoique chacun d'eux reste, pendant le jour, dans le gîte qu'il s'est choisi, ils se réunissent le soir et vont brouter ensemble, jusqu'à ce qu'ils aient atteint à peu près la moitié de leur taille.

Les lièvres qui habitent les forêts passent souvent la nuit dans les champs et rentrent sous bois au point du jour. Au moment où les feuilles tombent, ils abandonnent leur demeure d'été ; mais ils y rentrent quand les froids sont venus, et s'enfoncent même au plus épais de la forêt.

La chair du lièvre est très-estimée ; elle est surtout excellente quand l'animal s'est nourri de plantes aromatiques. Le lièvre de plaine est moins bon que le lièvre de montagne ; celui qui vit dans les marais est inférieur à tous les autres.

La durée de la vie de cet animal n'est guère que de sept à huit ans ; mais il arrive bien rarement à cet âge, surtout depuis que les chasseurs sont en grand nombre.

La chasse du lièvre était déjà du temps de Buffon l'amusement et souvent la seule occupation des gens oisifs de la campagne ; aujourd'hui, ceux-mêmes qui s'occupent beaucoup des travaux des champs pendant l'été ne se refusent pas le plaisir de la chasse.

Malgré son extrême timidité, le lièvre, pris jeune, peut s'apprivoiser. « J'ai eu un lièvre dans ma maison, dit le docteur Franklin ; il avait entièrement perdu son caractère farouche.... Pendant l'hiver, il s'asseyait devant le feu, entre un grand chat angora et un chien courant, avec lesquels il vivait dans les meilleurs termes. A table, il se plaçait généralement à côté de moi, et guettait la nourriture avec les yeux d'un enfant gâté. Si, après avoir espéré un bon morceau, il se trouvait déçu dans son attente, il grattait, avec ses pattes de devant, la main ou le bras de la personne qui s'amusait de la sorte à le taquiner.....

« J'ai eu dans ma vie une autre preuve de la puissance que l'homme peut exercer sur les qualités morales du lièvre : je veux parler d'une scène qui a été vue assez communément dans les rues de Londres.

« Un lièvre se tenait intrépidement sur une table, au milieu d'un grand concours de spectateurs. On lui avait appris à battre du tambour, et il s'acquittait de sa charge avec une grande volubilité de mouvements. Enfin, comme pour témoigner à quel point le sentiment de frayeur était neutralisé chez lui par l'éducation, il avait coutume de décharger lui-même un pistolet.

« Il répétait cet exercice presque toutes les demi-heures, et l'explosion ne paraissait pas lui causer la moindre alarme. »

Le lièvre est répandu à peu près partout; cependant on ne le trouve ni en Australie ni dans l'île de Madagascar. Notre lièvre ordinaire n'est pas la seule espèce connue.

Le lièvre variable habite le sommet des hautes montagnes et les parties les plus froides de l'ancien et du nouveau continent. Il est plus fort, plus agile, plus intelligent et moins timide que le lièvre commun; mais ce qui l'en distingue surtout, c'est que sa fourrure, d'un gris roux en été, devient toute blanche en hiver. Le bout des oreilles seul reste noir.

Ce vêtement, qui se confond avec les neiges au milieu desquelles il vit, ne suffit pas pour le soustraire au plomb des chasseurs; car l'animal laisse sa trace partout où il va brouter, et cette trace, après des détours plus ou moins compliqués, plus ou moins nombreux, conduit à son gîte, où l'on peut facilement le tuer.

Une autre espèce, ou peut-être une variété seulement, qui habite le Groënland, garde son pelage blanc pendant toute l'année.

Le lièvre d'Éthiopie est de petite taille et a les oreilles fort longues. La couleur de son poil est celle des sables du désert. Il ne sait pas se dérober à la poursuite du chasseur; ce qui vient sans doute de ce qu'il n'a pas souvent l'homme pour ennemi, la chair du lièvre étant interdite aux mahométans. Il craint beaucoup plus le chien, et souvent il lui échappe par une course désespérée.

Le lapin ressemble au lièvre par ses formes extérieures, mais il en diffère par ses habitudes. Il aime les terrains sablonneux, les collines, les ravins, où il lui est facile de se cacher. Il est plus agile que robuste, et, ne se fiant pas à ses jambes, comme le lièvre, il se creuse un terrier, dans lequel il vit par couple; mais un grand nombre de terriers, voisins les uns des autres, prouve que le lapin est un animal sociable.

On nomme garenne l'endroit où une certaine quantité de lapins vivent ainsi les uns près des autres, et chacun chez soi. Ils y restent pendant tout le jour, à moins que d'épais buissons, très-rapprochés de leurs terriers, ne leur inspirent assez de sécurité pour qu'ils se risquent dehors, sans attendre le crépuscule. A cette heure-là seulement, et le matin avant le jour, le lapin s'éloigne pour chercher sa nourriture. Le thym, le serpolet, toutes les plantes odorantes lui plaisent. Au besoin il se contente des pissenlits, des liserons, des sénéçons sauvages, qui croissent en abondance, aussi bien dans les sols arides que dans nos jardins, où nous leur donnons le nom de mauvaises herbes.

Les lapins de garenne broutent tous ensemble, les vieux veillant à la sûreté commune. Si quelque danger semble menacer la bande, le signal de la retraite est donné par le plus avisé. Il frappe alors le sol de ses pieds de derrière, ce bruit est répété, et chacun détale en toute hâte vers le terrier. Une fois rentrés dans leur demeure souterraine, ils y sont en sûreté. S'ils ne peuvent y arriver, ils se cachent dans les buissons, les blés, les hautes herbes, et le chasseur passe devant eux sans les voir.

Le lapin de garenne cause plus de dégâts que le lièvre. « Celui-ci, dit Lage de Chaillou dans son *Traité de chasses à courre et à tir*, viande en marchant; il coupe çà et là une tige de céréale, un brin de trèfle, donne un coup de dent à une betterave et va plus loin; si bien que s'étendant sur un long parcours, les traces de son passage ne sont jamais très-apparentes. Le lapin, au contraire, est essentiellement sédentaire; en véritable bourgeois qui possède terrier sous bois, il ne s'éloigne jamais de ses pénates, fait sa nuit dans le champ qui les confine, et n'en sort pas, si la table est bien servie. En outre, il gâche autant de nourriture qu'il en consomme, gambade, folâtre, et s'ébat sur le vert tapis de céréales que ses lèvres dédaigneront, quand il les aura ainsi battues comme blé en grange. Ces récréations s'effectuant dans un rayon de quelques centaines de mètres, tous les lapins d'un bois se réunissant la plupart du temps dans la même pièce, on doit comprendre s'il y paraît. »

Lapins de garenne.

Le lièvre se reproduit abondamment; cependant la fécondité du lapin est encore beaucoup plus grande. Si la hase a de huit à onze petits par an, la lapine en peut avoir, dit-on, plus de cinquante.

Cette bonne mère creuse d'avance pour eux un terrier, y fait un lit d'herbes sèches, et s'arrache de dessous le ventre assez de poils pour le recouvrir. C'est sur ce chaud duvet qu'elle dépose ses petits, dont le nombre varie ordinairement de quatre à huit. Après leur avoir donné ses premiers soins, elle ferme l'entrée de leur nid, en se servant pour cela d'une partie de la terre qu'elle a retirée en le creusant, et elle fait de même chaque jour, après les avoir allaités. Au bout de trois semaines, ils sont assez forts pour se nourrir d'herbes; la mère leur permet alors de sortir.

Plus heureux que les levrauts, les petits lapins ont un bon père, qui les aime, les caresse, les reconnaît, même lorsqu'ils sont devenus aussi grands que lui, et reçoit d'eux des témoignages de soumission.

Il en est de même parmi les lapins domestiques. La paternité y est très-respectée, si l'on en croit ce que Buffon dit lui avoir été communiqué par un de ses amis.

Ce gentilhomme avait commencé par avoir un mâle et une femelle seulement. Le mâle était tout blanc, la femelle toute grise. Dans leur nombreuse postérité, il y eut des blancs, des noirs, des gris; mais le vieux mâle blanc fut conservé seul de cette couleur.

Lapins domestiques.

« La famille avait beau s'augmenter, ceux qui devenaient pères à leur tour lui étaient toujours subordonnés : dès qu'ils se battaient...., le grand-père, qui entendait du bruit, accourait de toute sa force; et dès qu'on l'apercevait, tout rentrait dans l'ordre. S'il en attrapait quelques-uns aux prises, il les séparait et en faisait sur-le-champ un exemple de punition. Une autre preuve de sa domination sur toute sa postérité, c'est que les ayant accoutumés moi-même à rentrer tous à un coup de sifflet, lorsque je donnais ce signal, et quelque éloignés qu'ils fussent, je voyais le grand-père se mettre à leur tête, et, quoique arrivé le premier, les laisser tous défiler devant lui et ne rentrer que le dernier.... Je les nourrissais avec du son de froment, du foin et beaucoup de genièvre; il leur en fallait plus d'une voiture par semaine : ils en mangeaient toutes les baies, les feuilles, l'écorce, et ne laissaient que le gros bois. Cette nourriture leur donnait du fumet, et leur chair était aussi bonne que celle des lapins sauvages. »

Le lapin sauvage ou lapin de garenne est beaucoup plus estimé que le lapin domestique, appelé aussi lapin de clapier ou lapin de choux; ce qui n'empêche pas qu'on élève aujourd'hui ces derniers en très-grand nombre, et que les fermiers qui procèdent à cet élevage avec les soins voulus en retirent d'importants bénéfices.

Quant au lapin de garenne, il se multiplie avec une incroyable abondance, malgré la guerre continuelle qu'on lui fait. Si pauvre que soit une contrée, il y trouve tou. ce dont il a besoin pour vivre et prospérer. Aussi a-t-on peuplé de ces lapins sauvages les dunes de l'Angleterre, de l'Irlande, de la Hollande, et celles qui s'étendent depuis Boulogne-sur-Mer jusqu'à l'embouchure de la Somme.

Le lapin domestique vient du lapin de garenne; aussi, lorsqu'il peut s'échapper, retourne-t-il très-facilement à l'état sauvage.

Le lapin d'Angora, d'un beau gris ardoisé, a le poil très-long et très-soyeux. On file ce poil pour le tisser ou on l'emploie dans la chapellerie.

La fourrure du lièvre et celle du lapin ont peu de valeur; on en utilise cependant le duvet pour la fabrication des chapeaux et des tapis de feutre.

Les lièvres et les lapins ne s'aiment pas. Chose très-rare parmi les herbivores, si l'on met ensemble un lièvre et un lapin, ils se battent, jusqu'à ce que l'un d'eux succombe, et c'est ordinairement le lapin qui reste vainqueur.

# IV.

## ORDRE DES CARNASSIERS.

Famille des ours. — Civettes. — Genettes. — Mangoustes. — Coatis. — Ratons. — Kinkajous. — Ictides.

L'ordre des carnassiers renferme tous les animaux qui vivent de chair et de sang, depuis le lion et le tigre jusqu'à la belette et la marte, plus féroces encore que ces redoutables félins.

Les carnassiers ont un système dentaire généralement composé de six incisives à chaque mâchoire, de deux canines plus ou moins longues, mais très-fortes, très-acérées, qui servent à déchirer la proie, et de molaires, dont le nombre et la forme indiquent d'une manière positive quelle est la principale nourriture de l'animal auquel elles appartiennent.

Tous les carnassiers ne vivent pas uniquement de chair; il y en a qui préfèrent les végétaux, et d'autres qui s'en contentent, à défaut de substances animales. De ce nombre sont les ours.

Malgré la force de l'ours, malgré sa prétendue férocité, il est omnivore, c'est-à-dire qu'il se nourrit d'animaux et de végétaux. S'il est vrai, comme le dit Isidore Geoffroy Saint-Hilaire, que le degré de carnivorité d'un animal soit toujours exprimé, avec une précision presque mathématique, par les modifications de son système dentaire, et spécialement des dents carnassières, on peut dire que l'ours ne mange de la chair que quand il y est forcé.

Les molaires des carnassiers sont de trois sortes : les avant-molaires ou dents pointues, les carnassières ou dents à couronne tranchante ; enfin, les vraies molaires ou tuberculeuses, dont la couronne est large et émoussée.

10

Les dents carnassières manquent complétement à la mâchoire inférieure de l'ours, et sa mâchoire supérieure n'en a qu'une paire. Il aime les fruits succulents, les herbes, les bourgeons, les racines, les châtaignes, les noix; il est très-friand de miel et d'œufs. Cependant, quand il est pressé par la faim, il attaque les animaux, et il a assez de courage pour se défendre contre l'homme.

Les ours ont la tête grosse, terminée par un museau allongé et pointu, le cou court, les yeux petits, le corps trapu et la fourrure épaisse. Leurs jambes sont de longueur moyenne, et leurs pieds ont cinq doigts armés d'ongles robustes. La plante nue est fort large, pose tout entière sur le sol, ce qui leur permet de se tenir debout.

L'odorat est de tous leurs sens le plus développé; l'ouïe n'est pas non plus mauvaise; mais la vue est médiocre. Ils ne manquent pas d'intelligence. Lorsqu'ils sont jeunes, ils s'apprivoisent, s'attachent à leur maître et apprennent à faire différents exercices; mais, en vieillissant, ils deviennent irascibles et méchants.

Leurs allures sont moins lourdes qu'elles ne le paraissent; un homme ne peut les suivre à la course, et ils sont presque tous d'habiles grimpeurs.

La famille des ours comprend cinq espèces : l'ours brun d'Europe, l'ours gris d'Amérique, l'ours blanc du pôle, l'ours labié de l'Inde, et l'ours malais, qui habite le Japon, la Malaisie et les îles de la Sonde.

L'ours brun est celui qu'on voit dans les rues des petites villes et des villages, conduit par des montagnards, qui l'ont pris tout jeune et l'ont habitué à danser au son de la flûte et du tambourin, à faire le mort, à marcher sur ses deux pattes de derrière, en tenant un bâton dans les deux autres. Ce n'est pas sans raison que cet ours est muselé; car, s'il obéit à son maître, ses grognements disent assez que, sans cette précaution, sa colère pourrait devenir dangereuse. Il est vrai que ce pauvre animal, qui n'aime que la solitude et le silence, mène alors la vie la plus opposée à ses goûts et aux habitudes de ses pareils.

L'ours brun se nourrit des fruits du sorbier, de l'épine-vinette et d'autres baies sauvages, de graines de toutes sortes et même de racines; mais quand il ne trouve plus ce qu'il lui faut dans ses forêts, il descend vers la plaine, et fait alors de gands dégàts dans les blés et les avoines. Assis sur son train de derrière, il étend les bras et cueille, à chaque mouvement qu'il leur imprime, une énorme gerbe, dont il dévore les épis. Dans les vignes, il arrache les ceps pour manger les raisins.

« Ce n'est guère qu'en hiver, après un long jeûne, dit M. Boitard, que, sortant affamé de sa retraite, et trouvant la terre couverte de neige, il se jette sur les troupeaux et attaque les animaux qu'il rencontre. Encore ce fait aurait-il besoin d'être confirmé. Ce dont je me crois certain, c'est que jamais il n'est dangereux pour l'homme, à moins qu'il n'en soit attaqué; mais, dans ce cas, il est d'une intrépidité effrayante. Il a le sentiment de sa force; aussi n'éprouve-t-il jamais la crainte, mais seulement la colère. S'il rencontre un chasseur, il ne fuit pas à la vue de ses armes; il ne se détourne même pas; il passe outre, en jetant sur lui un regard farouche ; car il n'aime pas que l'on pénètre [dans ses forêts silencieuses, pour troubler sa solitude. Mais malheur à l'imprudent audacieux qui ose l'attaquer sans être sûr de lui donner la mort du premier coup! Blessé ou simplement offensé, sa colère est terrible, et toujours il en résulte une lutte mortelle pour l'un ou pour l'autre, quelquefois pour tous deux.

« Sans hésiter, il court sur son agresseur ; mugissant de fureur, l'œil en feu, la gueule béante, dressé sur ses pieds de derrière, il s'élance, l'écrase de son poids, le saisit dans ses bras puissants, l'étouffe ou lui brise le crâne avec ses formidables mâchoires. S'il est harcelé par une meute de chiens courageux et appuyés par de nombreux piqueurs, il se retire, mais il ne fuit pas. Il gagne lentement sa retraite, en se retournant de temps à autre pour faire face à ses ennemis, qui reculent aussitôt épouvantés. Enfin, harassé de fatigue, mortellement blessé par les balles des chasseurs, près de mourir, il s'apprête à faire payer chèrement la victoire à ses ennemis. Debout, le dos appuyé contre un tronc d'arbre ou un rocher, il les attend, et tout ce qui est assez téméraire pour l'approcher tombe écrasé sous sa terrible patte ou brisé par ses dents. »

Ours bruns des Alpes.

« La chasse à l'ours, dit M. L. Viardot, est certainement la plus dangereuse qu'on puisse faire en Europe. L'animal est fort, il est agile ; il a des armes puissantes, et ce ne sont pas ses dents qu'il faut le plus redouter, mais ses bras et ses griffes. Quand l'ours se dresse sur ses pieds de derrière et s'élance sur vous, il vous brise infailliblement les côtes ; et s'il vous passe amicalement la main derrière le chignon, il vous ouvre le crâne comme une tabatière....

Même quand l'ours est abattu, quand il paraît mort, on ne doit l'approcher qu'avec défiance et précaution. Aussi les chasseurs ont-ils toujours un second fusil près d'eux, et, pour dernière ressource, ils portent à la ceinture un de ces redoutables poignards circassiens auxquels ne résistent ni fourrure, ni peau, ni cuir, et dont la trempe est si fine, qu'ils percent même tout autre métal. »

Quand la femelle a des petits, la chasse est encore plus dangereuse. Rien ne peut la faire sortir de sa tanière; c'est là qu'il faut aller l'attaquer. Elle reçoit le chasseur debout, et son courage, doublé par le désir de défendre ses oursons, la rend encore plus terrible.

Il n'y a pas de mère plus tendre : elle entoure de ses bras ses petits, ordinairement au nombre de trois, les cache dans sa chaude fourrure, les allaite pendant huit à neuf semaines, fait leur toilette, en les léchant de telle sorte, que les anciens croyaient que ces oursons nés informes avaient besoin que leur mère achevât l'œuvre incomplète de la nature. C'est de là qu'est venue l'expression d'ours mal léché, que nous appliquons encore à l'homme dont le caractère ou les manières ont quelque chose de déplaisant et de grossier.

L'ourse ne borne pas ses soins aux premières semaines qui suivent la naissance de ses enfants. Quand ils commencent à sortir, elle les conduit, les porte dans ses bras, s'ils sont fatigués, leur choisit des fruits, joue avec eux, et se fait tuer plutôt que de les abandonner.

Dans les Alpes et en Norwége, il n'est pas rare qu'un ours enlève quelque pièce de bétail, un mouton, une chèvre, un bœuf. Si c'est dans l'étable qu'il commet ce vol, au lieu d'enfoncer la porte, il démolit le toit, sort avec sa victime par le même chemin, et, quand il le faut, franchit les passages les plus difficiles, en tenant dans ses bras la vache ou le cheval qu'il vient d'étrangler.

L'ours était autrefois très-commun en Europe; il l'est beaucoup moins aujourd'hui; cependant on y trouve encore plusieurs variétés d'ours bruns, une entre autres qu'on nomme ours noir, quoiqu'il soit réellement d'un brun foncé. Il existe aussi des ours bruns en Asie et en Amérique.

Tous ont à peu près les mêmes mœurs. A mesure qu'ils vieillissent, ils semblent prendre goût à la chair, qu'ils n'ont d'abord mangée que par nécessité. Ils passent une grande partie de l'hiver dans leurs tanières, chaudement garnies d'herbes et de mousse; ils y dorment plus qu'en été; cependant ils ne s'engourdissent pas, comme les animaux hibernants. Ils sortent de temps en temps, pour chercher leur nourriture; mais ils jeûnent souvent et maigrissent beaucoup.

En automne, au contraire, ils sont très-gras. Cette graisse, qui passait jadis pour posséder de grandes vertus médicales, n'est plus employée que pour l'usage culinaire, après qu'on l'a débarrassée d'une odeur peu agréable, en y jetant du sel pendant qu'elle bout, et en l'arrosant ensuite d'eau froide.

La chair de l'ours ressemble, dit-on, à celle du porc. Les jambons, la tête et les pieds sont recherchés des gourmets; mais c'est un gibier trop rare pour que le vulgaire puisse juger de sa qualité.

L'ours à collier, ainsi nommé d'une bande de poils blancs qui sépare sa tête de ses épaules et se termine sur la poitrine, est un peu plus carnassier que l'ours brun, parce que dans la Sibérie, qu'il habite, la végétation peu abondante est loin de fournir largement à ses besoins.

L'ours de Syrie passe pour avoir des mœurs moins féroces. Un de ces animaux, amené tout jeune en Angleterre, y était devenu célèbre par sa douceur et sa gaîté. Il aimait ceux qui prenaient soin de lui, s'ennuyait et se plaignait quand on le laissait seul. Gâté de tout le monde, il ne vivait que de gâteaux, de fruits et de sucreries. Un jour qu'il s'était échappé, il entra dans la boutique d'un épicier, qui, fort effrayé de cette visite, s'enfuit, sans songer à lui rien offrir ; mais l'ours, apercevant une caisse de sucre candi, y puisa jusqu'au moment où son gardien parvint à le rejoindre.

L'ours noir d'Amérique, dont le pelage lisse, long et brillant, sert à faire les bonnets des grenadiers, a la plante des pieds et des mains très-courte, la tête étroite, le front plat, le museau pointu. Il est plus souple et plus agile que l'ours brun, sans être moins vigoureux. Il ne se nourrit guère que de végétaux. Même quand il est pressé par la faim, il préfère les grains ou les racines à la chair des animaux. Cependant il est friand de poisson et très-adroit à la pêche. Il nage et plonge à merveille. Il se plaît dans les forêts d'arbres résineux, et il choisit souvent pour retraite ceux de ces arbres que le temps a creusés. Les plus élevés sont ceux qu'il préfère.

Les Américains ont-ils découvert son gîte, ils mettent le feu au pied de l'arbre pour le forcer à en descendre et le tuent d'une balle dans le cœur ou dans l'oreille. On le chasse sans beaucoup de danger ; car il cherche à fuir plutôt qu'à se défendre ; mais lorsqu'il est abattu et mourant, il faut se garder de l'approcher, le désespoir excitant sa fureur.

Pendant l'hiver, les ours noirs s'avancent vers la Louisiane, pour trouver les glands, les baies et les racines qui leur manquent dans les pays du Nord. Quand les froids sont très-rigoureux, ils descendent en grand nombre ; mais alors même ils n'attaquent que très-rarement les autres animaux, et jamais l'homme. On leur tend divers piéges qui en détruisent beaucoup, ou bien on les prend au lasso.

L'ours gris, qui appartient aussi à l'Amérique septentrionale, est encore plus fort que l'ours brun des Alpes. Sa taille atteint communément de 2 m. 50 à 2 m. 70 de longueur, et son poids varie entre 350 et 450 kilogrammes. Son corps est couvert de poils très-fournis et très-longs, surtout aux épaules, à la gorge et sous le ventre. Ses longues pattes sont armées de griffes acérées, qui n'ont guère moins de 15 centimètres. Sa physionomie est terrible, et sa cruauté surpasse celle de tous les autres animaux ; c'est pourquoi on lui donne souvent le nom d'ours féroce.

Il vit solitaire dans les forêts vierges du Nord-Ouest, habitées par ce qui reste des tribus indiennes, et dans les vastes solitudes que Feminore Cooper a dépeintes avec un rare talent. Endormi pendant le jour, l'éphraïm ou le grizzly, comme l'appellent les Peaux-Rouges, règne en maître pendant la nuit. Il sort de sa tanière au coucher du soleil, et, pour apaiser la faim qui le presse, il faut autre chose que des baies, des racines ou du miel. C'est de la chair et du sang qu'il cherche ; et, quel que soit l'être vivant qu'il rencontre, il s'élance sur lui, le terrasse et le dévore.

Qu'un troupeau de bisons paisse à sa portée, il n'hésite pas à affronter leurs cornes redoutables ; il bondit au milieu d'eux, les disperse ; et quand il a choisi sa victime, il lui saute sur le dos, lui broie les côtes dans une terrible étreinte et lui brise le crâne avec ses dents.

Il ne ménage pas plus l'homme que les animaux. L'ours noir, son compatriote, et même l'ours blanc, beaucoup plus fort et plus hardi que le noir, craignent et fuient l'ours féroce. S'il aperçoit un cavalier, un chasseur ou simplement un sauvage étudiant une piste, il va droit à lui ; et si une balle bien dirigée ne l'étend pas raide mort, c'est l'homme qui sera massacré et dévoré.

L'Indien qui a tué un ours gris se fait un collier des dents et des griffes du terrible animal. Cette victoire lui assure une grande considération dans sa tribu et inspire à d'autres le désir d'un pareil triomphe.

Les Peaux-Rouges sont habiles, hardis, et font peu de cas de la vie. Armé d'un arc, d'une carabine, d'un couteau long et effilé, un chasseur va souvent seul chercher l'ours dans le fourré où celui-ci se tient en embuscade. Il s'approche sans bruit, en rampant ; puis, se relevant soudain, il décoche une flèche au grizzly, et se laisse tomber la face contre terre, pour attirer à lui le monstre qu'il a blessé. Quand il le voit à portée, il s'appuie doucement sur son coude, et lui envoie une balle en plein cœur. S'il manque son coup, il bondit, le couteau à la main, vers l'ours, et le lui plonge dans la poitrine. Presque toujours l'animal est tué ; mais si, par malheur, il ne l'est pas, il met en pièces son intrépide adversaire.

L'ours gris est très-joli, très-gracieux, quand il est jeune, et sa fourrure est fort estimée.

L'ours blanc des mers polaires est aussi grand que l'ours gris, et peut atteindre le poids de 700 kilogrammes. Il a la tête plus longue et plus mince, le cou moins épais, les oreilles courtes et arrondies, le museau pointu et les narines grandes. Son pelage, formé d'un duvet court, impénétrable à l'eau, et de poils assez longs, fins, soyeux, luisants, est tout blanc, à l'exception du bout du museau, du bord des lèvres et du tour de l'œil, qui sont noirs. La fourrure des jeunes est d'un blanc argenté ; celle des vieux est jaunâtre.

A terre, ses mouvements sont lourds ; mais il nage très-rapidement, et peut, sans ralentir son allure, traverser un large bras de mer. Il plonge aussi bien qu'il nage, et il grimpe avec facilité jusqu'au sommet des montagnes de glace.

Tous les animaux qui vivent dans ces froides régions, soit à terre, soit dans les eaux, composent sa nourriture ; et quand il est affamé, ce qui lui arrive assez fréquemment, il se précipite avec fureur sur les hommes qu'il rencontre, soit dans leurs embarcations, soit sur les rivages, qu'il regarde comme son domaine.

Les marins qui naviguent dans ces parages ont eu de tout temps à se plaindre des ours blancs. En 1788, le capitaine Cook, étant à terre, fut saisi par un ours, qui l'eût certainement dévoré, si, ne perdant pas son sang-froid, le célèbre navigateur n'eût donné au chirurgien, débarqué avec lui, l'ordre de tirer, et si celui-ci n'eût du premier coup abattu l'animal.

Quelquefois des ours blancs, montés sur des glaçons flottants, sont entraînés en pleine mer, et s'y trouvent réduits à s'entre-dévorer ; quelquefois aussi les vents et les courants les poussent vers quelque rivage, où, pressés par la faim, ils attaquent également les hommes et les animaux.

S'il se trouve en face d'ennemis bien armés, l'ours blanc bat prudemment en retraite ; un coup de fusil suffit pour l'éloigner, quand il essaie d'enlever le toit d'une baraque ou d'y descendre par la cheminée.

La chair de cet animal est souvent une ressource pour les marins; mais il est toujours dangereux de lui donner la chasse.

Ours blanc.

« Il y a quelques années, dit le baleinier Scoresby, un triste accident arriva à un matelot d'un bâtiment retenu par les glaces, dans la baie de Davis, sur les côtes du Labrador. Un ours, attiré sans doute par l'odeur, arriva tout près du navire. L'équipage et même les hommes de quart prenaient leur repas. Un matelot vit l'ours tellement à portée, qu'il espéra avoir l'honneur de châtier un visiteur aussi hardi, et d'en faire la capture, sans l'assistance de ses compagnons. Il descendit sur la glace, armé d'une pique, et courut sur l'ennemi. L'ours ne recula pas ; il ne fit nulle attention à l'arme de son assaillant ; probablement affamé, il saisit son adversaire entre ses dents formidables et l'entraîna avec une telle rapidité, qu'il était déjà loin quand les hommes de l'équipage, attirés par les cris de leur camarade, apparurent sur le pont. Il était trop tard pour porter secours au malheureux, et jamais on n'en retrouva de traces. »

« Un navire baleinier était amarré à un bloc de glace sur les côtes du Groënland, dit M. Armand Landrin. Non loin de là, on voyait un ours énorme à l'affût des phoques. Un matelot, quelque peu exalté par une bonne dose de rhum, voulut aller le combattre, malgré les conseils de ses camarades. Armé seulement d'un harpon, il partit, et, après une course fatigante dans les neiges, il arriva au bout d'une demi-heure devant l'ennemi. L'exaltation était tombée; le matelot était maintenant de sang-froid, et commençait à réfléchir sur son escapade. L'ours était grand et attendait de pied ferme.... Que faire? Renoncer... Il serait l'objet des railleries de ses amis, et on le traiterait de poltron. Attaquer.... L'ours avait l'air bien fort, et l'issue de la lutte était au moins douteuse. Cependant la vanité parla plus haut que la crainte, et il s'apprêtait à commencer le combat, lorsque l'ours, beaucoup moins inquiet que son adversaire, prit l'initiative et s'avança vers lui. Cette fois, il n'y eut plus de honte qui tînt : avant tout, la vie; et il se sauva à toutes jambes. L'ours le poursuivit, et, plus aguerri que lui sur ce terrain glissant, gagna rapidement sur l'imprudent matelot. A quoi bon un lourd harpon, lorsqu'on ne veut que fuir avec toute la légèreté possible? Notre homme jeta son arme. L'ours l'aperçut et s'arrêta, la flaira, la retourna, la mordit, et perdit ainsi quelques minutes ; puis il reprit sa course, et bientôt il rattrapa l'avantage perdu. Le matelot cherchait tous les moyens de distraire et de retarder son ennemi ; successivement, il lui jeta une mitaine, puis l'autre, puis son chapeau, et chaque fois l'ours s'arrêtait pour regarder et inventorier; mais sa fureur augmentait à chaque nouvelle déception. L'équipage, voyant que la comédie devenait par trop dangereuse, intervint, et l'ours, blessé, s'empressa de faire une honorable retraite. »

L'ours aux grandes lèvres, appelé aussi ours lippu, doit ce nom à ce que son museau, mince et pointu, est muni de lèvres qui s'allongent en formant une sorte de trompe.

La forme de sa tête et la petitesse de ses yeux le font ressembler au cochon ; mais cette tête est en partie recouverte par les poils longs et crépus qui garnissent le sommet du crâne. Une crinière épaisse s'ébouriffe aussi sur le cou et le dos de cet ours, de manière à le faire paraître bossu.

Il habite l'Inde et l'île de Ceylan ; il craint beaucoup la chaleur, et passe tout le jour dans sa tanière. Il vit de fruits, de racines, de chenilles, d'escargots, de fourmis, de larves d'abeilles ; il est très-friand de miel et de cannes à sucre. Quand cette nourriture lui manque, il mange les autres mammifères ; mais il n'est à craindre pour l'homme que quand celui-ci l'a blessé ; cependant, il attaque, dit-on, le chasseur dont il se croit menacé.

Pris jeune, il s'apprivoise bien, et apprend à faire plusieurs exercices ; aussi le nomme-t-on parfois ours jongleur ou bateleur.

L'ours malais, plus petit que les autres ours, a le pelage court, épais, et d'un noir luisant ; cependant les côtés du museau sont fauves, et il porte sur la poitrine une tache jaune ou blanchâtre en forme de fer à cheval.

Il a, comme le précédent, les lèvres extensibles et la langue très-longue. Ses ongles lui permettent de grimper au sommet des plus grands arbres. Il en profite pour dépouiller les cocotiers de leurs noix et pour en dévorer la cime. Il aime tous les bons fruits, et vit plutôt sur les arbres qu'à terre.

Il se laisse apprivoiser, et se conduit amicalement, disent quelques auteurs, avec les gens et les animaux de la maison où on le nourrit.

Ours malais.

Les viverriens doivent leur nom au mot latin *viverra*, qui veut dire civette. Ils diffèrent entre eux par la taille et par les formes extérieures; mais ils ont tous deux paires de dents molaires à la mâchoire supérieure et une paire seulement à la mâchoire inférieure.

Ce sont de vrais carnassiers, doués de sens très-développés et d'appétits qui rendraient leur voisinage très-redoutable, si leurs forces répondaient à leurs instincts.

Les civettes proprement dites sont les plus grands des viverriens. Elles sont connues par la faculté qu'elles possèdent de sécréter une matière odorante, connue sous le nom de civette ou de zibet, qui était autrefois très-recherchée. Cette substance est produite par de nombreuses petites glandes, qui la versent dans une poche placée au-dessous de l'anus.

D'autres parfums ont détrôné chez nous celui-là; mais il est encore très-recherché en Orient; aussi y élève-t-on les civettes en captivité, afin de recueillir ce produit, qu'on rend plus abondant en nourrissant l'animal d'œufs, de riz, de poissons, de volailles et d'oiseaux. Deux ou trois fois par semaine, on introduit dans la poche une petite cuiller, à l'aide de laquelle on vide ce réservoir, et l'on enferme ce qu'on en retire dans un vase bien clos.

Plusieurs villes de l'Abyssinie n'ont pas d'autre source de revenus que la vente de ce parfum.

La civette d'Afrique et la civette de l'Inde forment deux espèces de ce genre. La première a le pelage plus long et moins raide que l'autre; mais chez toutes les deux il est de couleur fauve, rayé ou moucheté de brun.

La chasse est l'unique occupation des civettes. Elles détruisent un grand nombre d'oiseaux et de petits mammifères. Quand la proie n'est pas abondante, elles viennent rôder autour des habitations, pénètrent dans les basses-cours et tuent tout ce qu'elles y trouvent.

Les genettes n'ont qu'une poche très-peu profonde, renfermant en très-petite quantité un liquide gras qui exhale une forte odeur de musc. Leurs poils, épais et courts, sont d'un jaune tournant au gris clair, et présentent sur les flancs des bandes de taches noires, de forme variée. Les mêmes taches ornent le cou; la gorge est grise, et la queue, blanche à l'extrémité, est marquée de sept ou huit anneaux noirs.

Ces animaux, souples, agiles, gracieux, ressemblent aux civettes; mais ils sont plus petits et plus jolis. Ils s'apprivoisent bien et font, dans les maisons où on les élève, l'office d'un excellent chat. Elles s'y comportent d'ailleurs sagement et n'y causent aucun dégât.

Civette.

La genette vulgaire est assez commune dans le midi de la France et dans plusieurs autres parties de l'Europe. On connaît aussi la genette de Barbarie, la genette de l'Inde et celle de Madagascar, à laquelle on donne quelquefois le nom de fossane. La fossane est très-sauvage et ne s'apprivoise que difficilement.

Le paradoxure doit ce nom à la longueur de sa queue, toujours enroulée du même côté, circonstance qui fit dire à Frédéric Cuvier que cet animal a une queue paradoxale.

Ils se nourrissent d'œufs, d'oiseaux, d'insectes, de petits mammifères; mais ils aiment par-dessus tout les fruits et savent fort bien choisir les plus doux et les plus mûrs. On craint beaucoup leur voisinage dans les plantations d'ananas et de café. Ils ont la robe et les allures de la genette; leur taille est à peu près celle de notre chat domestique.

Le bassari rusé tient aussi de la genette, surtout par ses glandes odorantes et sa queue annelée; mais il a la physionomie rusée et le pelage roux du renard. Il habite le Mexique et le Texas, se cache dans le creux des arbres et fait la guerre aux oiseaux et aux mammifères. Il rôde quelquefois autour des habitations, et porte le carnage dans les basses-cours.

Le cynogale, dont on ne connaît qu'une espèce, se rapproche de la loutre par ses instincts et par ses doigts palmés dans la moitié de leur longueur. Il a les pattes courtes, les ongles robustes et crochus. Il porte une barbe d'un blanc jaunâtre, et sur chaque joue un faisceau de poils raides et blanchâtres. On le trouve à Sumatra et à Bornéo.

Les mangoustes ont le museau allongé, le crâne arrondi, la queue longue, touffue et très-épaisse à la base. Leur pelage soyeux est marqué d'anneaux diversement colorés. Elles se distinguent des civettes en ce qu'elles n'ont pas de poche anale.

Mangouste ichneumon.

La mangouste ichneumon, appelée aussi rat de Pharaon, était chez les anciens Egyptiens un animal sacré. Il attaquait, disait-on, les plus grands serpents; il s'introduisait dans la gueule ouverte du crocodile endormi, et, après lui avoir déchiré le cœur, il sortait vivant du corps de ce monstre. Enfin, il découvrait dans le sable les œufs dont le terrible animal avait confié l'incubation au soleil, et il les dévorait en un instant.

Pour récompenser de tels services, les Egyptiens, qui, par crainte, avaient déifié le crocodile, adoraient l'ichneumon, qui les en débarrassait. La vénération dont il était alors l'objet s'est changée en haine. C'est avec un vrai plaisir qu'on détruit aujourd'hui le rat de Pharaon, parce qu'il fait la guerre à la volaille et mange les œufs des poules qu'on laisse nicher en liberté.

Il n'y a pas de chasseur plus habile ni plus infatigable. Il ne marche presque jamais à découvert; il rampe à travers les roseaux et les moissons, et son pelage d'un gris verdâtre, se confondant avec les herbes, lui permet d'atteindre sa proie sans en être aperçu.

Il mange sans doute quelques serpents, aussi bien que des lézards, des vers, des insectes, des souris, des rats, des oiseaux et des lièvres. Il mérite le nom d'ichneumon, qui signifie découvreur de gibier. Dans ses chasses, il est souvent suivi de sa femelle et de trois ou quatre petits, auxquels il apprend le métier qui doit les faire subsister.

Plus grand et plus fort que le chat domestique, et d'ailleurs très-courageux, l'ichneumon le tue et le mange; il attaque le chien, la belette, et sait se défendre contre le renard et le chacal. On s'en sert quelquefois pour délivrer une maison infestée de rats et de souris; mais il faut avoir grand soin de dérober la volaille à ses atteintes.

Malgré sa force et son courage, on doit considérer comme une fable ses prétendus exploits contre les crocodiles. On ne peut savoir d'ailleurs quelle serait sa conduite envers ces redoutables animaux; car il n'y a plus de crocodiles dans la basse Egypte, patrie de l'ichneumon.

La mangouste mungo, qui habite l'Asie, n'a que la moitié de la taille de l'ichneumon. Elle est plus douce, plus facile à apprivoiser; elle connaît ses maîtres, vit presque en domesticité, et se rend utile en mangeant les rats, les souris, les scorpions et les serpents, qui souvent s'introduisent dans les habitations. Le mungo doit ce nom à une racine amère qu'il mange, dit-on, quand un reptile venimeux l'a mordu; mais l'effet de cette racine est douteux, tandis qu'il est certain que la mangouste mungo s'élance sur le serpent, le saisit à la nuque et en triomphe presque toujours.

La mangouste melon se trouve en Espagne; on lui donne la chasse pour s'emparer de sa queue, dont les poils servent à faire d'excellents pinceaux pour les peintres.

Plusieurs autres espèces ont à peu près les mêmes mœurs que les précédentes.

Les mangues diffèrent des mangoustes par leur museau allongé et mobile, comme le groin d'un porc. Elles habitent la côte occidentale de l'Afrique.

Les coatis appartiennent au nouveau monde. Ils ont le corps allongé, la tête étroite, terminée par un museau pointu, qui forme, en avant de la gueule, une espèce de trompe. Leur cou est très-court; leurs doigts, au nombre de cinq à chaque patte, sont armés d'ongles longs et robustes; leur queue touffue est aussi longue que le corps. Leur fourrure, épaisse, raide et grossière, est d'un brun roux ou grisâtre, qui tourne au jaune, sous le ventre et sur la tête, marquée en outre de plusieurs taches blanches.

Le coati sociable et le coati solitaire sont les deux principales espèces de ce genre. Ils ont les mêmes habitudes; seulement le dernier vit seul, ainsi que l'indique son nom, tandis qu'on trouve le coati sociable en petites familles composées de huit à vingt individus.

L'un et l'autre se nourrissent d'insectes, de larves, d'œufs, d'oiseaux et d'autres petits animaux. Habiles grimpeurs, ils se logent entre les branches des arbres ou dans les vides que le temps y a creusés. A terre, leurs mouvements sont moins rapides ; ils marchent la queue élevée ou s'avancent par bonds, en posant à terre la moitié de la large plante de leurs pieds ; mais quand ils se tiennent debout, ils sont tout à fait plantigrades.

Les sauvages indigènes leur font la chasse, pour se régaler de leur chair et pour s'emparer de leur peau, dont ils font des bourses ; mais les coatis, le solitaire surtout, savent se servir de leurs fortes canines à deux tranchants ; et quoiqu'ils ne soient pas plus gros qu'un chat, ils mettent souvent hors de combat plusieurs des chiens qui les attaquent.

Ils ont peu d'intelligence, cependant ils s'apprivoisent assez facilement ; mais leur présence dans une maison n'a rien d'agréable. Ils touchent à tout, remuent sans cesse, mordent quelquefois et sont d'une malpropreté repoussante.

M. de Saussure avait un couple de coatis qui se montra d'abord assez docile. La femelle était encore plus douce que le mâle, et tous deux paraissaient aimer beaucoup les caresses. Ils étaient gais et joueurs, comme des singes ; ils suivaient leur maître à la promenade, en courant à droite, à gauche, et en grimpant aux arbres ; mais ils prirent l'habitude de sauter sur les épaules des passants.

Ce jeu n'étant pas du goût de tout le monde, on les attacha dans une prairie. Là, les curieux et les enfants qui les agaçaient les rendirent méchants ; ils rompirent plusieurs fois leurs liens, et, un jour, le mâle, qui s'était enfui, mordit cruellement son gardien, lorsque celui-ci parvint à s'en rendre maître. Ne sachant plus que faire de ces animaux, leur maître dut se décider à les faire tuer.

Les ratons se rapprochent des ours par leurs formes ; mais ils sont beaucoup plus petits ; ils ont les membres plus minces, plus longs, et sont pourvus d'une queue assez longue et bien fournie. Ils ont de grands yeux, de grandes oreilles, le haut de la tête large et le museau pointu.

Les épaisses forêts de l'Amérique leur fournissent en abondance les fruits, les oiseaux et les petits mammifères dont ils se nourrissent.

Le raton laveur, autrefois très-commun dans les contrées du Nord, y devient plus rare, parce que non-seulement on lui tend des piéges, mais parce qu'on se fait un plaisir de le chasser la nuit, à la lueur des torches.

Pendant le jour, il dort entre les branches touffues des arbres ; mais le soir venu, il s'éveille et devient aussi vif, aussi agile qu'il semblait lourd et paresseux. A terre, il bondit plus qu'il ne marche, et dans les arbres il court avec l'adresse d'un singe. Il aime beaucoup les châtaignes, mais il préfère encore le raisin et les baies sucrées, les œufs, les oiseaux, les pigeons et les poules.

Avant de manger quoi que ce soit, il a l'habitude de le tremper dans l'eau et de le frotter entre ses pattes de devant. C'est ce qui lui a fait donner le nom de laveur ; cependant, lorsqu'il est affamé, et assez éloigné des ruisseaux, près desquels il se plaît, il lui arrive de négliger cette précaution.

Il s'apprivoise lorsqu'il est pris tout jeune, et il vit en bonne intelligence avec les autres animaux. Il connaît son maître, se laisse caresser et lui témoigne de l'affection lorsque celui-ci le délivre de sa chaîne; mais il est si remuant, si curieux, si voleur, qu'on se fatigue bientôt de sa compagnie. Il garde en captivité l'habitude de laver ses aliments, et rien n'est plus comique que son étonnement lorsqu'il cherche en vain dans l'eau le sucre qu'il y a mis.

Le raton qu'on trouve sur les côtes orientales de l'Amérique du Sud, a les mêmes mœurs que le raton laveur; seulement, comme il est friand de quelques espèces de crabes, on lui a donné le surnom de crabier.

Raton laveur.

Le kinkajou est encore un habitant du nouveau monde. Il affectionne les forêts vierges des chaudes latitudes et le voisinage des cours d'eau. Il est omnivore, comme les ratons et les ours; on l'a même souvent appelé ours à miel, parce que, très-friand de ce produit, il sait le découvrir, si bien que les abeilles l'aient caché. Il se sert de sa langue, très-longue et très-mince, pour se procurer les rayons qui se trouvent dans les fentes des arbres.

Il grimpe adroitement comme le singe, avec lequel il a d'ailleurs assez de ressemblance pour qu'on l'ait classé d'abord parmi les makis ou singes nocturnes. Il a la tête ronde et grosse, le museau court, les oreilles petites; sa queue, plus longue que le corps, est prenante, et son pelage, gris jaunâtre, variant jusqu'au brun foncé, est doux, épais et laineux.

Ces caractères n'ayant pas suffi à le faire définitivement admettre au nombre des singes, plusieurs naturalistes l'ont placé parmi les viverriens, avec les ratons et les coatis, que d'autres rangent à la suite des ours.

Le kinkajou captif est doux, gai, caressant; il connaît et suit son maître; mais il dort la plus grande partie du jour et n'aime pas à être brusquement réveillé. Il est très-facile à nourrir. Le pain, les légumes, les fruits, la viande, tout lui convient; ce qui ne l'empêche pas de tuer des oiseaux et des poules, quand il en trouve l'occasion. S'il n'a pas faim, il suce leur sang et les abandonne.

Les ictides ou benturongs se rapprochent du kinkajou par leur queue prenante; mais ils sont beaucoup plus grands. Ils ont les oreilles terminées par un pinceau de poils noirs, et d'épaisses moustaches blanches ornent leur lèvre supérieure. Ces animaux, qui appartiennent à l'Inde, aux îles de Sumatra et de Java, sont d'ailleurs encore peu connus.

FIN DE LA DEUXIÈME PARTIE.

# TROISIÈME PARTIE.

## MUSTÉLINS. — CHATS. — CHIENS.

## I.

### FAMILLE DES MUSTÉLINS.

Blaireau. — Moufette. — Ratel. — Glouton. — Marte. —
Fouine. — Putois. — Furet. — Belette. — Hermine.
— Loutre.

La belette, dont le nom latin est *mustela*, est le type des mustélins, famille assez nombreuse de carnassiers de petite et de moyenne taille, ayant le corps très-allongé, les jambes courtes, et quatre ou cinq doigts armés de griffes. Ils sont généralement rusés, courageux, actifs, intelligents, et montrent autant d'agilité à terre que sur les arbres et dans l'eau.

Le blaireau, la moufette, le ratel, le glouton, la marte, le putois, la loutre, forment les différents genres de cette famille.

Le blaireau a le corps trapu et si bas sur jambes, qu'il semble ramper plutôt que marcher. Il lui est difficile d'échapper à ses ennemis par la fuite; aussi passe-t-il la plus grande partie de sa vie dans un terrier construit avec art et tenu avec une exacte propreté. Il sait choisir, au flanc des collines boisées, une place exposée au soleil. A l'aide de ses griffes puissantes, il s'y creuse une vaste demeure, dont la principale pièce, située à une grande profondeur, est mise en communication avec le dehors par plusieurs couloirs longs de sept à dix mètres.

Paresseux, défiant, et se plaisant dans la solitude, le blaireau ne sort guère que la nuit de sa maison souterraine, à moins que ce ne soit pour se chauffer au soleil; mais alors il écoute, il examine, il flaire, et si le moindre danger semble le menacer, il disparaît et ne se risque plus qu'à la nuit close. Alors seulement il s'éloigne de son terrier pour faire la chasse aux souris, aux mulots, aux grenouilles, aux hannetons, aux petits lapins et aux levrauts. Il cherche les nids de guêpes et de bourdons, les déterre, et mange le miel, sans se soucier des piqûres de ces insectes, car il a le poil assez fourni et la peau assez épaisse pour ne pas redouter beaucoup les morsures des chiens ni même celles des vipères.

Toutefois, comme il n'aime pas à s'écarter beaucoup de chez lui, et qu'un régime végétal ne lui est pas désagréable, il ne chasse guère que quand il ne trouve dans ses parages ni baies, ni graines, ni racines. S'il fait quelque excursion un peu plus longue qu'à l'ordinaire, c'est pour se régaler de raisins; mais il ne se contente pas d'en manger quelques grappes, il en écrase un grand nombre dans ses pattes de devant pour avaler quelques gouttes de jus.

Il est bien rare qu'un chasseur le rencontre. Si cela arrive, l'animal essaie à peine de fuir devant les chiens. Sur le point d'être atteint, il s'arrête, se couche sur le dos, les attend, et de ses griffes aussi bien que de ses fortes dents, il leur fait de cruelles blessures.

On le prend quelquefois en l'enfumant dans son terrier, après avoir posé un filet devant l'entrée des couloirs. Si le blaireau est jeune, il y demeure accroché ; mais s'il est vieux, il devine la ruse et parfois la déjoue. Il se roule en boule, prend un élan, et, au moyen de trois ou quatre culbutes, il sort du filet sans y être arrêté. Ce fait est singulier; mais il est bien connu des Allemands, qui aiment beaucoup à chasser le blaireau.

Quand l'animal se sent menacé, il reste dans son terrier pendant plusieurs jours, sans prendre de nourriture; et quand il y est trop inquiété, il l'abandonne pour aller en creuser un autre.

Quelquefois le renard, en quête d'un logis, rencontre celui du blaireau, et, reconnaissant que ce serait fort bien son affaire, il ne trouve rien de mieux pour l'en déloger que d'y entrer et d'y déposer ses ordures, en l'absence du propriétaire. Il agit ainsi jusqu'à ce que le blaireau, ne pouvant plus supporter l'infection de sa demeure, se décide à en sortir pour toujours. Maître renard s'y installe aussitôt, et la farce est jouée.

La femelle du blaireau habite avec ses petits une chambre toute garnie d'herbe fine, qu'elle a choisie et apportée en la traînant entre ses jambes. La bonne mère les soigne tendrement, et dès qu'ils peuvent prendre d'autre nourriture que son lait, elle va chercher des insectes, puis de petits mammifères, qu'elle leur dépèce; mais elle les leur distribue au bord du terrier, de peur qu'il ne soit souillé par les débris du festin.

Le blaireau s'apprivoise facilement; il connaît celui qui le nourrit, le suit volontiers et reçoit ses caresses avec plaisir. Il mange de tout : du pain, des fruits, du lait, des carottes, de la viande crue surtout; mais comme il dort une grande partie du jour et s'agite beaucoup la nuit, il ne devient jamais un compagnon agréable.

La taille de cet animal est à peu près celle du renard; son poil long est d'un gris brun, beaucoup plus foncé à la partie inférieure du corps que sur le cou et le dos. Il a de chaque côté de la tête une bande noire qui passe sur les yeux et sur les oreilles, en laissant une ligne blanche sur le front et le museau, et une autre bande blanche va de la moustache à l'épaule. Au-dessous de sa queue, courte et touffue, se trouve une poche d'où s'échappe, quand il le veut, un liquide gras et fétide.

Les allures du blaireau ont assez de ressemblance avec celles des ours pour qu'on l'ait regardé longtemps comme appartenant à cette famille. Il habite les contrées tempérées de l'Europe, de l'Asie et de l'Amérique.

On le regarderait à tort comme un animal nuisible : il nous débarrasse d'un grand nombre d'insectes, de petits rongeurs et de reptiles. Le professeur Lentz veut qu'on le respecte surtout dans les pays où se trouvent beaucoup de vipères. Sa chair n'est pas mauvaise, sa peau sert à garnir les malles, les colliers des chevaux ; les poils de sa queue sont employés pour les pinceaux à barbe.

Blaireaux.

Les blaireaux des Indes ou mydaus, plus petits que le blaireau d'Europe, sont vulgairement appelés blaireaux puants, parce que la matière visqueuse sécrétée par leurs glandes anales est infecte. On mange cependant leur chair ; mais il faut enlever les glandes dès qu'on a tué ce gibier, si l'on ne veut pas que l'odeur qui s'en exhale le gâte entièrement.

Les moufettes ont le corps plus allongé que les blaireaux. Leurs pattes sont basses, leurs ongles forts et acérés ; leur pelage, noir et blanc, est épais et soyeux ; leur queue touffue est relevée en panache. Ce qui les distingue de tous les autres animaux, même des blaireaux puants, c'est l'horrible infection du liquide sécrété par leurs glandes anales, liquide qu'elles peuvent lancer à trois mètres de distance, lorsqu'on les attaque ou les effraie.

Cette odeur, à laquelle rien ne peut être comparé, se fait sentir à une grande distance. Le naturaliste d'Azara assure que si une moufette lâchait une de ses bouffées au milieu de Paris, on s'en ressentirait dans toutes les maisons de cette grande ville. Aucun lavage ne peut débarrasser d'une si horrible puanteur les vêtements qui ont reçu quelques gouttes de ce liquide, et le chasseur dont le visage et les cheveux en seraient éclaboussés ne trouverait nulle part l'hospitalité.

« Cette petite bête, si gracieuse, si innocente en apparence, dit le naturaliste Audubon, est capable de mettre en fuite le fanfaron le plus glorieux. Étant enfant, j'ai passé par là. Un soir, le soleil avait disparu; je marchais lentement avec quelques camarades; nous voyons un petit animal inconnu, charmant, gracieux, qui s'en allait tranquillement, et qui ensuite s'arrêta, nous regarda, en ayant l'air de nous attendre, comme un vieil ami, pour continuer sa route avec nous. Elle paraissait tout innocente, levant en l'air sa queue touffue, comme si elle voulait être saisie et portée dans nos bras. J'étais ravi, je veux la prendre, et crac! elle me lance son liquide infernal dans le nez, dans la bouche et dans les yeux. Comme frappé de la foudre, je laissai retomber le monstre et m'enfuis dans une anxiété mortelle. »

La moufette n'a guère d'autre moyen de défense; mais celui-là est suffisant pour mettre en déroute le plus hardi chasseur. On dirait qu'elle le sait. Elle va sans crainte à la recherche des vers, des insectes, des reptiles, des souris; et, au lieu de détaler au plus vite quand elle aperçoit un homme, elle lève la queue et lui envoie le liquide infect, qui a fait surnommer la moufette *enfant du diable.*

On ne la rencontre que la nuit; elle dort tout le jour, dans le creux d'un vieil arbre ou dans quelque fente de rocher. Elle est répandue dans la plus grande partie de l'Amérique.

Le zorille, qui se rapproche beaucoup de la moufette, appartient à l'Afrique, où on l'a surnommé le *père de la puanteur.*

Le ratel ressemble au blaireau par ses formes, ses allures, son pelage et ses instincts; mais il a le museau moins allongé, les oreilles plus courtes, et il atteint au moins un mètre de longueur. Il habite les plus chaudes contrées de l'Afrique. Il passe la journée dans un terrier qu'il se creuse, et d'où il sort avant le coucher du soleil pour trouver des rats, des souris, des oiseaux, des racines, des fruits; mais ce qu'il aime par-dessus tout, c'est le miel. Il cherche patiemment les ruches des abeilles, et, si l'on en croit les récits des voyageurs, il a pour les découvrir un guide plus habile que lui. C'est un oiseau qui, de grand matin, fait entendre son cri : *cher, cher, cher,* et qui vole dans la direction prise par des abeilles chargées de butin. Le ratel suit lentement et sans bruit cette espèce de coucou qui va d'arbre en arbre, de rocher en rocher, et qui s'arrête enfin près de la ruche sauvage. Le ratel arrive presque aussitôt que lui; mais si c'est dans un vieil arbre, creusé par le temps, à une certaine hauteur, l'animal, qui ne sait pas grimper, a beau se mettre en colère, s'élancer contre le tronc, en ronger l'écorce, comme s'il espérait venir à bout de l'abattre; les abeilles sont en sûreté, et notre gourmand finit par se retirer à sa honte.

Mais si, comme cela arrive très-fréquemment dans ces contrées, la ruche est dans la terre ou dans quelque caverne, le ratel, toujours guidé par l'oiseau, a bientôt mis les gâteaux à découvert. Pendant qu'il en avale gloutonnement le contenu, les abeilles fondent sur lui par centaines; mais il ferme les yeux et passe à chaque instant ses pattes sur son nez, seul point vulnérable, tout le reste étant couvert d'un poil touffu et d'une peau épaisse, au-dessous de laquelle s'étend une bonne couche de graisse.

Quand il s'est gorgé de miel, il rentre chez lui, sans s'inquiéter de l'oiseau, qui descend alors de son arbre et se contente des restes du festin.

Le ratel et le coucou ne sont pas les seuls amateurs des ruches. Les Hottentots, dépossédés par les colons hollandais, vivent chétivement dans les bois, et sont heureux quand ils peuvent ajouter ce mets délicieux à leur misérable ordinaire. Ils cherchent les arbres dont le pied a été entamé par le ratel, et ils s'emparent des rayons qu'il a vainement convoités. Plus reconnaissants que lui, ils ne manquent pas de déposer sur une pierre ou sur une large feuille la part de l'oiseau indicateur.

Comme presque tous les mustélins, le ratel exhale une odeur désagréable; et quand, poursuivi par les chasseurs, il lâche le liquide contenu dans sa glande anale, il les force à rebrousser chemin. Cet animal est d'ailleurs très-difficile à tuer, à moins qu'on ne le frappe sur le nez. Il s'apprivoise bien; mais si par hasard il peut entrer dans une basse-cour, il égorge tout ce qu'il y trouve.

Le ratel de l'Inde ressemble assez au ratel africain pour qu'on puisse les prendre pour deux variétés de la même espèce.

Le glouton est le plus grand des mustélins. Plusieurs savants l'ont placé parmi les ours, dont il a les mœurs et la démarche lourde. Il a le corps trapu, les pattes basses, la queue courte et touffue. Sa fourrure, d'un marron foncé, marquée d'une grande tache plus brune sur le dos, est chaude, légère et presque aussi brillante que celle des plus belles martes. Au Kamtchatka, la teinte jaunâtre qui déprécie quelquefois en Europe la peau du glouton, est de toutes la plus recherchée. Un bonnet de cette fourrure est l'objet de toilette que les femmes de ce pays désirent le plus.

Le glouton vit solitaire dans les plus froides régions de l'ancien et du nouveau monde. Comme le ratel, il se creuse un terrier, d'où il ne sort que le soir. Si, dans la contrée qu'il habite, des chasseurs de fourrures tendent des pièges, il commence par visiter toutes leurs trappes et s'emparer des animaux qui s'y sont laissé prendre. Si cette ressource lui manque et qu'il voie un renard bleu se mettre en chasse, il s'avance sans faire de bruit et le force à lui abandonner son gibier.

Il ne craint pas d'ailleurs de s'attaquer à plus grand que lui. S'il trouve la trace d'un renne, il la suit, jusqu'à ce qu'il puisse l'attaquer, sans que celui-ci puisse prendre la fuite. Le plus souvent il grimpe sur un arbre, s'étend sur une branche, de manière à n'être pas aperçu, et y reste en embuscade jusqu'à ce qu'un renne ou un élan vienne à passer. Il lui saute sur le dos, s'y cramponne des griffes et des dents, et, sans lâcher prise, il le dévore tout vivant, jusqu'à ce que le pauvre animal tombe, épuisé par la perte de son sang.

Le glouton continue à manger; quand il n'en peut plus, il traîne le reste du cadavre sous un buisson, ou, s'il le trouve trop lourd, il le couvre de feuilles et de broussailles. Quand la faim se fait sentir de nouveau, il revient achever sa victime, à moins qu'une nouvelle proie vivante ne se présente à lui.

On croyait autrefois qu'il se gorgeait de manière à ce que son ventre se gonflât comme un tambour. On disait qu'il était obligé de le presser entre deux arbres pour se vider et recommencer à manger. C'est un conte; mais il est certain que le glouton est doué d'un tel appétit, que, dans les moments de disette, il déterre et dévore les cadavres. Il attaque les castors dans leurs huttes comme dans les forêts; il entre par le toit dans les cabanes des Lapons, mange leurs provisions ou les emporte, et leur cause ainsi un très-grand préjudice.

Malgré ses instincts féroces, le glouton s'apprivoise et se montre très-gai lorsqu'il est jeune; mais, avec le temps, il redevient méchant. On lui donne souvent le nom de rossomak, et le volverène de Pennant, qui ne s'en distingue que par sa robe un peu plus pâle, n'est sans doute qu'une variété du glouton arctique.

Les martes sont les plus parfaits des mustélins, sous le rapport de l'organisation; mais elles sont aussi les plus sanguinaires. Elles ne se nourrissent que de proies vivantes, et il faut qu'elles soient très-affamées pour toucher à un cadavre ou à quelques baies sucrées.

Constamment occupées à la chasse, elles attaquent sans hésitation des animaux beaucoup plus grands et plus forts qu'elles. Les bois les moins fréquentés sont leur séjour préféré; et si l'on en excepte la belette, le putois et la fouine, elles n'approchent jamais des habitations.

Elles sont merveilleusement conformées pour la vie qu'elles mènent. Leur corps mince, allongé, leurs jambes courtes et vigoureuses, leurs ongles minces et pointus, leur souplesse, leur agilité, leur courage, que rien n'étonne, en font des animaux éminemment destructeurs.

Les chasseurs ont le droit de haïr les martes; car elles dévorent quantité de menu gibier; elles cherchent les oiseaux et leurs œufs dans les buissons et sur les arbres, mangent les perdreaux, les lapins, les lièvres, poursuivent l'écureuil, et souvent le tuent pour s'emparer de son nid. Il est juste de dire qu'elles détruisent aussi des animaux nuisibles, des rats, des souris, des mulots, des loirs, et même des serpents.

Quand les chiens courants poursuivent une marte, elle semble se faire un malin plaisir de les fatiguer; puis elle grimpe au tronc d'un arbre, s'assied à l'enfourchure des premières branches, et les brave sans essayer de se cacher.

La marte a grand soin de ses petits; et dès qu'ils ont besoin d'une nourriture plus substantielle que son lait, le père se joint à elle pour leur apporter des œufs, des oiseaux et des mulots. Ils apprennent à chasser, à grimper, toujours guidés par leurs parents, qui ne les abandonnent que quand ils peuvent se passer de protecteurs.

La fourrure de la marte commune est estimée; toutefois elle est loin d'avoir la même valeur que celle de la marte zibeline.

Cette espèce habite les plus froides régions de l'Europe et de l'Asie, où son pelage, brillant et moelleux, est l'objet d'un commerce considérable. Plus cette fourrure est noire, plus elle est recherchée ; et comme elle est plus pâle en été qu'en hiver, on réussit, par divers procédés, à donner à la dépouille de ces animaux tués en été la teinte foncée de la zibeline d'hiver.

« Sur quatre-vingt mille exilés, plus ou moins, qui peuplent habituellement la Sibérie, dit M. Boitard, environ quinze mille sont employés à la chasse de l'hermine et de la zibeline. Ils se réunissent en petites troupes de quinze à vingt, afin de pouvoir se prêter un mutuel secours, sans cependant se nuire en chassant. Sur deux ou trois traîneaux attelés de chiens, ils emportent leurs provisions de voyage, consistant en poudre, plomb, eau-de-vie, fourrures, pour se couvrir, quelques vivres d'assez mauvaise qualité et une bonne quantité de piéges. Aussitôt que les gelées ont suffisamment durci la surface de la neige, ces petites caravanes se mettent en route et s'enfoncent dans le désert, chacune d'un côté différent. Quand le ciel de la nuit n'est pas voilé par des brouillards, elles dirigent leur voyage au moyen de quelque constellation. Pendant le jour, elles consultent le soleil ou une petite boussole de poche.

« La zibeline, se retirant toujours devant l'homme, ne se trouve plus guère que dans les épaisses forêts du Nord-Ouest. Il faut se hâter de gagner ces contrées lointaines; mais à mesure qu'on avance, les obstacles à surmonter deviennent plus grands et plus nombreux. On n'avance qu'en affrontant des dangers de toutes sortes ; et quand on s'arrête pour camper au pied d'une montagne qui puisse abriter contre le vent la tente improvisée, on s'endort, couché sur une peau d'ours et roulé dans un manteau de fourrure, en se fiant à la vigilance de la sentinelle chargée d'écarter les animaux féroces, dont on entend les hurlements. Hélas ! trop souvent, celui qui répond du salut de tous ne peut résister au froid terrible qu'il s'efforce de braver ; son sang se glace dans ses veines, et, quand les chasseurs s'éveillent, il a cessé de vivre.

« Enfin, après mille fatigues et mille dangers épouvantables, la petite caravane arrive enfin dans une contrée coupée de collines et de ruisseaux. Les chasseurs les plus expérimentés tracent le plan d'une misérable cabane, construite avec des perches et de vieux troncs de bouleau, à moitié pourris. Ils la couvrent d'herbe sèche et de mousse, et laissent au haut du toit un trou pour donner passage à la fumée. Un autre trou, par lequel on ne peut se glisser qu'en rampant, sert de porte, et il n'y a pas d'autre ouverture pour introduire l'air et la lumière....

« Lorsque les travaux de la cabane sont terminés, lorsque le chaudron est placé au milieu de l'habitation, sur le foyer, pour faire fondre la glace qui doit leur fournir de l'eau ; lorsque la mousse et les lichens sont disposés pour faire les lits, les chasseurs partent ensemble pour aller visiter leur nouveau domaine et pour diviser le pays en autant de cantons de chasse qu'il y a d'hommes. Quand les limites en sont définitivement tracées, on tire ces cantons au sort ; chacun a le sien en toute propriété pendant la saison de la chasse, et aucun d'eux ne se permettrait d'empiéter sur celui de ses voisins. Ils passent toute la

journée à tendre des piéges partout où ils voient des empreintes de pieds annon-
çant le passage ordinaire des martes, hermines et renards bleus ; ils poursuivent aussi ces animaux dans les bois, à coups de fusil ; ce qui exige une grande
adresse ; car, pour ne pas gâter la peau, ils sont obligés de tirer à balle franche.

« Le soir, tous se rendent à la cabane, et la première chose qu'ils font est de
se regarder mutuellement le bout du nez ; si l'un d'eux l'a blanc comme de la
cire vierge et un peu transparent, c'est qu'il l'a gelé, ce dont il ne s'aperçoit pas
lui-même. Alors on ne laisse pas le chasseur s'approcher du feu, et on lui
applique sur le nez une compresse de neige, que l'on renouvelle à mesure qu'elle
se fond, jusqu'à ce que la partie malade ait repris sa couleur naturelle. Ils
traitent de même les mains et les pieds gelés ; mais, malgré ces soins, il est rare
que la petite caravane se remette en route au printemps sans ramener avec elle
quelques estropiés. Dans les hivers extrêmement rigoureux, il est arrivé maintes
fois que des caravanes entières de chasseurs sont restées gelées dans leurs huttes
ou ont été englouties dans les neiges. Les douleurs morales des exilés, venant
s'ajouter aux rigueurs de cet affreux climat, ont aussi poussé très-souvent les
chasseurs au découragement ; et dans ces solitudes épouvantables, il n'y a qu'un
pas du découragement à la mort. Qu'un exilé harassé s'asseie un quart d'heure au
pied d'un arbre, qu'il se laisse aller aux pleurs, puis au sommeil, il est certain
qu'il ne se réveillera plus. »

La marte du Canada ou pékan, plus grande que la marte d'Europe et beaucoup
moins rare, fournit au commerce une très-grande partie des fourrures connues
sous le nom de marte.

Plusieurs autres espèces de martes ont les mêmes mœurs et le même régime
que la nôtre.

La fouine lui ressemble aussi beaucoup pour la taille, la forme et les goûts
sanguinaires. Elle en diffère par la couleur de son pelage, qui est blanc sous le
cou, et par l'habitude qu'elle a de s'approcher des habitations. Elle fait son nid
dans les granges, dans les greniers, dans les magasins à fourrage, dans les
trous des murs, plus volontiers que dans les bois et dans les champs. Le voisinage des poulaillers et des colombiers lui est fort agréable ; elle sait si bien
s'allonger et amincir sa taille, déjà fort menue, qu'elle passe par un trou à peine
assez grand pour qu'une souris puisse s'y glisser. Elle tue les pigeons et les
poules, en leur coupant la tête, se contente de sucer leur sang, et n'emporte
qu'une seule des nombreuses victimes qu'elle a faites.

« Dans un village des bords de la Saône, dit M. Boitard, à Saint-Albin, près
de Marne, un ancien garde-chasse, un peu fripon, était si bien parvenu à apprivoiser une fouine, qu'il appelait Robin, que jamais il ne l'a tenue à l'attache ; elle
courait librement par toute la maison, sans rien briser et avec toute l'adresse
d'un chat. Elle répondait à la voix de son maître, accourait quand il l'appelait, ne
le caressait pas, mais semblait prendre plaisir à ses caresses. Elle vivait en
très-bonne intelligence avec Bibi, petit chien noir anglais, qui avait été élevé
avec elle : Robin et Bibi n'étaient pour leur maître que des instruments de vol et
des complices.

« Chaque matin, le vieux garde sortait de chez lui, portant à son bras un vaste panier à deux couvercles, dans lequel était caché Robin ; Bibi suivait par derrière, lui marchant presque sur les talons. Ce trio se rendait ainsi autour des fermes écartées, où l'on est dans l'usage de laisser la volaille errer assez loin de l'habitation. Dès que le vieux garde apercevait une poule à proximité d'une haie, dans un lieu où l'on ne pouvait le voir, il prenait Robin, lui montrait la poule, le posait à terre et continuait son chemin. Robin se glissait dans la haie, se faisait petit, rampait comme un serpent et s'approchait ainsi de l'oiseau ; puis, tout à coup, il s'élançait sur lui et l'étranglait sans lui donner le temps de pousser un cri. Alors, le vieux fripon de garde revenait sur ses pas ; Bibi rentrait chercher la poule et l'apportait, suivi de Robin ; l'oiseau était aussitôt mis dans le panier, ainsi que Robin, qui avait sa petite loge séparée, et l'on se remettait en marche pour chercher une nouvelle occasion de recommencer cette manœuvre.

« A la fin, les fermiers des environs s'aperçurent de la diminution de leurs poules et de leurs chapons ; on se mit à guetter et l'on ne tarda pas à saisir les voleurs sur le fait. Le juge de paix, qui n'était nullement soucieux des progrès de l'histoire naturelle, fit donner un coup de fusil à la fouine, et crut faire grâce au vieux garde en ne le condamnant qu'à payer les poules qui, grâce à Bibi et à Robin, avaient passé par son pot-au-feu. »

La fouine habite toute l'Europe et l'ouest de l'Asie.

Les putois ont la tête un peu moins allongée, le corps plus gros que les martes ; leur système dentaire n'est pas tout à fait le même.

Le putois commun ou putois fétide est la moufette de l'Europe et de l'Asie. L'odeur infecte qu'il exhale, quand il est irrité ou effrayé, est si forte, qu'elle met les chiens en déroute. Les chasseurs le haïssent, parce qu'il est grand destructeur de gibier. Pendant l'été, il habite à la campagne un creux d'arbre, un trou de rocher, mieux encore le terrier d'un lapin sauvage, qu'il a dévoré. Il vit alors grassement aux dépens de ses voisins, et il est si carnassier, qu'en une seule saison, il parvient à dépeupler une riche garenne. S'il n'a pas la chance d'en trouver une, il cherche les nids des perdrix, des cailles, des alouettes ; il en suce les œufs, et souvent il tue la mère avec les petits.

L'hiver, il se rapproche des lieux habités, s'établit dans les granges, les greniers, les vieilles masures. Il y dort pendant le jour, et la nuit il se glisse dans les basses-cours ou les colombiers, où, sans faire autant de bruit que la fouine, il cause plus de dégâts, dit Buffon. « Il coupe ou écrase la tête à toutes les volailles, et ensuite il les emporte une à une et en fait un magasin. Si, comme cela arrive souvent, il ne peut les emporter entières, parce que le trou par où il est entré se trouve trop étroit, il leur mange la cervelle et emporte les têtes. Il est aussi fort avide de miel ; il attaque les ruches en hiver et force les abeilles à les abandonner. »

La fourrure du putois est épaisse, mais beaucoup moins estimée que celle de la marte. Cet animal se rencontre dans toute l'Europe. Il est représenté en Amérique par le vison, dont la fourrure est plus belle cependant que celle du putois fétide.

Le furet n'est, dit-on, qu'une variété du putois, dont il diffère par son pelage d'un blanc jaunâtre, et ses yeux roses, comme ceux des albinos. Il a été apporté d'Afrique en Espagne, et d'Espagne en France et en Angleterre, où l'on est parvenu, non sans peine, à utiliser pour la chasse au lapin la haine instinctive qu'il porte à cet animal, haine si violente, que si l'on présente un lapin mort à un furet qui n'en ait jamais vu, il se jette avec fureur sur ce cadavre et le déchire à belles dents.

Le furet craint le froid; on l'élève dans une cage ou dans un tonneau garni de filasse, afin qu'il puisse s'en envelopper pour dormir. On le nourrit de pain, de lait, de son, de grenouilles, de lézards, etc.

Quand on veut employer le furet à la chasse au lapin de garenne, il faut avoir soin de le museler, avant de le faire entrer dans le terrier; car il tuerait tout ce qu'il trouverait, se gorgerait de sang et tomberait dans un sommeil qui pourrait durer plusieurs jours. Même quand il n'a que ses griffes pour attaquer les habitants du terrier, il lui arrive de s'y endormir, après avoir sucé le sang qui coule de leurs blessures, et rien n'est plus difficile que de l'en faire sortir.

Quand la chasse marche bien, les lapins, effrayés de l'arrivée du furet, se précipitent vers les couloirs de sortie; ils tombent dans les filets tendus au dehors pour les recevoir, ou sont accueillis à coups de fusil, aussitôt qu'ils se montrent.

Le furet ne s'apprivoise jamais; il ne connaît pas son maître, et, en lui rendant service, il n'obéit qu'à ses propres instincts.

La belette est le plus petit et le plus courageux des mustélins. Elle s'attaque à des animaux dix fois, cent fois plus grands qu'elle, et souvent elle en triomphe. M. Boitard a vu, dans une plaine découverte, un lièvre s'élancer de son gîte, courir de toutes ses forces, en décrivant des spirales qui allaient se rétrécissant peu à peu. Cela dura sept à huit minutes, après lesquelles le lièvre tomba et se roula à terre en criant. Une belette s'était cramponnée à son cou et lui avait ouvert le crâne, sans qu'il lui fût possible de s'en débarrasser.

Franklin raconte que des faneurs occupés près du lac de Sainte-Marie, en Ecosse, virent un aigle s'élever au-dessus des hautes montagnes voisines. Ils quittèrent leur travail pour le suivre des yeux; mais ils remarquèrent bientôt quelque chose d'extraordinaire dans le vol de cet oiseau. Il agitait ses ailes avec violence et en donnant des coups répétés. Pendant que les paysans s'interrogeaient sur la cause de ses brusques mouvements, l'aigle disparut; mais au bout de quelques instants ils le virent regagnant la terre, non en planant dans les airs, mais comme si une balle l'eût atteint. Les battements réitérés de ses puissantes ailes retardaient sa chute, sans pouvoir l'empêcher. Enfin, il toucha le sol. Les travailleurs s'approchèrent à la hâte de l'oiseau gigantesque, et le virent couvert de sang. Une belette de forte taille se dégagea des serres de l'aigle, se dressa sur ses pattes de derrière, en croisant celles de devant sur son nez, regarda effrontément les curieux et bondit dans un buisson, pendant que l'aigle, dont elle avait coupé la gorge, rendait le dernier soupir.

Le même auteur rapporte qu'un Ecossais qui se promenait paisiblement dans un parc, ayant aperçu une belette, avait couru sur elle et fait de vains efforts pour l'abattre. Il la poursuivit et lui coupa la retraite, en se plaçant devant le rocher vers lequel il la voyait se diriger. La belette jeta un cri; une vingtaine d'autres belettes sortirent aussitôt de leurs retraites et s'élancèrent sur lui. Elles en voulaient à sa gorge. Quoiqu'il fût très-robuste, il désespérait de leur échapper, quand un passant, ne pouvant s'expliquer ses gestes violents, vint à lui, et joua si bien de son bâton de voyage, que les belettes, voyant diminuer leur nombre, renoncèrent à la lutte et regagnèrent les fentes du rocher.

Souvent la belette se met en embuscade près d'une haie, pour guetter les oiseaux qui s'y ébattent. Dès que l'un d'eux l'aperçoit, il appelle les autres, et tous ensemble poussent des cris pour étourdir leur ennemi; mais ce bruit, qui met en fuite la marte et la fouine, est sans effet sur la belette. Elle choisit sa proie et la dévore en un instant, à moins qu'elle n'ait pas faim. Dans ce cas, elle lui perce le crâne, un peu au-dessus du cou, lui suce la cervelle, et abandonne le reste.

La belette s'apprivoise parfaitement; elle s'attache à son maître, vient quand il l'appelle, reçoit ses caresses avec plaisir et les lui rend. Elle conserve en captivité sa vivacité, sa gaîté; elle grimpe, bondit, court sans cesse et se montre fort curieuse. Son pelage est d'un marron plus ou moins foncé en dessus et d'un blanc jaunâtre en dessous. Dans les contrées tempérées, il reste à peu près le même toute l'année; mais dans les froides régions, il devient entièrement blanc pendant l'hiver.

L'hermine est plus grande que la belette commune. En été, elle en diffère à peine par sa fourrure; mais en hiver on la reconnaît à sa queue, dont l'extrémité reste noire, tandis que tout le reste est blanc.

On trouve des hermines en France, surtout en Normandie et en Bretagne; mais elles sont beaucoup plus nombreuses dans le nord de l'Europe, de l'Asie et de l'Amérique. Les chasseurs de zibeline font aussi la guerre à l'hermine, dont la fourrure d'hiver est très-recherchée. L'hermine a les mêmes mœurs que la belette; cependant elle est encore plus sauvage, ne se plaît que dans les forêts et ne s'approche jamais des habitations.

Le Suédois Grill, qui a possédé une hermine, dit qu'elle aboyait comme les chiens et n'en avait pas peur. Elle ne pouvait supporter la musique; et quand on jouait de la guitare près de sa cage, elle semblait vouloir en briser les barreaux dans ses furieux élans. Elle grimpait à merveille, bondissait à une grande hauteur, se cachait derrière une armoire adossée au mur et y dormait sans appui.

Après quatre mois et demi de captivité, Grill essaya de caresser cette hermine. Elle le mordit; mais il avait eu la précaution de mettre des gants, et il ne fut point blessé. Elle finit cependant par s'habituer à son maître; elle le laissait la caresser, la chatouiller, lui lever les pattes, lui ouvrir la bouche; mais quand il la prenait par le corps, elle lui glissait entre les mains comme un serpent.

On la lui avait donnée vers Noël; tout son pelage était d'un blanc de neige, à l'exception du nez, qui était roux, et d'une tache couleur de soufre à la racine de la queue, dont l'extrémité était noire. Le 4 mars suivant, Grill remarqua quelques points noirs entre les yeux ; bientôt après toute la tète, puis l'échine et les épaules, et enfin tout le dessus du corps, devinrent bruns. Par malheur, l'hermine mourut avant qu'on pût constater si le changement d'hiver s'opère avec la mème rapidité.

On connaît un grand nombre d'espèces de loutres, qui toutes ont à peu près les mêmes habitudes que la loutre commune.

Celle-ci se trouve dans les contrées tempérées de l'Europe et de l'Asie ; mais elle n'est très-répandue nulle part.

C'est un animal organisé pour la vie aquatique : il plonge et nage parfaitement, grâce à ses pieds palmés, à son corps allongé, à ses oreilles courtes, qu'il peut fermer hermétiquement. Il a la tète aplatie, les yeux petits, les lèvres épaisses, le nez nu, les moustaches longues. Son pelage, épais et court, est formé d'un duvet brun grisâtre, et de poils soyeux, raides et brillants, d'un brun foncé.

Cette fourrure avait autrefois beaucoup de valeur ; elle n'est plus guère employée que dans la fabrication des chapeaux ; ce qui n'empêche pas de faire à la loutre une guerre très-active et bien méritée. Vorace comme tous les mustélins, elle dépeuple les étangs, les réservoirs, les rivières mêmes, et elle cause en outre de grands préjudices aux pêcheurs, en coupant leurs filets, leurs nasses et leurs lignes, lorsqu'ils les laissent à l'eau pendant la nuit.

Elle établit sa demeure dans le voisinage des petites rivières qui nourrissent des truites et des écrevisses ; mais elle aime aussi la carpe, le brochet, tous les poissons. Elle pêche avec beaucoup d'habileté, reste longtemps sous l'eau quand elle y est forcée, et ne se borne pas à détruire ce qu'il lui faut pour se rassasier. Elle emporte ses victimes dans sa demeure, et souvent elle laisse à terre les plus belles pièces d'un étang, après leur avoir seulement ouvert ou mangé la tète.

La loutre ne se creuse pas de terrier ; elle s'empare de ceux qu'elle trouve abandonnés, ou se contente d'un vieux tronc de saule ou d'aune, et, au besoin, d'un tas de fagots. C'est là qu'elle fait son nid, avec de la mousse et des branches menues. Si on l'inquiète, elle change de logis. Quand le poisson lui manque, elle détruit les jeunes canards, les sarcelles, les bécassines, vide les œufs non encore éclos, mange les grenouilles, les lézards, les couleuvres, les souris, les mulots. Enfin, faute de proie vivante, elle se nourrit de bourgeons, d'écorce tendre, d'herbes ou de racines.

C'est la nuit que la loutre se livre à la pêche ; elle guette du haut d'une pierre ou d'une branche ce qui se passe dans l'eau. Quand elle voit un poisson à sa convenance, elle s'élance sur lui et le happe, ou elle le poursuit à la nage, et ne manque guère de le saisir.

La femelle a grand soin de ses petits ; elle les allaite pendant quelques semaines, leur apporte ensuite à manger, puis les emmène à la pêche. Elle les garde avec elle pendant longtemps sans que sa tendresse se refroidisse. Elle se fait tuer plutôt que de les abandonner ; et si l'on parvient à les lui enlever, elle jette des cris qui ressemblent à la voix humaine. Les petits gémissent de leur côté, comme des enfants que l'on arracherait à leur mère.

Le professeur Steller dit qu'ayant privé une loutre de sa portée, il retourna huit jours après à l'endroit où il les avait pris. Il retrouva la mère assise au bord de l'eau. Elle le vit, l'entendit, mais elle ne chercha point à fuir et elle se laissa tuer sans résistance. En la dépouillant, il reconnut qu'elle était tout amaigrie par la douleur d'avoir perdu ses petits.

« Une autre fois, ajoute ce savant, je vis une vieille femelle dormant à côté de son jeune, âgé d'environ un an. Aussitôt que la mère nous vit, elle éveilla son enfant et l'engagea à se jeter dans la rivière. Le petit ne suivit point l'avis qui lui était donné ; il semblait enclin à prolonger son sommeil. Elle le prit alors dans ses bras — ce sont ses pattes de devant que je veux dire — et le plongea dans l'eau. »

Loutres se disputant un poisson.

La loutre s'apprivoise fort bien, et s'habitue même à pêcher pour son maître. Elle l'aime, le caresse, le suit comme un chien, et vit en bonne amitié avec les personnes et les animaux de la maison.

« Un individu qui habitait près d'Inverness, dit Franklin, se procura une jeune loutre. L'animal devint si apprivoisé, qu'il suivait partout cette personne et qu'il obéissait sur-le-champ quand on l'appelait par son nom. Si les chiens aboyaient après lui ou l'effrayaient, il se plaçait sous la protection de son maître et cherchait, pour plus de sûreté, à sauter dans ses bras. On l'employait fréquemment à prendre du poisson, et il pêchait quelquefois huit à dix saumons dans un jour. A peine l'un de ces saumons était-il enlevé, que la loutre plongeait aussitôt à la poursuite d'un autre. Elle était également habile à la pêche en mer ; elle prenait un grand nombre de jeunes morues et d'autres poissons. Fatiguée, elle refusait de pêcher plus longtemps et recevait alors sa récompense : autant de poissons qu'elle en pouvait dévorer. Ayant satisfait son appétit, elle se contournait sur elle-même et s'endormait. C'est dans cet état de sommeil qu'on la rapportait généralement à la maison. »

Le docteur Lentz rapporte que le roi de Pologne, Jean Sobieski, émerveillé de ce qu'il avait entendu dire d'une loutre apprivoisée par le maréchal Passek, le fit prier de la lui céder. Cette prière équivalait à un ordre ; et quoique le maréchal en souffrît comme si on lui eût fait entrer dans le cœur des charbons ardents, il consentit à se séparer de cette chère compagne, qui, de son côté, lui était fort attachée. Elle se couchait avec lui, et ne permettait à personne d'approcher du lit ; elle le suivait, le caressait, le défendait, comme un bon chien, contre quiconque faisait mine de l'attaquer ; elle pêchait pour lui et pour sa suite ; et quand, en voyage, il passait près d'une rivière ou d'un étang, il n'avait qu'à dire : *Ver*, saute à l'eau! pour être sûr d'avoir sa table pourvue de poisson.

Le roi donna au maréchal deux beaux chevaux turcs, richement harnachés, et Passek enferma sa loutre dans une cage, qu'il remit à l'envoyé de son souverain. La pauvrette se mit à crier et à piauler si douloureusement, que le maréchal s'enfuit en se bouchant les oreilles.

Elle maigrit beaucoup pendant le voyage ; elle était triste, agitée, et montrait les dents à tout le monde ; mais elle fit la mignonne quand le roi la caressa, et il en fut si joyeux, que, pendant deux jours, il ne cessa de jouer avec elle. Il lui fit alors apporter deux grands vases dans lesquels on avait mis des écrevisses et des grenouilles : elle sauta à l'eau et les apporta à son nouveau maître.

Jean se promettait de ne plus manger d'autre poisson que celui qu'elle pêcherait ; mais une nuit elle sortit du château et se mit à rôder aux environs. Un dragon qui ne se doutait pas qu'elle fût la favorite du roi, la tua d'un coup de bâton, et faillit payer de sa vie le crime qu'il avait innocemment commis.

La loutre marine ne se trouve que sur les côtes et les îles situées entre l'Amérique du Nord et l'Asie. Elle ne fréquente pas les eaux douces, mais les rivages de la mer et les grands lacs salés. Elle s'y nourrit de crabes, de mollusques, de petits poissons. Beaucoup plus douce que la loutre commune, elle est gaie, vive, gracieuse dans tous ses mouvements, aussi agile sur la terre que dans l'eau. Rien n'est plus beau que son pelage d'un noir brillant aux reflets de velours.

Cette magnifique fourrure l'emporte pour l'éclat et le moelleux sur toutes celles que l'on connaît ; les Chinois l'achètent fort cher, pour en garnir leurs plus belles robes, et la préfèrent même à la zibeline.

La loutre marine n'a ordinairement qu'un petit, qu'elle soigne avec une grande tendresse ; elle joue avec lui, le porte à l'eau dans sa gueule, s'y étend sur le dos, le prend dans ses bras, le lance en l'air, le reçoit comme une balle, le caresse, lui apprend à nager, et le garde très-longtemps auprès d'elle.

Cet animal était autrefois commun ; mais on lui a fait une guerre sans pitié pour s'emparer de sa fourrure ; aussi n'en rencontre-t-on presque plus.

# II.

## FAMILLE DES CHATS.

Lion. — Couguard. — Tigre. — Jaguar. — Ocelot. —
Chati. — Léopard. — Panthère. — Once. — Serval.
— Chat sauvage et chat domestique. — Lynx. —
Guépard.

Les félins ou les chats sont les plus parfaits des carnassiers. Rien n'est plus
facile que de les étudier; car tous ont, à très-peu de choses près, les formes,
les allures et les habitudes de notre chat domestique.

Une tête ronde, un cou épais, un corps souple et gracieux, une longue
queue, un pelage doux et fin, une marche légère et silencieuse, de bonnes
grosses pattes, des pattes de velours, d'où sortent à un moment donné des
griffes longues et acérées, une langue couverte de papilles cornées, qui en font
une véritable rape, des canines longues et fortes, auprès desquelles les incisives paraissent à peine, des molaires pointues et tranchantes, de grandes
moustaches douées d'un tact très-délicat, tel est le type de la famille.

Ajoutez à cela beaucoup de force, d'adresse, de prudence, une souplesse,
une agilité, une sûreté de coup d'œil qui permettent au chat de faire des bonds
énormes et d'arriver juste où il veut aller, des yeux organisés de manière à ce
que les moindres clartés éparses dans la nuit se réfléchissent sur la rétine, et
vous reconnaîtrez que l'organisation des félins est tout à fait en harmonie avec
leur genre de vie.

Nous avons tous vu le chat guetter patiemment la souris, bondir sur elle dès
qu'il le peut, lui donner à la nuque ou sur les flancs quelques coups de ces griffes
tranchantes qui ne s'usent jamais, la mordre, puis l'abandonner demi-morte de

frayeur, et, quand elle essaie de fuir, allonger la patte, la ramener à lui, la laisser échapper encore pour la ressaisir, et continuer ce jeu cruel jusqu'à ce qu'elle succombe, ou qu'il plaise à ce bourreau de donner le coup de grâce à la pauvre victime.

Les grands félins, le lion, le tigre, la panthère, n'agissent pas autrement; aussi les désigne-t-on sous le nom de bêtes féroces, quoiqu'ils soient moins cruels et moins sanguinaires que les martes, les belettes, les putois, dont nous venons de faire l'histoire. En effet, ces petits carnassiers tuent tout ce qu'ils trouvent dans le poulailler où ils ont pu pénétrer, tandis que les grands chats ne tuent que quand ils sont affamés. Même lorsqu'ils fondent sur un troupeau, ils y choisissent une proie dont ils se contentent, jusqu'à ce que la faim recommence à les presser.

Les chats proprement dits, le lynx et le guépard, sont les trois genres de la famille des félins.

Le lion, que les anciens ont proclamé le roi des animaux, mérite ce titre par sa force, par sa démarche lente et grave, par sa physionomie calme et fière, par la belle crinière qui orne sa tête et flotte sur sa poitrine. Toutefois le portrait que Buffon a tracé de ce majestueux animal fait plus d'honneur au talent de l'écrivain qu'à celui du naturaliste : il restera comme un magnifique échantillon de la littérature française; mais on ne peut accorder au lion la noblesse de caractère, le courage incomparable, la générosité, la reconnaissance qui lui ont été départis dans ces lignes éloquentes.

Jadis on trouvait des lions dans la Macédoine, la Thessalie, la Thrace, la Grèce, et depuis la Syrie jusqu'au Gange. Ils ont depuis longtemps disparu de l'Europe et sont devenus rares en Asie. Il était répandu dans toute l'Afrique, avant la conquête de l'Algérie; depuis cette époque il a beaucoup diminué dans les contrées du nord; c'est au Sénégal et vers le cap de Bonne-Espérance qu'on le rencontre fréquemment.

Ce puissant animal atteint jusqu'à trois mètres de longueur dans les pays où la proie abonde et où il n'est pas inquiété par l'homme; mais le plus souvent sa taille ne va guère qu'à deux mètres, et reste même au-dessous.

« Sa figure est imposante et mobile comme celle de l'homme, et ses passions se peignent non-seulement dans ses yeux, mais encore dans les rides de son front. Sa démarche est légère, quoique lente et toujours oblique. Sa voix est terrible, et tous les animaux tremblent à une demi-lieue à la ronde, quand son rugissement fait retentir les forêts pendant la nuit : c'est un cri prolongé, d'un ton grave, mêlé d'un frémissement plus aigu.

« Lorsque le lion menace, il se ride le front, plisse et relève ses lèvres, montre ses énormes dents et souffle de la même manière que le chat domestique; enfin, lorsqu'il attaque, il pousse un cri court et réitéré subitement. Dans la colère, ses yeux deviennent flamboyants et brillent sous deux épais sourcils qui se relèvent et s'abaissent comme par un mouvement convulsif; sa crinière se redresse et s'agite ; de la queue il se bat les flancs ; il ouvre la gueule et laisse voir une langue hérissée d'épines pointues et tellement dures, qu'elles suffisent pour écorcher la peau et entamer la chair. Tout à coup il se baisse sur ses pattes de devant, ses yeux se ferment à demi, sa moustache se hérisse, son agitation cesse, il reste immobile, et le bout de sa queue raide et tendue fait seul un très-petit mouvement de droite à gauche. Malheur à l'être vivant qu'il regarde dans cette attitude; car il va s'élancer et déchirer une victime.»(Boitard.)

Lion.

Le lion est un puissant et redoutable adversaire, quand il est torturé par la faim; il se jette alors sur la première proie qu'il rencontre, surtout si la nuit sombre est de temps à autre illuminée par les éclairs et si la foudre fait retentir sa grande voix. Le désordre des éléments semble lui inspirer une hardiesse extrême et le pousser à des entreprises qu'il hésiterait à faire dans un autre temps.

Le lion vit solitaire; c'est une des conséquences de son formidable appétit. Il lui faut un vaste canton de chasse; mais dans les plaines de l'Afrique méridionale, il trouve de quoi se rassasier. Les gazelles semblent être la proie qu'il préfère; il attaque rarement le bœuf ou le cheval, quand il peut se procurer des animaux plus petits. Il se place en embuscade dans les roseaux qui entourent les mares ou croissent au bord des rivières; il y attend l'heure où les hôtes de ces contrées viennent se désaltérer. Quand l'un d'eux passe à sa portée, il s'élance et fond sur lui avec une telle violence, que le choc est presque toujours mortel pour sa victime.

Il est à remarquer que le lion se montre d'autant plus féroce qu'il habite des lieux plus sauvages et plus éloignés de toute habitation. La présence de l'homme lui inspire, ainsi qu'aux autres carnassiers, assez de crainte pour l'empêcher d'approcher de sa demeure. Cependant, lorsqu'il a faim, cette crainte s'évanouit: il rôde autour des tentes ou des maisons, pénètre dans les étables, dans les écuries, et, à défaut d'autre proie, on peut croire qu'il attaquerait quiconque se présenterait devant lui.

12

C'est la nuit qu'il sort de son repaire, pour se mettre en chasse; mais si, en plein jour, il rencontre un homme, il s'arrête pour le regarder, tourne autour de lui, s'éloigne lentement, tourne la tête par-dessus son épaule, pour le voir encore; puis il allonge le pas et finit par fuir en faisant de grands bonds. Par les belles nuits que la lune éclaire, l'homme n'a pas non plus beaucoup à redouter les attaques du lion.

David Livingstone, un des plus hardis explorateurs de l'Afrique australe, dit que, par ces nuits brillantes, il ne prenait pas la peine d'attacher ses bœufs, et les laissait paître autour des chariots; mais que, quand il faisait sombre et que la pluie tombait, les lions qui se trouvaient dans le voisinage cherchaient à s'en emparer.

Cependant, quand un couple de lions a des petits à nourrir, qu'un homme passe à portée de leur antre et que le vent envoie jusque-là ses effluves, le père et la mère sortent ensemble, se précipitent sur lui, le déchirent et partagent les lambeaux de sa chair entre leurs lionceaux.

« Nous nous trouvions, dit un voyageur anglais, cité par Franklin, sur le bord d'une rivière; nos chiens semblaient trouver du plaisir à rôder çà et là, et à examiner chaque buisson. Tout à coup ils rencontrèrent dans le fourré un objet qui les arrêta et qui leur fit pousser un aboiement énergique. Nous explorâmes cet endroit avec précaution; car, au son particulier de cet aboiement, nous supposâmes que ce devait être des lions. L'événement prouva que nous ne nous étions pas trompés. Les chiens chassèrent de cette embuscade un énorme lion à crinière noire et une lionne.

« La femelle s'échappa le long de la rivière, sous le couvert des buissons. Mais le lion se porta en avant et s'arrêta pour nous regarder. A ce moment nous comprîmes que notre situation n'était point exempte de danger. L'animal semblait se préparer à fondre sur nous, et nous étions sur le rivage, séparés de notre formidable ennemi par une distance seulement de quelques mètres.

« Plusieurs d'entre nous étaient à pied et sans armes. J'étais moi-même à pied; il ne fallait donc pas songer à la retraite. Je me tenais en garde, un pistolet à la main et le doigt sur la détente. Ceux qui avaient des fusils se préparèrent de même à faire feu. Cependant les chiens s'élancèrent bravement entre nous et le lion. Ils l'entourèrent et le tinrent en échec par leurs aboiements âpres et résolus. Le courage de ces fidèles animaux était vraiment admirable. Ils se hasardèrent jusqu'à portée du monstre, puis s'arrêtèrent, poussant à sa face les plus violentes clameurs, sans la moindre apparence de crainte.

« Le lion, avec la conscience de sa force, demeurait immobile, au milieu de leurs bruyantes attaques, et tenait toujours sa tête tournée vers nous. Dans ce moment, les chiens, voyant les yeux de l'ennemi ainsi occupés, s'étaient avancés jusque près de ses pieds et semblaient sur le point de le saisir; mais les pauvres bêtes payèrent chèrement leur imprudence. Sans rien déranger de sa ferme et majestueuse attitude, le lion souleva seulement une de ses pattes, et, au même instant, je vis deux de nos chiens étendus morts sur la place. En les tuant, il avait fait si peu d'efforts, qu'il était presque impossible de voir par quels moyens il les avait abattus.

« L'intervention des chiens nous avait fait gagner du temps, et je vous laisse à penser si nous l'avions employé de notre mieux. Nous fîmes feu sur le lion : une des balles entra dans son côté, et le sang commença aussitôt à couler. L'animal gardait néanmoins la même position menaçante et dédaigneuse. Nous ne doutâmes point qu'il ne fût disposé à s'élancer sur nous. Tous les fusils furent à l'instant même rechargés; mais il s'éloigna tranquillement. J'avais pourtant espéré, pendant quelques minutes, faire sans danger connaissance avec ses griffes. Notre caravane jugea que c'était un lion de la plus grande taille : comparé à nos chiens, il m'avait semblé à moi-même aussi grand qu'un bœuf, quoique moins massif. »

Le lion à crinière noire, dont parle ce voyageur, est ainsi désigné parce que l'extrémité des poils de sa crinière est noire, quoique dans le reste de leur longueur ces poils aient la même couleur tannée que tout le corps de l'animal.

Quelquefois, mais rarement, plusieurs lions vont en famille chercher leur pâture et font alors de grands dégâts parmi les troupeaux; mais quand l'un d'eux vient à être tué, les autres prennent peur et abandonnent l'endroit où on les a chassés.

Livingstone raconte que la population de Mabotsa étant inquiétée par des lions qui attaquaient les bœufs, même en plein jour, il se mit à la tête des hommes de la tribu pour essayer de la délivrer d'un si fâcheux voisinage. Ayant reconnu que les lions se tenaient sur une colline boisée, d'un quart de mille d'étendue, il disposa ses hommes en cercle autour de cette éminence, et ils commencèrent à la gravir, en se rapprochant de plus en plus les uns des autres.

Quant à lui, resté dans la plaine avec un seul indigène, appelé Mébalué, il vit un des lions posté sur un quartier de roche. Mébalué, trop pressé, envoya une balle qui frappa le roc sans atteindre l'animal. Celui-ci se mit alors à mordre la pierre; puis il franchit d'un bond le cercle des chasseurs et disparut rapidement.

Deux autres lions se montrèrent; mais Livingstone et son compagnon n'osant tirer, de peur de blesser quelqu'un des hommes qui semblaient ne pas songer à attaquer ces nouveaux adversaires, ceux-ci s'enfuirent comme le premier.

Livingstone, désespérant de voir les indigènes faire usage de leurs armes, reprenait le chemin du village lorsqu'il aperçut un autre lion, tapi derrière un buisson. Il s'arrêta à trente pas, visa attentivement à travers les broussailles et fit feu de ses deux coups.

— Il est touché! s'écrièrent les indigènes, en accourant vers l'Anglais.

— Attendez que j'aie rechargé mon fusil, dit-il, en se tournant vers eux.

Mais, pendant qu'il enfonçait les balles, un cri de terreur se fit entendre. Le lion furieux s'élançait sur celui qui l'avait blessé, le saisissait à l'épaule, roulait avec lui jusqu'au bas du coteau, en rugissant à son oreille d'une horrible façon, et en l'agitant comme un basset agite un rat.

« Cette secousse, dit Livingstone, me plongea dans la stupeur que la souris paraît ressentir après avoir été secouée par un chat, sorte d'engourdissement où l'on n'éprouve ni le sentiment de l'effroi ni celui de la douleur, bien qu'on ait parfaitement conscience de tout ce qui vous arrive ; un état pareil à celui des patients qui, sous l'influence du chloroforme, voient tous les détails de l'opération, mais ne sentent pas l'instrument du chirurgien. Ceci n'est le résultat d'aucun effet moral ; la secousse anéantit la crainte et paralyse tout sentiment d'horreur, tandis qu'on regarde l'animal en face. Cette condition particulière est sans doute produite chez tous les animaux qui servent de proie aux carnivores, et c'est une preuve de la généreuse bonté du Créateur, qui a voulu leur rendre moins affreuses les angoisses de la mort. »

Le lion avait une de ses pattes sur le derrière de la tête de Livingstone. En cherchant à se dégager de cette pression, celui-ci vit le regard de l'animal dirigé vers Mébalué, qui le visait à quinze pas de distance. Mais le fusil de l'indigène, un fusil à pierre, ayant raté des deux coups, le lion quitta Livingstone, se jeta sur son nouvel agresseur, et le mordit à la cuisse. Un des autres chasseurs, se rappelant que l'Anglais lui avait sauvé la vie, essaya de donner un coup de lance au lion, pendant qu'il attaquait Mébalué. Aussitôt l'animal, faisant volte-face, se jeta sur cet homme ; mais au même instant, les blessures qu'il avait reçues l'ayant épuisé, il tomba, frappé de mort.

Livingstone avait été mordu onze fois à la partie supérieure du bras, et il avait l'humérus complétement écrasé.

« La blessure que fait la dent du lion est analogue à celle d'une arme à feu ; elle est généralement suivie d'une abondante suppuration, d'un grand nombre d'escarres, et laisse une douleur qui se fait sentir périodiquement dans la partie blessée. Je portais, ce jour-là, une veste de laine qui, je le suppose, essuya tout le virus des dents qui me traversèrent le bras ; car j'échappai aux souffrances particulières que subirent mes deux compagnons d'infortune, et j'en fus quitte pour une fausse articulation dans le bras gauche. »

Le lion était très-commun dans toute la Barbarie, surtout aux environs de Bone, de Constantine et d'Oran ; mais la chasse que les Français lui ont faite l'a forcé à se retirer dans l'Atlas. Tout le monde connaît le nom de Jules Gérard, le fameux tueur de lions, dont l'aide fut souvent réclamée par les Arabes.

« En 1855, il y avait, dit-il, dans la province de Constantine trente lions, qui coûtaient annuellement 180,000 fr. en bœufs, chevaux, moutons ; et dans les deux années suivantes, soixante lions avaient enlevé dix mille pièces de bétail, tant grandes que petites, dans la seule province de Bone. Dans l'intérieur de l'Afrique australe, les populations paient encore au lion un tribut des plus considérables, le nombre de ces animaux étant si grand, que dans plusieurs contrées on ne peut se soustraire à leurs attaques qu'en s'établissant sur des arbres. »

Livingstone dit qu'il faut s'attendre à trouver des lions en grand nombre dans les contrées où le gibier est abondant. Parfois on les voit endormis ; ils sont alors bien repus et beaucoup moins à craindre que quand ils ont l'estomac creux. Un homme ne s'effraie pas trop de cette rencontre ; il sait que s'il n'attaque pas l'animal, celui-ci le laissera passer ; mais si c'est un chasseur qui ne veuille pas perdre cette occasion, il doit prendre toutes les précautions possibles pour ne pas manquer son coup ; car un lion blessé est un terrible adversaire.

Voyageurs anglais, lion et lionne.

Il paraît qu'on peut, en l'apercevant, s'assurer de ses dispositions hostiles ou pacifiques. Il suffit pour cela, dit-on, d'examiner sa queue. Si elle est au repos, on peut passer près de l'animal sans qu'il bouge ; si, au contraire, il l'agite et s'en bat les flancs, c'est qu'il est affamé ou irrité. La seule chose qu'il y ait à faire, c'est de grimper sur un arbre, si l'on n'est pas décidé à le combattre ; mais il ne faut jamais prendre la fuite devant lui ; car c'est l'inviter à une poursuite, dans laquelle on ne tarde pas à être rejoint.

On a vu le lion se retirer en rencontrant des enfants ou en entendant des voix humaines à quelque distance ; même lorsqu'il est en chasse, il hésite à attaquer un homme ; mais s'il est pressé par la faim , il saute à la gorge d'un cheval ou le saisit par derrière , sans se soucier du cavalier.

Le lion passe pour préférer la chair des nègres à celle des blancs ; mais il est permis de douter qu'il la trouve plus succulente : un animal aussi prudent, aussi rusé, peut avoir remarqué que les Européens sont plus hardis et mieux armés que les indigènes.

« Deux Hottentots, dit le voyageur Burchell, étaient partis devant nous, avec leurs chariots ; bientôt nous les vîmes revenir en toute hâte pour requérir main-forte. Ils avaient rencontré, couché en travers de leur chemin, un grand lion qui avait fixé sur eux ses prunelles fauves. Ils avaient bien eu l'intention, dirent-ils, de le faire lever ; mais, le jour se montrant à peine, ils avaient eu peur de ne pas le tuer et de s'exposer à sa vengeance. Un rugissement terrible avait salué leur approche, et, saisis d'effroi, ils avaient fait halte. Nous vîmes à leur secours, et le bruit de nos chariots sur la route fit lever enfin l'impassible obstacle. »

Tout en admettant que ce rugissement puisse causer de la crainte quand il se mêle aux éclats de la foudre, et que la pluie qui tombe avec violence laisse le voyageur sans défense, en éteignant son feu et en mouillant sa poudre, Livingstone dit que le cri de l'autruche n'est pas moins retentissant , et que, quand on est dans une maison ou dans un chariot, on peut entendre sans respect ni terreur « le majestueux rugissement du roi des animaux. »

Cependant les Arabes désignent ce rugissement sous le nom de *raad*, qui signifie tonnerre. Ils redoutent l'animal, qui vit aux dépens de leurs troupeaux ; mais ils disent que si un homme rencontre un lion au repos, il peut le faire fuir en s'avançant résolûment vers lui, et en lui jetant une pierre. Le lion est, selon eux, un honnête animal, qui, reconnaissant dans l'homme l'image du Tout-Puissant, s'écarte deux fois de son chemin, mais qui ne l'épargne plus , s'il ose tenter contre lui une troisième attaque.

Beaucoup d'Arabes du Soudan oriental croient se préserver des dévastations du lion en clouant à la porte de l'enceinte dans laquelle ils enferment leurs troupeaux quelques versets du Coran, qu'ils se sont procurés à prix d'or, les fakirs, pour lesquels ils ont un grand respect, ne se faisant pas faute d'exploiter leur superstitieuse crédulité.

Chez les Bédouins, tous les hommes en état de porter les armes se réunissent pour se débarrasser du lion, quand sa présence est signalée par le meurtre d'un certain nombre de bestiaux. Ils entourent le hallier ou les rochers dans lesquels il se cache ; après l'en avoir débusqué, ils le reçoivent à coups de fusil ; et s'il échappe aux premières balles, il s'en trouve presque toujours une qui finit par le tuer.

La chasse au lion étant toujours dangereuse, on préfère lui tendre des piéges ; cependant il est si rusé , que souvent il les évite. Sa méfiance est telle , qu'on l'a vu plus d'une fois ne pas oser toucher à une proie dont il pouvait s'emparer sans aucune peine, s'il n'eût pas craint une embûche.

M. Codrington, qui s'est aussi rendu célèbre par d'heureuses chasses au lion , perdit un de ses chevaux, et ne le retrouva qu'au bout de quarante-huit heures. Ce fougueux animal avait été arrêté dans sa course par un tronc d'arbre brisé, autour duquel sa bride s'était entortillée. Sur une assez large étendue étaient marqués les pas des lions qui avaient senti les émanations du cheval et qui, malgré le désir de le dévorer, n'avaient osé s'en approcher, de crainte qu'il n'eût eût été placé là pour les y attirer.

Des bœufs attachés à des chariots ont, pour la même raison, échappé à la dent du terrible carnassier, quoique les hommes, accablés de fatigue et ayant laissé éteindre les feux qui devaient les protéger, eussent été réveillés par les rugissements des lions.

La manière la moins dangereuse de prendre ces égorgeurs de bétail est de creuser une fosse très-profonde et plus étroite en haut qu'à la base.

« Cette fosse, dit Jules Gérard, est toujours établie sur l'emplacement que le douar (village arabe) doit occuper pendant la saison d'hiver. Les tentes sont dressées en rond-point alentour, de sorte qu'elle se trouve en amont, par rapport au centre du douar.

« L'enceinte ayant été entourée extérieurement d'une haie de deux à trois mètres, formée avec des arbres coupés à cet effet, la fosse se trouve cachée à qui la regarde du dehors.

« Afin que les troupeaux ne tombent point dans la fosse pendant la nuit, on a soin de l'entourer, en aval, d'une seconde haie intérieure qui se relie aux tentes. Le soir venu, les troupeaux sont parqués dans l'enceinte, et les gardiens veillent à ce qu'ils se tiennent en amont le plus près possible de la fosse.

« Le lion, qui a l'habitude de franchir la haie d'amont en aval, arrivé près du douar, entend les cris, sent les émanations du troupeau, dont il n'est séparé que de quelques mètres ; il bondit et tombe dans la fosse, en rugissant de colère.

« Au moment où il a franchi la haie, et où le troupeau épouvanté a foulé aux pieds les gardiens endormis, tout le douar s'est levé en masse. Les femmes poussent des cris de joie, les hommes brûlent de la poudre pour prévenir les douars voisins ; les enfants, les chiens font un vacarme infernal. C'est une joie qui approche du délire et à laquelle chacun prend une part égale, parce que chacun a des pertes particulières à venger. Quelle que soit l'heure de la nuit, on ne dormira plus. Des feux sont allumés, les hommes égorgent des moutons, les femmes préparent le couscoussou ; on fera ripaille jusqu'au jour. Pendant ce temps, le lion, qui a fait d'abord quelques bonds immenses pour sortir de la fosse, le lion, dis-je, s'est résigné.

« Avant la pointe du jour, les Arabes voisins, prévenus par les coups de fusil, sont arrivés en foule, amenant leurs femmes, leurs enfants et leurs chiens. Ce qu'il y a de remarquable dans ces circonstances, c'est que les femmes et les enfants, surtout les femmes, sont toujours les plus acharnés et les plus cruels.

« Cependant le jour si impatiemment attendu vient de se faire ; les plus hardis enlèvent la haie pour voir le lion de plus près, et juger de son sexe et de sa force. Comme le mal qu'il a fait est en raison de sa puissance, il doit être traité en conséquence. Si c'est une lionne ou un jeune lion, les premiers qui l'ont vu se retirent en faisant la moue, pour faire place aux curieux, dont l'enthousiasme est déjà calmé en voyant la déception de ceux qui les ont précédés. Mais si c'est un lion mâle, adulte, à tous crins, alors ce sont des gestes frénétiques, des cris à l'avenant. La nouvelle court de bouche en bouche, et les spectateurs qui sont sur le bord de la fosse n'ont qu'à se bien tenir pour ne pas y être précipités par la foule, avide de voir à son tour.

« Après que la curiosité générale a été satisfaite, et que chacun a jeté sa pierre et ses imprécations au noble animal, les hommes arrivent, armés de fusils, et tirent sur lui jusqu'à ce qu'il ne donne plus signe de vie. C'est ordinairement après qu'il a reçu une dizaine de balles, sans bouger, sans se plaindre, que le lion lève majestueusement sa belle tête, pour jeter un regard de mépris sur les Arabes qui lui ont envoyé leurs dernières balles, et qu'il se couche pour mourir.

« Longtemps après, et lorsqu'on est bien sûr que l'animal est mort, quelques hommes descendent dans la fosse, au moyen de cordes, et l'entourent d'un filet assez solide pour supporter le poids du lion, qui, lorsqu'il est mâle et adulte, ne pèse pas moins de 295 à 300 kilogrammes. Des cordes sont fixées à un tour en bois consacré à cet usage, et planté en terre en dehors de la fosse. Les plus vigoureux de l'assemblée s'y attellent, afin de hisser le cadavre du lion et les hommes descendus dans la fosse.

« Lorsque cette opération, toujours très-longue, est terminée, les mères de famille reçoivent chacune un petit morceau du cœur de l'animal, et le font manger à leurs enfants mâles, pour les rendre forts et courageux. Elles arrachent tout ce qu'elles peuvent de sa crinière pour en faire des amulettes, qui ont la même propriété; puis, lorsque la dépouille a été enlevée et la chair partagée, chaque famille rentre dans son douar respectif, où, le soir, sous la tente, l'événement de cette journée sera longtemps encore l'histoire favorite de tous. »

On chasse aussi le lion à l'affût, soit en s'installant sur un gros arbre, près du chemin où l'on a reconnu la trace de ses pas, soit en y creusant une fosse assez profonde et assez large pour que plusieurs hommes puissent s'y cacher. On recouvre l'excavation de branches d'arbres et de grosses pierres; puis on jette sur le tout la terre qu'on en a retirée, et l'on ménage à ce toit épais et solide plusieurs trous par lesquels puisse passer le canon d'un fusil.

De peur que le lion ne franchisse le piége trop rapidement pour qu'on puisse le bien tirer, on a soin de déposer à portée des chasseurs une pièce de gibier tuée tout exprès, un sanglier, par exemple. Pendant que le lion la flaire ou l'entame, les chasseurs le visent et lâchent tous en même temps leur coup de fusil. Il ne peut guère manquer d'être blessé; mais il n'est pas toujours tué sur place. Il franchit d'un bond l'affût, et va mourir un peu plus loin, ou regagne péniblement sa tanière. Quelquefois on le poursuit et on l'achève; plus souvent il est perdu pour ceux qui l'ont blessé; enfin, il n'est pas rare que l'animal furieux se retourne contre les chasseurs et leur fasse chèrement payer sa vie.

Quand ils ont été assez heureux pour qu'il reste entre leurs mains, ils regagnent fièrement leur douar et y sont reçus avec enthousiasme. Ils se partagent la prime allouée par le gouvernement pour chaque lion abattu; ils vendent sa peau, sa chair, et recueillent ainsi de leur chasse grand honneur et bon profit.

Quand la faim presse un lion adulte, il n'y a guère d'animal dont il ne puisse faire sa proie. Il s'approche des troupeaux, saisit un cheval, un bœuf, un chameau, qu'il emporte pour le dévorer à l'aise; et sa force est telle, que, chargé de ce poids, il peut franchir un fossé ou sauter au-dessus d'un mur de plus de trois mètres de haut.

Le lion devenu vieux n'est pas moins à craindre. Quand ses dents sont usées, et qu'il ne peut plus emporter les grosses pièces de bétail, il rôde la nuit dans les villages, attaque les chèvres, les moutons; et si une femme ou un enfant se trouve sur son chemin, il en fait sa proie. Il prend goût à la chair humaine et la choisit de préférence à toute autre. Il importe alors de se débarrasser d'un ennemi si redoutable, et l'on ne tarde pas à organiser contre lui des chasses, à la suite desquelles il finit toujours par succomber.

Si fort que soit le lion, il trouve dans le buffle un adversaire digne de lui. Il le sait si bien, que, quand il veut attaquer un troupeau de ces grands ruminants, il fait appel à plusieurs autres lions. Mais les buffles, après avoir fait ranger derrière eux les femelles et les jeunes, présentent à l'ennemi leurs redoutables cornes; et s'ils ne sont pas surpris par derrière, le lion n'en vient presque jamais à bout.

Un seul lion attaque rarement un buffle, à moins que ce ne soit un jeune, ou que, par hasard, il ne le trouve blessé.

Un voyageur anglais, M. Vardon, raconte qu'étant à la chasse avec un de ses amis, il vit trois buffles se lever devant lui au moment où il venait de mettre pied à terre. Après avoir fait quelques pas pour s'éloigner de lui, ils s'arrêtèrent. L'un d'eux s'était retourné pour le regarder; il lui envoya une balle dans l'épaule, et tous les trois prirent la fuite.

« Nous les suivîmes aussitôt que j'eus rechargé mon fusil, dit-il. Au moment où nous aperçûmes de nouveau le buffle que j'avais blessé, gagnant sur lui du terrain à chaque pas, trois lions bondirent et attaquèrent la malheureuse bête; elle mugit avec fureur et continua, pendant quelques instants, à courir, en se défendant contre ceux qui l'assaillaient; mais elle ne tarda pas à s'arrêter et à fléchir sur ses jambes. La lutte nous offrit alors un spectacle magnifique. Les lions, appuyés sur leurs pattes de derrière, déchiraient le buffle avec rage de leurs dents et de leurs griffes. Nous approchâmes en rampant, et, nous relevant sur les genoux, quand nous ne fûmes plus qu'à une trentaine de pas, nous tirâmes sur les lions. Mon rifle était à un seul coup, et je n'avais pas de fusil de réserve. L'un des lions n'eut que le temps de se retourner, de saisir, avec les dents, l'une des branches d'un buisson qui se trouvait auprès de lui, et tomba mort aussitôt, ayant la branche dans la gueule. Le second s'enfuit au plus vite; quant au troisième, il releva la tête, nous regarda froidement, et se mit à

déchirer de plus belle le cadavre du buffle. Nous nous éloignâmes pour recharger nos armes, et, nous étant rapprochés, nous tirâmes de nouveau. Le lion
partit ; mais une balle qui lui avait traversé l'épaule le força bientôt de s'arrêter.
Il fut poursuivi et tué, après s'être retourné plusieurs fois contre nous ; c'était
un mâle, comme celui qui avait été tué le premier. Il arrive bien rarement
qu'on puisse mettre dans sa carnassière, en moins de dix minutes, un buffle
mâle et deux lions. Je n'oublierai jamais cette aventure, qui nous avait singulièrement exaltés. »

Les chiens jouent un grand rôle dans la chasse au lion, non qu'ils soient de
taille et de force à triompher du roi des animaux, mais ils l'inquiètent, le harcèlent, l'étourdissent de leurs aboiements furieux, et, quoiqu'un mouvement de
sa patte suffise pour en mettre un et même plusieurs hors de combat, ils l'occupent assez pour que les chasseurs puissent prendre le temps de viser au
cœur ou de l'atteindre au ventre, où les blessures lui sont presque toujours
mortelles.

La lionne aime passionnément ses petits. Quand elle est sur le point de les
mettre au monde, elle cherche un lieu désert où elle puisse les cacher à leur
père, aussi bien qu'à leurs autres ennemis. Leur taille, lorsqu'ils naissent, n'est
guère que les deux tiers de celle de notre chat domestique, et ils ne marchent
qu'à cinq ou six semaines. Leur pelage d'un fauve clair est rayé de brun ; ces
raies s'effacent peu à peu et ne disparaissent complétement que vers l'âge de
cinq ans.

La lionne allaite ses lionceaux pendant six mois, et ne s'éloigne d'eux que
pour chercher sa nourriture, quand le mâle n'y a pas pourvu. C'est ordinairement le mâle qui chasse pour elle et pour ses enfants. Il les dévorerait, quand
ils sont tout petits, si la mère n'avait soin de les dérober à ses regards ; mais il
s'attache à eux ensuite ; et quand ils commencent à chasser, il les guide, en
compagnie de la lionne ; il leur apprend, comme elle, à déchirer la proie, puis
à la guetter et à la saisir.

On ne peut se figurer ce qu'il faut pour satisfaire l'appétit des deux lions et
celui de trois, quatre ou cinq lionceaux, qui, à la fin de leur première année,
sont de la force et de la taille d'un très-grand chien. Les lions ont d'ailleurs
pour habitude d'abandonner leurs victimes, après s'être rassasiés, et très-rarement ils reviennent l'achever. Donc, la digestion faite, ils recommencent à chasser.

Quelquefois on s'empare des lionceaux en l'absence de leur mère ; mais il y a
presque toujours mort d'homme quand on entreprend de les lui enlever. Moins
forte que le lion, elle fait preuve d'un courage incomparable quand il s'agit de
défendre ses petits, et elle se fait tuer plutôt que de les abandonner.

Quand on les prend, c'est après lui avoir arraché la vie, à moins que ce ne
soit en son absence, lorsque, manquant des provisions que lui apporte ordinairement le lion, elle les quitte pour aller à la chasse. Il faudrait alors pouvoir
s'éloigner rapidement du lieu où ils étaient cachés ; car, si elle ne les retrouve
pas lorsqu'elle y revient, elle les cherche de tous côtés, et elle fait souvent
payer cher aux ravisseurs la douleur qu'ils lui ont causée.

Il n'est pas rare non plus que les chasseurs rencontrent le lion et la lionne, cherchant ensemble de quoi satisfaire l'appétit des lionceaux déjà grands. Si l'un des deux est tué, l'autre s'avance courageusement pour le venger, à moins que la mère, craignant pour ses petits le danger auquel leur père vient de succomber, ne se hâte de les rejoindre.

Parfois des chasseurs intrépides vont attaquer le terrible couple jusque dans son repaire; mais il est plus sage de l'attendre à l'affût.

Jules Gérard a détruit à lui seul un très-grand nombre de lions. Quand la présence d'un de ces sanguinaires voisins lui était signalée, il étudiait ses habitudes, épiait pendant quelques jours ses moindres démarches, et, sans lui tendre de piége, il se postait de manière à le voir passer. Excellent tireur, il l'ajustait avec tant de sang-froid, que presque toujours le lion tombait foudroyé.

Ce chasseur célèbre n'a pas trouvé la mort dans ces dangereuses expéditions; il s'est noyé en traversant une rivière.

Un autre Français, Chassaing, et l'Ecossais Gordon Cumming ont aussi mérité, l'un dans l'Atlas, l'autre dans l'Afrique méridionale, le surnom de tueurs de lions.

Malgré ses mœurs féroces et son goût prononcé pour la solitude, le lion s'apprivoise très-bien; lorsqu'il est pris tout jeune, il est aussi doux, aussi caressant qu'un chien.

Le général Watson, en ayant trouvé deux qui semblaient n'avoir pas plus de trois jours, les fit allaiter par une chèvre, les éleva et les envoya plus tard au roi d'Angleterre, qui les fit placer dans la ménagerie de la Tour de Londres. Ils s'y montrèrent tellement inoffensifs, qu'on put les laisser recevoir librement, dans la cour, les caresses des visiteurs. Quand ils eurent atteint toute leur croissance, on jugea prudent de les enfermer, sans qu'ils l'eussent mérité par aucune violence. Ils perdirent de leur gaîté; cependant ils restèrent doux et dociles jusqu'au moment où la lionne devint mère. Elle se montra d'humeur farouche, et cessa de souffrir les familiarités de ses gardiens. Le caractère du lion ne subit aucun changement.

La mémoire du lion est si fidèle, qu'en revoyant, au bout de plusieurs années, ceux qu'il a aimés, il les reconnaît à la voix, si leurs traits ont beaucoup changé.

Au Jardin des Plantes de Paris, deux lions, mâle et femelle, avaient un gardien du nom de Félix, qui avait su gagner leur affection par de bons traitements. Ce gardien, étant tombé malade, fut remplacé par un autre; le lion refusa ses soins et ses caresses; mais quand Félix vint reprendre son poste, les deux animaux s'élancèrent à sa rencontre avec des rugissements de plaisir, bondirent autour de lui, léchèrent son visage et ses mains comme aurait pu faire le chien le plus fidèle.

« Parmi les lionnes qui ont vécu à la ménagerie, dit M. Boitard, plusieurs ont souffert des chiens dans leur loge; mais une seule a montré de l'affection pour son camarade de prison. Elle se nommait Constantine et avait été prise fort jeune dans le Sahara. On jeta dans sa loge un petit roquet noir et blanc, qui, tout effrayé, courut se cacher dans un coin, en tremblant de tous ses membres. La lionne se leva lentement, et, râlant d'une voix sourde, s'approcha du pauvre animal, qui poussa un cri plaintif, en la regardant d'un air suppliant.

« Il paraît que ce regard, plein de désespoir, la toucha ; car elle se recoucha tranquillement, sans faire de mal au roquet. L'heure de la distribution venue, on jeta dans la loge le dîner de Constantine ; elle le mangea et en laissa une part pour son nouveau compagnon d'esclavage, qui n'osa pas y toucher ; car la faim la plus dévorante n'aurait pu le déterminer à quitter le coin noir où la frayeur le tenait blotti.

« Le lendemain, il avait un peu moins peur, et il se détermina à manger la portion que la lionne lui laissa, comme la veille. Le second jour, il se hasarda à sortir de son coin et à manger après elle. Huit jours après, il mangeait avec elle ; et huit autres jours après, il se jetait sur le dîner et ne permettait à la lionne d'en avoir sa part que quand il avait pris la sienne. Si Constantine s'approchait, le roquet entrait en fureur, et, purement par caprice, lui sautait à la figure et la mordait de toute sa force. Il n'est rien de plus hargneux, de plus méchant qu'un être faible qui a conquis sur un être fort l'empire que la bonté et l'affection lui ont laissé prendre, et l'on pourrait en citer de trop nombreuses preuves ailleurs que chez les chiens et les lions.

« Quand l'automne fut venu, avec ses journées froides et humides, le roquet, pour être plus chaudement, jugea à propos de passer les nuits entre les cuisses de la lionne, et elle s'y prêta de fort bonne grâce. Pour récompense, dans ses accès de fureur, il se jeta un jour sur elle, et lui mordit la queue avec tant de rage et de méchanceté, qu'il parvint à la lui couper à moitié et à l'estropier pour toute sa vie. Au bout de quelques années, le chien mourut, moitié de vieillesse, moitié d'un accès de colère, et la pauvre Constantine ne put jamais s'en consoler.

« On lui donna plusieurs autres chiens, qu'elle étrangla ; enfin, elle laissa la vie à l'un d'eux ; mais jamais elle ne lui montra ni affection ni complaisance, et elle mourut bientôt après consumée d'ennui, de tristesse, et peut-être de regret. »

Le lion s'est reproduit plusieurs fois en captivité ; mais on n'a jusqu'à présent réussi à élever les lionceaux que jusqu'à l'époque de leur dentition.

En 1824, une tigresse de la ménagerie de Windsor donna le jour à deux petits qui avaient un lion pour père, et dont on put constater la douceur.

On connaît en Afrique plusieurs variétés de lions, dont le plus à craindre est le lion brun du Cap. En Asie, on ne rencontre le lion que dans la Perse et l'Arabie. Il n'en existe point dans le nouveau continent. C'est à tort qu'on a donné quelquefois au couguard ou puma le nom de lion d'Amérique.

Beaucoup plus petit que le véritable lion, le couguard n'a ni sa force ni sa hardiesse ; ce qui ne l'empêche pas de causer de grands dégâts parmi les troupeaux, et de détruire une multitude d'animaux, tels que les coatis, les agoutis, les chevreuils et les singes. Il poursuit ces derniers jusque sur les branches les plus élevées des arbres. Il dévore entièrement les petits animaux ; mais, quand il a tué un chevreuil ou une brebis, il n'en mange qu'une partie, et il couvre le reste d'herbes ou de feuilles, pour l'achever le lendemain, si la chasse ne lui est pas favorable.

Il préfère le sang à la chair ; et quand il attaque un troupeau, loin de se borner à une seule victime, il en tue autant qu'il le peut, leur ouvre la gorge, et, sans en dévorer la moindre parcelle, il se contente de lécher le sang qui coule de leurs blessures.

Après s'en être gorgé, il s'endort profondément, sans avoir la précaution de s'éloigner de ses victimes, comme il le fait d'habitude. D'Azara dit que, dans une seule nuit, un couguard peut égorger jusqu'à cinquante moutons, mais qu'il n'attaque ni les chevaux ni les bœufs. Il fuit devant l'homme, et, s'il a la chance de gagner la forêt, il lui échappe presque toujours, en s'élançant sur un arbre et en poursuivant sa course à travers les branches qui se touchent presque sur une très-longue étendue.

Il a peur des chiens, et quand deux ou trois de ces animaux bien dressés le surprennent, ils en viennent assez facilement à bout.

Dans quelques contrées de l'Amérique du Nord, les propriétaires de grands troupeaux se procurent, lorsqu'ils le peuvent, une ou plusieurs têtes de couguard, et les placent sur les haies ou les clôtures mobiles qui servent à enfermer leur bétail. Ils sont persuadés que la vue de ce trophée suffit pour éloigner les égorgeurs.

Le couguard s'apprivoise facilement, et il connaît bientôt tous les habitants de la maison. Il vit en bonne intelligence avec les chiens et les chats ; mais il ne résiste pas toujours à l'envie de tuer une poule ou un canard, et il devient souvent pour son maître un compagnon désagréable, parce qu'il ne perd pas complétement l'habitude de griffer et de mordre en jouant.

Le couguard a la tête petite, le corps élancé, la queue longue, les jambes fortes, le poil épais et de couleur fauve. Le mâle n'a pas plus de crinière que la femelle.

Le tigre est le plus beau et le plus redoutable des félins. Aussi fort que le lion, il est plus souple, plus hardi, plus courageux. Nous ne disons pas plus féroce, quoique les naturalistes qui ont fait au lion une réputation de noblesse et de générosité, semblent avoir pris à tâche de représenter le tigre comme un lâche et cruel animal.

Pas plus que le lion, le tigre ne tue pour le plaisir de tuer ; il tue quand il a faim ; quand il est repu, il ne cherche pas de nouvelle victime, pour s'enivrer de son sang. Ce qui sans doute l'a fait accuser de férocité, c'est qu'il ne craint pas plus l'homme que les animaux, qu'il n'hésite pas un instant à l'attaquer, si bien armé, si bien entouré qu'il le voie, et que bien rarement il abandonne la proie qu'il s'est choisie.

Au milieu d'une troupe de chasseurs, dans une foule énorme, et même dans un bataillon en marche, le tigre a plus d'une fois saisi et emporté un homme sans qu'on ait eu le temps de le voir fondre sur sa proie, l'enlever et disparaître.

La terreur qu'inspire le tigre est donc parfaitement justifiée. Les blessures qu'il fait sont affreuses et presque toujours mortelles, quand, par le plus étonnant des hasards, ceux qu'il attaque échappent à ses terribles griffes. Les *jungles*, c'est-à-dire des terrains couverts de hautes herbes et d'épais buissons, semblent être son séjour préféré; cependant il se tient aussi à l'ombre des grandes forêts ou se cache dans les roseaux qui croissent au bord des cours d'eau.

Là, il guette une proie; et quelle que soit celle qui passe à sa portée, cerf, cheval, chameau, homme, il bondit sur elle, et la saisit à la nuque avec une telle puissance, que non-seulement ses griffes, mais ses doigts entrent dans la plaie.

Il rôde souvent aussi près des villages et des villes; il y pénètre à la tombée de la nuit, parfois même en plein jour; et comme il y est poussé par la faim, malheur à qui se trouve sur son passage!

L'Asie seule nourrit ce grand carnassier; encore ne le trouve-t-on guère que dans la Sibérie méridionale, la Chine, l'Inde, et les îles de Sumatra et de Java. Dans cette dernière île seulement, cent quarante-huit personnes ont été enlevées par des tigres en une année. Des villages entiers ont été abandonnés par leurs habitants, pour lesquels il n'y avait plus nulle sécurité.

Il est juste de dire que ces insulaires sont mal armés, et que la superstition les empêche en outre de tuer les tigres; car ils sont persuadés que les corps de ces animaux sont habités par les âmes de leurs ancêtres.

Les seigneurs indiens ont longtemps défendu à leurs sujets de détruire ces terribles égorgeurs, parce que la chasse au tigre était pour eux un plaisir dont le danger doublait l'attrait.

De nombreux éléphants, dressés à cet effet, portaient les chasseurs; d'autres battaient les jungles pour forcer le tigre à se montrer; un grand nombre de gens suivaient les chasseurs, et la plus grande pompe était déployée dans ces expéditions, dont le résultat laissait souvent à désirer.

Les nababs agissent encore ainsi; mais leurs chasses sont loin d'être aussi fructueuses que celles qui, sans tant de bruit, sont dirigées par des officiers anglais ou par d'autres Européens.

Dans l'espace de quatre ans, le lieutenant anglais Rice a tué soixante-huit tigres, trois panthères et vingt-cinq ours. Un Allemand en a délivré l'île Cossinbazar, et le juge Henri Ramus en a abattu plus de trois cents de sa propre main. Partout où les Anglais se sont établis, les tigres sont promptement devenus plus rares, une forte prime étant accordée à quiconque a pu tuer un de ces animaux.

Le gouvernement français en fait autant dans ses établissements au pays des tigres. A Saïgon, la tête de chacun de ces animaux est payée 100 fr. C'est ce que rapportait autrefois en Algérie une tête de lion; aujourd'hui elle ne vaut plus que 50 fr., et sans doute il en sera ainsi du tigre dans un temps plus ou moins éloigné.

La force du tigre est si grande, qu'il emporte un cheval, un bœuf, à plus forte raison un homme, avec autant de facilité et de promptitude que notre chat domestique emporte une souris; et si l'on songe qu'il nage fort bien, et que, malgré sa grande taille, il grimpe agilement aux arbres, on comprendra qu'il est assez difficile de lui échapper. Cependant, si l'on en croit le récit d'un officier anglais, rapporté par le docteur Franklin, il ne faut désespérer de rien.

L'officier venait de rentrer dans sa tente pour prendre du repos, lorsqu'un coup de fusil retentit à son oreille. Il se leva aussitôt pour demander à la sentinelle d'où venait ce bruit; mais il n'eut pas besoin de l'interroger. Un tigre, qui tenait un soldat entre ses mâchoires, passa devant lui, en faisant des bonds prodigieux. La sentinelle avait tiré; mais sa balle n'avait eu d'autre effet que de précipiter la course du ravisseur.

Cependant des traces de sang guidèrent les deux hommes jusque dans le jungle, où ils entendirent avec horreur un rugissement répercuté par l'écho des montagnes. Presque aussitôt, à leur grande joie, ils virent accourir vers eux leur compagnon d'armes.

Il avait le plus joyeux visage qu'il fût possible d'imaginer.

« Je venais, dit-il à son officier, de rapporter quelques vivres à mon camarade de lit, lorsque j'entendis une sorte de frôlement dans les broussailles, à environ six ou sept mètres derrière moi, et, avant que j'eusse le temps de me retourner pour en connaître la cause, je fus saisi et renversé avec une telle force, que je restai privé de l'usage de mes sens jusqu'au moment où j'arrivai devant votre tente. Alors, le bruit d'un coup de mousquet, joint à une sorte de tiraillement dans ma cuisse, me rappela à moi-même et me donna le sentiment du grand danger que je courais.

« Néanmoins, je ne désespérai pas. J'étais en train de ruminer quelque plan pour me sauver, et, quoique enlevé rapidement, je devinai que la balle de votre sentinelle, au lieu de frapper le tigre, m'avait atteint. Je sentis d'ailleurs que je perdais mon sang. Je me souvins, dans cette terrible conjoncture, que ma baïonnette était dans mon ceinturon, et je réfléchis que s'il m'était possible de l'en tirer, je pourrais peut-être échapper à l'horrible mort qui m'attendait. Non sans difficulté, je portai mon bras derrière moi; je trouvai l'arme et j'essayai de la tirer du fourreau; mais ma position était si mauvaise, que je n'y réussis point. Décrire les frayeurs qui s'emparèrent alors de mon esprit serait impossible : je crus que tout était fini.

« Enfin, grâce au ciel, rassemblant mes dernières forces, je dégageai l'arme et la plongeai à l'instant même dans l'épaule du monstre. Il fit un bond de côté, et ses yeux étincelèrent horriblement. Il me lâcha; mais à l'instant même il me ressaisit au-dessus de la hanche, ce qui d'abord faillit m'ôter la respiration. Ce changement de position m'offrait une belle opportunité de tuer le tigre et de racheter ma vie. Je le poignardai derrière l'épaule, à plusieurs reprises, aussi profondément que la baïonnette pouvait entrer; il chancela et tomba. Je me croyais maintenant sauvé; je me levais quand il se releva aussi; il essaya de me saisir; mais il retomba et roula à mes pieds. J'avais, cette fois, l'avantage sur un ennemi à terre, et j'en profitai. Je replongeai ma baïonnette dans son flanc : à en juger par son agonie, je lui avais percé le cœur. Alors, je tombai sur mes genoux, et je remerciai le Tout-Puissant; mais mon cœur était si plein, que les termes me manquaient pour exprimer ma reconnaissance à celui qui venait de me délivrer d'une si effroyable mort. »

M. A. Brehm, auteur d'un très-intéressant ouvrage sur les animaux (1), emprunte à M. Thomas Anquetil le récit d'une chasse au tigre en Birmanie, récit que nous reproduisons en l'abrégeant.

L'intrépide chasseur s'était séparé de ses compagnons pour longer avec un rameur indien les bords d'un lac riche en gibier d'eau. Au premier coup de fusil qu'il tira, le rameur mit pied à terre pour ramasser les oiseaux tués. Il n'avait pas fait dix pas, qu'un tigre s'élança d'un buisson, et, sans se laisser arrêter par les deux coups de la carabine dont l'Indien était armé, bondit sur lui, le renversa et le mit en pièces, avant que M. Thomas Anquetil pût faire usage de son revolver, l'homme et le tigre ne faisant qu'un pendant cette terrible lutte.

Enfin, l'animal s'étant redressé et tourné vers lui, l'œil en feu, il lui envoya six balles qui portèrent toutes et le couchèrent sur le sol.

C'était une femelle, âgée de sept à huit ans. Elle appartenait à l'espèce dite tigre royal, ainsi que le témoignait son pelage d'un fauve doré, parsemé de raies noires et irrégulières. L'Indien n'était plus qu'un monceau informe; cependant il n'avait pas lâché la carabine, dont le bois était brisé et dont les canons faussés portaient la trace des griffes de la bête féroce.

Les autres chasseurs étaient accourus. L'un d'eux, esclave de la tribu des Laos, ayant reconnu que la tigresse avait du lait, s'éloigna sans rien dire, et, son coutelas à la main, se mit à battre les hautes broussailles et à interroger les empreintes laissées sur la plage humide. Il reconnut enfin, à côté des traces profondes laissées par la tigresse, des pas légers qui le guidèrent sûrement.

Sous un berceau de nymphées, de lotus et de joncées fleuries, deux petits tigres, un peu plus gros que des chats, ronds comme des boules, se tenaient tapis l'un contre l'autre, attendant leur mère, dans une sorte de frayeur farouche. Ils avaient peut-être trois semaines ou un mois au plus.

Le Laos ayant entr'ouvert, du bout de son dah, ce rideau verdoyant, ils écarquillèrent les yeux, allongèrent les griffes, montrèrent les dents et firent entendre un grondement. D'un coup du plat de son arme, il les étourdit tous les deux.

Il leur attacha les pattes avec des lianes, les mit dans sa veste, posée à terre, la noua solidement, l'enveloppa du reste de son vêtement, passa une branche dans le paquet et le porta sur son épaule.

Il suivait ainsi les autres chasseurs à travers la forêt, quand il aperçut dans un bouquet de hautes malvacées, épanouies autour d'un mangoustan, qui couronnait une légère éminence, la tête d'un tigre, prêt à s'élancer sur eux.

---

(1) Édité par Baillère et fils, à Paris.

Le Laos courut vers le chef et lui montra l'animal, dont on n'était plus qu'à une trentaine de pas. Les chasseurs s'arrêtèrent pour l'ajuster; il comprit qu'il était éventé et parut un instant songer à fuir. Mais aussitôt il leur fit face et plia sur ses jarrets de derrière pour prendre son élan. Les chasseurs ayant fait feu, il tomba sur la route, comme un bloc de plomb, sans pousser un cri et sans faire le moindre mouvement.

« J'avais envie, dit M. Thomas Anquetil, ne le voyant pas bouger, de lui chatouiller la tête avec les balles de mon revolver, tout en restant à quelques pas de distance; car le tigre, de même que le lion, a parfois des soubresauts et des retours de furie qui sont extrêmement dangereux. Qu'il vous atteigne en ce moment-là, vous êtes perdu; sa patte vous assomme, ses griffes vous éventrent et ses dents vous broient les membres, fût-il sur le point d'expirer.

« Le Laos m'en dissuada, en disant que je gâterais la peau. Il me pria de le laisser faire; j'y consentis; pourtant je continuai d'ajuster le tigre à tout hasard.

« Le Laos déposa son fardeau à terre, les petits tigres; ensuite, ayant pris son dah à deux mains, par l'extrémité du manche, il se plaça bien en face de la bête, et lui asséna un coup sur la tête avec tant d'adresse, avec tant de vigueur, qu'il sépara le crâne en deux, comme font les marchands d'abats.

« Quel tigre! Le superbe animal! C'était un mâle d'une croissance complète.

« Le Laos s'étant imaginé de faire flairer la bête aux deux petits tigres, toujours enveloppés, ceux-ci piaillèrent et gigotèrent comme des enragés, au point qu'ils faillirent s'échapper. Il fut évident pour moi que le tigre était bien leur père. »

Malgré la réputation de férocité qu'on lui a faite, le tigre s'apprivoise, reçoit avec plaisir les caresses de son maître, lui témoigne de l'attachement, et le reconnaît même parfois après une longue absence.

Néron gardait auprès de lui une tigresse apprivoisée, à laquelle il livrait, dans ses moments de mauvaise humeur, non-seulement quelqu'un de ses esclaves, mais ceux de ses compagnons de plaisir qui avaient le malheur de le fatiguer ou de lui déplaire.

Un autre empereur romain, Héliogabale, se faisait traîner dans un char attelé de tigres et de panthères.

De nos jours, plusieurs dompteurs ont su dresser des tigres, de manière à jouer avec eux comme avec des chiens; mais c'est un jeu dangereux, auquel il ne faut jamais se livrer sans prendre les plus grandes précautions.

Une tigresse envoyée de Calcutta en Angleterre était si douce, qu'on la laissait errer librement sur le vaisseau. Les matelots vivaient en bonne intelligence avec elle; pendant toute la traversée, son bon caractère ne se démentit pas un instant. Mais à la ménagerie de la Tour de Londres, elle devint si farouche, qu'un de ses anciens camarades du bord eut peine à obtenir la permission de la visiter.

A peine fut-il entré dans sa loge, qu'elle le reconnut, se coucha à ses pieds, lui lécha les mains, lui fit mille caresses et lui donna, pendant plus de trois heures, des témoignages non équivoques de tendresse et de joie. Il fallut se quitter pourtant; la pauvre bête gémit, cria et se plaignit tout le reste du jour.

En liberté, la tigresse donne à ses petits les soins les plus assidus; ils jouent autour d'elle et avec elle comme de jeunes chats; elle s'expose à la mort pour les défendre; et quand on parvient à les lui enlever, elle pleure et les cherche avec tant de persévérance, que souvent elle finit par les retrouver. Malheur à l'homme qu'elle surprend chargé de ce fardeau! il n'a rien de mieux à faire qu'à les lui rendre, et à profiter pour s'échapper du temps qu'elle perd à les reconnaître et à les caresser.

Le tigre est de tous les félins celui qui ressemble le plus à notre chat domestique, par ses formes, par ses allures, par son pelage irrégulièrement strié de bandes transversales, et par les mouvements de sa queue annelée de noir. Ceux de nos chats qui ont le dessous du corps d'un beau blanc et le dessus d'un jaune fauve rayé de brun, peuvent donner une idée assez exacte du terrible animal que nous venons d'étudier.

Le jaguar est le plus fort, le plus grand et le plus redouté des carnassiers du nouveau continent; c'est le tigre de l'Amérique. Il y était autrefois très-commun; mais on ne le trouve plus que dans les épaisses forêts arrosées par des torrents ou de grands cours d'eau, et dans les lieux marécageux couverts d'herbes assez hautes pour qu'il puisse s'y cacher.

Sa taille égale presque celle du tigre; son pelage, d'un fauve clair ou rougeâtre sur le corps, et blanc au-dessous, est souple, lustré, court, et non pas rayé, comme celui du tigre, mais marqué de taches comme celui du léopard.

Le jaguar dort une partie du jour et se met en chasse au coucher du soleil. Cette chasse se prolonge pendant les nuits éclairées par la lune; mais quand les ténèbres sont profondes, il se couche jusqu'à l'aube, chasse de nouveau, et gagne, pour s'y reposer, quelque îlot couvert d'épais buissons.

Doué d'autant d'agilité que de force, il fait sa proie des grands mammifères aussi bien que des petits. Il saute sur le dos d'un mulet, d'un cheval, d'un bœuf, et lui ouvre la gorge à l'aide de ses griffes et de ses dents; il tue d'un seul coup un mouton, un bélier, un chevreuil; mais souvent les buffles lui tiennent tête, l'éventrent de leurs cornes et le foulent sous leurs sabots.

Le jaguar grimpe aux arbres, nage fort bien, et fait la guerre aux habitants des eaux comme à ceux des forêts et des pampas; les loutres, les tortues de mer, les caïmans, varient agréablement sa nourriture. Il n'attaque pas l'homme, à moins que, vivant dans son voisinage, il n'ait eu le temps de s'habituer à sa vue.

« Il est sans exemple que dans les contrées inhabitées où l'on récolte l'herbe du Paraguay, un homme ait été tué par un jaguar, dit Rengger. Mais celles de ces bêtes qui séjournent dans des contrées peuplées ou près des fleuves animés par la navigation, n'ont bientôt plus peur de l'homme et s'attaquent aussi à lui. Dès qu'un jaguar a goûté de la chair humaine, il la préfère à toutes les autres, et non-seulement il n'évite plus l'homme, mais il le recherche avec avidité.... »

Quelquefois même, le jaguar, pressé par la faim, guette les voyageurs près d'un chemin qui traverse son domaine, et si la caravane se compose d'hommes blancs, de Peaux-Rouges et de nègres, c'est un de ces derniers qu'il prend au choix. On en a vu s'approcher des habitations, emporter un chien, un cochon, un cheval, même un homme. Cela arrive quand les grandes eaux chassent quelques jaguars des îlots ou du bord des fleuves où ils aiment à séjourner.

Jaguar pêchant.

« Quand les inondations sont fortes, il n'est pas rare, ajoute Rengger, de rencontrer un jaguar au milieu d'une ville ou d'un village situé sur les hauteurs. Lorsque nous arrivâmes à Santa-Fé, en 1825, les eaux étaient très-hautes, et l'on nous raconta que, quelques jours auparavant, un moine de l'ordre de Saint-François avait été dévoré par un jaguar, sous la porte de la sacristie, au moment où il allait dire la messe. Un pareil malheur n'arrive cependant pas toutes les fois qu'un jaguar s'introduit dans une ville : les aboiements des chiens qui le poursuivent et l'affluence des gens le troublent tellement, qu'il cherche à se cacher. »

Le jaguar a beaucoup d'ennemis. Les Indiens le chassent ordinairement à l'aide de flèches empoisonnées; d'autres cependant l'attendent à l'affût, simplement armés d'un poignard ou d'une massue. Un fusil et de bons chiens exposent moins le chasseur, et beaucoup d'indigènes tendent des piéges à ce redoutable carnassier.

On apprivoise le jaguar quand il est pris tout jeune et qu'on le nourrit de lait et de viande cuite; encore ne peut-on le conserver longtemps sans danger; car, à mesure qu'il se sent plus fort, ses instincts sanguinaires reprennent le dessus.

L'ocelot, compatriote du jaguar, est beaucoup plus petit. Son pelage, d'un gris fauve, marqué de grandes taches d'un roux vif et bordées de noir , sa souplesse, son agilité, en font un des plus charmants animaux qu'on puisse voir. Il poursuit sur les plus grands arbres les singes et les oiseaux, détruit les nids, et souvent ravage les basses-cours voisines de la forêt qu'il habite et dont il ne s'éloigne guère.

Prudent et craintif, il fuit l'homme et les chiens; et comme son odorat, très-subtil, lui annonce de loin leur présence, il parvient à leur échapper, en se cachant au plus épais du feuillage des grands arbres. Si, par hasard, il est blessé, il ne songe plus qu'à se défendre, et ce n'est pas sans peine que le chasseur s'empare de lui. Un moyen plus simple de s'en rendre maître, c'est de lui tendre des piéges dans lesquels on met pour appât un coq ou une poule. Il est si friand de cette proie, que plusieurs fois de suite on l'a vu se laisser prendre dans la même trappe, et que, si bien apprivoisé qu'il soit, on ne peut l'empêcher de tuer les volailles qui tombent sous sa griffe.

Le chati ressemble plus au jaguar qu'à l'ocelot; mais il est, comme ce dernier, un redoutable voisin pour les métayers qui élèvent des poules et des canards. Endormi pendant le jour, il profite des nuits sombres pour s'approcher des habitations, et il faut qu'un poulailler soit parfaitement clos pour qu'il ne réussisse pas à y pénétrer. Quand la lune brille, il chasse sans quitter la forêt. Le chati est commun au Paraguay.

Nous devons citer encore parmi les carnassiers du nouveau monde le colocolo et le chat des Pampas, dont la taille et les habitudes sont à peu près celles de notre chat sauvage; puis le léopard océloïde, que les Brésiliens appellent chat sauvage moucheté, et dont la belle fourrure, d'un roux vif sur le dos, jaune aux flancs et blanche sous le ventre, est irrégulièrement marquée de taches d'un brun plus clair au centre que sur les bords.

Le léopard de l'ancien continent l'emporte encore sur le tigre par la richesse du pelage, la grâce des mouvements, la perfection des formes. Plus souple et plus élancé, il fond sur sa proie avec la rapidité de l'éclair, et franchit un espace de douze mètres d'un bond qui semble ne lui coûter aucun effort.

En Afrique, où il est commun, il commet de si grands dégâts parmi les troupeaux des indigènes, qu'on le craint autant que le lion. Tout lui est bon, depuis les poules, les antilopes, les moutons et les chèvres, jusqu'aux bœufs, aux chevaux, aux chameaux. Quelques voyageurs disent même qu'il est assez audacieux pour attaquer l'éléphant; mais cela paraît douteux, l'éléphant sachant se débarrasser, rien qu'en se secouant, du tigre qui ose lui sauter sur le dos, et se vengeant de cette agression en l'écrasant sous ses pieds

Le léopard d'Afrique, auquel plusieurs naturalistes donnent le nom de grande panthère, n'attaque pas l'homme, à moins qu'il n'en soit provoqué, ou que, pressé par la faim, il ne le trouve à sa portée. Il s'élance alors sur lui, le tue d'un coup de sa formidable patte, ou le déchire de ses dents et de ses griffes. Les enfants deviennent souvent ses victimes; un religieux qui a longtemps vécu en Abyssinie, le P. Filippini, dit que, dans le village de Mensa, huit enfants ont été enlevés par des léopards dans l'espace de trois mois.

Léopard ou grande panthère d'Afrique.

En Algérie, les jeunes pâtres ont aussi tout à craindre du léopard; il n'est pas rare qu'il en tue ou qu'il en blesse cruellement quelqu'un. Il emporte les enfants qu'il trouve endormis dans la campagne, et quelquefois même ceux qui jouent aux abords des villages ou des fermes. Son audace est si grande, qu'il pénètre jusque dans les étables et dans les maisons pour y trouver quelque proie.

On comprend qu'il inspire une haine profonde à ceux qu'il visite ou dont il décime le bétail; aussi lui dressent-ils des pièges et lui font-ils une guerre acharnée. Quand on chasse le léopard avec de bons chiens, on en vient presque toujours à bout; les chiens le harcèlent et l'occupent de manière à permettre au chasseur de choisir l'instant convenable pour le frapper.

La panthère d'Afrique a trouvé dans un de nos compatriotes un ennemi redoutable. M. Bombonnel, de Dijon, a tué à l'affût presque autant de léopards que Jules Gérard a tué de lions.

Lorsqu'il est pris tout jeune, le léopard supporte assez bien la captivité. Il se montre doux, patient, reçoit les caresses de ses gardiens, se frotte contre eux ou contre les barreaux de sa cage, et fait entendre un murmure de satisfaction assez semblable à celui qui témoigne de la bonne humeur de nos chats. Il s'habitue si bien à vivre avec des chiens, qu'il partage avec eux ses jeux et sa nourriture.

Un couple de léopards occupait une loge à la ménagerie de la Tour de Londres. La femelle, parfaitement apprivoisée, et le mâle, resté farouche, vivaient en bonne intelligence, et les visiteurs prenaient un plaisir extrême à les voir bondir dans leur cabane, dont ils semblaient toucher à la fois les quatre murs et le plafond, tant leur souplesse était grande.

La véritable panthère n'a guère qu'un mètre de l'extrémité du museau à la naissance de la queue, tandis que le léopard atteint souvent près de deux mètres. Le pelage de ces deux espèces d'animaux présente sur un fond jaunâtre, plus ou moins foncé, des taches complétement noires ou disposées en cercle autour d'une autre tache formée par le fond de la robe.

La panthère se plaît dans les forêts les plus épaisses; elle grimpe aux arbres pour s'emparer des singes, des oiseaux, ou pour guetter sa proie et fondre sur elle au passage. C'est un bel animal, très-farouche, très-prompt à s'irriter, mais qui cependant s'apprivoise fort bien, lorsqu'il est pris tout jeune.

Le docteur Franklin dit qu'un chirurgien militaire anglais, ayant reçu en présent une panthère dont l'éducation était faite, l'introduisait dans la salle à manger du gouverneur de la forteresse. Là, au moindre encouragement, elle posait ses pattes sur les épaules des convives et les embrassait, en frottant sa tête contre les leurs.

Ses dents et ses ongles ayant été limés, de telles caresses étaient sans danger, et, comme elle se montrait fort douce, on la laissait errer librement dans la citadelle. Un gardien avait toutefois été chargé de l'empêcher de pénétrer dans les appartements des officiers; mais il avait l'habitude de s'endormir pendant sa faction.

Un jour, la panthère se chargea de le réveiller, en lui donnant sur un des côtés de la tête un coup de patte qui le renversa. Il se releva fort effrayé, et vit l'animal qui se tenait devant lui, en remuant la queue, comme pour s'applaudir de lui avoir donné une si bonne leçon.

Saï — c'était le nom de la panthère — s'attacha tellement au gouverneur, qu'elle le suivait partout, comme un chien. Elle aimait aussi les enfants de ce gentleman, et se tenait volontiers avec eux près d'une fenêtre d'où l'on découvrait toute la ville. Un jour que la panthère tenait trop de place pour qu'ils pussent avancer leurs chaises comme ils le souhaitaient, ils la tirèrent par la queue et l'obligèrent à se retirer, sans qu'elle essayât de leur faire le moindre mal. Elle se couchait sur une natte à côté d'eux; et pendant qu'ils dormaient, elle les caressait doucement.

Le chirurgien, ayant reçu l'ordre de retourner en Angleterre, résolut d'y conduire Saï; mais l'intéressant animal faillit périr dans le trajet de la côte au vaisseau, sa cage étant tombée à la mer. Elle resta triste et farouche pendant quelques jours; la voix et les caresses de son maître la consolèrent; mais le bâtiment fut attaqué par des pirates qui n'y laissèrent presque point de vivres.

La pauvre Saï, habituée à faire quotidiennement deux bons repas, fut réduite à ne manger par jour qu'un des perroquets qu'il y avait à bord et que le froid faisait périr. Cette maigre pitance la rendit malade; malgré tous les soins du chirurgien, qui l'aimait beaucoup, elle mourut en approchant des côtes d'Angleterre.

On a vu des panthères, dressées à divers exercices, attirer un grand nombre de curieux; mais il paraît que la panthère noire de Java est tout à fait rebelle aux soins des éducateurs les plus habiles.

La panthère noire, plus petite que la véritable panthère, dont elle n'est peut-être qu'une variété, a le pelage d'un gris plus ou moins foncé, parsemé de taches noires, qui affectent la même disposition que chez les autres panthères.

Il y a aussi des léopards à robe grise tachetée de noir; mais il existe entre le léopard et la panthère une différence de structure qui prouve qu'on aurait tort de confondre ces deux espèces de chats : le léopard n'a que vingt-deux vertèbres à la queue, tandis que la panthère en a vingt-huit. Les taches du léopard sont aussi moins rapprochées que celles de la panthère, et le fond de sa robe est d'un fauve plus clair.

La véritable panthère habite l'Inde, le Japon, Sumatra, Java, et ne se trouve pas en Afrique. Le léopard se rencontre en Asie et dans toute l'Afrique, où on le désigne souvent sous le nom de tigre.

L'once tient le milieu, pour la taille, entre ces deux félins. Son pelage gris est marqué de taches noires, petites et irrégulières; une bande noire suit l'épine dorsale et se continue sur la queue. Sa fourrure, épaisse et longue, indique qu'il a pour patrie des contrées moins chaudes que la panthère et le léopard, dont il a les mœurs et les habitudes.

Le serval, qu'on nomme aussi chat du Cap, chat-pard ou chat-tigre, a les jambes grêles, la queue courte. Sa taille n'excède guère soixante-quinze centimètres. Sa robe, d'un fauve clair ou rougeâtre, est marquée de bandes et de taches noires, qui en font une fourrure assez estimée. Il est commun en Algérie et dans la plus grande partie de l'Afrique, où il se nourrit de lièvres, d'antilopes, d'agneaux, de chevreaux, etc. Il dort tout le jour, chasse la nuit et ravage souvent les basses-cours.

Le serval s'apprivoise et vit en captivité lorsqu'il est bien soigné; mais il craint beaucoup le froid et l'humidité.

Le chat sauvage est environ d'un tiers plus grand que notre chat domestique; il est en outre beaucoup plus fort et plus vigoureux. Sa grosse tête, ses épaisses moustaches, son cou épais, son pelage long, gris chez le mâle, jaunâtre chez la femelle, et marqué de lignes noires, sa queue touffue, annelée, et de plus en plus foncée à mesure que les anneaux se rapprochent de la pointe, permettent de le reconnaître.

Il se plaît dans les grands bois situés sur les montagnes, et il aime le voisinage des rochers où il peut trouver un asile. Les souris, les rats, les oiseaux, les lièvres, les lapins, les faons, les poissons, composent sa nourriture. Blotti sur une branche et caché par le feuillage, il guette sa proie, fond sur elle d'un bond, l'étrangle, la dévore ou l'abandonne; car il tue beaucoup plus qu'il ne peut consommer.

Les chasseurs le détestent, parce qu'il leur fait grand tort; mais il est rare qu'ils le rencontrent, d'abord parce que cet animal a cessé d'être commun, puis parce qu'il est assez rusé pour se dérober aux regards de ses ennemis. Celui qui a la chance de le découvrir doit mettre tous ses soins à le bien viser; car si le chat sauvage n'est que blessé, il s'élance sur le chasseur, lui laboure le visage, le cou, la poitrine, cherche à lui crever les yeux, et déploie tant d'obstination dans cette attaque, qu'on a grand'peine à se délivrer de ses griffes et de ses dents.

Le chat sauvage passe pour avoir donné naissance au chat domestique; toutefois cela n'est pas prouvé. Plusieurs naturalistes pensent que cet utile habitant de nos maisons peut être le produit du croisement du chat sauvage avec le chat ganté, qui était autrefois en grande vénération chez les Egyptiens. D'autres croient que nous avons reçu de ces contrées, fort anciennement civilisées, le chat, qui s'est conservé chez nous et répandu dans un grand nombre de pays.

Tout en vivant sous notre toit, tout en recevant nos caresses, le chat a gardé son indépendance. Il obéit quand il lui plait; mais sa soumission est loin d'être égale à celle du chien. Il va, vient, sort, rentre à sa volonté, s'échappe au besoin par les toits, et demeure quelquefois des semaines et des mois entiers sans reparaître.

Cependant c'est à tort qu'on dit que le chat est incapable d'affection, et qu'il s'attache à sa maison beaucoup plus qu'à ses maîtres. On voit souvent cet animal s'habituer sans peine à vivre ailleurs qu'où il a été élevé, pourvu que ceux avec lesquels il est familier l'y accompagnent; mais il est juste de dire que tous les chats n'ont pas le même caractère. Les uns sont doux et caressants : jamais personne n'a senti leurs griffes; ils suivent partout leur maître ou plutôt leur maîtresse, se roulent à ses pieds, et se tiennent sur deux pattes pour que leur tête puisse frôler ses mains. Ils se suspendent au cou des enfants, les embrassent, et sautent même sans façon sur les genoux des visiteurs; enfin, quand ceux qu'ils aiment reviennent au logis, même après un long voyage, ils les reconnaissent, miaulent autour d'eux et savent témoigner la joie qu'ils éprouvent à les revoir.

Il y en a d'autres qui, élevés avec la même douceur, semblent peu tenir aux caresses; ils les supportent parfois; mais parfois aussi ils s'en fatiguent si vite, qu'ils font un mouvement comme pour mordre ou griffer la main la mieux connue. Faut-il leur en vouloir de ce mouvement, sans doute involontaire, ou leur savoir gré de le réprimer aussitôt? Un chien n'agirait pas ainsi, cela est certain; mais pourquoi compare-t-on toujours le chat au chien, puisque leurs instincts sont différents?

Le chien est intelligent et dévoué; le chat est fin, rusé, patient. Le chien est sociable et confiant; le chat se méfie de tout, ne vit que pour lui et ne songe qu'à prendre ses aises.

Le chat a cependant de bonnes qualités : il est très-propre, très-soigneux de sa personne, très-courageux lorsqu'il est attaqué ou menacé. Il n'a pas peur d'un chien plus grand et plus fort que lui; il lui saute à la tête et souvent l'oblige à prendre la fuite. Cependant le chat et le chien de la maison vivent presque toujours en bonne intelligence ; ils se serrent l'un contre l'autre au coin du feu, et c'est ordinairement le chat qui fait à son ennemi naturel des avances et des caresses.

La chatte est plus fidèle à la maison que le mâle ou matou ; elle est aussi plus douce ; cependant, quand elle a des petits, elle sait les défendre et ne permet pas volontiers qu'on en approche ; elle les dépose dans un endroit retiré, les lèche, les allaite, et, dès qu'ils ont les yeux ouverts, elle commence à jouer avec eux.

Les petits chats sont très-gracieux, très-vifs, très-gais ; ils sautent, tournent sur eux-mêmes en courant après leur queue, et passent des heures entières à jouer avec un peloton de fil ou une boulette de papier. Bientôt la mère leur apporte des souris, et leur enseigne à guetter et à prendre ce gibier.

Chatte domestique et ses petits.

Les chattes adoptent facilement pour nourrissons des petits qui ne leur appartiennent pas ; on en a vu allaiter des chiens, des levrauts, des écureuils, et, chose presque incroyable, des rats....

On nourrit les chats de lait, de légumes, de viande cuite ou crue ; et ce serait une erreur de croire que moins on leur donne à manger, plus ils font la guerre aux souris. Un chat bien nourri est plus fort, plus hardi qu'un autre. Il attaque les rats par plaisir et les tue sans se soucier de leurs morsures, tandis qu'un pauvre hère affamé et amaigri n'a ni la force ni le courage d'entrer en lutte avec des ennemis qui savent fort bien se défendre.

Quand on a habité une maison infestée de rats et de souris, qu'on a vu son linge, ses vêtements, ses livres rongés, ses provisions entamées et souillées, on apprécie les services qu'un chat peut rendre ; on l'aime, on le soigne, et l'on n'est nullement disposé à écouter ceux qui l'accusent de méchanceté, de perfidie, ou le supposent incapable d'attachement et de reconnaissance.

J'ai connu un pauvre sourd-muet qui, sans parents et sans amis, vivait seul avec un chat qu'il avait élevé. Ils ne se quittaient ni jour ni nuit. Ils allaient ensemble aux champs, et Minet faisait la chasse aux mulots, pendant que son maître travaillait.

Celui-ci tomba malade; le chat, triste et inquiet, lui tint compagnie, et par ses miaulements appela les voisins à l'aide. Malgré les soins qu'on lui donna, le sourd-muet succomba, en caressant une dernière fois son fidèle camarade. On l'ensevelit, sans pouvoir éloigner Minet du lit qu'ils avaient longtemps partagé; mais quand on eut enlevé le cadavre, la bonne bête s'éloigna en gémissant et ne reparut plus. Trois jours après, on la trouva morte dans le grenier, où elle s'était réfugiée.

Le chat et l'oiseau.

J'ai eu moi-même un chat si doux et si docile, que j'ai pu arracher de sa gueule, sans qu'il fit la moindre résistance, un bel oiseau dont il s'était emparé dans le jardin. Le pauvre petit avait eu plus de peur que de mal; car, après l'avoir réchauffé et lui avoir laissé le temps de se reposer, j'ouvris la fenêtre et j'eus le plaisir de le voir s'envoler et s'abriter dans le feuillage d'un cerisier.

La plus belle espèce de chat domestique est l'angora, dont le poil fin, long, soyeux, est une véritable parure. Le chat de Tobolsk est rouge; celui du cap de Bonne-Espérance est bleuâtre; celui de la Chine a les oreilles pendantes, et celui de la Malaisie n'a pas de queue.

Les chats de nos contrées sont noirs, blancs, roux, gris, tigrés, et réunissent souvent plusieurs de ces teintes. Il est à remarquer que jamais un matou n'a trois couleurs.

Les lynx se distinguent des chats par leurs oreilles, que termine un pinceau de poils raides, par leur queue plus courte, leur pelage plus long, et par leur dent carnassière inférieure, qui a trois lobes au lieu de deux.

Le lynx vulgaire, autrefois commun en Europe, ne s'y trouve plus que dans les épaisses forêts voisines des montagnes et des rochers. Plus grand et plus fort que le chat sauvage, dont il a les habitudes sanguinaires, il détruit énormément de gibier et s'attaque même souvent aux chèvres ou aux génisses des troupeaux.

Lynx.

« Il n'est pas vorace, dit Tschudi, mais il aime le sang chaud, et cette passion lui fait faire des imprudences. Lorsqu'il n'a rien mangé de la journée et qu'il sent l'aiguillon de la faim, il se met en route et fait de grands trajets pendant la nuit. La faim lui donne du courage, le rend plus prudent et développe la puissance de ses sens. S'il trouve un troupeau de chèvres ou de moutons, il s'en approche, en se traînant sur le ventre, avec des mouvements de serpent, puis il s'enlève d'un bond, tombe sur le dos de sa victime, lui brise la nuque ou lui coupe la carotide d'un coup de dent, et la tue immédiatement. Puis il lèche le sang qui coule de la blessure, ouvre le ventre, dévore les entrailles, ronge une partie de la tête, du cou et des épaules, et laisse le reste sur place.... Le lynx qui fut tué au mois de février 1813, sur l'Axenberg, dans le canton de Schwitz, avait dévoré quarante chèvres et moutons. En 1814, trois ou quatre lynx détruisirent pendant l'été cent soixante de ces animaux sur les montagnes de Simmenthal. »

La fourrure du lynx est très-estimée. D'un gris tirant sur le roux, elle est mêlée de teintes claires, mouchetées de taches foncées sur la tête, le dos et le cou. Le dessous du corps est blanc, et deux touffes blanchâtres, encadrant la face d'un fauve clair, font l'effet d'une longue barbe. Toutefois ces couleurs varient beaucoup, et l'on a cru longtemps qu'il existait plusieurs espèces de lynx.

Ces animaux sont souvent appelés loups-cerviers, sans doute parce que leurs hurlements ressemblent à ceux des loups, et parce qu'ils font la chasse aux jeunes cerfs.

Le lynx pardé, un peu plus petit que le lynx vulgaire, est d'un roux vif, semé de taches noires allongées; des bandes noires aussi s'étendent sur son cou. On le trouve dans le midi de l'Europe.

Le lynx rouge et le lynx du Canada fournissent au commerce une grande quantité de fourrures.

Le caracal est plus petit, plus élancé, plus haut sur pattes, et a la queue plus longue que le lynx vulgaire. Son pelage, dont la teinte fauve est plus ou moins foncée, n'a pas de taches; ses oreilles sont noires, et une raie également noire va de l'œil à l'angle du nez. Il habite l'est et le nord de l'Afrique, l'Arabie et la Perse. Les anciens disaient qu'il voyait à travers les murs. Il a en effet les yeux étincelants. C'est, comme les autres lynx, un féroce carnassier.

Le lynx des marais se rapproche du chat sauvage. Il se plaît dans les roseaux et les grandes herbes des contrées marécageuses; il va rôder dans les jardins et s'approche des basses-cours, pour en enlever quelque habitant. Il fait la chasse aux perdrix, aux alouettes, aux gerboises et au gibier d'eau. On le trouve en Egypte et à l'ouest de l'Asie centrale.

Entre les deux grandes familles des chats et des chiens se place le guépard, qui semble tenir autant de l'une que de l'autre. Il a la tête ronde, la longue queue et les couleurs variées des chats, avec les hautes jambes et le poil rude des chiens. Ses ongles sont rétractiles; mais le muscle qui devrait les faire rentrer est si faible, qu'ils touchent la terre et s'usent par le frottement.

C'est un bel animal, dont la taille atteint presque celle du léopard, auquel il ressemble d'ailleurs par sa robe fauve en dessus, blanche en dessous, et semée de taches noires jusqu'à la moitié de la queue, qui se termine par douze anneaux alternativement blancs et noirs.

Les jeunes cerfs et les antilopes forment sa principale nourriture. Il ne peut les atteindre à la course; mais il les guette au passage, fond sur eux, les renverse, leur mord le cou et boit leur sang avec avidité. Cependant le guépard est très-facile à apprivoiser et montre tant de douceur, de soumission, d'attachement à son maître, qu'il est en quelque sorte devenu un animal domestique.

On le dresse à la chasse, ou plutôt on utilise ses dispositions naturelles. Dans l'Inde, la Perse et la Mongolie, on se sert du guépard, pour prendre la gazelle, comme on se servait autrefois, chez nous, du faucon pour la chasse au vol. Il y a des princes qui nourrissent une meute de ces animaux, dont le prix est d'autant plus grand, qu'ils sont mieux dressés.

Quand on veut chasser la gazelle, on s'assure du lieu où l'on en pourra trouver un troupeau; on chaperonne le guépard et on le met sur un petit chariot, auquel on l'attache par son collier, ou on le prend en croupe. Dès qu'on aperçoit une ou plusieurs gazelles, on fait halte; on détache le guépard; on lui ôte le bandeau qu'il a sur les yeux et on lui montre du doigt le gibier.

Il saute à terre sans bruit, se glisse comme un serpent à travers les hautes herbes, se cache derrière les buissons et les monticules, profite habilement des moindres accidents de terrain pour s'approcher de l'innocente bête, sans éveiller son attention; puis, tout à coup, il s'élance vers elle en bondissant, la saisit, lui ouvre la gorge et boit son sang.

Le chasseur ou quelqu'un de ses valets rejoint promptement le guépard, lui parle, le caresse, lui remet son chaperon, coupe la tête à la gazelle et lui en donne le sang, ou, s'il la dépèce, lui en abandonne un des membres. On le ramène au chariot, et la poursuite recommence.

Quand le guépard manque son coup, il revient tout confus vers son maître; car il sait qu'il poursuivrait en vain la gazelle, et il attend une occasion de réparer sa faute.

« Dans la plupart des ménageries, on juge inutile d'enfermer un animal qui ne se permet jamais un acte de violence; on le laisse aller et venir, ou l'on se contente de l'attacher; et si faible que soit ce lien, il n'essaie ni de le couper ni de le briser. Non-seulement il connaît ceux qui le soignent, mais aussi il reçoit les caresses des visiteurs, et on peut l'approcher sans le moindre danger.

« Dans un de nos ports de mer, un guépard vécut pendant quelques mois en parfaite liberté; il courait, comme un chien, vers les matelots et les ouvriers qui lui offraient quelques débris de leur repas; il avait désarmé par sa douceur les craintes et les soupçons; il était la joie, l'orgueil, l'amusement de toute la ville; mais notre froid climat ne convenait pas à sa constitution : il mourut. » (FRANKLIN.)

Un guépard amené du Sénégal à Paris recevait de fréquentes visites au Jardin des Plantes, où il se conduisait de manière à ne mériter aucun reproche. Un jour, il reconnut, parmi les curieux qui l'entouraient, un nègre avec lequel il avait été embarqué; il lui fit mille caresses, au grand ébahissement des promeneurs.

Le guépard n'aime pas les chiens; s'il en passe un à sa portée, il gronde, menace et fait mine de vouloir l'attaquer. Il ne s'habitue pas non plus facilement à vivre en cage; son humeur s'aigrit de cette captivité imméritée; et si on l'y retenait longtemps, on ne devrait plus compter sur sa douceur.

# III.

## FAMILLE DES CHIENS.

Chiens sauvages. — Chiens errants de Constantinople. — Chien de berger. — Chiens de garde. — Chiens du mont Saint-Bernard. — Chien de Terre-Neuve. — Lévrier. — Caniche. — Chien de salon. — Chiens des Esquimaux, de Sibérie, du Kamtchatka. — Chiens de chasse. — Loup. — Chacal. — Renard. — Hyène.

La famille des chiens, répandue sur tout le globe, renferme les plus intelligents des carnassiers. Quoiqu'on n'y trouve aucun animal aussi bien doué, sous le rapport de la force, que le lion et le tigre, cette famille pourrait, à bon droit, disputer la première place à celle des félins.

Elle doit son nom au plus fidèle ami de l'homme, et elle comprend, outre les chiens, dont le loup et le chacal font partie, les renards et les hyènes.

Tous ont le cerveau développé, les sens très-subtils, le corps élevé sur des jambes hautes et minces, terminées par des pattes étroites, munies d'ongles robustes, mais non rétractiles. Ces ongles, s'usant par le frottement, ne peuvent être comparés aux redoutables griffes des grands chats, dont les chiens n'ont pas non plus la langue armée de papilles cornées. Leur museau est allongé, leurs mâchoires fortes, leurs narines largement ouvertes, leurs oreilles longues et leurs yeux grands. Ils ont cinq doigts aux pattes de devant et quatre seulement à celles de derrière.

Il est impossible de fixer l'époque à laquelle le chien est devenu le compagnon et le serviteur de l'homme.

« Les traditions les plus lointaines, dit M. Louis Figuier, les documents historiques les plus anciens nous montrent le chien réduit à l'état domestique. Pendant les âges antéhistoriques, à l'époque du bronze, on voit le chien mêlé aux actions de l'homme. On trouve, en effet, dans les vestiges de cette époque, les ossements du chien réunis à ceux de l'homme. Le chien fait donc, pour ainsi dire, partie intégrante de l'homme. C'est ce qui a fait dire spirituellement à Toussenel : « Ce qu'il y a de meilleur dans l'homme, c'est le chien. »

Homère n'a pas dédaigné de chanter le chien d'Ulysse, reconnaissant son maître après vingt ans d'absence, et Virgile a fait, dans plusieurs passages de ses *Géorgiques*, l'éloge des services que rend à l'homme ce bon et vaillant animal.

Les savants ne sont pas d'accord sur l'origine du chien domestique ; les uns disent qu'il descend du chacal ; d'autres, du loup, du renard, de l'hyène. Quoi qu'il en soit, l'homme a fait de ce produit l'animal le plus intelligent, le plus sociable, le plus utile qui existe.

Plusieurs variétés de chiens existent encore à l'état sauvage. Nous ne parlerons que des deux principales.

Le colsun ou dole, qui ressemble quelque peu à notre lévrier, se rencontre dans les jungles de la frontière occidentale du Bengale ; toutefois il n'y est pas commun. Il rôde jour et nuit dans ces solitudes immenses, et, par sa force, son agilité, son courage, ses instincts guerriers, il est la terreur des grands animaux qui y vivent avec lui. Non-seulement le cerf, l'élan, le daim, mais le buffle, la panthère, le tigre et l'éléphant, deviennent ses victimes. Seul contre ces puissants adversaires, il serait inévitablement leur proie ; mais il appelle à lui ses frères, et vingt, quarante, cinquante doles se réunissent et chassent ensemble.

Beaucoup d'entre eux paient de leur vie tant d'audace ; mais ils sont remplacés par d'autres, et le colosse finit par succomber. Le dole n'attaque pas l'homme ; il s'arrête pour le regarder et s'en éloigne ; mais si l'homme l'attaque, il se défend avec fureur et devient un ennemi dangereux.

Le dingo habite l'Australie. Il a le pelage et les formes du renard ; seulement il est plus grand et plus fort. Il fait la chasse à tous les mammifères sauvages et n'épargne pas les troupeaux des colons.

Le docteur Franklin dit qu'on peut, jusqu'à un certain point, apprivoiser ce chien sauvage, mais qu'il ne faut pas lui accorder de confiance ; car, s'il réussit à s'échapper, il oublie en un instant les leçons de plusieurs années, pour retourner au massacre et à la rapine. C'est du reste un obstiné lutteur : on cite des combats où un dingo a tenu tête à quatre ou cinq fort mâtins et les a mis en déroute.

Des chiens autrefois domestiques peuvent redevenir sauvages et reprennent alors tous les instincts de ceux qui n'ont jamais subi l'influence de l'éducation.

« En 1784, dit Franklin, un vaisseau qui faisait la contrebande laissa un chien près de Bromer, sur les côtes du Northumberland. Se trouvant abandonné, l'animal retourna au caractère et aux habitudes de l'enfance de sa race. Ce chien, redevenu loup, se prit à attaquer les moutons. Il commit tant de méfaits, qu'il devint bientôt un objet d'alarme pour les bergers, et cela sur un rayon de plus de vingt milles. Quand il rencontrait un mouton, il enfonçait ses dents dans le côté droit, et, après avoir mangé la graisse autour des reins, il le laissait. Plusieurs brebis à demi dévorées, mais qui vivaient encore, furent trouvées par le berger; grâce aux soins qu'il leur donna, non-seulement les pauvres bêtes recouvrèrent la santé, mais elles eurent même des agneaux.

« Le système alimentaire qu'avait adopté ce carnivore délicat exigeait une destruction effrayante : la graisse d'un mouton pouvait à peine satisfaire sa faim pour un jour. On employa plusieurs moyens pour se défaire d'un ennemi ou plutôt d'un ogre si difficile à contenter. Les paysans mirent à sa poursuite des dogues, des lévriers de grande taille; mais lorsque les chiens venaient à lui, il se couchait sur le dos, comme pour demander grâce, et les chiens, alors, reconnaissant, après tout, un ancien frère dans cet animal dégradé, se faisaient un scrupule de l'entreprendre. Un jour qu'il avait été ainsi pourchassé à une distance de plus de trente milles, il retourna le soir même sur le théâtre de ses rapines et tua un mouton. Ce terrible brigand avait établi son quartier général sur une montagne, d'où il dominait quatre routes. Il fut tué en 1785. »

Les chiens redevenus sauvages ne sont pas rares en Egypte. Ils habitent le voisinage des grandes villes, passent la journée dans les ruines, où ils creusent des trous, et vont la nuit chercher leur proie. Les oiseaux, les petits mammifères, les cadavres des animaux, tout leur est bon. S'ils ne trouvent pas de quoi se repaître dans la campagne, ils parcourent les rues et les débarrassent des immondices qui, sans eux, y séjourneraient longtemps. On les laisse en paix, à moins qu'ils ne deviennent trop nombreux; on avise alors au moyen de s'en débarrasser. Ainsi, Méhémet-Ali en fit charger un navire, avec ordre de les noyer lorsqu'ils seraient en pleine mer.

En Turquie, surtout à Constantinople, les chiens errent en bandes immenses, dont chacune a, dit-on, son quartier. Ces animaux affamés préservent assurément de la peste la capitale qu'ils se chargent de nettoyer; mais leur présence est un danger pendant la nuit pour les étrangers, qu'ils connaissent fort bien, et qu'ils attaqueraient, si ceux-ci n'étaient armés de bâtons et munis de lanternes.

« Maigre, rude, rauque, hérissé, hagard, l'œil en feu, le museau en pointe grinçante, l'échine tendue, la queue basse, s'en va, aux heures mystérieuses de la nuit, cherchant en troupes fortune et aventures, le chien fauve de Turquie. On crierait : Au loup! en le voyant passer dans les rues de nos villes, et ses confrères civilisés feraient chorus de leurs jappements.... Et pourtant le chien fauve de Turquie, c'est le chien primitif, le chien noble; il ressemble au loup certes, comme un bon fils de loup qu'il est.... » (DE JONQUIÈRES-ANTONELTE.)

Il y a pour ces chiens errants des jours de fête, des jours de noce et festins; c'est quand il leur est permis de s'abattre sur le cadavre d'un cheval. On les voit accourir de toutes parts, attirés par l'odeur de cette belle proie; ils se ruent sur elle et ne se séparent que quand il n'en reste absolument rien.

En Tartarie, les chiens attaquent le bétail qu'ils rencontrent loin des villages. Ils passent près des habitants du pays sans faire attention à eux; mais ils flairent de loin les Européens, se mettent à leur poursuite et deviennent dangereux pour ceux des étrangers qui s'effraient et prennent la fuite.

Il n'y a pas d'animal plus hardi, plus courageux que le chien sauvage; l'histoire cite plus d'un fait qui le prouve. Les Romains, vainqueurs des Cimbres et des Teutons, furent obligés de recommencer le combat, quand ils s'approchèrent des chiens qui gardaient les chariots de ces barbares. Les Espagnols, après la découverte du nouveau monde, lançaient contre les inoffensifs habitants de ce pays des chiens si féroces, qu'un seul suffisait pour les faire fuir en grand nombre. Les chiens employés à la poursuite des nègres marrons les mettaient en pièces; car on les avait habitués à se repaître de chair, de sang et d'entrailles d'animaux, le tout enfermé dans des mannequins qui ressemblaient à ces malheureux esclaves.

Chez les anciens, le chien d'Hyrcanie passait pour descendre du tigre, à cause de ses instincts sanguinaires; le chien de Pannonie était dressé à la guerre comme à la chasse; les molosses de l'Epire, amenés à Rome, prenaient part aux combats du cirque.

Mais bien des siècles avant que ces diverses races fussent devenues célèbres, l'homme, entouré d'animaux dont il avait tout à craindre, et souvent menacé par ses semblables, avait utilisé l'humeur belliqueuse du chien pour s'en faire un défenseur, en même temps que, séduit par ses instincts sociables, il l'élevait au rang de compagnon, d'ami, et créait pour ainsi dire le chien domestique.

Buffon a fait ainsi l'éloge de ce fidèle animal :

« Indépendamment de la beauté de sa forme, de la vivacité, de la force, de la légèreté, le chien a, par excellence, toutes les qualités qui peuvent lui attirer les regards de l'homme. Un naturel ardent, colère, même féroce et sanguinaire, rend le chien sauvage redoutable à tous les animaux, et cède dans le chien domestique aux sentiments les plus doux, au plaisir de s'attacher et au désir de plaire. Il vient en rampant mettre aux pieds de son maître son courage, sa force, ses talents; il attend ses ordres pour en faire usage; il le consulte, il l'interroge, il le supplie; un coup d'œil suffit, il entend les signes de sa volonté. Sans avoir, comme l'homme, la lumière de la pensée, il a toute la chaleur du sentiment; il a de plus que lui la fidélité, la confiance dans ses affections; nulle ambition, nul intérêt, nul désir de vengeance, nulle crainte que celle de déplaire; il est tout zèle, tout ardeur et tout obéissance. Plus sensible au souvenir des bienfaits qu'à celui des outrages, il ne se rebute pas par les mauvais traitements; il les subit, les oublie ou ne s'en souvient que pour s'attacher davantage; loin de s'irriter ou de fuir, il s'expose de lui-même à de nouvelles épreuves; il lèche cette main, instrument de douleur qui vient de le frapper, ne lui oppose que la plainte et la désarme enfin par la patience et la soumission.

« On peut dire que le chien est le seul animal dont la fidélité soit à l'épreuve, le seul qui connaisse toujours son maître et les amis de la maison; le seul qui,

14

lorsqu'il arrive un inconnu, s'en aperçoive; le seul qui entende son nom et qui reconnaisse la voix domestique; le seul qui ne se confie point à lui-même; le seul qui, lorsqu'il a perdu son maître et qu'il ne peut le retrouver, l'appelle par ses gémissements; le seul qui, dans un voyage long, qu'il n'aura fait qu'une fois, se souvienne du chemin et retrouve la route; le seul enfin dont les talents naturels soient évidents et l'éducation toujours heureuse.

« Le chien, fidèle à l'homme, conservera toujours une portion de l'empire, un degré de supériorité sur les autres animaux; il leur commande; il règne lui-même à la tête d'un troupeau, il s'y fait mieux entendre que la voix du berger; la sûreté, l'ordre et la discipline sont les fruits de sa vigilance et de son autorité. C'est un peuple qui lui est soumis, qu'il conduit, qu'il protége, et contre lequel il n'emploie jamais la force que pour y maintenir la paix.

« Mais c'est surtout à la guerre, c'est contre les animaux ennemis ou indépendants qu'éclate son courage et que son intelligence se déploie tout entière; les talents naturels se réunissent ici aux qualités acquises. Dès que le bruit des armes se fait entendre, dès que le son du cor ou la voix du chasseur a donné le signal d'une guerre prochaine, brûlant d'une ardeur nouvelle, le chien marque sa joie par les plus vifs transports; il annonce par ses mouvements et par ses cris l'impatience de combattre et le désir de vaincre; marchant ensuite en silence, il cherche à reconnaître le pays, à découvrir, à surprendre l'ennemi dans son fort; il recherche ses traces, il les suit pas à pas, et, par des accents différents, il indique le temps, la distance, l'espèce et même l'âge de celui qu'il poursuit. »

C'est presque toujours en vain que le gibier s'efforce de lui échapper; il devine ses ruses, reconnaît, grâce à la finesse d'un incomparable odorat, les détours qu'a suivis la proie qu'il convoite, et finit par l'atteindre.

« Ce penchant pour la chasse ou la guerre nous est commun avec les animaux: l'homme sauvage ne sait que combattre et chasser. Tous les animaux qui aiment la chair, et qui ont de la force et des armes, chassent naturellement. Le lion, le tigre, dont la force est si grande, qu'ils sont sûrs de vaincre, chassent seuls et sans art; les loups, les renards, les chiens sauvages se réunissent, s'entendent, s'aident, se relaient et partagent la proie. Lorsque l'éducation a perfectionné ce talent naturel dans le chien domestique, lorsqu'on lui a appris à réprimer son ardeur, à mesurer ses mouvements, qu'on l'a accoutumé à une marche régulière et à l'espèce de discipline nécessaire à cet art, il chasse avec méthode et toujours avec succès. »

Pour dresser un chien, il faut être assez maître de soi pour ne pas le brutaliser quand il manque; beaucoup de patience est nécessaire pour faire n'importe quelle éducation; on n'y réussit pas, si l'on ne sait pas allier une grande douceur à une sage fermeté.

Si vous voulez avoir un chien soumis et intelligent, qui vous devine, qui vous aime, qui soit toujours prêt à faire ce que vous désirez, il faut que vous l'éleviez avec affection, que vous vous occupiez de ses besoins, que vous le traitiez non selon votre humeur, tantôt bonne, tantôt mauvaise, mais avec une exacte justice, sans jamais le corriger lorsqu'il ne le mérite pas, et sans que le châtiment même mérité vous soit inspiré par la colère.

Il y a des chiens beaucoup plus dociles et plus intelligents les uns que les autres ; il y en a qui semblent aimer les leçons de leur maître et les comprendre sans effort, tandis que d'autres chiens de même espèce ne savent rien écouter et ne retiennent rien. Il y en a qui paraissent sensibles au moindre blâme, tandis qu'il faut frapper les autres pour les rendre attentifs. De ces derniers, il n'y a rien à faire, et mieux vaut s'en débarrasser que d'être obligé de les maltraiter.

On peut dire que généralement le chien est ce que son maître le fait; toutefois il est doué de qualités natives que l'éducation doit développer et diriger.

Toutes les races de chiens ne sont pas également intelligentes; mais toutes connaissent leur maître, lui sont attachées et lui restent fidèles, dans la misère comme dans l'opulence.

Chiens de berger.

Le chien de berger ressemble au loup; il rappelle le chien sauvage par ses formes rudes et son poil grossier. Il n'est pas beau; mais combien il est utile! Sans lui, l'homme chargé de la garde des troupeaux ne parviendrait pas à guider ses bêtes, à ramener celles qui s'éloignent, à les empêcher de ravager les cultures; il ne pourrait non plus les défendre efficacement contre les loups ni contre les voleurs; mais, avec l'aide d'un bon chien, sa tâche devient facile.

« S'il est un touchant tableau dans la vie champêtre, dit Franklin, c'est celui du berger qui voyage avec son chien et son troupeau. A peine si le chien prend quelque repos, en se couchant aux pieds de son maître, quand le maître s'arrête. Lorsque l'homme veut s'absenter, il n'a qu'à initier ses ordres au chien, celui-ci maintiendra à lui seul le troupeau. Les champs qui bordent la route seront préservés contre la dent des moutons gourmands, et cela sans autre défense que l'infatigable activité du chien, qui, tout fier de remplacer son maître, va, revient, tourne, retourne, et monte ainsi la garde pendant des heures entières. »

Ce brave chien est aussi sobre que laborieux; il supporte la faim comme la fatigue, et se contente de la plus chétive nourriture, pourvu qu'il la partage avec son maître et qu'une bonne parole ou une caresse en soit l'assaisonnement.

Les chiens de garde, non moins utiles que le chien de berger, savent faire respecter la maison, le bétail, les instruments aratoires, tout ce qui appartient à leur maître. Ce sont des serviteurs peu dociles, mais très-vigilants. De nuit comme de jour, attentifs au moindre bruit, ils signalent par des aboiements répétés l'approche d'un étranger. Ceux qu'on tient à la chaîne et qu'on détache le soir, pour qu'ils errent librement dans une cour fermée, n'y laisseront pénétrer personne, et leur présence suffira presque toujours à en éloigner les voleurs. La plupart de ces chiens sont méchants, si l'on peut appeler ainsi le zèle qu'ils mettent à s'acquitter de leur tâche; toutefois, on peut reprocher à quelques-uns de ne pas se laisser apaiser par la voix de leur maître, et de le méconnaître au point de le maltraiter, lorsqu'ils sont emportés par la colère.

Le plus beau des chiens de garde est le mâtin du Thibet, dont la taille égale celle d'un âne, et qui reste seul chargé de défendre la femme, les enfants, la fortune de son maître, lorsque celui-ci entreprend de longs voyages ou de grandes chasses.

Ce chien, qui habite les plateaux de l'Himalaya, est d'un aspect redoutable, avec sa grosse tête, ses joues fauves, sillonnées de plis profonds, ses membres vigoureux, sa robe noire, et sa longue queue relevée en panache.

Le mâtin ou mastiff anglais, aujourd'hui rare, est d'une couleur fauve, quelquefois rayée de noir, ou marquée sur la tête et le dos d'une bande de cette couleur.

Le mâtin d'Espagne, plus petit que le mastiff, mais très-fort et très-courageux, a sa place marquée dans les combats de taureaux.

Le danois tient du mâtin et du lévrier, dont il est issu. Il se distingue par sa beauté, sa douceur, sa vigilance; mais c'est plutôt un chien de luxe qu'un chien de garde, quoiqu'il ait toutes les qualités nécessaires à cet emploi. On en fait grand cas en Angleterre, où il est souvent le compagnon des chevaux. Sa robe, ordinairement grise ou brune sur le dos, blanche à la gorge et à la poitrine, est marquée de taches noires, assez régulièrement disposées.

Le bouledogue a la tête ronde, le museau court, les oreilles droites et haut placées, la gueule large, armée de dents menaçantes, les lèvres relevées au milieu et pendantes de chaque côté. Il est célèbre par l'opiniâtreté avec laquelle il tient ce qu'il a une fois mordu, que ce soit un animal, un bâton ou n'importe quel objet; le chien se laisse soulever de terre plutôt que de lâcher prise.

Son courage égale son obstination; il ne recule pas devant un loup; il attaquerait à lui seul un ours, un taureau et même un lion. Il passe pour être peu intelligent; mais il s'attache à son maître, et l'on en a vu mourir de chagrin, quand un nouveau venu les remplaçait auprès de lui.

On n'est pas d'accord sur l'origine des chiens du mont Saint-Bernard. Les uns croient qu'ils descendent du chien de berger et du grand danois ; d'autres disent du bouledogue et de l'épagneul ; d'autres encore les placent parmi les chiens de Terre-Neuve ; enfin, ce qui pourrait concilier ces diverses opinions, c'est que, dit-on, les religieux du mont Saint-Bernard élèvent et dressent au sauvetage des voyageurs plusieurs espèces de chiens. Le supérieur ayant décidé récemment qu'un registre constatant la naissance de chacun de ces braves animaux serait tenu à l'hospice, il deviendra peut-être plus facile de se prononcer sur ce point.

Les religieux du Saint-Bernard et leurs chiens.

« Les chiens du mont Saint-Bernard sont de grands animaux remarquables par leur force, leurs longues soies, leur museau court et large, leur sagacité et leur fidélité. Pendant bien des générations successives, le type s'est conservé intact et toujours le même ; mais il en a tant péri par les avalanches et les dangers de tous genres auxquels ils sont exposés, qu'ils sont près de s'éteindre. Leur patrie est l'hospice du Saint-Bernard, situé sur un col de montagne excessivement triste. L'hiver y règne huit ou neuf mois consécutifs, pendant lesquels le thermomètre descend souvent à 27° Réaumur, et même au milieu de l'été, l'eau s'y change chaque soir en glace. Durant toute l'année, on n'y jouit pas de dix journées tranquilles et exemptes de la sombre apparition des tempêtes, des tourbillons neigeux ou des lugubres brouillards; la température moyenne y est inférieure à celle du cap Nord. Ce n'est qu'en été qu'il y tombe de gros flocons de neige; en hiver, on n'y voit que des cristaux de glace fins et légers, si menus, que le vent les fait pénétrer par les plus petites fentes des portes et des fenêtres. La tempête les amoncelle surtout dans les environs de l'hospice, en murailles mobiles de vingt à trente pieds de haut, qui couvrent les sentiers et les ravins, et toujours prêtes à se précipiter en avalanches, à la moindre secousse qui ébranle leurs atomes. » (Tschudi, *les Alpes*.)

Quoique ce col ait été très-anciennement fréquenté, on ne peut le franchir qu'en été, et par un temps serein; mais, soit en hiver, soit par le vent ou par l'orage, le passage en est fort dangereux. Tantôt le voyageur glisse dans un ravin, tantôt une avalanche l'engloutit; plus souvent encore un épais brouillard lui fait perdre sa route; le froid glace son sang dans ses veines, un irrésistible besoin de sommeil s'empare de lui, et, s'il y succombe, il est mort.

Sans le dévouement des religieux, le nombre des victimes, déjà considérable, serait encore beaucoup plus grand. Guidés par les chiens qu'ils ont dressés, ils parcourent la montagne quand la tempête sévit avec le plus de violence, et souvent ils ont la joie de sauver le malheureux que déjà l'espoir avait abandonné.

Les chiens errent le long des ravins et des précipices; s'ils trouvent un homme, ils aboient de toutes leurs forces, pour appeler ceux qui les suivent; et si le secours se fait attendre, ils courent avec rapidité vers l'hospice et retournent vers le voyageur, qui, s'il n'a pas rendu le dernier soupir, est sûr de son salut. Si les braves bêtes flairent une piste humaine sous un amas de neige, ils le fouillent jusqu'à ce qu'ils aient découvert ce qu'ils cherchent. Ils s'efforcent de le réchauffer, lui présentent la gourde de vin, les aliments, les couvertures dont ils sont chargés, lui rendent la force et le courage de continuer sa route, et, s'ils n'y parviennent pas, vont chercher à l'hospice des secours plus efficaces.

« Le plus célèbre de ces animaux, dit Tschudi, fut le fameux Barry, dont la fidélité et le courage ont sauvé plus de quarante personnes, et dont le zèle était vraiment extraordinaire. S'il s'annonçait au loin quelque orage ou quelque nuée neigeuse, rien ne pouvait le retenir au couvent, et on le voyait, inquiet, aboyant, visiter et refouiller sans cesse les endroits les plus redoutés. Son haut fait le plus touchant, pendant ses douze années de service, est bien connu. Il trouva, un jour, dans une grotte de glace, un enfant égaré, à moitié gelé et engourdi déjà par ce sommeil qui amène la mort. Il se mit à le lécher, à le réchauffer, jusqu'à ce qu'il l'eût éveillé; puis, par ses caresses, il sut lui faire comprendre qu'il devait se mettre sur son dos et s'attacher à son cou. Il entra en triomphe dans la maison hospitalière, avec son précieux fardeau.

« Ce chien, qui était à l'hospice au moment du passage de l'armée française, en 1800, avait, dit-on, la singulière habitude d'obliger tous les soldats isolés qu'il rencontrait à mettre l'arme au bras; il leur barrait la route jusqu'à ce qu'ils se fussent conformés à cette consigne.

« Un jour, il refusa obstinément de franchir un passage dangereux, par où le frère qui l'accompagnait voulait le faire passer. Au lieu d'obéir, il fit un long détour. Le frère jugea convenable de l'imiter et fit bien; car, au même instant, une avalanche ensevelit sous la neige le chemin que l'instinct de Barry lui avait fait éviter.

« On cite encore trois soldats français qui, égarés dans les neiges, à l'entrée de la nuit, suivaient une direction qui les écartait de l'hospice et devait bientôt les conduire au pied de rochers inaccessibles. Barry les vit, attira leur attention par ses cris; il se fit suivre, et les trois soldats furent sauvés. »

Barry mourut en accomplissant sa noble tâche, et de la main d'un voyageur qu'il voulait secourir. Celui-ci, voyant, au milieu du brouillard, s'élancer vers lui, la gueule béante, un animal d'une taille colossale, ne songea pas que ce pût être un sauveur. Il saisit son bâton ferré et frappa violemment à la tête le pauvre Barry, qui tomba étendu sur la neige. On le releva, on le porta à l'hospice de Berne, où les soins les plus habiles lui furent prodigués en vain; mais pour que sa mémoire se conservât, on empailla le brave animal, et on lui donna une place au musée de cette ville.

Le chien du Saint-Bernard n'est pas le seul sauveteur que compte la race canine. Le chien de Terre-Neuve, aussi fort, aussi courageux, aussi dévoué, ne rend pas moins de services à l'humanité. Ses doigts, palmés comme ceux des animaux aquatiques, lui permettent de nager avec une grande facilité, et son instinct le porte à se jeter à l'eau pour en tirer non-seulement l'homme, mais l'animal en danger de se noyer.

Ce bel épagneul a la tête grosse, les oreilles moyennes et tombantes, le cou épais, la poitrine large, les membres robustes, la queue longue et touffue. Son pelage épais est tout noir, tout blanc, noir et blanc, ou noir marqué de feu.

Dans son pays, on l'attelle et on lui fait traîner des fardeaux, sans lui donner autre chose pour nourriture que du poisson gâté. Quand ses maîtres partent pour la pêche, il vit du produit de sa chasse. Il faut, pour être véridique, ajouter que, si le gibier lui manque, il recherche le voisinage des troupeaux et y fait plus d'une victime.

« Je me souviens, dit le docteur Franklin, d'un noble chien de cette race, qui appartenait au professeur Dunbar, d'Édimbourg. Il accompagnait — je parle du chien — les élèves, à titre de protecteur, et vraiment il accomplissait en conscience tous les devoirs d'une telle charge. Les jours de promenade, il empêchait tout le monde, hommes ou bêtes, d'approcher du jeune peuple confié à ses soins. Quand, au retour, il voulait faire ouvrir la grille de la maison, il se suspendait lui-même, avec ses pattes ou sa gueule, au cordon de la clochette.

« Enfin, le chien de Terre-Neuve est employé à surveiller le bord des rivières. On lui apprend à tirer de l'eau les hommes ou les enfants qui se noient. Dans plusieurs grandes villes, ce fonctionnaire public est déjà logé et nourri aux frais de l'Etat, dans de jolies niches, sous les arches des ponts. Le nombre des personnes sauvées par lui de la mort est, dit-on, considérable.

« Il faut que je paie moi-même ma dette de reconnaissance à ce chien protecteur de l'homme. J'étais aussi, il y a longtemps de cela, professeur dans une pension d'Edimbourg, et je conduisais mes élèves sur le bord d'une rivière profonde, quand l'un d'eux, grand espiègle, emporté par son humeur indocile, courut sur des trains de bois et tomba dans l'eau. Il était perdu si l'*Ours-Blanc* (White-Bear) n'eût été là. J'appelais ainsi un grand chien de Terre-Neuve, presque entièrement blanc, que j'avais élevé, et qui m'accompagnait toujours dans mes promenades. Le chien me regarda, vit ma pâleur, et, lisant dans mes yeux l'émotion qui me glaçait le sang, sauta d'un bond dans l'eau, d'où il ramena l'enfant évanoui. Il semblait heureux et paraissait comprendre la terrible responsabilité dont il m'avait déchargé. »

Chien de Terre-Neuve.

Des faits analogues sont très-fréquents. Le chien de Terre-Neuve s'élance volontiers à l'eau pour en retirer ceux qu'il y voit tomber. Il agit souvent de même à l'égard des autres chiens en danger de se noyer. L'auteur que nous nous plaisons à citer raconte qu'un chien de cette race et un mâtin, qui avaient l'habitude de se battre chaque fois qu'ils se rencontraient, s'étant un jour pris de querelle sur une jetée en construction, roulèrent tous deux à la mer. Le chien de Terre-Neuve n'eut pas grand'peine à regagner la côte, quoique la distance fût considérable. Pendant qu'il se secouait, il aperçut son adversaire qui s'épuisait à lutter contre les flots. Sans hésiter, il se jeta de nouveau à la mer, saisit entre ses dents le collier du mâtin, et, lui tenant la tête hors de l'eau, il le ramena sain et sauf. A partir de ce jour, la plus sincère affection les unit, et le chien de Terre-Neuve ayant été écrasé par un wagon chargé de pierres, le mâtin eut beaucoup de peine à se consoler.

La Société protectrice des animaux fait, dans un de ses comptes-rendus, le récit suivant :

« Un individu que, pour son honneur, nous ne voulons pas nommer, avait un chien de Terre-Neuve, dont il voulut se défaire, par économie, dans l'année où la gent canine fut frappée d'un impôt.

« Cet homme, en vue d'exécuter son méchant dessein, mène son vieux serviteur au bord de la Seine, lui attache les pattes avec une ficelle, et le fait rouler de la berge dans le courant.

« Le chien, en se débattant, parvient à rompre ses liens, et voilà qu'il remonte à grand'peine et tout haletant sur la rive du fleuve. Mais là son indigne maître l'attendait un bâton à la main.

« Il repousse l'animal, le frappe avec violence; mais il perd l'équilibre dans cet effort et tombe à la rivière. Il était perdu sans ressource, si le chien n'eût été qu'un homme comme lui.

« Mais le terre-neuvier, fidèle au mandat que les chiens de son espèce ont reçu, et qu'on nomme instinct, pour se dispenser de la reconnaissance, oublie en une seconde le traitement qu'il vient de recevoir, et il s'élance dans les mêmes eaux qui avaient failli l'engloutir, pour arracher son bourreau à la mort.

« Il y parvient, non sans peine. Et tous deux retournent au logis, l'un humblement joyeux d'avoir accompli sa bonne œuvre et obtenu sa grâce, l'autre désarmé, repentant peut-être. »

Lord Byron avait élevé un chien de cette noble race et s'y était vivement attaché. Le chien mourut; le poëte le pleura et lui fit élever, dans son domaine de Neustadt, un monument sur lequel on grava cette inscription :

« Ici sont déposés les restes d'un être qui posséda la beauté sans orgueil, la force sans insolence, le courage sans férocité; en un mot, toutes les vertus de l'homme sans ses vices. »

Walter Scott a aussi consacré une épitaphe à son chien Moïda. Le célèbre romancier l'avait reçu en présent d'un des derniers barons d'Écosse, et le superbe animal gardait à lui seul le château d'Abbotsford, près de la porte duquel on l'enterra.

Moïda était peut-être le dernier de la race des lévriers d'Écosse, race forte et dure, habituée à chasser le loup, le daim et le cerf, comme le lévrier d'Irlande, qui, lui aussi, a disparu.

Tout le monde connaît le lévrier. Sa poitrine large, son ventre comprimé, sa tête fine, son museau effilé, ses jambes hautes et grèles, tout indique qu'il est né pour la course; aussi force-t-il le lièvre et la gazelle.

On le dresse facilement à la chasse, quoiqu'il soit peu intelligent. Il s'attache à quiconque le caresse, et ne montre pas une grande fidélité à son maître. Dans beaucoup de pays, comme en France, il est interdit de chasser avec des lévriers, parce que ce serait la destruction du gibier.

Chez les Arabes, un lévrier bien dressé atteint un prix considérable, ou plutôt l'Arabe se plaît à dresser lui-même ce chien, qui, avec son cheval, est tout ce qu'il aime le plus. Le lévrier est entouré des plus grands soins; il devient si difficile, qu'il refuse de boire du lait dans lequel on aurait trempé les mains. Il ne chasse qu'avec son maître; il l'accompagne dans les visites qu'il fait à ses amis, et partout il est traité avec beaucoup d'égards.

Le lévrier de Perse atteint l'antilope à la course; mais il chasse aussi le sanglier, le chacal et l'hémione. Celui de Russie, très-grand et très-fort, lutte avec avantage contre l'ours et le loup, aussi bien que contre le sanglier.

Le lévrier d'Italie est un chien de luxe si mignon, si délicat, que le poids d'un collier, si mince qu'il soit, lui paraît insupportable. Très-sensible au froid et à l'humidité, il ne quitte guère le salon de sa maîtresse.

Notre lévrier commun, quoique plus robuste que celui-là, réclame aussi des soins et meurt presque toujours des suites d'un refroidissement.

Quelle différence entre le lévrier et le caniche, le plus intelligent de tous les chiens, le plus fidèle, le plus sincèrement attaché à son maître, dont il craint plus le mécontentement que les corrections !

« Le caniche est de tous les chiens le plus accompli, dit Scheitlin ; on trouve réunies chez lui toutes les qualités des autres.... Nous ne pouvons dire d'aucun autre animal, comme de celui-ci, qu'il ne lui manque que la parole pour être un homme ; aucun autre ne manifeste autant d'intelligence, de mémoire, de jugement, d'imagination, de facultés morales : fidélité, attachement, reconnaissance, vigilance, amour pour son maître, patience et long support vis-à-vis de ses enfants, haine et rage contre ses ennemis, il a tout ; il peut même, sous bien des rapports, être proposé souvent comme exemple à l'homme.

Chiens caniches.

« Que ne raconte-t-on pas de sa faculté d'apprendre ! Il danse, tambourine, danse sur la corde, monte la garde, attaque et défend les forteresses, tire du pistolet ; il tourne la broche ; il traîne les voitures ; il connaît les notes, les chiffres, les cartes, les lettres ; il retire à son maître la casquette de la tête, lui apporte ses pantoufles, lui ôte ses bottes ; il comprend ses signes et ses gestes....

« Il s'instruit lui-même ; il imite l'homme ; il a ses caprices ; il aime le jeu. Si quelque chose le distrait ou le préoccupe, il n'apprendra rien, fera des bêtises ; au contraire, s'ennuie-t-il, il veut s'occuper et devient curieux.... Le caniche a de la pudeur ; il a la notion du temps ; il connaît la voix, le son de la cloche, le pas de son maître, la manière dont il frappe à la porte ; en un mot, c'est un homme aux deux tiers. »

Le caniche doit être élevé avec une grande douceur.

Une parole un peu sévère est pour lui un châtiment suffisant. Si on le bat, il devient craintif, et l'on n'en peut plus rien faire; mais en s'y prenant bien, on l'habitue à obéir et même à prévenir les désirs de son maître. Il possède d'ailleurs à un haut degré l'instinct d'imitation, et il aime à faire parade de ses talents.

Les bateleurs savent fort bien tirer parti des dispositions du caniche; ils lui apprennent à saluer l'honorable société, en se tenant sur deux pattes et en mettant la main sur son cœur, à indiquer l'heure qu'il est à leur montre, à jouer aux cartes, aux dominos, à désigner la plus belle, la plus coquette, etc., des personnes qui assistent à la représentation, à présenter la sébile à chacune d'elles et à frapper sur la poche de celles qui semblent ne vouloir rien lui donner. Souvent le caniche joue la comédie avec des singes, et s'en acquitte encore mieux qu'eux.

Certains amateurs, que des occupations assidues ne réclament pas, prennent aussi plaisir à enseigner divers tours à leur chien; c'est le passe-temps favori des vieux soldats, et le caniche apprend à faire l'exercice aussi bien qu'eux.

« Je me défie, en général, dit le docteur Franklin, des expériences qu'on montre, et des *chiens savants* en particulier. L'un de mes amis, naturaliste distingué et homme de bonne foi, engagea néanmoins, il y a quelque temps, une partie de dominos avec un chien instruit par un amateur. Ce dernier, jouissant d'une fortune indépendante, ne faisait pas commerce de son art. Les deux partenaires, mon ami et le chien, s'assirent, l'un en face de l'autre, à la même table. Six dominos, relevés sur les coins, furent placés devant le chien, et six autres devant la personne. Le chien, ayant un *double*, le prit dans sa gueule et le posa au milieu de la table. Les deux joueurs épuisèrent successivement leurs six dominos, l'un et l'autre plaçant les pièces dans l'ordre indiqué par les règles du jeu.

« Six autres dominos furent alors tirés au sort par les deux adversaires; ils continuèrent la partie, et le plus raisonnable des deux — c'est l'homme que je veux dire — plaça avec intention un nombre qui ne s'accordait pas avec le nombre posé sur la table. Le chien surpris fit un mouvement d'impatience et finit par aboyer. Voyant qu'on ne tenait pas compte de son observation, il chassa, avec son museau, le nombre faux, en prit un convenable dans son jeu, et le mit à la place de l'autre. La personne joua alors correctement; le chien continua sur le même pied et gagna la partie.

« Je ferai remarquer de nouveau que le professeur du chien (on me passera cette expression) cherchait dans de tels exercices un plaisir, et non une industrie. On ne peut donc guère soupçonner la fraude de la part d'un homme désintéressé et d'ailleurs parfaitement honorable. »

J'ai connu un chien qui aimait beaucoup à faire les commissions; c'était un braque, aussi intelligent que peut l'être un caniche. Il savait quel panier on lui donnait pour aller chez l'épicier, dans quel autre l'écaillère mettait les huîtres, et il suffisait de lui présenter l'un des deux pour qu'il sût où il devait aller. Il fallait voir avec quelle fierté il rapportait ce qu'on l'avait envoyé chercher; il passait devant les autres chiens sans s'arrêter, ne se laissait approcher par personne et ne voulait remettre le panier qu'à sa maîtresse.

Tous les jours, il guettait l'arrivée du facteur, prenait le journal et courait le porter à son maître, alors occupé dans le jardin. Quand l'heure du repas était venue, il lui apportait un coussin sous la table, se tenait près de lui sans jamais rien demander; toutefois, pour ne pas se laisser oublier, il lui posait doucement sa tête sur les genoux.

Il courait après le chapeau que le vent enlevait, et le rapportait sans y enfoncer les dents; il savait retrouver les objets perdus ou volontairement cachés, même dans la terre, et souvent il allait les chercher fort loin. La chose qu'il avait eu le plus de peine à apprendre, c'était d'apporter son écuelle quand il avait faim; il est vrai que cette écuelle était un plat en fer battu, dont il fallut envelopper l'anse pour qu'il obéit de bonne grâce.

Ce qu'il aimait encore moins cependant, c'était la muselière que, par moments, il devait se résigner à porter. Il la gardait pendant quelques minutes; puis il savait fort bien s'en débarrasser et la tenir à sa gueule, en marchant derrière son maître.

Son seul défaut était de courir après les poules, et, quoi qu'on pût faire pour l'en empêcher, on ne parvint pas à le corriger.

Le caniche va à l'eau et nage fort bien. Son poil laineux, frisé en tire-bouchons, est habité par un assez grand nombre de parasites pour que le bain lui soit très-utile. Il apprend aussi à chasser; c'est même de ce qu'il réussit dans la chasse au gibier d'eau que lui est venu le nom de caniche, ou chien de cane. Malgré toute son intelligence et tout l'attachement qu'il porte à son maître, il n'est bon ni pour la garde ni pour la défense : il est pour cela trop doux, trop confiant; il sait mieux caresser que mordre.

De ceux qu'il aime, il supporte tout : les enfants de la maison peuvent lui tirer les oreilles, monter sur son dos, le tourmenter tant qu'ils veulent, sans qu'il se fâche. Il a beaucoup de mémoire, et reconnaît, même au bout d'un temps assez long, le chemin qu'il n'a parcouru qu'une fois.

« A la porte de l'hôtel de Nivernais vivait un petit décrotteur, maître d'un grand barbet noir, dont le talent particulier était de lui procurer de l'ouvrage. Il allait tremper dans le ruisseau ses grosses pattes velues et venait les poser sur les souliers du premier passant. Le décrotteur, empressé de réparer le délit, présentait la selle : *Monsieur, décrotter là !*

« Tant qu'il était occupé, le chien s'asseyait paisiblement à côté de lui. Il aurait été inutile alors d'aller crotter un autre passant. Mais dès que la sellette était libre, ce petit jeu recommençait.

« L'esprit du chien et la gentillesse de son jeune maître, qui se rendait serviable aux domestiques, donnèrent à l'un et à l'autre, dans la cour et dans la cuisine, une utile célébrité, qui, de bouche en bouche, monta jusqu'au salon.

« Un Anglais illustre y était présent. Il demande à voir le maître et le chien; on les fait monter. Il se passionne pour l'animal, veut l'acheter, en offre 10 louis, 15 louis. Les 15 louis tentent l'enfant, ébloui d'ailleurs par tant de grands personnages. Le chien est vendu, livré, enchaîné, mis le lendemain dans une chaise de poste, embarqué à Calais, et il arrive à Londres.

« Son maître le pleurait avec une tendresse mêlée de quelques remords.

« Joie inespérée ! Le quinzième jour, le chien arrive à la porte de l'hôtel de Nivernais, plus crotté que jamais et crottant mieux ses pratiques.

« Obligé de descendre plusieurs fois pendant la route, il avait observé qu'on s'éloignait de Paris dans une voiture, en suivant une certaine direction, qu'on s'embarquait ensuite sur un paquebot, et qu'une troisième voiture menait de Douvres à Londres.

« La plupart de ces voitures étaient des chaises de renvoi. Le chien, retourné de chez son acquéreur au bureau du départ, en avait suivi une, peut-être la même, qui prenait, en effet, et en sens opposé, la route par laquelle elle était venue. Elle l'avait conduit à Douvres. Il avait attendu le même paquebot sur lequel il avait déjà passé, et, descendu à Calais, il avait suivi pareillement la même voiture qui l'avait amené. Toutes ses promenades précédentes lui avaient donné la théorie qu'après avoir bien marché pour aller quelque part, il fallait retourner sur ses pas pour revenir au gîte, et le gîte était à côté de son jeune maître.

« J'ai été témoin oculaire de cette aventure; elle a laissé des souvenirs dans la rue de Tournon, » ajoute Dupont de Nemours, à qui nous avons emprunté ce récit.

Le chien de l'aveugle est ordinairement un caniche. Sa douceur, sa docilité le rendent digne de la tâche qui lui est confiée. Guide intelligent et fidèle, il ne semble occupé qu'à préserver son maître de tout danger. En ville, il suit le trottoir; et s'il est obligé d'en descendre, ce qui arrive rarement, chacun aimant à lui faire place, il redouble de précautions pour éviter les voitures et les passants trop pressés. Il rend encore peut-être un plus grand service à l'aveugle, en consolant par ses caresses ce malheureux, qui souvent n'a ni parents ni amis, et qui, sans ce compagnon de ses jours et de ses nuits, endurerait à la fois la solitude et les ténèbres du tombeau.

Le caniche nain, tout mignon, tout soyeux, tout frisé, est un charmant petit chien, qu'on promène en voiture, qu'on nourrit de friandises et qu'on endort dans ses bras, comme un enfant gâté.

Le chien-lion doit ce nom à la crinière qui entoure sa tête et son cou, tandis que son poil est ras sur le reste du corps. Sa robe tout entière est de couleur fauve.

Le king-Charles a le museau court, la tête ronde, l'œil saillant, la queue touffue, les oreilles très-longues et couvertes de poils soyeux qui tombent jusqu'à terre. Les plus beaux sont noirs et marqués de feu aux yeux et aux pattes; ils ont la poitrine blanche. Plus ils sont petits, plus ils sont estimés. Ils portent le nom de king-Charles, en souvenir du roi d'Angleterre Charles II.

Une variété d'épagneul nain, dont la taille est encore inférieure à celle du king-Charles, atteint aussi un prix très-élevé. L'un et l'autre sont intelligents, fidèles et très-attachés à leurs maîtres.

Les bichons ont leur place au salon, comme les espèces précédentes. Ceux de la Havane sont tout petits et très-jolis; mais ils sont fort délicats et supportent difficilement nos hivers rigoureux.

Le bichon de Malte, plus grand que le bichon havanais, est le plus beau de tous les épagneuls. Son poil blanc, très-long, très-soyeux, très-brillant, sa gentillesse, sa gaité, font regretter qu'il soit si rare.

Quelques griffons partagent la faveur dont jouissent les espèces précédentes. Les uns ont une toison soyeuse, chez les autres le poil est raide et hérissé; les plus laids, tels que le griffon singe, sont les plus recherchés. Tous sont intelligents, fidèles et courageux. Ils font la guerre aux souris et aux rats. Il en existe une variété, le griffon-terrier, qui chasse le renard, et l'on a même vu des griffons venir à bout d'animaux plus redoutables.

Chien de salon.

Anderson cite une chienne griffon qui, en sautant à la lèvre d'un rhinocéros blessé, permit à son maître de le tuer.

Le chien-loup, appelé aussi roquet et loulou, est éveillé, robuste, fidèle. Quoiqu'il ne soit que de taille médiocre et souvent même petite, c'est un bon gardien; mais il aime trop sa liberté; il est trop vif, trop remuant, pour qu'on le condamne à la chaîne.

Le chien qu'on élève en Chine et qu'on engraisse pour le manger, ressemble beaucoup au chien-loup.

Le chien des Esquimaux, plus grand et plus fort que notre chien de berger, se rapproche tellement du loup, qu'il est parfois difficile de les distinguer l'un de l'autre. C'est le plus malheureux de tous les chiens, le plus mal nourri, le plus mal traité, et cependant celui qui travaille le plus. On le charge comme un baudet, on lui fait traîner de pesants fardeaux, on l'attelle au traîneau sur lequel on voyage pendant l'hiver. On s'en sert encore pour chasser l'ours, le renne et le veau marin. Cette dernière occupation est celle qu'il préfère; car les débris du gibier tué lui appartiennent, tandis que, lorsqu'il ne chasse pas, il n'a guère pour nourriture que ce qu'il peut dérober.

Les chiens du Kamtchatka ne sont pas moins utiles que ceux des Esquimaux et ne sont guère mieux traités; cependant, comme ils pêchent fort bien, ils vivent dans une assez grande abondance pour qu'on les fasse jeûner en automne, afin de les rendre, en hiver, plus légers à la course.

Tant que dure la saison rigoureuse, ils reçoivent chaque jour une ration de poisson pourri; ils mangent avec tant d'avidité, que les arêtes leur mettent la gueule et le museau en sang. Quand leur appétit n'est pas satisfait, ils volent tout ce qu'ils trouvent; mais ils ne touchent jamais au pain.

Chiens d'Esquimaux attelés.

Le traîneau d'un Kamtchadale, construit avec beaucoup d'art, se compose d'une caisse d'osier, peinte en rouge ou en bleu, et fixée sur un train de bois léger, qui repose sur une charpente portée par des patins d'os de baleine. Le tout ne pèse guère plus de six à huit kilogrammes. Une seule personne peut trouver place dans la caisse; mais le traîneau est souvent lourdement chargé.

On y attelle ordinairement quatre paires de chiens, dont les harnais sont faits de peau d'ours, et en tête desquels marche un chien dressé avec soin. Le conducteur s'assied en travers, les jambes placées de manière à sauter lestement à terre, s'il rencontre un passage dangereux. Il est armé d'un bâton recourbé, dont il frappe le côté droit du traîneau quand il veut aller à gauche, et le côté gauche lorsqu'il veut aller à droite.

Les chiens sont très-difficiles à atteler ; ils n'ont ni soumission ni attachement pour leur maître. S'il vient à tomber du traîneau, il les appelle en vain ; ils précipitent leur course ; s'il est obligé de descendre, il ne les reverra qu'à l'endroit où ils ont l'habitude de s'arrêter, à moins que le traîneau ne se trouve pris entre des roches ou des arbres ; mais alors souvent les chiens parviennent à se dégager et à s'enfuir. S'il vient à perdre son bâton ou qu'il lé lance sur quelque chien rebelle et ne puisse le reprendre, il lui devient impossible de diriger l'attelage et de s'en faire obéir.

Une telle manière de voyager est toujours pénible et dangereuse ; cependant c'est encore la meilleure, parce que les chiens connaissent la route et qu'ils n'enfoncent pas dans la neige, comme les chevaux ou les piétons. Ils sont en outre avertis par leur instinct de l'approche des tourmentes. S'ils continuent à marcher, l'ouragan ne sera pas trop fort ; s'ils s'arrêtent, creusent la neige et se couchent, l'homme doit en faire autant ; car la tourmente sera terrible et durera peut-être plusieurs jours. Les chiens l'entourent, le réchauffent et empêchent la neige de le recouvrir entièrement. Ils passent quelquefois ainsi tous ensemble plusieurs jours, le maître se soutenant par quelques gouttes d'eau-de-vie, les chiens rongeant leurs harnais.

« Ces voyages sont encore rendus plus dangereux par les nombreux cours d'eau qui ne gèlent que rarement, même dans les hivers les plus rigoureux ; on a toujours à craindre d'y tomber et de s'y noyer. L'on a aussi à traverser des forêts épaisses, il faut passer entre les troncs et les branches, et prendre garde de ne s'y casser ni bras ni jambes. Ajoutez à cela que les chiens ont la détestable habitude, dans ces passages mauvais, dans les forêts, au bord des rivières, en descendant une pente rapide, de courir à fond de train, cherchant ainsi à verser leur maître, à briser le traîneau et à ressaisir leur liberté. »

Steller, à qui nous devons ces détails, affirme qu'une courte excursion en traîneau lui était cent fois plus pénible qu'une longue course à pied, et qu'il était aussi fatigué que les chiens lorsqu'il arrivait aux stations. Ce n'est pas peu dire ; car les pauvres bêtes se couchent harassées, épuisées à tel point, qu'on les croirait mortes.

Les chiens du Kamtchatka remplacent dans leur pays le bœuf et le cheval. Sans eux, l'homme n'y pourrait vivre ; aussi ceux qui peuvent être mis en tête de l'attelage atteignent-ils un prix considérable, surtout si leur poil est long et touffu ; car la peau blanche, noire ou grise de ces chiens est préférée à toute autre fourrure.

Les chiens de Sibérie ont beaucoup de rapports avec ceux des Esquimaux ; ils rendent les mêmes services à leur maître ; mais ils sont mieux traités et moins indociles. En 1821 et 1822, beaucoup de ces animaux ayant été enlevés par une maladie contagieuse, les habitants des provinces les plus éprouvées, ne pouvant échanger les produits de leur pêche et de leur chasse, souffrirent de la faim et périrent en grand nombre.

La plupart de ces chiens sont habiles à poursuivre et à attaquer le gibier ; cependant ils ne sont pas compris dans la catégorie des chiens de chasse.

Les vrais chiens de chasse sont les bassets, les chiens couchants et les chiens courants.

Les bassets ont les jambes courtes, droites ou torses, mais robustes. Ils sont rusés, intelligents, et courageux. Malgré leur taille généralement faible, ils attaquent avec fureur le sanglier et sont assez prudents pour échapper aux coups de boutoir.

On peut leur faire chasser toute espèce de gibier ; mais on les emploie principalement contre les animaux qui habitent des terriers, tels que le lapin, le renard, etc.

Chiens d'arrêt.

Les chiens couchants ou chiens d'arrêt sont remarquables par leur docilité, leur prudence, le développement de leur odorat et leurs dispositions naturelles pour la chasse, dispositions qui, cultivées par un bon chasseur, produisent de merveilleux résultats.

Le proverbe : Bon chien chasse de race, est parfaitement justifié ; un chien de bonne race est facile à dresser. Il comprend tout ce que son maître lui commande et obéit au moindre signe, aussi bien qu'à la parole.

L'instinct du chien le porte à s'élancer sur le gibier, à le poursuivre, à l'étrangler ; mais l'éducation lui apprend à maîtriser cet instinct. Il marche doucement, le nez au vent, jusqu'à ce qu'il ait senti quelque lièvre ou quelque perdrix. Il cesse de remuer la queue, reste immobile, ou s'approche en rampant, et tient le gibier en arrêt, jusqu'à ce que son maître ait tiré. Alors, au lieu de se jeter sur la proie qui lui est offerte, il attend qu'on lui dise : Apporte ! et il pren , sans l'endommager, la pièce abattue, qui bientôt passe de sa gueule dans le carnier du chasseur.

L'épagneul, le barbet, le griffon, le braque et un grand nombre de variétés issues du croisement de ces races, donnent d'excellents chiens d'arrêt. La plupart sont très-intelligents et font preuve de beaucoup de mémoire et de sagacité. Non-seulement ils sont attachés à leur maître, mais ils montrent parfois pour les animaux de leur espèce des sentiments presque humains.

« M. Pibrac, chirurgien célèbre, qui vivait encore à la fin du siècle dernier, dit Dupont de Nemours, trouve un soir, près de sa porte, un très-beau chien ayant la patte cassée et que la douleur accablait. Il le fait ramasser, le recueille, lui remet la patte, le panse, le soigne, le guérit. Pendant et après ce traitement, le chien lui témoignait une extrême reconnaissance. M. Pibrac croyait se l'être attaché pour jamais.

« Mais ce chien avait un autre maître; or, chez cet animal la première affection est toujours prédominante; elle dure la vie. Lorsque le convalescent commença à pouvoir courir, il sortit et ne revint plus. M. Pibrac regrettait presque sa bonne action. « Qui aurait cru, disait-il, qu'un chien pût devenir « ingrat ? »

« Cinq à six mois s'étaient écoulés, quand le chien reparaît à la même porte et y couvre des plus vives caresses M. Pibrac, qui le revoit avec plaisir et veut l'admettre chez lui. Au lieu d'entrer, le chien alternativement lui léchait les mains et le tirait par son habit, comme pour lui montrer quelque chose…. C'était une chienne de ses amies, dont la patte était cassée, et qu'il amenait à son bienfaiteur pour qu'il la guérît, comme il l'avait été. »

Les chiens courants sont habiles à rencontrer la piste du gibier; ils le suivent rapidement, en donnant de la voix, et ne s'arrêtent que quand il est tué ou quand ils l'ont perdu. Les chiens courants du Poitou, de Vendée, de Saintonge, de Gascogne, chassent le loup; mais la plupart des autres ne chassent que le chevreuil, le renard et le lièvre.

Les diverses espèces de chiens domestiques sont sujettes à une terrible maladie qui attaque aussi le loup et le renard, et dont les chiens sauvages ne sont jamais atteints. Nous voulons parler de la rage, improprement appelée hydrophobie, c'est-à-dire horreur de l'eau.

Le chien enragé n'a pas horreur de l'eau; la soif le tourmente; on le voit boire après que la maladie est déclarée; et quand il ne peut plus avaler l'eau, il y trempe encore sa langue.

La perte de l'appétit, le changement d'humeur, l'agitation de l'animal, qui recherche les endroits sombres et ne se trouve bien nulle part, caractérisent le début de cette maladie, toujours mortelle et justement redoutée. Un peu plus tard, le chien s'élance contre d'invisibles ennemis, mord en l'air, comme s'il voulait attraper des mouches, va, vient, semble s'éveiller en sursaut, et recommence le même manége aussitôt après que la voix de son maître l'a calmé. Quelquefois il déchire les tapis, les rideaux, les meubles, et mord la paille de son lit. Il entre en fureur à la vue d'un autre chien; sa voix prend des intonations lugubres et si remarquables, que celui qui a entendu une fois les aboiements d'un chien enragé ne les oubliera jamais.

Quand arrivent les cruels accès de la maladie, ce bon et fidèle compagnon de l'homme abandonne parfois la maison où il a été élevé; et jusqu'à ce qu'on le tue, il se jette sur les animaux et même sur les hommes qu'il rencontre. Quelquefois cependant, après avoir erré pendant plusieurs jours, il revient au logis; d'autres fois encore il ne le quitte pas, et l'on ignore ce qu'il a jusqu'à ce qu'il morde un visiteur étranger, un domestique, un enfant ou son maître lui-même, non qu'il ait cessé de l'aimer, mais parce qu'il lui est impossible de résister à cette furieuse envie.

On ne doit pas attendre les dernières manifestations de la rage pour s'assurer de l'état d'un chien qui refuse de manger, qui perd sa gaîté, sa docilité, ou qui mord sans qu'on lui fasse aucun mal. Si quelques animaux sont mordus, il faut les faire abattre sans retard; et si on l'est soi-même, on doit se rappeler que le seul remède efficace est une cautérisation immédiate et profonde.

Pendant leur première année, la plupart des chiens sont attaqués d'une maladie qui en enlève un très-grand nombre. Dans leur vieillesse, ils deviennent souvent aveugles, sourds, malpropres; ils souffrent, ils se plaignent, et, quoiqu'on les aime, ou plutôt parce qu'on les aime, on est forcé de s'en débarrasser.

Malgré tout cela, les services qu'ils rendent et les rares qualités dont ils sont doués les rendent précieux. Les pauvres, les délaissés n'ont souvent pas d'autre ami que leur chien et partagent volontiers avec lui leur pain quotidien; les chasseurs tiennent à la bonne bête qu'ils ont dressée et dont les exploits les rendent fiers; enfin, ceux auxquels leur fortune permet de ne se rien refuser, mettent leur orgueil à posséder d'excellents et magnifiques chiens.

Au mois de mai 1880, une exposition internationale de ces animaux a eu lieu à Berlin. Toutes les races y étaient représentées par leurs plus beaux échantillons. On y admirait entre autres de superbes spécimens de Terre-Neuve, du Saint-Bernard, et six chiens anglais : deux bull-terriers, un bouledogue, un terrier renard, une chienne terrier du Yorkshire et un mâtin. Ces derniers ont été mis en vente au prix de 25,000 fr. par tête.

Le loup ne diffère pas beaucoup du chien; il a seulement les yeux obliques et placés dans la direction du nez, tandis que l'œil du chien s'ouvre à angle droit, comme celui de l'homme. Un grand chien, au pelage d'un fauve grisâtre, aux oreilles droites, à la queue touffue, au museau long et pointu, peut facilement être pris pour un loup, quand on le rencontre dans un bois ou dans des champs couverts de neige.

Le loup se rencontre dans toute l'Europe, à l'exception de la Grande-Bretagne, où il était très-commun, mais d'où il a disparu, une forte prime ayant été payée pour sa destruction. On le trouve aussi dans les contrées du nord et du centre de l'Asie et dans l'Amérique septentrionale.

Il aime les lieux solitaires et s'y tient caché pendant le jour; mais la nuit, il rôde pour chercher sa nourriture. Tout ce qu'il trouve lui convient : les insectes, les rats, les souris, les oiseaux, les chevreuils, les cerfs, les moutons; il pré-

fère les proies mortes à la chair fraîche; mais son plus grand régal  est le chien.
Pour s'en procurer, il n'hésite pas à faire preuve d'audace, et beaucoup de
chiens de chasse, égarés dans les bois, deviennent chaque année ses victimes.

Le chien, de son côté, a pour le loup une haine implacable. Il le chasse avec
ardeur, lui saute à la gorge, tient bon, malgré ses blessures, et ne cesse de
lutter qu'en rendant le dernier soupir.

Le loup n'est pas très-redoutable quand il a de quoi satisfaire son appétit;
mais quand il est affamé, il devient courageux. Il attaque, même en plein jour,
les troupeaux sous la garde des bergers et des chiens; il s'en approche à *pas de
loup*, guette le moment favorable, saisit une brebis, l'emporte et la dévore
souvent tout entière dans un seul repas.

Loups.

Quand le loup ne trouve pas à se rassasier de chair morte ou vivante, il
mange de l'herbe, de la mousse, des racines; mais quand la terre durcie est
couverte de neige et que cette dernière ressource lui manque, il rôde autour des
fermes, s'introduit dans les bergeries, où il fait alors de nombreuses victimes.
Parfois même il parcourt les rues des villages, tue les poules, les oies, les
jeunes chiens. On en a vu enlever des enfants.

L'homme même n'est pas à l'abri de ses attaques, quoique d'ordinaire le
loup le fuie plutôt qu'il ne le recherche. Tant qu'il marche, le voyageur n'a pas
grand'chose à craindre, même si le loup le suit; mais il ne faut pas qu'il s'asseie,
encore moins qu'il se couche et s'endorme; la bête féroce n'hésite plus à fondre
sur lui et à le dévorer.

On a vu des hommes, pris de boisson et attardés pour regagner leur logis,
s'asseoir sur quelques tas de pierres où l'on ne retrouvait, le lendemain, que
quelques os et des lambeaux de vêtements.

Il arrive parfois que les loups se réunissent en bandes plus ou moins nombreuses, et commettent d'épouvantables massacres. En 1812, un détachement

de soldats, quatre-vingts, dit-on, furent attaqués par des loups une nuit, pendant laquelle ils étaient en marche. Au milieu des débris d'armes et d'uniformes, les cadavres de deux à trois cents de ces animaux étaient restés sur le champ de bataille ; mais pas un homme n'avait survécu.

En 1818, pendant les grands froids, les départements de la Drôme et de l'Isère furent ravagés par un grand nombre de loups que la faim avait chassés des montagnes et des forêts.

« De même, au mois d'août 1842, ajoute M. Louis Viardot, qui raconte ces faits, des troupeaux de loups ont désolé les communes d'Yville, d'Anneville et de Berville, en Normandie. Ces animaux paraissaient provenir de la forêt de Manny.... La présence des hommes ne les effrayait pas ; ces loups luttaient et s'élançaient même sur eux, lorsqu'on voulait les empêcher d'emporter la proie dont ils s'étaient emparés. »

Le loup et l'agneau.

En France, on détruit, annuellement, environ douze cents loups. En Russie, en Laponie, en Norwége, en Suède, quoiqu'on en détruise beaucoup, ils sont encore très-nombreux et commettent d'audacieux méfaits. Dans les steppes de la Russie, de la Pologne, de la Sibérie, les loups sont fort à craindre pour les habitants qui parcourent de grandes distances en traîneau, même quand ce traîneau est attelé de bons chevaux. Les loups s'acharnent à la poursuite des voyageurs, et ceux-ci n'ont d'autre chance de salut que la rapidité de leurs chevaux. Ceux-ci, stimulés par la présence des loups, qui dardent sur eux leurs yeux ardents, partent au triple galop ; mais si l'un d'eux tombe et que le traîneau s'arrête, c'est la mort pour les hommes aussi bien que pour leurs vaillants coursiers.

Les coups de fusil ne mettent pas en déroute les loups affamés, et l'on en peut tuer plusieurs sans que les autres paraissent éprouver la moindre crainte.

Les loups savent, lorsqu'il le faut, employer la ruse aussi bien que la force. Quand ils veulent s'emparer d'un chien sans expérience, ils cabriolent autour de lui, pour l'inviter à jouer et l'entraîner en pleine campagne. Si c'est un cheval isolé, ils lui sautent à la gorge, le renversent et le dévorent. Dans les froides contrées du Nord, ils vivent aux dépens des rennes sauvages. Quand ils en rencontrent un troupeau, ils s'avancent en rampant, jusqu'à ce qu'ils les aient cernés, en ne leur laissant pour fuir qu'un passage à travers les rochers. Cela fait, ils s'élancent, en poussant des hurlements terribles, et les paisibles ruminants vont, affolés de terreur, se jettent dans des précipices où leurs féroces adversaires sont sûrs de les retrouver morts ou blessés.

C'est cependant à tort qu'on a représenté le loup comme incapable de tout sentiment affectueux. Il est susceptible d'éducation, et peut devenir aussi soumis, aussi fidèle que le chien, pourvu qu'il soit pris tout jeune.

Loup dans une forêt.

Frédéric Cuvier raconte qu'un de ces animaux suivait partout son maître, paraissait souffrir de son absence, et lui obéissait comme le plus docile des chiens.

Obligé d'entreprendre un voyage, ce maître fit don de l'animal apprivoisé à la ménagerie du Jardin des Plantes. Là, enfermé dans une loge, le loup, triste et souffrant, mangeait à peine; mais, après quelques semaines, il se rétablit et s'attacha à ses gardiens. Il paraissait avoir oublié ses anciennes affections, quand, au bout de dix-huit mois, celui qui l'avait élevé revint. Perdu dans la foule, il ne pouvait être aperçu; mais à sa voix, le loup le reconnut et témoigna sa joie par ses mouvements et ses cris. On ouvrit la loge, et le prisonnier s'élança vers son maître, qu'il combla des plus tendres caresses.

Malheureusement, il fallut se quitter encore ; mais cette fois, comme la première, le loup se consola, et prit pour ami un petit chien qu'on lui avait donné. Trois années se passèrent ainsi avant que le maître revint. Un soir, tout étant fermé, le loup entendit sa voix, et, sans hésiter à la reconnaître, il donna tous les signes d'une joie extrême et d'une vive impatience. Dès que l'obstacle qui les séparait fut levé, l'animal se précipita vers l'homme qu'il aimait toujours, lui posa ses pattes de devant sur les épaules, lui lécha le visage et menaça de ses dents ses propres gardiens, qui voulaient s'approcher, et auxquels il faisait des caresses peu d'instants auparavant.

Hélas ! le maître s'éloigna de nouveau ; le loup faillit mourir de chagrin ; cependant il se résigna peu à peu à cette cruelle absence et reprit une certaine amitié pour ses gardiens ; mais il ne répondit dès lors que par des menaces aux étrangers qui s'arrêtaient devant lui.

Le loup est le seul animal féroce que nourrisse la plus grande partie de l'Europe ; il est en tout temps permis de lui faire la guerre, et une prime est encore payée à quiconque le tue. En France, on ne le chasse qu'avec le fusil ; mais dans les pays où il est commun, on emploie contre lui toutes sortes d'armes, même les piéges et le poison.

Le loup est, comme le chien, sujet à la rage, et devient alors très-dangereux.

On connaît plusieurs variétés de loups, qui toutes ont les mêmes mœurs : le loup noir du nord de l'Europe, le loup odorant, le loup des Prairies, le loup du Mexique et le loup rouge, qui tous appartiennent à l'Amérique, enfin le loup de Java.

Le chacal vit en troupes dans la plupart des chaudes régions de l'ancien continent. Ils chassent de concert, habitent des terriers qu'ils se creusent eux-mêmes, et dans lesquels ils dorment pendant le jour. La nuit, ils poussent des cris lugubres, sans doute pour se rallier ; et quand ils sont en grand nombre, ils ne craignent pas d'attaquer les chevaux et même les bœufs. Plus souvent ils se nourrissent d'antilopes, de gazelles, de menu gibier. Ils préfèrent encore la chair corrompue et déterrent même, pour s'en nourrir, les cadavres dans les cimetières.

Le chacal s'approche souvent des habitations et mange tout ce qu'il trouve dans celles où il peut pénétrer : le pain, les légumes, la viande, les chaussures, les harnais. Il suit les caravanes et ramasse tous les débris qu'elles laissent sur les lieux où elles campent ; mais il arrive quelquefois que le chacal pourvoit aux besoins des voyageurs.

« Dans les solitudes de l'Afrique, dit John Franklin, il nous a été plus utile que nuisible.... Surpris par notre arrivée sur le théâtre de ses prouesses, il abandonnait les dépouilles presque entières d'animaux dont nous faisions notre repas après lui. »

Le chacal, moins grand que le loup, a le museau plus effilé, mais cependant pas autant que le renard. Il est doux et docile quand on le prend tout jeune ;

mais on ne cherche guère à l'apprivoiser, parce que son cri est très-désagréable et qu'il exhale une odeur révoltante. Il la doit, on le suppose, à sa nourriture par trop faisandée; car cette odeur disparaît, dit-on, à la deuxième ou troisième génération de l'animal élevé en captivité.

Chacals déterrant les cadavres.

Le renard a de la ressemblance avec le loup et le chacal; cependant il en diffère par la forme allongée de sa pupille, par sa queue très-touffue, et plus encore par ses mœurs. Sa réputation de finesse, de ruse, de malice, est bien établie et parfaitement justifiée.

Il sait se chercher une demeure, et, pour s'épargner la peine de la construire, il force ceux qui l'habitent à la lui céder, soit en les croquant, si ce sont des lapins, soit en déposant ses ordures, si c'est un animal ami de la propreté, comme le blaireau. Il n'a plus qu'à élargir le terrier pour être bien logé; mais rarement il se contente d'une seule retraite; car sa prudence est extrême.

Dès qu'il a pu s'installer convenablement, il explore les environs à une assez grande distance; il ne chasse pas sur son terrier; il craindrait trop d'aider à le découvrir; mais, comme il a eu soin de le choisir près de la lisière du bois, il peut, caché par la verdure, visiter le pays dont il compte faire son domaine.

Le chant du coq et le caquetage des poules sont pour lui pleins d'attrait; car ils annoncent le voisinage d'une basse-cour dans laquelle il se promet aussitôt de pénétrer. La nuit venue, il se met en quête de l'habitation où il doit la trouver ; il en examine toutes les issues, et ne se lasse pas qu'il n'ait découvert celle qu'il pourra suivre sans danger.

Y a-t-il un petit trou dans le mur, le renard l'élargit et se resserre de manière à pouvoir s'y glisser ; n'y en a-t-il pas, il creuse le sol avec une merveilleuse patience et parvient à passer sous la porte. Une fois dans le poulailler, il égorge tout ce qu'il y trouve et emporte ses victimes les unes après les autres. Il se garde bien de placer ses provisions au même endroit ; mais il a bonne mémoire et il saura les retrouver.

Souvent ces allées et ces venues durent jusqu'au jour, sans qu'il soit parvenu à tout enlever. La prudence lui conseille de laisser là son butin ; mais parfois le regret d'abandonner une si belle proie l'empêche de fuir aussitôt qu'il le devrait, et l'on va surprendre maître renard au milieu de ses victimes. Mais comme il a plus d'un bon tour à son service, il fait le mort, dès qu'il entend qu'on s'approche de la porte.

Renard.

On ne s'étonne pas de le voir ainsi : il s'est tellement gorgé de volaille, qu'il a bien mérité son châtiment. On le pousse du pied, il roule sans faire un mouvement ; on le saisit par la queue, on le soupèse, en l'accablant d'injures, et l'on finit par le jeter dehors, en attendant qu'on le dépouille.

On le cherche quelques instants après ; mais il est parti, et on ne le reverra plus.

Quand, malgré toutes ses ruses, il ne parvient pas à s'introduire dans la basse-cour, le renard guette de loin les poules qu'on laisse sortir. Blotti sous une haie ou étendu dans un fossé, il attend qu'elles s'approchent, saute sur celle qu'il peut atteindre et l'emporte. Les jours suivants il recommence, et, avec le temps, il dépeuple le poulailler.

Lorsque le renard a des petits à nourrir, il s'entend souvent avec la mère, et tous deux chassent ensemble le lièvre, le lapin et la perdrix, ou s'enhardissent assez pour aller, en plein jour, enlever un poulet, un canard, une oie, jusque dans la cour d'une ferme.

On peut apprivoiser le renard, mais il reste voleur; et quand même il ne toucherait pas aux animaux que son maître nourrit, ses instincts sanguinaires se réveillent lorsqu'il est hors de la maison, et les voisins ont à se plaindre de ses méfaits.

La chasse au renard est permise en tout temps, comme celle du loup. Il n'a pas seulement à craindre les coups de fusil, on lui dresse des piéges, on cherche à l'empoisonner, on fait fouiller son terrier par des bassets, et même on l'y enfume, au moyen d'une mèche soufrée et d'un tas de broussailles sèches. S'il était moins prudent et moins adroit, il n'en existerait plus depuis long-temps.

Renard emportant une volaille.

La fourrure du renard commun n'a que peu de valeur; mais celle de l'isatis, ou renard bleu, qui habite les régions glacées de l'Europe et de l'Asie, est l'objet d'un commerce très-étendu. C'est pendant l'hiver qu'elle est le plus re-cherchée; elle est alors blanche, bleuâtre, ou d'un gris à reflets ardoisés; plus elle est bleue, plus on la paie cher.

L'isatis est un animal vorace, qui n'a ni la ruse ni la prudence du renard vulgaire. Dans les pays où il est commun, on ne peut rien soustraire à ses at-teintes. Il prend tout ce qu'il trouve dans les habitations, même ce dont il n'a que faire, des sacs, des bas, des souliers, des bâtons, des couteaux. Il déterre ce qu'on enfouit pour l'empêcher d'y toucher. Steller raconte que, quand ses compagnons et lui couchaient en plein air, les renards bleus enlevaient leurs bonnets, leurs gants, leurs couvertures, et rongeaient les entrailles des castors sur lesquels les dormeurs s'étaient étendus, après les avoir tués. Ils attaquaient les malades, les blessés, et mangeaient le visage ou les mains des morts, pendant qu'on creusait leurs fosses.

Le renard zerda ou fennec habite les déserts de l'Afrique. De petite taille et de structure délicate, il a de grands yeux à pupille ronde, et des oreilles presque aussi longues que la tête. Il passe la journée dans son terrier; la nuit, il s'introduit dans les jardins pour manger des raisins, des pastèques, des dattes, ou bien il explore les champs pour y trouver des perdrix, d'autres oiseaux, des gerboises, des lézards, etc.

En captivité, il est doux, vif, aimable; mais il faut avoir soin de le préserver du froid, si l'on tient à le conserver.

Le renard argenté et le renard tricolore appartiennent à l'Amérique septentrionale.

L'hyène a quelque ressemblance avec le chien; cependant ses jambes de derrière plus courtes que celles de devant, la crinière qui lui longe l'échine, sa grosse tête, son museau obtus, son poil long, rare, grossier et de couleur sombre, lui donnent un aspect désagréable, qui, joint à ses habitudes, en fait un objet d'aversion et de dégoût.

Hyènes d'Afrique.

A la nuit close, l'hyène sort de son repaire et rôde jusqu'au jour dans la campagne, en poussant des hurlements continuels. Elle s'approche des palissades qui enferment les troupeaux; mais elle prend la fuite devant les chiens chargés de les défendre et n'essaie même pas de leur tenir tête. Si son courage répondait à sa force et à son appétit, ce serait un carnassier très-redoutable; mais elle n'attaque ordinairement que les animaux peu capables de lui résister.

Les proies mortes, les chairs putréfiées sont la nourriture de prédilection des hyènes; elles entrent dans les cimetières, déterrent les cadavres, s'en repaissent avec avidité et n'en laissent pas même les os. Elles pénètrent dans les villes et les villages, font disparaître les immondices qu'elles y rencontrent, et parfois emportent un animal ou même un enfant endormi.

L'hyène tachetée est de force à enlever un homme; elle ne l'attaquera pas, s'il est valide; mais il est à croire que si un combat a été livré, elle dévorera les blessés aussi bien que les morts. Elle n'a pas le même hurlement que l'hyène rayée; le cri qu'elle fait entendre est plutôt un affreux ricanement.

On a fait sur ces animaux, déterreurs de cadavres, les contes les plus absurdes et les plus effrayants. Les Arabes croient que les corps des hyènes sont habités par de redoutables sorciers, et ils disent que l'arme qui a servi à en tuer une est indigne d'être portée par un guerrier.

Il serait cependant injuste de méconnaître les services que rend ce vorace carnassier, en faisant disparaître des débris dont la décomposition, activée par un soleil brûlant, remplirait l'air de miasmes pestilentiels. C'est à tort aussi qu'on a dit que jamais la férocité de l'hyène ne s'adoucit sous la main de l'homme. Les mauvais traitements excitent sa fureur; mais elle est très-sensible aux soins qu'on lui donne et se montre en retour fort docile.

Une hyène rayée qui a vécu à la Tour de Londres était tellement apprivoisée, qu'elle caressait tous les visiteurs qu'elle voyait souvent.

L'hyène tachetée, élevée par des colons africains, remplace chez eux le chien, et sait s'y faire aimer.

FIN DE LA TROISIÈME PARTIE.

# QUATRIÈME PARTIE.

## RUMINANTS.
## — PACHYDERMES SOLIPÈDES.

## I.

### ORDRE DES RUMINANTS.

**Famille des caméliens. — Chameau. — Dromadaire. — Lama. — Alpaga. — Vigogne.**

Les animaux qui appartiennent à cet ordre sont des mammifères qui se nourrissent de végétaux. Ils en absorbent une quantité considérable, qu'ils mâchent d'abord incomplètement, et qui passe ainsi dans un premier estomac nommé *panse*, puis dans un second appelé *bonnet*, beaucoup plus petit que le premier et tapissé d'une membrane muqueuse entre les plis de laquelle les aliments sont broyés. Ils s'imprègnent de suc gastrique et se forment en petites pelottes, qui remontent, les unes après les autres, par un mouvement régulier, dans la bouche de l'animal, où elles sont soumises à une nouvelle et plus parfaite mastication.

Ce n'est pas immédiatement après avoir emmagasiné dans son premier estomac sa provision d'herbe que le ruminant la mâche pour la seconde fois. Il aime à prendre ses aises pour se livrer à cette occupation, qui sans doute lui est agréable, si l'on en juge par l'air de contentement qu'ont les bœufs couchés dans la prairie, lorsqu'on entend le bruit monotone de leurs mâchoires. L'herbe, ainsi transformée en une pâte molle et presque liquide, est avalée de nouveau et traverse l'œsophage, qui la conduit directement dans un troisième estomac, appelé *feuillet*, parce qu'il est garni à l'intérieur de replis semblables aux feuillets d'un livre. De là elle passe dans un quatrième compartiment nommé *caillette*, parce qu'il est sans cesse humecté d'un acide qui a la propriété de faire cailler le lait. Cet acide n'est autre que le suc gastrique, grâce auquel la digestion s'achève.

Les liquides absorbés par les ruminants vont dans le feuillet, puis dans la caillette, sans passer par la panse, où l'œsophage ne verse l'herbe imparfaitement mâchée que par une espèce de gouttière, que cette masse grossière force à s'ouvrir devant elle. Quand l'animal boit ou qu'il avale l'herbe bien ruminée, l'œsophage, dont les parois restent fermées, conduit ces substances jusqu'au feuillet.

L'estomac des ruminants est donc plus compliqué que celui des autres mammifères; mais il est parfaitement adapté au genre de nourriture qu'il doit recevoir.

La mâchoire inférieure de ces animaux est pourvue de six à huit incisives, tandis que la mâchoire supérieure en manque absolument ou n'en a que deux. En général, les canines n'existent pas, et les molaires ont une large couronne, présentant des replis qui forment un double croissant.

Le cerveau est peu développé, le crâne étroit et le museau allongé. Le front de presque tous est pourvu de cornes ou de bois, qui servent à distinguer les divers genres. Les pieds se terminent par deux doigts qui, chez la plupart, ont la dernière phalange recouverte par des sabots aplatis entre ces deux doigts, de manière à n'en figurer qu'un seul qui serait fendu à la base. On désigne les ruminants ainsi chaussés sous le nom d'animaux à pied fourchu.

La taille des ruminants varie beaucoup; mais, petits ou grands, ils sont paisibles et aiment à vivre en sociétés plus ou moins nombreuses, tandis que les carnassiers recherchent la solitude et y sont forcés par leur terrible appétit. L'homme a utilisé les instincts sociables des ruminants pour former des troupeaux de ceux qu'il est parvenu à rendre domestiques, tels que les bœufs et les moutons.

L'ordre des ruminants se divise en quatre familles : les caméliens, les ruminants ordinaires, les ruminants à bois et les ruminants à cornes creuses.

La famille des caméliens ne comprend que deux genres : les chameaux et les lamas.

Le chameau est de tous les animaux celui qui a été le plus anciennement réduit en servitude. On ne le rencontre plus à l'état libre que vers les frontières de la Chine; encore y est-il très-rare, tandis qu'on le trouve en domesticité dans tout l'Orient.

Originaire de l'Asie Mineure, on suppose qu'il a suivi les Arabes en Afrique, où il s'est promptement acclimaté. C'est un des plus grands ruminants, et assurément l'un des animaux les plus utiles.

« L'or et l'argent ne sont pas les vraies richesses de l'Orient, dit Buffon, c'est le chameau qui est le vrai trésor de l'Asie. Il vaut mieux que l'éléphant; car il travaille pour ainsi dire autant et il dépense vingt fois moins. D'ailleurs l'espèce entière est soumise à l'homme, qui la propage et la multiplie autant qu'il lui plaît, au lieu qu'il ne jouit pas de celle de l'éléphant, qu'il ne peut multiplier, et dont il faut avec peine conquérir les individus les uns après les autres.

« Le chameau vaut non-seulement mieux que l'éléphant, mais peut-être vaut-il autant que le cheval, l'âne et le bœuf réunis ensemble : il porte seul autant que deux mulets; il mange aussi peu que l'âne et se nourrit d'herbes aussi grossières; la femelle fournit du lait pendant plus de temps que la vache : la chair des jeunes chameaux est bonne et saine, comme celle du veau. Leur poil est plus beau, plus recherché que la plus belle laine. Il n'y a pas jusqu'à leurs excréments dont on ne tire des choses utiles ; car le sel ammoniac se fait de leur urine ; leur fiente desséchée et mise en poudre leur sert de litière, aussi bien qu'aux chevaux avec lesquels ils voyagent souvent, dans les pays où l'on ne connait ni la paille ni le foin. Enfin on fait de cette même fiente des mottes, qui brûlent en donnant une flamme aussi vive et presque aussi claire que celle du bois sec; ce qui est d'un grand secours dans ces déserts, où l'on ne trouve pas un arbre et où le feu est aussi rare que l'eau. »

Ce n'est pas sans raison que les Arabes regardent le chameau comme un présent du ciel, comme un animal sacré, sans lequel ils ne pourraient ni subsister ni voyager. La nourriture et le vêtement, qu'il leur fournit en partie, ne sont rien en comparaison des autres services qu'il leur rend, en se chargeant de transporter à travers les sables du désert les marchandises qu'ils échangent contre les divers objets dont ils ont besoin.

Aucun autre animal ne pourrait le remplacer dans cette tâche, pour laquelle il semble fait. Ses pieds, munis d'une semelle large et aplatie, lui permettent de courir sur le sable dans lequel le cheval enfoncerait; ses jambes longues et grêles dévorent l'espace et se replient sous lui quand on veut le charger.

Il est vrai que, tout jeune encore, on le dresse à cet exercice, et qu'on le force à demeurer à terre, en portant sur son dos un fardeau dont on augmente peu à peu le poids. On l'habitue aussi à manger peu et rarement; aussi est-il le plus sobre des animaux. Trouve-t-il sur sa route quelques branches desséchées, de rares chardons, ou, de loin en loin, un mimosa épineux, il n'en demande pas davantage; et quand toute végétation a disparu, quand l'océan de sable s'étend à perte de vue sans la moindre oasis, une poignée d'orge, quelques dattes, ou une petite boule de pâte de maïs, forme sa nourriture quotidienne.

Sous ce soleil ardent, la soif est plus cruelle encore que la faim; et ce qui, plus que tout le reste, rend le chameau précieux, c'est qu'il peut, grâce à une conformation particulière de son estomac, passer plusieurs jours sans boire. Une cinquième poche, ajoutée à celles que possèdent tous les ruminants, lui sert de réservoir à eau, et les petites cavités de ce réservoir, semblables à celles d'une éponge, ramènent dans sa bouche assez d'humidité pour qu'il puisse longtemps supporter la soif.

On ne sait toutefois si cette poche se remplit de l'eau que le chameau avale en grande quantité lorsqu'il le peut, ou si le liquide qui s'y amasse est sécrété par cet organe même. Quoi qu'il en soit, c'est à tort qu'on a dit qu'un voyageur mourant de soif pourrait trouver dans l'estomac du chameau assez d'eau pour attendre encore que la découverte d'une source vint lui rendre ses forces. Parfois, du moins, il doit à ce sobre animal l'espoir de rencontrer bientôt la source après laquelle ils aspirent également. Le chameau la flaire de loin; il lève la tête, aspire l'air, et accélère sa marche vers cette source bénie.

Quand il voyage longtemps à travers le désert, la maigre pitance qu'il reçoit de son maître ne suffirait pas à le nourrir, s'il ne vivait aux dépens de la graisse accumulée dans la bosse ou dans les bosses qu'il porte sur son dos et qui lui donnent une physionomie toute particulière.

Disons, sans tarder, que le chameau proprement dit a deux de ces protubérances, tandis que le dromadaire n'en a qu'une.

L'un et l'autre ont un long cou, surmonté d'une petite tête, sans cornes, les
oreilles courtes et très-éloignées l'une de l'autre, les yeux saillants, le nez busqué,
dont les narines étroites se ferment et s'ouvrent à volonté. La lèvre inférieure
est pendante, et la supérieure, fendue dans son milieu, forme deux parties qui
agissent séparément et sont douées d'une grande mobilité. Le corps est gros, le
ventre arrondi ; le pied fourchu n'est pas enveloppé de sabots, mais chaque
doigt porte un ongle court et crochu; la queue velue tombe jusqu'aux talons.

Dromadaire et chameau.

La bosse est d'autant plus saillante que l'animal est mieux nourri et moins
fatigué ; quand il a traversé le désert, elle est presque réduite à rien, tandis qu'elle
arrive à peser de douze à quinze kilogrammes quand la pâture est abondante.
Une large callosité fait aussi saillie sur la poitrine du chameau, et lui sert de
coussin lorsqu'il prend du repos. Ses genoux, ses chevilles, ses coudes, ses
poignets, ont des callosités semblables, mais moins épaisses et moins larges.

Le pelage varie de couleur; il est noir, gris, brun ou roux ; mais ces teintes ne
se trouvent pas sur le même individu. Comme on aime peu les noirs, on les tue
lorsqu'ils sont encore jeunes. La femelle n'a ordinairement qu'un petit à la fois;
elle l'aime beaucoup, l'allaite pendant une année au moins, et lui donne longtemps des témoignages de sa tendresse. Tant qu'ils ne travaillent pas, les chameaux sont assez jolis; mais on leur fait prendre de bonne heure les sévères habitudes de leurs parents.

Les riches Arabes, ayant à la fois un assez grand nombre de ces jeunes animaux,
choisissent les plus beaux, les plus élégants, pour en faire des bêtes de selle, et
condamnent les autres à porter des fardeaux. Les premiers sont ordinairement
montés d'abord par les enfants du maître, et ne commencent à faire de longs
voyages que lorsqu'ils ont atteint l'âge de quatre ans.

La selle, placée sur la bosse de l'animal, ne la dépasse guère et s'appuie, au moyen de coussins, sur le corps du chameau. Quoique celui-ci s'agenouille pour recevoir son cavalier, il faut, pour se jucher lestement sur le siége, en avoir l'habitude. Il n'est pas non plus très-facile de s'y maintenir quand on est balancé par la rapide allure d'un tel coursier; aussi les Européens aiment-ils mieux prendre place dans des paniers assez semblables à ceux dont on charge nos baudets.

A voir le chameau, on ne pourrait croire que sa rapidité surpasse celle du cheval; cependant on en a vu faire 200 kilomètres en un jour et recommencer le lendemain.

Celui qu'on emploie comme bête de somme est plus malheureux que le premier, l'homme qui le charge n'ayant pas toujours assez de raison pour proportionner le fardeau à la longueur de la route que l'animal doit parcourir. Si ce fardeau est trop lourd, la pauvre bête refuse de se lever; mais il est forcé par les coups du chamelier, à moins que l'obéissance ne lui soit tout à fait impossible.

Quand il marche, ce n'est pas en le frappant qu'on l'anime, mais en faisant claquer le fouet en l'air, en chantant, en sifflant; il aime le bruit des instruments de musique, celui des sonnettes qu'on attache autour de lui; et quand on veut rendre son allure plus rapide, la caravane entière fait entendre quelque joyeux refrain.

Le chameau qui refuse de se lever quand on vient de le charger proteste à sa manière contre l'injustice commise par qui lui impose un fardeau trop lourd. Si son maître est bon, il fait alléger la charge; mais s'il ne tient pas compte de la résistance de cette vaillante bête, et qu'elle cède à la force en se relevant, elle se résigne, et, une fois en marche, elle ne s'arrête que quand on le lui permet ou quand elle est incapable de faire un pas de plus. Elle se couche alors, et c'est pour mourir.

L'Arabe ne pourrait pas se passer du chameau. C'est lui qui transporte où il leur plaît d'aller momentanément s'établir les familles appartenant à des tribus nomades. On le charge des tentes, des bagages, des ustensiles du ménage. Quant aux vivres, on compte sur son lait; et lorsque la fatigue l'empêche d'avancer, on le tue et l'on utilise sa chair et sa peau. Le chameau porte aussi jusqu'en Europe, en Russie, en Sibérie, les épices de l'Inde et les marchandisses de la Chine; et sans lui, tout commerce deviendrait impossible à travers les steppes incultes qu'il rencontre sur son chemin.

Tant qu'il marche sur un terrain sec, le chameau a le pied sûr; mais si le sol est détrempé par de grandes pluies, il glisse et souvent il tombe.

Il est à regretter qu'un si précieux animal n'ait pu jusqu'à présent être acclimaté hors des contrées où il rend de tels services. Il a vécu chez nous; il s'y est même reproduit, grâce à des soins exceptionnels; mais on ne saurait dire que sa domestication soit un fait accompli.

On a essayé, au Jardin des Plantes, d'habituer deux chameaux à tirer de l'eau d'un puits. La tâche était douce, et ils s'y prêtaient volontiers; cependant ils

16

dépérissaient, et ils seraient certainement morts si on ne les eût dispensés de l'accomplir. Il ne faut pas cependant désespérer d'obtenir un meilleur succès. Depuis longtemps déjà on utilise le dromadaire dans les maremmes de la Toscane ; on en voit aussi en Grèce, et quelques propriétaires de salines s'en servent dans les landes de la Gascogne.

Le dromadaire, nous l'avons déjà dit, n'a qu'une bosse. Quoique cette double excroissance de chair ne soit pas une infirmité, puisqu'elle sert de magasin de vivres au chameau, lorsqu'il traverse le désert, le dromadaire, dont la taille est un peu plus petite, est aussi moins massif et moins disgracieux.

Il habite toute la partie de l'Afrique située au nord du Sénégal. Un naturaliste célèbre, Adanson, a rencontré sur les bords du fleuve Niger, appelé aussi Sénégal, de nombreux dromadaires, paissant librement avec des zébus, des chèvres et des moutons. Il n'y a pas d'animal plus robuste, plus insensible à la fatigue, puisque, dans son pays, il peut gravir, avec une charge énorme, des hauteurs de plus de 800 mètres.

On pourrait donc en tirer bon profit dans nos pays de montagnes ; mais la routine empêche de songer aux services qu'il rendrait et ôte le désir de poursuivre les tentatives déjà faites pour acclimater chez nous un animal si précieux.

Voici ce que dit du dromadaire un ancien commandant du corps des chameliers en Algérie, le général Carbuccia, dont les notes ont été reproduites par M. I. Geoffroy Saint-Hilaire :

« Les dromadaires ont pour allure générale le pas en plaine et le trot dans les descentes. En plaine, ils trottent également lorsque leurs conducteurs les y excitent ; enfin, ils galopent bien, et il n'est pas un soldat qui n'ait vu des cavaliers courir à fond de train sans pouvoir les atteindre. La nature, du reste, nous montre deux classes de dromadaires : l'une aux formes massives, l'autre aux formes sveltes (mhari ou méhari des Arabes).

« La bosse du mhari ne dépasse presque pas le garrot. L'extrême maigreur du corps et les fortes proportions des cuisses sont le signe de sa grande vigueur à la course. Les Arabes disent que le mhari va comme le vent ; mais c'est là certainement une grande exagération. Cet animal ne marche qu'au trot ; mais son trot est allongé, et il peut le maintenir pendant douze heures. Il parcourt de la sorte quarante et même soixante lieues par jour, et cela pendant plusieurs jours de suite.

« Le gros dromadaire porte cinq à six sacs d'orge de soixante kilogrammes ; le moyen, quatre ; le faible, trois, sans compter le poids du conducteur.

« Le dromadaire, n'ayant pas le pied armé de pinces, glisse facilement sur un terrain argileux ; aussi, quelques heures après la pluie, faut-il qu'il s'arrête ; sinon, il se casse les jambes. Dans les terrains sablonneux ou pierreux, le même danger ne se présente pas.

« Le dromadaire peut servir dans un pays de montagnes.... Le général Marey-Monge l'a fait marcher en automne dans Djebel-Dira, où il a gravi souvent des pentes au huitième. Nous avons vu le dromadaire dans nos colonnes de ravitaillement, en 1840 et 1841, franchir les montagnes et marcher avec la pluie.

« Il arrive souvent qu'en gravissant une pente rapide ou un chemin détrempé, le dromadaire glisse sur les pieds de devant et qu'il tombe sur les genoux ; il n'essaie pas de se relever alors ; il continue de marcher dans cette position, et il ne se redresse que lorsqu'il est sorti du mauvais pas.

« Il mange de l'herbe ou du bois.

« Le poil qu'on coupe tous les ans au printemps, même celui de la bosse, sert à confectionner la majeure partie des objets à l'usage des Arabes, et surtout leurs tentes, leurs vêtements et même leurs récipients à eau.... »

La viande du dromadaire est aussi bonne et aussi saine que celle du bœuf. Quand l'animal est tout jeune, elle est tendre comme celle du veau. Le lait de la femelle, que les Arabes appellent *naga*, est la principale nourriture de ces hommes, dont la sobriété est extrême.

Il ne nous est pas permis d'être bien difficiles sur la qualité des produits du dromadaire.

« Au milieu du xix° siècle, dit M. Isidore Geoffroy Saint-Hilaire, en présence des merveilles qu'enfantent chaque jour, sous nos yeux, les arts mécaniques, physiques, chimiques, nous en sommes à ce point, que le pauvre manque encore de viande, et que le riche ne peut varier les mets de sa table qu'en variant la préparation de mets toujours les mêmes : parmi les grands animaux, la chair du bœuf, du mouton et du porc, le lait de la vache, de la chèvre, de la brebis, et c'est tout !...

« Avons-nous fait pour notre hygiène ce que nous avons fait pour notre industrie ?... Presque partout des progrès si rapides, que ce qui était hier encore semble séparé de nous par des siècles, et dans la question si fondamentale qui nous occupe ici, des progrès si lents, ou pour mieux dire si nuls, que nous en sommes, pour le nombre de nos espèces de boucherie, où en étaient les Romains, les Grecs, les anciens Égyptiens, et, pour tout dire, où n'en sont plus, depuis longtemps, les Chinois eux-mêmes. » (*Les Animaux utiles.*)

Les lamas sont les caméliens du nouveau continent ; mais leur petite taille, l'absence complète de bosses, leurs pieds, dont l'extrémité des deux doigts pose seule sur le sol, les distinguent des chameaux et des dromadaires.

Plusieurs naturalistes disent qu'il y a quatre espèces de lamas : le lama proprement dit, le guanaco, l'alpaga et la vigogne, tandis que d'autres confondent le guanaco avec le lama, dont il a tout à fait l'apparence.

Le lama est à peu près aussi grand que le cerf ; il a la tête petite et gracieuse, les jambes minces, le poil long et laineux, quelquefois blanc, noir ou brun, le plus souvent roussâtre ; mais cette toison est grossière.

Originaire des hautes montagnes de l'Amérique du Sud, il servait de bête de somme aux Péruviens, quand les Espagnols pénétrèrent dans ce riche pays. Ils en exploitèrent les mines à l'aide du lama, et rien n'était plus curieux, au dire des contemporains, que de voir défiler, à travers les âpres sentiers des montagnes, un troupeau de ces vaillantes bêtes, chargées de lingots d'argent.

Aujourd'hui encore, c'est le lama qui transporte les fardeaux dans les Cordillères. Sa démarche est lente, mais sûre; jamais il ne fait un faux pas, même dans les ravins les plus dangereux, et souvent l'homme a peine à le suivre entre les rocs escarpés où il s'engage résolûment. Il ne porte guère plus de 75 kilogrammes. Comme le chameau, il s'agenouille pour recevoir sa charge. Si elle est trop forte, il ne se lève pas qu'on ne l'ait allégée; et si, en route, on le frappe pour aller plus vite, il se laisse tomber et reste couché, quand il devrait périr sous les coups.

Dur à la fatigue, au froid, à la faim, il se nourrit des herbes les plus dures; et, sur les hauteurs qu'il affectionne, il se contente d'un peu de mousse et de lichen. Il passe sa vie en plein air, sans un toit pour s'abriter contre les neiges et les frimas. Il ne demande rien à l'homme en échange des services qu'il lui rend, et sait pourvoir lui-même à tous ses besoins.

Lama.

Le lama sauvage, qu'on désigne sous le nom de guanaco, vit en troupes sur les plus hauts sommets, où il est très-difficile de lui donner la chasse; car, à la vue des chiens, il bondit à travers les rochers et les précipices.

L'importance du lama, comme bête de somme, a beaucoup diminué en Amérique depuis qu'on y a introduit le cheval et le mulet. On ne l'élève plus guère que pour la boucherie, et l'on utilise d'ailleurs son poil pour la fabrication des tissus communs.

Les lamas ont tous une étrange manière de témoigner leur mécontentement, soit aux autres animaux, soit à leurs maîtres, soit aux étrangers. Ils ne mordent ni ne frappent du pied; ils envoient à quiconque les effraie ou les irrite, un jet de salive, souvent accompagné des herbes qu'ils sont en train de ruminer.

« J'ai été longtemps un ami enthousiaste du lama, dit le docteur Franklin; j'admirais son obéissance. Je plaignais son malheureux sort; mais, faut-il l'avouer? ma partialité pour cet animal a beaucoup diminué. Voici le fait. Je me trouvais dans le jardin zoologique d'Amsterdam; je m'avançai poliment vers un lama, pour le flatter avec la main. Peut-être se méprit-il sur mes intentions, peut-être interpréta-t-il mal mon geste innocent; mais toujours est-il qu'il répondit à mes avances par un outrage. Il me déchargea en plein visage un jet de salive. Il est sans doute injuste d'apprécier une race d'animaux par le caractère et les mauvais procédés d'un individu; mais j'avoue encore une fois ma faiblesse; je me retirai piqué, blessé dans mes sympathies. Ayez donc des amis pour qu'ils vous crachent à la figure! »

L'alpaga, plus petit que le lama, se reconnaît à sa riche toison, d'un brun fauve, très-longue sur le cou, le dos, les flancs et la queue. La face, le ventre et le dedans des cuisses sont blanchâtres et presque nus. Aussi doux, aussi timide que le lama, il est encore employé comme bête de somme par les plus pauvres habitants du Pérou; mais c'est surtout pour sa belle laine qu'on tient à le propager.

Il vit en nombreux troupeaux sur les hautes montagnes, où il passe toute l'année, à l'exception du moment de la tonte, époque à laquelle on ramène ces troupeaux près des habitations. Si quelques alpagas y demeurent isolés, il est impossible de les décider à rejoindre les autres, à moins qu'on n'en prenne un certain nombre pour aller les chercher.

On a trouvé dans les tombeaux des anciens Péruviens des manteaux de laine d'alpaga mélangée de coton, dont la vue a peut-être donné l'idée de fabriquer les étoffes connues sous le nom d'alpaga. Elles ont été longtemps fort à la mode; et quoique les tissus un peu ternes aient hérité de la vogue de ces étoffes à reflets soyeux, il est impossible d'en nier la beauté.

L'allure de l'alpaga est plus rapide que celle du lama. Il connaît ceux qui le soignent et il leur obéit; mais il est timide et ne se laisse pas volontiers approcher par les étrangers. Il rue; et si on le touche ou le contrarie, il se venge en envoyant violemment sa salive au visage des importuns.

La vigogne, plus petite que le lama et l'alpaga, a le corps brun, la gorge jaunâtre, la poitrine, le ventre et le dedans des cuisses blancs. C'est un bel animal, qui porte la plus riche de toutes les toisons. Cette laine incomparable serait une source de richesses pour la France, si l'on parvenait à nourrir sur nos montagnes ces précieux animaux. Par malheur, ils sont si timides, si sauvages, qu'il sera sans doute difficile d'y réussir. D'ailleurs, la guerre acharnée qu'on leur fait tend à en détruire l'espèce. On les poursuit à travers les Andes; on les chasse vers un espace entouré de cordes sur lesquelles flottent des lambeaux d'étoffes de couleurs éclatantes. Les vigognes effrayées n'essaient pas de franchir ces barrières; et, pour vendre leurs peaux, on les massacre par centaines.

Aucun sacrifice ne devrait coûter pour réaliser le désir d'acclimater la vigogne, désir exprimé depuis longtemps par plusieurs naturalistes; car si l'on arrivait à pouvoir tondre un troupeau de vigognes, comme un troupeau de moutons, cela vaudrait infiniment mieux que de tuer en masse ces innocents animaux, dans le seul but de les dépouiller.

« Nous n'usons pas, à beaucoup près, dit Buffon, de toutes les richesses que la nature nous offre; le fonds en est bien plus immense que nous ne l'imaginons; elle nous a donné le cheval, le bœuf, la brebis, tous nos autres animaux domestiques, pour nous servir, nous nourrir, nous vêtir; et elle a encore des espèces de réserve qui pourraient suppléer à leur défaut, et qu'il ne tiendrait qu'à nous d'assujettir et de faire servir à nos besoins. J'imagine que les lamas seraient une excellente acquisition pour l'Europe et produirait plus de bien réel que tout le métal du nouveau monde. »

Peu d'années après que ce grand naturaliste s'exprimait ainsi, on importa en France plusieurs lamas, et Louis XVI envoya, en 1792, M. Leblond en Amérique, pour étudier les mœurs de ces animaux et en ramener plusieurs couples. L'impératrice Joséphine voulut en avoir à la Malmaison, et plus tard, le duc d'Orléans chargea M. de Castelnau de s'en procurer un troupeau.

L'ordre fut exécuté, et l'on dirigea aussitôt ces précieuses bêtes vers Lima, où elles arrivèrent sans accident. Par malheur, on n'avait pas songé à donner l'ordre aux commandants des vaisseaux de l'Etat de les prendre à leur bord, et tout en regrettant un si fâcheux oubli, ces officiers se virent obligés de refuser le passage aux lamas.

Les Anglais ont mieux réussi que les Français dans leurs tentatives d'acclimatation, et le roi de Hollande Guillaume II, étant parvenu à se procurer quelques lamas et alpagas, et leur ayant fait donner dans son parc des soins assidus, on a vu prospérer ce petit troupeau qui, en 1847, comptait environ trente individus.

Le lama et l'alpaga étaient, avec le cochon d'Inde, les seuls animaux domestiques de l'Amérique lorsque Christophe Colomb en fit la découverte.

Le cochon d'Inde ne tarda pas à être naturalisé en Europe. La conquête du lama et de l'alpaga n'est pas encore faite; pourtant elle serait infiniment plus précieuse sous tous les rapports. Ces animaux, qui sont les chameaux du nouveau continent, nous donneraient, avec leur travail, leur lait, leur chair, et la magnifique laine de leur toison.

« La nature a placé et l'homme a laissé, jusqu'à nos jours, dit M. Geoffroy Saint-Hilaire, le lama et l'alpaga sur les plateaux élevés de la Cordillère, sur ceux surtout qui sont compris entre 3,000 et 3,500 mètres. Ils vivent donc dans une zone très-froide; ils respirent un air très-raréfié; ils se nourrissent de végétaux que l'on ne retrouve sur aucun autre point du globe. Il semble donc que notre climat, notre atmosphère, notre sol doivent être également en désaccord avec les données de leur organisation.

« Ce sont là de graves difficultés, sans doute, mais elles ne sont pas insurmontables. Dans nos Alpes, dans nos Pyrénées, sur le Cantal même, il est des localités où se trouvent reproduites, d'une manière assez rapprochée, les conditions de la zone d'habitation du lama et de l'alpaga; là seraient donc pour eux des stations toutes préparées par la nature, mais la science a le droit d'aller plus

loin. De ces premières stations, l'homme saurait, au besoin, les faire descendre
dans les régions basses, et, avec le temps, jusque dans la plaine ; c'est ce qui a
eu lieu autrefois pour nos moutons et pour nos chèvres, dont les ancêtres aussi
habitaient les hautes montagnes. Comme celle de ces ruminants, l'expansion du
lama et de l'alpaga à la surface du globe peut avoir, avec le temps, d'autres
limites que celles de nos besoins.

« Dès le début de mes recherches sur l'acclimatation des animaux utiles, j'ai
placé en première ligne celle du lama et de l'alpaga. Dans quelle proportion elle
pourra accroître un jour notre production agricole, je ne le sais ; mais ce que je
n'ai pas craint d'affirmer, à une époque où les laines des animaux de la Cordillère
n'avaient point encore accès dans notre industrie, c'est que leur culture est
destinée à créer des sources de richesses dans les localités qui en sont aujourd'hui
complétement dépourvues. »

Alpaga.

Sur les instances de M. Geoffroy Saint-Hilaire, le ministre de l'agriculture,
M. Lanjuinais, fit, en 1849, l'acquisition d'un magnifique troupeau de lamas nés
en Hollande ; mais ce troupeau, placé dans les parcs de l'Institut agronomique de
Versailles, y périt, soit qu'il eût manqué des soins nécessaires, soit que le lieu
eût été mal choisi pour cette expérience.

Les lamas et les alpagas se plaisent et réussissent au Jardin d'Acclimatation
du bois de Boulogne ; ils prennent volontiers de la main des visiteurs les friandises
dont ceux-ci ne manquent guère de se pourvoir, et il est assez rare qu'ils se permettent des incivilités comme celle dont parle le docteur Franklin.

Il y a tout lieu d'espérer que ces deux espèces deviendront pour nos pays de
montagnes une source de richesses ; et quoique la vigogne se montre plus sauvage
que ses congénères, ce serait une si précieuse acquisition pour notre industrie,

qu'aucuns soins ne sont négligés pour vaincre peu à peu l'extrême timidité qui rend farouche l'animal porteur d'une laine sans rivale.

Cette laine a été anciennement employée à fabriquer des étoffes très-chaudes, très-moelleuses, qui ont le brillant de la soie, et qui durent fort longtemps. Si l'on parvenait à élever des troupeaux de vigognes, on pourrait faire entrer leur splendide toison dans nos plus belles et nos plus fines étoffes.

# II.


## RUMINANTS ORDINAIRES.


## Chevrotain. — Girafe.

Cette famille, beaucoup plus nombreuse que celle des caméliens, se reconnaît à l'existence presque générale de deux cornes qui surmontent le front du mâle, et souvent aussi celui de la femelle.

La différence de structure que présentent ces cornes a fait diviser les animaux de cette famille en trois groupes ou tribus, qu'on désigne sous les noms suivants : ruminants à cornes persistantes et velues, ruminants à cornes creuses et ruminants à bois.

Les caméliens exceptés, un seul ruminant n'a ni cornes ni bois; c'est le chevrotain, pour lequel on a été forcé de créer un groupe à part.

Le chevrotain est un vif et gracieux animal. Sa taille, qui se rapproche de celle du chevreuil, est très-élégante. Ses jambes, fines et nerveuses, sont terminées par de petits sabots minces et pointus qui, en s'écartant, lui permettent de courir sur la neige et la glace des hautes montagnes, dont le séjour lui plaît. Il a la tête allongée, le museau arrondi, les oreilles moyennes, l'œil éveillé. Sa mâchoire supérieure manque d'incisives; mais elle est pourvue de fortes canines, qui dépassent la mâchoire inférieure, chez le mâle seulement.

Le poil serré, assez long et crépu, d'un roux tirant sur le brun, recouvre un cuir préférable à celui du chevreau. La chair de l'animal est, dit-on, très-bonne; mais c'est surtout pour s'emparer d'une poche à musc, que le chevrotain porte sous le ventre, qu'on lui fait une guerre acharnée. Toutefois, comme sa timidité

le tient toujours en éveil, et qu'il bondit à travers les précipices avec une merveilleuse agilité, les meilleurs chasseurs le manquent souvent. Il vit d'ailleurs sur
des rochers presque inaccessibles et ne descend dans les vallées que quand il y est
forcé par l'absence de tout végétal.

En Sibérie, on profite du moment où la disette commence pour tendre au
chevrotain des piéges, qu'on amorce avec du lichen. Dans la vallée, on ferme
avec des pieux très-rapprochés les passages que l'animal a l'habitude de parcourir; on n'y laisse qu'une étroite ouverture, à laquelle on attache un lacet. Enfin,
sur les bords de la mer Glaciale, on l'attire en imitant, à l'aide d'un morceau
d'écorce, le bêlement des jeunes chevrotains, et l'on tue à coups de flèches celui
qui se laisse tromper par cet appel.

Les chasseurs de musc en sont pour leurs frais quand ce sont des femelles qui
se présentent ou qui se prennent au lacet; car le mâle seul possède la précieuse
poche. Souvent aussi le loup, le renard, le glouton visitent les piéges avant
l'homme, et y laissent à peine quelques os.

Tout le monde connaît l'odeur du musc, odeur si pénétrante, qu'après avoir
tué un chevrotain, on doit enlever la poche immédiatement, sous peine de perdre
la chair, qui en serait bientôt imprégnée au point de n'être plus mangeable. On
recommande aussi de se boucher les narines et la bouche, avant de procéder à
cette opération, si l'on ne veut s'exposer à une hémorragie quelquefois mortelle.

Le musc se présente en petits grumeaux d'un rouge foncé; mais il est rarement
pur lorsqu'on le livre au commerce. Une vraie bourse aussitôt fermée qu'enlevée,
atteint un prix considérable; mais des fraudes habilement pratiquées ne la rendent
pas toujours facile à distinguer. Tantôt on augmente le poids du musc en y
ajoutant du sang de l'animal, de la terre et même des grains de plomb; tantôt
on fabrique une poche avec de la peau de chevrotain; on partage en deux le parfum contenu dans la véritable, et l'on remplit l'une et l'autre avec du sang. Parfois on enlève tout le musc; on le remplace par quelque autre substance, et l'enveloppe seule suffit à parfumer le tout.

Le musc est principalement employé dans la fabrication des savons, des eaux
de toilette et des sachets. Son odeur, très-persistante, déplaît à beaucoup de personnes; mais un grand nombre d'autres, blasées sur des parfums moins péné-
trants, recherchent celui-là.

Le groupe des chevrotains ne comprend qu'un petit nombre d'espèces, qui
presque toutes appartiennent à l'ancien continent, et dont la principale est celle
dont nous venons de parler.

Le kantschill, ou chevrotain pygmée, habite l'Océanie et doit son nom à sa très-
petite taille, qui n'excède guère celle du lièvre. Le roux vif, le fauve clair et le
blanc se rencontrent sur sa robe lisse et brillante. Ses jambes sont fluettes, et
ses mignons sabots sont si jolis, que les insulaires s'en servent pour bourrer
leurs pipes, après les avoir fait garnir d'or ou d'argent

La chair du kantschill leur paraît délicieuse; ils le chassent avec ardeur au
bord des forêts, où il dort pendant le jour et d'où il sort souvent vers le soir pour
chercher sa nourriture, qui consiste en baies et en fruits de toutes sortes.

Quand il est poursuivi, il fuit en faisant des bonds prodigieux; mais la force lui manque bientôt pour continuer cette course folle. Que fait-il alors ? Il se couche dans quelque creux, dans quelque ornière, et il y reste sans mouvement, comme s'il était mort. Il a parfois la chance de n'y être pas aperçu. Si le chasseur passe outre, il est sauvé; mais si le petit animal est découvert, tout n'est pas encore fini pour lui. Remis en haleine par quelques instants de repos, il s'élance au moment où l'on veut le saisir; et s'il gagne le fourré, il est presque toujours sauvé.

Les indigènes disent qu'arrivé là, le kantschill fait un saut, s'accroche à quelque branche au moyen de ses canines et y trouve un refuge ; mais les naturalistes sérieux prennent ce détail pour un conte fait à plaisir. Toujours est-il que le chevrotain pygmée est pour les Javanais l'idéal de la ruse, et qu'en parlant d'un homme remarquable par sa finesse, ils disent qu'il est malin comme un kantschill.

Girafe.

La girafe forme à elle seule un groupe d'animaux qui se distingue des autres ruminants par les plus étranges proportions et par le genre de ses cornes, qui sont persistantes et velues.

Une petite tête, mince, effilée, aux yeux vifs et doux, aux oreilles en forme de cornet, aux lèvres longues et mobiles, mais non fendues comme celles des chameaux, est portée par un cou très-long, large et plat, que l'animal tient presque droit.

Le corps, assez court, est perché sur des jambes grêles, de hauteur inégale comme celle des hyènes. Il en résulte que la girafe a le train de derrière peu élevé, tandis que de ses pieds de devant à l'extrémité de sa tête, on mesure près de six mètres. Un poil court, dont le fond grisâtre ou fauve clair sur le dos, blanc dessous, est marqué de taches irrégulières, d'un fauve plus foncé, lui fait une robe élégante. Son front est orné de deux cornes courtes et persistantes, dont la partie osseuse est recouverte d'une peau épaisse et peu velue.

Quand la girafe court, elle n'a rien de gracieux; elle jette ensemble ses jambes de devant et ramène entre ces deux jambes écartées les deux de derrière, qui dépassent alors les autres; puis, quand ces dernières ont pris leur aplomb, elle fait de nouveau avancer les premières, et tout cela en balançant son cou d'avant en arrière, sans le plier. Son allure ordinaire est l'amble, c'est-à-dire qu'elle avance en même temps les deux membres d'un même côté.

Lorsqu'elle veut paître l'herbe, elle est obligée d'écarter démesurément les jambes de devant; et pour boire, il faut qu'elle se mette à genoux. Mais les feuilles des arbres forment sa principale nourriture; elle les cueille en étendant une langue mince et pointue; et quand elle promène sa tête au milieu des branches, on ne peut s'empêcher d'admirer sa beauté.

La girafe habite l'Afrique; mais on ne l'y trouve nulle part en grand nombre, quoiqu'elle soit très-sociable, si sociable, dit-on, qu'elle pleure quand on la sépare de sa famille. Chacune de ces familles se compose de dix à quinze individus, quelquefois de vingt, mais rarement. Quoique ces animaux soient très-doux et que la vue de l'homme ne les effraie pas, il est à peu près impossible d'en prendre un seul vivant, à moins qu'il ne soit encore tout jeune et que sa mère ne soit pas près de lui pour le défendre.

Dès que la girafe se voit menacée, elle prend la fuite; et sa course est si rapide, qu'un cheval lancé au galop ne peut la suivre; elle se fatigue vite; mais alors même on est obligé de la tuer de loin pour s'en emparer; car elle se défend de ses pieds de devant assez vigoureusement pour mettre le lion en déroute, quand il n'a pas réussi à lui sauter sur la croupe.

Les Africains mangent la chair de la girafe; ils font de sa peau des courroies très-solides, et des outres pour enfermer leur provision d'eau. Ils surprennent cet animal sur la lisière des forêts, lui lancent des flèches empoisonnées; et quand ils l'ont blessé, ils le suivent jusqu'à ce qu'il succombe.

La girafe, connue des anciens, ne l'était des modernes que par les étranges détails que les premiers en avaient laissés. Le célèbre voyageur Levaillant, ayant fait don au musée du Jardin des Plantes de la dépouille d'une girafe adulte qu'il avait tuée, on put étudier à loisir cet étrange animal.

« Qui croirait, dit l'heureux chasseur, qu'une conquête pareille excita dans mon âme des transports voisins de la folie? Peines, fatigues, besoins cruels, incertitude de l'avenir, dégoût quelquefois du passé, tout disparut, tout s'envola à l'aspect de cette proie nouvelle : je ne pouvais me rassasier de la contempler; j'en mesurais l'énorme hauteur. Je reportais avec étonnement mes regards de l'animal détruit à l'instrument destructeur. J'appelais, je rappelais tour à tour mes gens; et quoique chacun d'eux eût pu en faire autant, quoique nous eussions abattu de plus pesants et de plus dangereux animaux encore, je venais, le premier, de tuer celui-ci; j'en allais enrichir l'histoire naturelle; j'allais détruire les romans et fonder une vérité. »

Les premières girafes qu'on ait vues vivantes à Londres et à Paris, y furent amenées en 1827. Elles avaient été prises, quelques jours seulement après leur naissance, par des Nubiens, qui les avaient fait allaiter par des chamelles. Le pacha d'Egypte, l'ayant appris, fit amener au Caire ces deux girafes, qui avaient alors atteint plus de la moitié de leur taille ; il en donna une au consul de France et l'autre au consul d'Angleterre.

La première arriva à Marseille au mois de janvïer, y passa l'hiver et ne se remit en route qu'au printemps. Dans chaque ville qu'elle traversait, sa belle robe, la hauteur de sa taille, sa petite tète, son long cou, ses allures étranges, excitaient la curiosité publique. A Paris, son triomphe fut encore plus complet. La foule se pressait sur son passage, et le roi Charles X, qui était à Saint-Cloud, voulut la voir avant qu'elle prît place au Jardin des Plantes. Elle y vécut dix-huit ans, assidûment visitée d'abord, puis oubliée peu à peu, mais aussi heureuse qu'elle pouvait l'être loin des forêts de son pays. Très-douce, très-docile, elle se laissait approcher, et un enfant l'eût conduite sans qu'elle résistât. Si, par hasard, on prenait plaisir à la contrarier, elle piaffait de ses pieds de devant, et se sauvait en ruant de ceux de derrière.

La girafe conduite en Angleterre ne tarda pas à y dépérir, et, malgré tous les soins dont on l'entoura, elle mourut l'année suivante. Elle y fut bientôt remplacée, et l'on voit maintenant dans la plupart des jardins zoologiques quelques-uns de ces animaux, dont un auteur ancien disait :

« C'est une bête moult belle, de la plus douce nature qui soit, quasi comme une brebis, et autant aimable que nulle autre bête sauvage. »

# III.

## RUMINANTS A BOIS.

Renne. — Élan. — Cerf. — Wapiti. — Axis. — Cerf
de Virginie. — Daim. — Chevreuil.

Les ruminants à bois ou à cornes caduques forment divers genres, qui tous ont pour caractère principal un front orné de bois plus ou moins compliqués, dont le mode de croissance est très-remarquable.

Dès que le ruminant à bois a atteint la taille ordinaire des individus de son espèce, on voit paraître sur son front deux petites protubérances, au-dessus de chacune desquelles se développe un prolongement d'abord cartilagineux, mais qui peu à peu se solidifie, et que protége contre toute atteinte une sorte d'étui formé par la peau de l'animal.

Quand cet étui a cessé d'être utile, il se dessèche et finit par tomber, en laissant à découvert deux petits bois auxquels on donne le nom de dagues. Au bout d'un temps plus ou moins long, les dagues tombent à leur tour et sont remplacées, en quelques semaines, par d'autres plus longues, enveloppées, comme les premières, par un prolongement de la peau. Lorsque cette peau se dessèche, le bois commence à dépérir et ne tarde pas à tomber; mais il repousse de nouveau, toujours plus grand, jusqu'à ce qu'il ait atteint les limites ordinaires.

Le même phénomène se renouvelle pendant toute la vie de l'animal. Si grands que soient les bois, ils tombent tout entiers et mettent relativement peu de temps à se reproduire. Ces bois sont l'attribut du mâle seul, dans tous les ruminants à cornes caduques, excepté les rennes, où ils sont cependant moins grands chez la femelle que chez le mâle.

Le renne, l'élan, le cerf, forment dans ce groupe trois genres faciles à distinguer, d'après la disposition de leurs bois.

Le renne mérite la première place par les services qu'il rend aux régions glacées qui avoisinent le cercle polaire. L'Arabe pourrait encore plus facilement peut-être se passer du chameau que le Lapon ou le Samoyède ne pourrait se passer du renne. Il est l'unique richesse de ces peuples déshérités ; il leur donne pendant l'été un lait excellent, dont ils préparent des fromages qui se gardent toute l'année, et sa chair leur permet de vivre dans une certaine abondance. Mais ce n'est pas tout. Le Lapon, enfermé dans sa hutte, serait privé de toute communication avec les habitants des autres pays, s'il n'avait la ressource d'atteler le renne à son traîneau.

Ce brave coursier, dont la vitesse surpasse celle du cheval, est doué d'une patience et d'un courage admirables. Quand il est habilement et doucement guidé, il paraît insensible à la fatigue, à la faim, et se contente, pour apaiser sa soif, de ramasser en courant une bouchée de neige. Sur un terrain uni, il fait ordinairement de quatre à cinq lieues à l'heure ; et pour peu qu'on le presse, il en parcourt près du double.

« Des voyages de cent cinquante lieues faits en dix-neuf heures ne sont pas très-rares. Dans le palais du roi de Suède, il y a le portrait d'un renne représenté dans une des actions de sa vie : il avait conduit un officier chargé de dépêches importantes, à l'incroyable distance de huit cent milles anglais, en quarante-huit heures. Cet événement arriva, dit-on, en 1609, et la tradition ajoute que le renne tomba mort à son arrivée. Cela n'a rien d'étonnant ; car le vaillant animal avait dû, sans prendre un instant de repos, courir avec une vitesse égale de six lieues et demie par heure. » (FRANKLIN.)

Avant de devenir une bonne bête de trait, le renne a besoin d'être dressé. On y arrive par une grande douceur, et non par de mauvais traitements. Il n'y a pas d'animal plus docile ; mais il paraît avoir conscience de sa valeur ; et si on le brutalise, il se révolte. Il brise ses liens par des bonds furieux, et se venge de son persécuteur, à moins que celui-ci ne renverse le traîneau et ne se tienne caché dessous, jusqu'à ce que la colère du renne soit apaisée.

Rien n'est plus étrange que le spectacle d'une longue file de traîneaux, se suivant de si près, que la tête du renre touche les épaules du conducteur placé dans le véhicule précédent. Les rennes aiment à voyager en grand nombre ; leur émulation est telle, que tous règlent leur allure sur celle de l'animal qui tient la tête du convoi. Celui-ci part au galop et ne ralentit sa marche que quand il est très-fatigué ; les autres l'imitent en tout, et il est fort difficile de les faire rester en arrière ou de les décider à quitter la route suivie par leurs compagnons.

Si quelque accident isole un des coursiers, presque toujours il parvient à rejoindre le convoi, même quand l'obscurité est complète ou que le bruit de la tempête l'empêche d'entendre les cris de son conducteur ou les clochettes des attelages. Il marche le nez sur la neige, jusqu'à ce qu'il ait retrouvé leur piste, et bientôt il a franchi la distance qui l'en séparait.

Le Lapon est riche, il est fier, il est heureux, quand il possède un troupeau de cinq cents rennes. Il y en a de plus nombreux, mais ils sont assez rares. Deux cents rennes représentent encore une certaine aisance; mais le père de famille qui n'en a pas même un cent est à plaindre. Il est obligé de joindre ce petit troupeau à celui de quelque propriétaire plus favorisé, dont il devient le domestique. Il conduit les rennes dans les montagnes, où ils trouvent l'été une nourriture abondante, et il les ramène l'hiver dans les plaines couvertes de neige. Il étend à terre une peau de renne, se couche dessus, vêtu d'une seconde peau, en réserve une troisième pour lui servir de couverture, et brave ainsi les froids les plus rigoureux.

Les chiens lui sont très-utiles pour conduire ses bêtes, rallier celles qui s'écartent, les décider à passer les rivières, et les conduire, à l'heure voulue, dans l'enceinte où il faut les faire entrer pour traire les femelles. Celles-ci ne s'y prêtent pas volontiers; on est obligé de leur jeter le lasso, de les attacher à un tronc d'arbre, et de leur passer un nœud coulant autour des naseaux pour qu'elles restent tranquilles.

Tant que le renne peut, en écartant la neige à l'aide de ses sabots, rencontrer un peu de mousse ou de lichen, il s'en contente; mais si cette chétive nourriture devient impossible à trouver, comme cela arrive quand une épaisse couche de glace recouvre le sol, l'animal tombe en langueur; et si la température ne s'adoucit pas, le troupeau commence bientôt à diminuer tous les jours.

Les loups, les gloutons, les lynx, les ours, le déciment, en outre, par de nombreuses attaques, et souvent le plus riche propriétaire de rennes est ruiné en une seule année.

Trente rennes transportés en Norwége y avaient, en cinq ou six ans, prospéré de telle sorte, que le troupeau comptait plus de cinq cents têtes. Tout à coup les loups survinrent en si grand nombre, qu'ils détruisirent non-seulement les rennes, mais une quantité considérable d'autre bétail.

Les rennes ont encore des ennemis qui, pour être en apparence moins redoutables que les bêtes féroces, causent la mort de beaucoup d'entre eux. Nous voulons parler des insectes qui déposent leurs œufs dans les naseaux ou sous le cuir du pauvre animal. Les larves éclosent, occasionnent sur le dos de douloureux abcès ou percent les fosses nasales et pénètrent dans le cerveau.

Le renne sauvage vit en troupeaux immenses sur les montagnes, dans les marais et les champs couverts de neige. Il est plus grand, plus fort, plus beau que le renne domestique, dont il se rapproche quelquefois, mais pas pour longtemps. Quand il ne trouve plus de nourriture fraîche ou qu'il est trop cruellement tourmenté par les mouches, il émigre en masse, soit pour descendre dans la plaine, soit pour regagner les hauteurs.

Les habitants des pays vers lesquels marchent ces colonnes trouvent dans leur passage une bonne occasion de faire bombance et de renouveler leurs provisions, tout en ménageant les rennes domestiques. Ce n'est pas qu'il soit facile de chasser avec fruit cet animal sauvage, que ses sens très-développés et son caractère craintif tiennent toujours en éveil; mais les chasseurs ne manquent ni de courage ni de ruse. On connaît d'abord le chemin que suivent ces troupeaux, et l'on sait à quel endroit ils traverseront les rivières qu'ils rencontreront.

C'est ordinairement au passage de ces rivières qu'on en tue un très-grand nombre. Les hommes les plus hardis montent dans des canots pour attaquer les rennes, qui, pressés les uns contre les autres, commencent à nager avec assez de régularité; mais bientôt ceux qui sont blessés mettent le désordre dans la bande; ils ruent, piaffent, entremêlent leurs bois de telle sorte, qu'ils ne peuvent plus les dégager. Ce désordre profite aux chasseurs. Armés de courtes lances, ils se jettent résolûment au milieu des animaux furieux, qu'ils frappent sans relâche et sans pitié, à moins que, le canot venant à être renversé, ils ne trouvent une prompte mort au milieu des eaux.

Renne.

Les Esquimaux chassent aussi le renne dans ses montagnes. A la faveur de quelques roches, ils se glissent, en rampant, vers le troupeau, et parviennent, à force de précautions, à s'en approcher assez pour faire usage des arcs et des flèches dont ils se sont munis. Vêtus de peaux de rennes, ils rabattent sur leurs têtes un capuchon semblable, et, à l'aide d'un morceau d'écorce, ils imitent le beuglement de ces innocents animaux.

Plusieurs s'approchent de ces faux frères, qu'ils n'aperçoivent qu'imparfaitement, derrière les roches éparses; peu à peu, après des hésitations plus ou moins longues, ils arrivent à portée du trait, et presque toujours tombent morts.

Le renne a les jambes moins fines que le cerf, les pieds plus larges et recouverts, même en dessous, de poils raides qui, sans doute, servent à l'empêcher de glisser sur la glace. Sa forte tête est ornée d'un bois plus compliqué chez le mâle que chez la femelle. Ses yeux, que l'éclat de la neige fatiguerait, sont

17

pourvus de paupières supplémentaires qui, au besoin, peuvent les recouvrir tout entiers. Son pelage, d'un fauve grisâtre en été, s'épaissit beaucoup en hiver, et prend la teinte douteuse de la neige fondante. On en fait une chaude fourrure, et sa peau épaisse sert à confectionner d'excellentes bottes. On taille dans ses bois des cuillers, des fourchettes, des manches de couteau ou de poignard et des ustensiles divers. Ses nerfs et ses tendons fournissent des cordons et du fil; ses boyaux, des cordes d'arcs et des filets. Sa chair se mange fraîche ou séchée; sa moelle sert de beurre ou de pommade; ses excréments, façonnés en mottes, donnent un bon chauffage; enfin, les lichens qu'on trouve dans son estomac, mêlés à de la graisse et à de la viande hachée, sont regardés comme un mets délicieux. Le sang même du renne est si précieux, qu'on ferme, avec un bouchon, la blessure par laquelle il pourrait s'échapper. Quand on a dépouillé l'animal, et tant bien que mal nettoyé la panse, on y verse le sang et on le met en réserve pour faire de la soupe.

Le chef de la famille a le privilège de tuer le renne domestique, d'en assaisonner et d'en faire cuire les diverses parties. Il commence par en manger à bouche que veux-tu, puis vient le tour de sa femme et de ses enfants. Souvent on invite les amis et les voisins, et l'on s'arrange avec eux pour que chacun, à son tour, réunisse à sa table ceux qui les ont si bien régalés.

Le renne appartient aux régions arctiques, comme le chameau aux sables du désert. Les efforts tentés jusqu'à présent pour étendre sa zone d'habitation sont restés infructueux. Dans les contrées chaudes ou seulement tempérées, il languit et ne tarde pas à périr; cependant, la plupart des jardins zoologiques en possèdent, et, comme ces intéressants animaux trouveraient sur nos grandes chaînes de montagnes une température aussi froide que celle de leur pays natal, on n'a pas encore renoncé au désir de les y acclimater.

L'élan est le plus grand des ruminants à bois. Aussi grand que le cheval, il est plus gros, mais beaucoup moins agile et moins gracieux. Sa tête ressemblerait à celle d'un âne, sans les bois épais dont elle est chargée. Ces bois, différents de ceux des autres ruminants, s'évasent en forme de pelle; ils sont profondément dentelés sur leurs bords et si lourds, qu'ils pèsent de vingt à vingt-cinq kilogrammes lorsqu'ils ont pris tout leur accroissement.

Un museau renflé, percé de larges narines, termine cette tête, à laquelle une lèvre supérieure très-longue, très-mobile et largement fendue, donne quelque chose de désagréable. Un cou gros et court, le long duquel flotte une barbe noire; un pelage grossier, qui va du brun noir au roux et au grisâtre, ne contribuent pas à la beauté de cet animal.

L'élan nage fort bien et recherche l'eau, surtout pendant l'été, pour se préserver de la piqûre des taons. Les forêts humides et les lieux marécageux sont pour lui le plus agréable des séjours. Il s'enfonce dans la vase, y passe des journées entières et se nourrit des herbes qui y croissent. Dans les bois, il mange les jeunes pousses des arbres, les bourgeons, les écorces; et quand il veut paître à terre, il est obligé de se mettre à genoux, son cou refusant de s'allonger jusque-là. C'est un hôte dangereux pour les forêts qu'il habite; car, après avoir dévoré les feuilles qui se trouvent à sa portée, il attire à lui les hautes branches et souvent brise la cime de l'arbre.

Il ne vit pas seul, mais en compagnie de plusieurs femelles et de jeunes de l'année. Tous les membres de cette petite famille semblent s'aimer beaucoup. Le père veille à la sûreté commune, et la vue perçante, l'ouïe subtile dont il est doué, lui permettent presque toujours de s'apercevoir du danger assez tôt pour y échapper. Il fuit alors très-rapidement; mais si les chasseurs sont munis de patins, ils parviennent à le suivre sur la neige, dans laquelle, après une course plus ou moins longue, il finit par s'enfoncer.

Élan femelle et son petit.

Le pauvre animal est perdu. Si on le frappe de loin, il meurt sans vengeance; mais si ses ennemis l'approchent, il se défend à l'aide de ses pieds, leur brise les membres et les tue, s'il parvient à les atteindre à la tête.

L'élan est d'un naturel très-doux; il s'apprivoise parfaitement, connaît celui qui le soigne, vient à sa voix et mange dans sa main. Il se laisse atteler comme le renne; mais il ne vit pas longtemps en domesticité. L'air et l'espace lui sont nécessaires; si on l'enferme, il essaie de recouvrer sa liberté, en s'élançant au-dessus des palissades ou des murs de sa prison.

La chair de cet animal est excellente; ses jeunes bois, ses oreilles et sa langue passent pour des mets très-délicats; sa peau, épaisse et solide, sert à faire des canots; ses os, blancs et brillants comme l'ivoire, sont employés pour fabriquer divers objets de bimbeloterie.

Malgré les lois qui, dans le nord de l'Europe, s'opposent à la destruction de l'élan, il y est devenu rare; mais on le trouve encore dans les contrées septentrionales de l'Asie et de l'Amérique.

L'ours, le loup, le lynx et le glouton sont les ennemis de l'élan, comme du renne; mais il sait mieux se dérober aux piqûres des mouches et des taons, ou plutôt la facilité qu'il a de séjourner dans l'eau le met à l'abri de leurs attaques.

L'élan attelé au traineau court avec une vitesse extrème et passe pour être infatigable; aussi a-t-on interdit en Suède l'usage de ce coursier, de peur que, grâce à lui, des criminels ne vinssent à échapper à la justice.

On connait plusieurs espèces de cerfs, qui toutes ont en partage la grâce et l'agilité.

Le cerf ordinaire est l'hôte le plus remarquable de nos grandes forêts. Sa taille élégante, les bois majestueux dont il est coiffé, la finesse de ses jambes, la souplesse de ses mouvements, la douceur de son regard, la beauté de sa robe, qui varie du fauve clair au brun foncé, font regretter qu'on l'y voie si rarement.

La chasse au cerf est un plaisir princier. Elle nécessite un grand nombre de chiens, de valets, de piqueurs, de chevaux, et elle exige des études, qui font un homme à part d'un veneur expérimenté. Il doit non-seulement savoir reconnaitre, à l'inspection d'une piste, si les empreintes sont celles d'un cerf ou d'une biche, mais encore dire si l'animal est un faon, un daguet, un dix-cors jeunement ou un dix-cors.

Le faon est un tout jeune cerf, qui, au lieu de la couleur uniforme de ses parents, porte une robe fauve mouchetée de blanc. Le daguet a déjà de petits bois, connus sous le nom de dagues. A six ans, on lui donne le nom de dix-cors jeunement. Plus tard, il prend le nom de dix-cors et le conserve toute sa vie.

Les cerfs se plaisent sur les hauteurs couronnées de grandes forêts. Ils s'y réunissent en petites sociétés : les biches et les faons vont ensemble, les cerfs se tiennent à part, et les vieux dix-cors vivent solitaires. Les faons jouent entre eux, sous la surveillance de leurs mères; quand ils n'aiment plus le jeu, ils dorment une grande partie du jour, paresseusement étendus sous l'arbre le plus touffu. En été, ils trouvent leur nourriture dans les bois et sur la montagne ; en automne, ils descendent dans les vallées, et, s'ils n'y trouvent pas une nourriture abondante, ils pénètrent dans les champs et dans les vergers.

Ils mangent avec plaisir les fruits tombés; mais lorsqu'ils n'en trouvent pas à terre, ils savent fort bien se dresser le long de l'arbre et en secouer les branches avec leurs bois.

Les loups, les ours, les lynx, sont les ennemis du cerf; mais l'homme est encore plus dangereux pour ce bel animal. Aussi le cerf est-il souvent aux aguets; de loin il devine la présence de son persécuteur; il détale au plus vite, en faisant des bonds prodigieux, et, s'il n'y a pas de chiens à sa poursuite, il rentre sous bois, sans courir aucun danger sérieux.

C'est surtout lorsqu'il a été assailli par une meute acharnée, étourdi par les fanfares des piqueurs, que le cerf devient méfiant. Dans les jardins zoologiques, les cerfs pris jeunes et bien soignés perdent leur timidité naturelle; mais trop souvent, en devenant vieux, ils deviennent irritables et méchants. La biche, au contraire, reste douce, docile, se laisse approcher et ne cherche jamais à faire de mal à qui que ce soit.

La biche est la femelle du cerf; elle ne met au monde qu'un petit à la fois, le soigne avec une extrême tendresse, le garde auprès d'elle jusqu'à l'âge de deux ans, lui apprend à chercher sa nourriture, à se méfier de ses ennemis, à se cacher dans les hautes herbes, dès qu'elle lui en donne le signal.

Quand le cerf a été souvent inquiété, il sait trouver des ruses qui déconcertent les chiens et les piqueurs. M. Boitard raconte ainsi un fait dont lui-même fut témoin :

Cerfs, biches et faons.

« Un vieux cerf, habitant un canton du bois de Meudon, vingt fois fut mis sur pied par la meute impériale. Il se faisait battre dans la forêt pendant un quart d'heure; puis tout à coup il disparaissait, et ni hommes ni chiens n'en avaient plus de nouvelles, ce qui mettait les piqueurs au désespoir régulièrement tous les quinze jours. Enfin, un paysan, que le hasard avait rendu témoin de la ruse de l'animal, le trahit, et le pauvre cerf fut pris.

« Voici comment il agissait : après avoir fait deux ou trois tours dans le bois, pour gagner du temps, il filait droit vers la route de Fontainebleau, se plaçait en avant d'une diligence ou d'une voiture de poste, trottait devant les chevaux, qui effaçaient sa piste, et, sans se presser davantage, sans s'effrayer des voyageurs, à pied, à cheval ou en voiture, il faisait ses six lieues, et arrivait gaillardement dans la forêt de Fontainebleau, d'où il ne revenait que le lendemain, quand le danger était passé. »

Quelquefois le cerf échappe aux chasseurs par une ruse différente. Quand la meute s'acharne à sa poursuite et qu'il sent ses forces fléchir, il essaie de donner le change aux limiers. S'il rencontre sous bois un jeune cerf moins fort que lui, il l'attaque et le force à quitter sa retraite. Il le suit pendant quelques instants ; puis, faisant un bond de côté, il va se reposer dans le taillis, ou bien il court rapidement dans une direction opposée à celle de la chasse.

Cependant, malgré tout, il est rare que le cerf réussisse à dépister les chiens ou à lasser les chasseurs, montés sur de rapides coursiers. Quand, épuisé de fatigue, il se sent incapable de courir encore, il va droit vers un étang ou une rivière; il s'y jette, pour se rafraîchir et mettre une barrière entre lui et ses ennemis. Mais les chiens le suivent, et c'est en vain que, de ses bois, il éventre ceux qu'il peut atteindre; bientôt à bout de forces, et perdant son sang par de nombreuses blessures, il reçoit le coup de couteau qui doit terminer ses angoisses avec sa vie.

Le wapiti ou cerf du Canada a quelque ressemblance avec l'élan. Aussi grand, aussi fort, il est très-doux et devient un animal domestique lorsqu'il est pris tout jeune. Les indigènes lui tendent des filets, lorsqu'il tette encore, le portent dans leur hutte, le traitent avec beaucoup de douceur, et l'habituent, sans trop de peine, à obéir à la voix, à se laisser charger suivant sa force, à traîner des fardeaux ou à courir attelé au traîneau.

Quand on trouve qu'il a assez longtemps travaillé, on l'engraisse ; on mange sa chair, qu'on dit fort bonne, et l'on utilise sa peau et ses bois. Si plusieurs wapitis sont employés ensemble ou seulement abrités sous le même toit, ils ont les uns pour les autres tant d'affection, qu'on ne peut les séparer sans qu'ils en souffrent et en témoignent leur douleur. Dans les forêts ils vivent en famille; et si l'un d'eux vient à être tué par un chasseur, presque tous les autres auront le même sort ; car ils ne peuvent se décider à abandonner le cadavre de leur ami.

Toutefois il est inutile d'essayer de s'emparer d'un wapiti élevé en liberté et arrivé à un certain degré de force. Il fuit avec une merveilleuse agilité, franchit tous les obstacles, et, au besoin, se défend avec vigueur.

Les wapitis n'atteignent leur plus grande taille qu'à l'âge de douze ans. Leurs bois, qui tombent et se renouvellent, comme tous ceux des ruminants à cornes caduques, pèsent environ vingt-cinq kilogrammes. Ces animaux passent pour vivre longtemps ; et quand les Indiens parlent d'un homme très-âgé, ils disent qu'il est aussi vieux qu'un wapiti.

Une autre espèce de cerf, grand, élancé, gracieux, dont le bois ressemble un peu à celui de l'élan, quoiqu'il ait moins de largeur, se voit dans plusieurs jardins zoologiques, et paraît s'y plaire, quoiqu'il ait l'Inde pour patrie. Il connaît son gardien, accourt quand on l'appelle, et répond à son nom par un bêlement qui tient de celui de la chèvre.

L'axis est une fort belle espèce de cerf, qui appartient au continent indien et aux îles qui l'avoisinent. Son corps allongé est porté par des jambes courtes qui le font paraître plus gros qu'il ne l'est réellement. Il a la tête bien faite, les oreilles en fer de lance, les yeux pleins de douceur. Enfin son bois en forme de lyre, sa

.robe d'un gris roux, presque noire sur le dos, tournant au fauve très-clair sous la gorge et le ventre, et marquée de taches blanches, en font un charmant animal.

Très-timides, les axis passent le jour cachés dans les hautes herbes; et le soir, ils vont en bandes chercher leur nourriture. Les tigres en détruisent beaucoup, et ceux qui font la chasse à ce grand carnassier ne les épargnent pas non plus.

Quand on les prend tout jeunes, ils s'apprivoisent fort bien et vivent en domesticité. On les élève pour leur chair, ainsi que l'axis cochon, qui habite le même pays. Ce dernier, dont les formes sont plus ramassées et le pelage plus grossier, est le moins gracieux de tous les cerfs; mais c'est un excellent gibier, dont on ne désespère pas d'enrichir un jour nos forêts. Notre climat paraît lui convenir, et ceux que possèdent nos jardins zoologiques y vivent dans d'excellentes conditions.

Le cerf de Virginie, un peu plus petit que notre cerf ordinaire, se trouve dans toutes les contrées tempérées de l'Amérique septentrionale. On le rencontre dans les forêts les plus épaisses; mais souvent aussi il s'avance jusqu'aux plantations entourées de haies, se blottit dans les roseaux, entre les buissons de myrtes et de lauriers.

« Sa nourriture varie suivant les saisons, dit le naturaliste Audubon. En hiver, il mange les rameaux et les feuilles des buissons. Au printemps et en été, il recherche les herbes les plus délicates et pille souvent les jeunes plantations de maïs et de céréales. Il aime surtout les baies de toute nature, les noix et notamment les faînes. Avec une nourriture si variée et si abondante, on pourrait croire que la viande du cerf de Virginie est toujours délicate; il n'en est point ainsi.... »

La biche a ordinairement deux petits par portée. Elle les aime beaucoup, les cache avec soin dans quelque fourré où elle vient les allaiter le matin, le soir et durant la nuit. Pendant les premiers jours les faons dorment si profondément, qu'on peut les emporter sans qu'ils se réveillent. On les fait alors nourrir par une chèvre ou par une vache; ils sont très-doux et s'apprivoisent promptement.

Les indigènes et les Européens font également la guerre au cerf de Virginie. « Parfois l'Indien se revêt d'une peau de cerf, en attache la ramure sur sa tête, en mime fidèlement la marche et les allures; il parvient ainsi jusqu'au milieu du troupeau, et deux ou trois victimes sont déjà tombées sous ses flèches, avant que les autres pensent à fuir.

« Depuis l'introduction des armes à feu, la plupart des tribus ont abandonné pour elles les armes de leurs ancêtres. Mais, même ainsi armé, le chasseur indien cherche à s'approcher le plus possible de son gibier, ne tire qu'à vingt-cinq ou trente pas, et l'on comprend qu'il ne le manque pas.

« Un mode de chasse tout particulier est le suivant : deux chasseurs s'associent; l'un porte un vase de fer dans lequel il fait brûler un peu de bois résineux; le second le suit de près, portant le fusil. Cette lumière inaccoutumée, au milieu de la forêt, surprend le gibier; il s'arrête immobile, et ses yeux reflétant la lumière de la flamme, le chasseur peut viser et faire feu. Il arrive souvent qu'après le premier coup, des membres du troupeau reviennent vers la flamme.

L'inconvénient de ce procédé est que le chasseur ne peut reconnaître au juste l'animal qu'il a devant lui ; aussi n'est-il pas rare de tuer de cette façon des animaux domestiques. »

Un chasseur racontait à Audubon qu'ayant une seule fois employé ce moyen, il crut voir briller les yeux d'un cerf, fit feu, blessa mortellement son gibier, et peu d'instants après, abattit de même une seconde pièce. Le lendemain matin, il retourna dans la forêt pour chercher sa proie, et il reconnut qu'au lieu de deux cerfs, c'étaient ses deux plus beaux poulains qu'il avait tués. Dans les mêmes circonstances, un autre chasseur tua un chien et blessa un nègre entre les jambes duquel ce chien était couché.

La guerre qu'on fait à ce beau gibier l'a déjà rendu cinquante fois plus rare qu'il ne l'était, il y a moins de vingt ans, dit Audubon. On ne le trouve plus guère que dans les États du Sud, où il est protégé par des marais et d'épaisses forêts.

Le daim, plus petit et moins robuste que le cerf, se reconnaît à son pelage mélangé de roux brun, de noir, de fauve clair, de blanc, et marqué de taches beaucoup plus apparentes en été qu'en hiver. Ses bois, ronds à la base, s'élargissent vers leur extrémité, qui est aplatie et profondément dentelée.

Plus rare que le cerf, dont il a les mœurs, il n'est pas moins gracieux. On le trouve plutôt dans les jardins zoologiques et dans les parcs, où on l'élève pour se donner le plaisir de le chasser, que dans les forêts. Si d'ailleurs il était libre de se choisir une résidence, il préférerait à toute autre un bois peu profond, entrecoupé de collines et de champs cultivés.

Dans les parcs où ils sont nombreux, en Angleterre, par exemple, les daims se divisent souvent en deux bandes, dont chacune a son domaine particulier ; mais si l'un de ces cantons est meilleur que l'autre, le troupeau qui en a la jouissance doit s'attendre à ne le conserver qu'au prix de nombreux combats. S'il n'est pas en mesure de soutenir ses droits, il sera certainement dépossédé, la raison du plus fort étant toujours la meilleure.

La chair du daim et sa peau molle et souple sont préférables à celles du cerf ordinaire.

Le chevreuil n'a guère plus d'un mètre de longueur. Sa tête bien faite est ornée de bois dont la tige, rugueuse et droite, forme à son extrémité deux courts andouillers. Ses yeux sont grands et beaux, ses oreilles moyennes et écartées, ses jambes fines, ses sabots minces et pointus, sa queue si courte, qu'on peut dire qu'elle n'existe pas. Son poil, épais et lisse, change de couleur suivant les saisons, et passe en hiver du roux foncé au gris brun ; le dessous du corps est toujours d'une nuance plus claire, et les fesses, jaunes en été, sont blanches en hiver.

« Le cerf se plaît dans les hautes futaies et le chevreuil dans les jeunes taillis ; mais si le chevreuil a moins de noblesse, moins de force, moins de hauteur de jambes, il a plus de grâce, plus de vivacité, plus de courage que le cerf ; il est plus gai, plus leste, plus éveillé ; sa forme est plus arrondie, plus élégante, et sa figure plus agréable ; ses yeux surtout sont plus beaux, plus brillants, et paraissent animés d'un sentiment plus vif ; ses membres sont plus souples, ses mouvements plus prestes, et il bondit sans efforts, avec autant de force que

de légèreté. Sa robe est toujours propre, son poil net et lustré; il ne se roule
jamais dans la fange, comme le cerf; il ne se plaît que dans les pays les plus
élevés, les plus secs, où l'air est le plus pur.

« Il est encore plus rusé, plus adroit à se dérober, plus difficile à suivre; il a
plus de finesse, plus de ressources d'instinct.... Il n'attend pas pour employer la
ruse que la force lui manque; dès qu'il sent, au contraire, que les premiers efforts
d'une fuite rapide ont été sans succès, il revient sur ses pas, retourne, revient
encore; et lorsqu'il a confondu, par ses mouvements opposés, la direction de
l'aller avec celle du retour, il se sépare de la terre par un bond, et, se jetant de
côté, il se met ventre à terre et laisse, sans bouger, passer près de lui la troupe
de ses ennemis ameutés. » (Buffon.)

Les chevreuils vivent en petites familles, composées du père, de la mère et de
deux jeunes faons. Le père, qu'on nomme brocard, est le gardien et le défenseur
de cette famille; pour la sauver, il s'expose aux coups du chasseur, pendant que
la chevrette se hâte d'entraîner ses enfants dans une autre direction.

Chevreuil, chevrette et faon.

Les jeunes chevrettes n'ont ordinairement qu'un petit à leur première portée;
plus tard, elles en ont deux et quelquefois trois. La chevrette dépose ses petits
dans un endroit retiré, les soigne et les tient au nid pendant une semaine, puis
les emmène quand elle va paître aux environs. Deux ou trois jours après ils sont
assez forts pour la suivre plus loin. Elle les conduit alors vers le canton où
elle a laissé leur père; l'appelle, le caresse, semble lui montrer avec joie les jeunes
faons, et lui remet le soin de les guider et de les défendre.

A deux mois seulement ils commencent à brouter les herbes que le père et la
mère leur apprennent à choisir. Ils grandissent ainsi et ne s'éloignent de leurs
parents que quand la chevrette va mettre au monde d'autres petits. Presque toujours les deux faons de chaque portée sont, l'un mâle, l'autre femelle; ils continuent à paître ensemble, le plus fort protégeant le plus faible, jusqu'à ce qu'à

son tour il devienne chef de famille. Jamais, dit-on, le chevreuil ne se sépare
volontairement d'une si chère compagne, et tous deux savent embellir, par une
tendresse réciproque, la solitude dans laquelle ils se renferment. Toutefois, il
arrive qu'en hiver plusieurs petites familles se réunissent et vivent ensemble
dans un fraternel accord.

Quand on enlève à la chevrette un de ses faons, elle suit le chasseur qui
l'emporte, et court de côté et d'autre en l'appelant par ses cris plaintifs. Lorsqu'un
danger menace ses petits, elle les en avertit en frappant du pied; ils se blottissent
à terre et attendent, sans faire un mouvement, qu'elle les invite à la suivre.

Une chevrette, surprise par un loup, prit son petit par la peau du dos, comme
les chiens et les chats ont coutume de porter leurs nouveau-nés, et, chargée de
ce fardeau, elle détala si rapidement, qu'elle parvint à le soustraire à la dent du
ravisseur.

Le chevreuil est très-doux et s'apprivoise parfaitement, lorsqu'il est pris tout
petit. Il s'attache à son maître, vient quand on l'appelle et reçoit volontiers les
caresses; mais quand on veut élever quelqu'un de ces animaux, il est bien préférable de choisir une chevrette; car elle garde toujours sa gentillesse; tandis que
le brocard, en vieillissant, devient irritable et cherche à faire usage de ses cornes,
même contre ceux qui ne songent pas à le maltraiter.

La chair du chevreuil passe pour un fin gibier, et l'on utilise sa peau et son
bois. On le chasse avec des chiens courants, mais sans beaucoup plus d'appareil
qu'on n'en déploie contre un lièvre.

Toutes les contrées tempérées de l'Europe et de l'Asie ont des chevreuils, et
l'on trouve en Amérique deux petites espèces de cerfs désignés sous le nom de
daguet brun et de daguet roux, dont les mœurs et les habitudes ont beaucoup
d'analogie avec celles du chevreuil vulgaire.

# IV.

## RUMINANTS A CORNES CREUSES.

Gazelles. — Saïga de Tartarie. — Antilope-algazelle.
— Condou. — Canna. — Nilgau. — Gnou. — Chamois.
— Chèvres. — Mouflons. — Moutons. — Bœuf mus-
qué. — Bison. — Aurochs. — Buffle. — Yack. — Zébu.
— Bœuf domestique.

Ces ruminants se divisent en deux groupes, dont l'un comprend un grand
nombre d'espèces, qui, pour la plupart, vivent en liberté dans les pays chauds,
principalement en Afrique.

Ces animaux, souvent désignés sous le nom général d'antilopes, ont en partage la grâce et l'élégance, aussi bien que la douceur du caractère et les instincts
les plus sociables. Sveltes, élancés, légers à la course, ils n'ont pas de bois,
comme les cerfs, mais des cornes qui durent toute leur vie, et dont l'axe osseux
est revêtu d'une espèce de gaine élastique, composée de poils agglutinés,
formant une substance analogue à celle des sabots dont leurs doigts sont enveloppés.

Dans le groupe des antilopes, les cornes ne présentent à l'intérieur ni pores ni
cellules, tandis que dans le second groupe, qui comprend les diverses espèces
de bœufs, de moutons, de chèvres, la cheville osseuse des cornes est creusée
de grandes cellules qui communiquent avec les sinus frontaux du nez, et reçoivent ainsi de l'air dans leur intérieur.

Revenons au premier groupe, dont aucune espèce n'a encore été réduite en
domesticité.

Au premier rang se placent les gazelles, remarquables entre les autres genres
par la perfection de leurs formes, l'agilité de leurs mouvements et leur beauté
sans rivale.

Tout est charmant dans ces légers hôtes du désert; les poëtes arabes en ont fait l'idéal de la grâce, plus belle encore que la beauté. Ils les ont célébrés dans la plupart de leurs chants, et l'on ne peut mieux louer la douceur et l'éclat des regards d'une femme qu'en disant qu'elle a des yeux de gazelle.

Nous admirons l'élégance de notre chevreuil. Auprès de la gazelle, il paraîtrait lourd, et cependant c'est le seul animal auquel on puisse comparer cet ornement des solitudes africaines.

La robe de la gazelle est d'un fauve clair sur le dos, d'un blanc éclatant sous le ventre, et une bande d'un brun plus ou moins foncé sépare ces deux couleurs, en longeant les flancs. La tête, d'un jaune clair, porte des cornes annelées, striées et recourbées en forme de lyre. Elles sont plus grandes chez le mâle que chez la femelle ; mais celle-ci n'en est pas dépourvue. Les jambes, hautes et fines, ont de mignons sabots, minces et pointus, et l'on remarque sur celles de devant des brosses de poils assez semblables à celles que le chevreuil porte aux jambes de derrière.

On compte plusieurs espèces de gazelles, dont une des plus connues est la gazelle dorcade. On la trouve dans les plaines sablonneuses de l'Afrique septentrionale, de l'Arabie, de la Syrie et de la Perse, où elle vit en petites familles, dont la réunion forme souvent de grands troupeaux.

Douée de sens très-développés, et naturellement prudente, la gazelle explore d'un regard perçant le canton qu'elle doit parcourir, et elle a soin d'étudier la direction du vent, de peur qu'il ne porte ses effluves au chasseur; car la pauvrette n'a d'autres armes que sa prodigieuse légèreté, grâce à laquelle, d'un bond, elle franchit d'énormes buissons, des ravins et des rochers.

Mais on la chasse de tant de manières, que trop souvent cette course effrénée est inutile. Avec un bon fusil, on peut, en se dissimulant derrière les mimosas ou les accidents de terrain, s'approcher assez du troupeau pour faire choix d'une des plus belles pièces ; et avant que les compagnes de la victime, étourdies par l'explosion, se soient décidées à fuir, le chasseur peut viser une seconde proie.

Quand l'Arabe dit à son lévrier qu'il est las de manger des dattes, et qu'il le conduit sur le passage d'un troupeau de gazelles, le chien, aux jambes agiles, fond sur ces innocents animaux et jette au milieu d'eux le carnage et la confusion.

Souvent c'est au guépard, que le chasseur porte en croupe ou qu'il fait traîner sur un léger chariot, que le soin d'approvisionner le garde-manger est confié. Le guépard est débarrassé de son capuchon à l'approche des gazelles. Son maître les lui montre, et il rampe sur le sable jusqu'à ce qu'il puisse, d'un saut, tomber sur le dos du gibier qu'il convoite. Il lui ouvre la gorge et boit son sang jusqu'à ce qu'on vienne le lui arracher. S'il manque son coup, il n'essaie pas de poursuivre la gazelle; il n'y réussirait pas, quoiqu'il soit fort agile. Tête basse, il revient vers son maître et se laisse recouvrir les yeux, jusqu'à ce que l'occasion se présente de réparer sa maladresse.

Le faucon, dressé à cette chasse, est encore plus à craindre que le guépard.

C'est en planant dans les airs qu'il s'approche de la gazelle, occupée à brouter les rares plantes écloses dans le sol sablonneux. Il décrit autour d'elle des cercles qui vont se rétrécissant, puis de ses serres aiguës il la blesse cruellement. Si elle parvient à se dégager de son étreinte, il vole encore plus vite qu'elle ne fuit, et, fondant de nouveau sur elle, il l'arrête dans sa course et laisse au chasseur le temps d'arriver pour donner le coup de grâce à sa victime.

Le lion, le tigre, le léopard, le chacal, l'hyène, l'aigle et le vautour, sont autant d'ennemis acharnés à la destruction de la gazelle. Quelquefois elle leur échappe par la fuite; mais quand un troupeau est attaqué par ces féroces animaux, les timides gazelles font preuve d'un courage, hélas! inutile. Elles se serrent les unes contre les autres, se rangent en cercle et menacent de leurs cornes l'agresseur, qui n'en prend nul souci.

Enfin, comme si ce n'était pas assez d'une guerre ouverte contre ces inoffensifs habitants du désert, on emploie la ruse pour s'en emparer. Souvent les gazelles sont enlevées à leurs mères, peu d'heures ou peu de jours après leur naissance; on les nourrit de lait de chamelle, on les traite avec douceur, et bientôt elles sont parfaitement apprivoisées. Elles accourent à la voix de leur maître, se montrent très-sensibles aux caresses, entrent dans les appartements et s'approchent de la table, pour demander quelques friandises. Du pain, des gâteaux, du sucre, un peu de sel, leur font grand plaisir. Leur nourriture ordinaire se compose de grain et de foin pendant l'hiver; l'été, on les laisse choisir les herbes qu'elles veulent brouter. Si elles s'éloignent en paissant, elles ne manquent pas de revenir à la maison; et si elles rencontrent des animaux de leur espèce, elles s'en approchent, jouent avec eux et rentrent un peu plus tard.

Chacun sait cela. Quand on a besoin de se procurer quelques gazelles et qu'on ne veut ou ne peut aller à la chasse, on attache des lacets aux cornes de la douce bête, dont la fidélité est à l'épreuve, on la conduit dans un lieu fréquenté par quelque troupeau de gazelles sauvages, et on la laisse folâtrer à son aise, jusqu'à ce qu'une ou même deux de ces imprudentes se soient laissé prendre aux perfides lacs que porte, sans le savoir, leur joyeuse compagne. Après d'inutiles efforts pour se dégager, elles sont obligées de la suivre, lorsqu'elle retourne vers ses maîtres.

« Les gazelles, dit M. Brehm, donnent quelquefois des preuves touchantes de leur attachement les unes pour les autres. Deux fois, en quelques jours, j'ai fait coup double sur des gazelles. L'une d'elles tombait au premier coup; sa compagne restait auprès d'elle, comme paralysée par la terreur; c'est tout au plus si elle faisait entendre de temps à autre un bêlement d'anxiété et courait ensuite autour du cadavre de sa compagne. J'avais le temps de recharger et de lui envoyer aussi une balle mortelle. Une première fois, je tuai un mâle et une femelle; l'autre fois je tuai deux mâles; mais ils ne montrèrent pas moins d'attachement l'un pour l'autre que les deux premières.

« Dans certaines localités, toutes les collines se couvraient de gazelles, qui, effrayées par la détonation, gagnaient leur poste d'observation pour examiner la contrée. Ces endroits arides prennent alors un attrait tout nouveau. Les silhouettes élégantes des gazelles se dessinent sur le fond bleu du ciel, et, à une grande distance, on peut distinguer toutes leurs formes.

« Souvent les gazelles se réfugiaient derrière une de ces collines de sable si communes dans le Sahara, et y demeuraient immobiles, dès qu'elles avaient perdu le chasseur de vue. Dans les commencements, j'y fus pris quelquefois. Je gravissais la colline avec prudence, je cherchais à apercevoir mon gibier dans le lointain, et il était tout au-dessous de moi. La chute d'une pierre, un léger bruit les effrayait, et elles prenaient la fuite avec précipitation.

« Jamais je ne vis de gazelles poursuivies par des hommes fuir de toutes leurs jambes; cela ne leur arrive que quand un chien est derrière elles. Je n'essaierai pas de décrire ce spectacle, les termes me font défaut. La gazelle ne court plus, elle vole, et ce n'est même pas dire assez. »

Les gazelles se plaisent dans nos jardins zoologiques, et l'on arrivera peut-être, avec le temps, à en faire, dans le Midi surtout, l'ornement des parcs.

« Je me trouvais au Jardin des Plantes, à Paris, raconte le docteur Franklin, lorsque six gazelles, envoyées d'Afrique par je ne sais plus quel pacha, furent reçues dans l'établissement. Les pauvres bêtes avaient les pattes liées : on avait cru cette précaution nécessaire pour éviter les accidents qui auraient pu survenir durant la traversée. Ces membres sont d'ailleurs si fins, si délicats à briser! On les délia devant moi. Au moment où les gazelles retrouvèrent leurs pattes, elles restèrent un instant comme stupéfaites, puis elles s'élancèrent à une hauteur incroyable. Ce fut une succession de bonds frénétiques, joyeux, charmants, qui donnaient une idée de la légèreté de l'animal dans ses solitudes. Il était touchant de voir ces gazelles saluer ainsi leur demi-liberté. J'avoue que, dans ce moment-là, je partageai l'enthousiasme des poètes arabes pour ces folles beautés du désert.... »

Le springerbock, ou chèvre sautante, est un bel animal, qui, malgré son nom, se rapproche beaucoup moins des chèvres que des gazelles. Il habite l'intérieur de l'Afrique méridionale, et ne s'approche des colonies européennes du cap de Bonne-Espérance que quand le manque d'eau et d'herbage le force à émigrer. Alors, c'est par troupes immenses qu'il voyage, accompagné et suivi d'une meute de bêtes féroces : lions, léopards, hyènes, qu'on désigne, dans ces colonies, sous le nom de *chiens du Cap*.

Tous les voyageurs qui ont vu une émigration de springerbocks n'hésitent pas à déclarer qu'il serait impossible de fixer le nombre de têtes qui composent ces colonne. Les uns, tels que Forster et Levaillant, disent que chacune de ces colonnes contient de dix mille à cinquante mille animaux; le capitaine Gordon estime en avoir vu au moins cent mille, et le professeur Lentz dit qu'ils couvraient un espace de cinquante kilomètres.

L'avant-garde des émigrants a le choix des plantes les plus délicates; le corps d'armée trouve encore à bien vivre de ce qu'elle a laissé; mais l'arrière-garde, réduite à manger les racines de ces terrains veufs de toute verdure, est fort maigre et meurt de faim. Elle fait de vains efforts pour gagner la tête de la colonne. Les springerbocks se tiennent si serrés les uns contre les autres, qu'ils ne peuvent avancer qu'à leur tour ; mais quand vient l'heure de retourner vers le pays natal, les derniers se trouvent les premiers, et ceux qui n'ont pas succombé à ce régime par trop frugal commencent à s'engraisser à leur tour.

Ainsi groupés, ces animaux perdent leur timidité naturelle. Un homme ne peut qu'à coups de fouet ou de bâton passer à travers le troupeau ; encore n'est-il pas rare qu'il soit renversé et grièvement blessé.

La chèvre sautante est plus grande que la gazelle dorcade ; elle a le corps svelte, les membres délicats, le cou long et mince, la tête bien faite, les yeux vifs et doux, les oreilles allongées, les cornes et les sabots noirs. Le pelage, aunâtre ou d'une couleur de cannelle vive, est séparé du blanc qui couvre le dessous du corps, par une bande d'un brun rougeâtre, étendue sur les flancs. Une longue tache blanche, qui figure une ligne le long du dos et s'élargit sur la croupe, est peu visible quand l'animal demeure immobile ; mais quand il saute ou bondit, en baissant sa tête, ce qui est assez ordinairement son allure, les longs poils fauves qui recouvrent cette tache s'écarte, et elle devient très-apparente.

La chèvre sautante s'apprivoise facilement quand on la prend jeune. La femelle est douce et docile ; mais le mâle est très-pétulant et donne volontiers des coups de cornes aux personnes qu'il ne connaît pas.

« Une de ces chèvres sautantes, âgée de trois ans, que nous avions prise au Cap, dit Forster, auteur de ces détails, recueillis par Buffon, était fort farouche ; mais elle s'apprivoisa sur le vaisseau, au point de venir prendre du pain dans la main, et elle devint si friande de tabac, qu'elle en demandait avec empressement à ceux qui en usaient ; elle semblait le savourer et l'avaler avec avidité ; elle mangea de même le tabac en feuilles, avec les côtes et les tiges qu'on lui donna ; mais nous remarquâmes en même temps que les chèvres d'Europe, qu'on avait embarquées pour avoir du lait, mangeaient aussi très-volontiers du tabac. »

Une autre espèce d'antilope, appelée sauteuse de rochers, doit ce nom à ce que si, du haut des rochers inaccessibles où elle se plaît, elle aperçoit un homme, elle court vers les passages les plus difficiles, bondit au-dessus des précipices et s'arrête sur des saillies à peine assez larges pour qu'elle y puisse poser ses pieds.

Cet animal passe pour le plus fin gibier du pays ; mais il est souvent perdu pour le chasseur ; car, soit tué, soit blessé, il perd son point d'appui et roule au fond de l'abîme.

La femelle n'a pas de cornes ; celles du mâle, annelées à la base, sont lisses et droites vers leur extrémité et n'atteignent pas une grande longueur. La robe, d'un fauve jaunâtre, est formée de poils blancs à la racine, bruns au milieu et d'un fauve grisâtre vers le bout.

Cette espèce habite l'Afrique australe et se trouve aussi en Abyssinie.

Le ritbok, dont le nom signifie chevreuil ou bouc des roseaux, est encore une gazelle ; toutefois la bande qui, dans les animaux de ce genre, sépare la teinte plus ou moins foncée du dos du pelage blanc particulier au-dessous du corps, manque au ritbok. Le mâle a de longues cornes noires et recourbées en avant; la femelle en est dépourvue.

Ce bel animal habite la Cafrerie et les environs du Cap. Il y est assez commun; mais on ne l'a pas encore vu vivant en Europe. Il est cependant facile à chasser; car il se tient dans les roseaux ou dans les champs de blé, jusqu'à ce qu'on arrive tout près de lui. Avant de prendre la fuite, il s'arrête pour regarder son ennemi, et lui donne ainsi le temps de le viser.

Le genre saïga renferme les antilopes dont les cornes affectent plusieurs courbures ou sont contournées en spirale.

A ce genre appartient l'antilope-algazelle, dont la robe, d'un fauve brun sur le dos, devient d'un roux vif sur la tête et d'un beau blanc sous le ventre. Les cornes sont noires, annelées, tordues sur une grande partie de leur longueur. L'algazelle, appelée aussi saïga des Indes, est commune au Bengale, où elle jouit d'une grande considération. On l'apprivoise par de bons traitements qui durent toute sa vie. Sa chair est réservée à la table des brahmes, et ils se font d'une des cornes de cet animal une arme qu'ils attachent à leur ceinture en guise de poignard. Les deux grandes cornes réunies par des viroles d'argent ou d'autre métal, leur servent aussi de bâton.

On regardait jadis comme très-précieux les bézoards, sortes de pierres qui se forment dans le ventre de ces animaux, et qui, disait-on, fournissaient un excellent contre-poison.

Très-rapide à la course, le saïga des Indes vit en familles, souvent réunies pour paître dans les grandes plaines, sous la surveillance de quelques mâles. Parfois, un saïga privé, portant à ses cornes plusieurs lacets, s'approche du troupeau, qui l'accueille sans méfiance, ou dont le gardien cherche à l'éloigner. Dans l'un comme dans l'autre cas, plusieurs saïgas sauvages se prennent à ces lacs et deviennent la proie du maître de leur frère apprivoisé.

L'Europe possède une espèce de saïga dont les mœurs sont les mêmes que celles des saïgas de l'Inde. Il est connu sous le nom de capricorne ou de saïga de Tartarie. Sa taille est celle du daim; son museau est court; son poil épais, d'un gris cendré sur le dos, devient jaunâtre sur les flancs et blanc sous le ventre. Ses cornes annelées, dont la longueur est à peu près celle de sa tête, ont la forme d'une lyre; mais elles sont jaunâtres et transparentes, au lieu d'être noires et opaques comme celles des gazelles.

Le saïga de Tartarie a pour ennemis l'homme, qui le chasse avec passion, puis le loup, l'aigle et les taons, qui, en déposant leurs œufs sous sa peau, lui causent souvent la mort.

Plusieurs autres espèces d'antilopes qui habitent l'Afrique se distinguent par une grande variété de taille, depuis l'antilope naine que l'œil d'un chasseur exercé distingue à peine du buisson où elle trouve la nourriture et l'abri, jusqu'aux oryx, aux addax, à l'antilope condou, dont la taille surpasse celle de nos plus beaux cerfs; au boselaphe canna, qui par ses allures et ses mœurs se rapproche de nos bœufs, et dont le poids peut atteindre jusqu'à 500 kilog.

Les oryx et les addax sont généralement capricieux; ils ont le défaut de chercher à faire usage de leurs cornes, même contre ceux qui les soignent. Les condous sont plus doux. Adanson en avait élevé un qui se montrait vif et gai, grand ami du jeu et des caresses. Forster parle d'une femelle très-apprivoisée, qu'il a vue à la ménagerie du cap de Bonne-Espérance. Elle mangeait du pain, des feuilles de chou, et les prenait dans la main.

En 1776, le duc d'Orléans possédait un condou dont on ne se lassait pas d'admirer la beauté. A la légèreté de sa marche, à la finesse de ses jambes, à la noblesse de son port de tête, au poil court dont son corps était couvert, on l'aurait pris pour un cerf; mais les taches blanches qu'il portait à la face, les raies de même couleur qui zébraient sa robe fauve, et surtout ses cornes singulières, faisaient bientôt reconnaître qu'il n'appartenait point à ce genre d'animaux.

D'un brun tirant sur le noir, ces cornes forment sur la tête du condou, vu de face, un grand V, dont l'extrémité supérieure a près de quatre-vingts centimètres d'ouverture. Elles sont contournées en hélice, et si longues, que, mesurées en suivant ces contours, elles ont plus d'un mètre.

Le boselaphe canna vit en troupes dans les contrées du sud de l'Afrique; mais on ne le trouve plus au Cap. On lui a donné à tort le nom de l'élan, dont il a la taille et quelque peu l'apparence; mais il est impossible de confondre ses grandes cornes, presque droites, rugueuses, terminées en pointe et entourées d'un bourrelet en spirale, avec les bois de l'élan.

Le capitaine Harris raconte que, dans une chasse sur les bords du Meritsam, il aperçut à distance deux de ces animaux, véritables montagnes de chair et de graisse, qui se tenaient nonchalamment à l'ombre.

Les Cafres les ayant vus, s'écrièrent avec transport : Pooffo! pooffo! L'eau vint à leurs larges bouches, et ils animèrent impatiemment les Européens à la poursuite de ce magnifique gibier. Malgré leur embonpoint, les cannas déployèrent d'abord une vitesse égale à celle des cavaliers; mais ils ne tardèrent pas à donner des signes d'inquiétude.

Ils tournaient leurs belles têtes et, par-dessus leurs grasses épaules, ils regardaient si on les poursuivait encore. Ils se séparèrent; leur allure se ralentit par degrés; leur robe lisse devint bleue, puis blanche d'écume, et la sueur ruissela de leurs flancs lustrés. Les chevaux redoublant d'ardeur, les fugitifs semblaient demander grâce, ils attachaient sur les chasseurs leurs beaux yeux suppliants; mais deux balles furent la seule réponse qu'ils obtinrent.

Les cannas sont très-doux, s'apprivoisent parfaitement et se reproduisent en captivité. On espère, avec le temps, parvenir à les acclimater, et ce serait pour l'Europe une précieuse acquisition; car leur chair est excellente. Lord Hill, ayant fait abattre un jeune mâle engraissé pour la table, en envoya un quartier au naturaliste Richard Oven; celui-ci invita plusieurs savants à en manger avec lui, et tous déclarèrent que cette chair était exquise.

On utilise aussi le cuir, les os, les cornes du canna; les Cafres sont très-friands de sa moelle, soit crue, soit cuite sous les cendres.

Le nilgau est une antilope dont les quatre sabots sont surmontés d'un bracelet de poils blancs. C'est un des rares mammifères dont la couleur varie selon le sexe. Le nilgau mâle est d'un gris ardoisé ou tirant sur le noir, tandis que la femelle est d'un fauve grisâtre.

Originaire du Mogol, il s'est facilement habitué à vivre au centre et même vers le nord de l'Europe. Dans tous les jardins zoologiques et dans les parcs de plusieurs grands propriétaires, ce bel animal, remarquable par sa force et par la rapidité de sa course, a supporté sans maladie les rigueurs de l'hiver et les brouillards fréquents dans le voisinage des rivières. L'humidité du sol ne lui est pas non plus nuisible ; il la recherche au contraire ; car il paraît prendre plaisir à piétiner dans les mares et à s'y rouler.

« Malheureusement, dit M. I. Geoffroy Saint-Hilaire, ces avantages sont en partie compensés par la facilité avec laquelle ces animaux, même très-apprivoisés, très-familiers, s'effraient au moindre incident imprévu ; par exemple, à l'apparition, fût-ce au loin, de chiens, s'ils ne sont pas habitués à en voir, à l'audition d'un bruit inaccoutumé, ou même à la vue d'un mouvement brusque. On n'a eu que trop d'occasions d'être témoin des effets de la terreur aveugle dont ils sont alors saisis, et qui ne manque guère de leur devenir funeste. Se précipitant devant eux avec une indicible impétuosité, ils atteignent en quelques bonds leurs clôtures ; heureux encore s'ils les franchissent, au risque de retomber de l'autre côté, un membre fracturé; le plus souvent ils se heurtent contre elles, se brisent la tête ou les vertèbres cervicales, et tombent frappés d'une mort instantanée. Voilà ce qui est arrivé deux fois à la ménagerie de Paris, et ce qui a eu lieu de même une ou plusieurs fois, presque sans exception, dans les divers établissements publics et parcs particuliers où l'on élève des nilgaus. Il est des jardins où l'on n'ose plus laisser les nilgaus sortir d'enclos tellement étroits, que les animaux y peuvent à peine y faire quelques pas ; il leur devient ainsi impossible de prendre leur élan : en cas d'alerte, on en serait quitte pour quelques contusions sans gravité. Mais, en emprisonnant ainsi le nilgau, en le privant de l'exercice dont a besoin un animal si vigoureux et si actif, on risque de l'étioler, de le débiliter ; et si l'on ajoute beaucoup aux chances de la conservation de l'individu, on risque de faire dégénérer l'espèce.

« Il paraît donc préférable de laisser le nilgau en liberté, tout en l'habituant peu à peu à la vue des autres animaux et aux divers bruits dont il est à désirer qu'il ne s'effraie plus. On n'arrivera que lentement à ce résultat; mais on y arrivera sans doute, avec beaucoup de soins et de patience.

« La mort accidentelle de plusieurs individus a permis de constater l'excellente qualité de la chair du nilgau, déjà signalée par les voyageurs. On savait par eux qu'elle était réservée, au Mogol, pour la table de l'empereur, et que le don d'un quartier de nilgau était une des faveurs les plus enviées des seigneurs de sa cour. La viande du nilgau est tout à fait digne de la réputation qu'on lui a faite, et c'est, dit M. Leprestre, « ce que nous avons pu, avec quelques amis, « constater les premiers en Europe. Comme l'empereur du Mogol, nous avons « mangé du filet de nilgau, du rôti de nilgau, pris à même un jeune et bel

« animal, qui se tua chez moi le jour de son arrivée. Aucune des autres parties,
« moins délicates, ne fut perdue, et plus d'un habitant du village n'a pas en-
« core perdu le souvenir du repas exceptionnel qu'il fit ce jour-là. Les morceaux
« les moins bons furent trouvés tendres et succulents. Tous étaient contents,
« l'amphytrion excepté. »

« Partout où l'on a goûté de la chair du nilgau, même déjà avancé en âge,
on a apprécié de même les qualités de sa chair, et le nilgau, qui n'est encore
qu'une espèce d'ornement, semble appelé à prendre place parmi les animaux
alimentaires, soit comme bête fine de boucherie, soit comme gibier, soit l'un et
l'autre à la fois (1). »

Le niou ou gnou n'est guère plus grand qu'un âne. Il a la croupe et la queue
d'un cheval, les jambes d'un cerf et le mufle d'un bœuf. Une crinière grisâtre
longe son cou, une barbe épaisse et brune pend sur sa poitrine, une touffe de
poils raides se dresse sur son museau, et des cornes courbées d'abord en avant,
puis en arrière, complètent cet étrange animal.

On le voit en troupes souvent nombreuses, dans le sud de l'Afrique. Très-
agile, très-courageux, il se défend à l'aide de ses cornes et de ses pieds; mais il
ne peut toujours se soustraire aux flèches des Hottentots et à la lance des Cafres,
très-friands de sa chair.

Au nord de l'Afrique vit un autre genre de ruminants, le bubale, qui se joint
parfois aux bœufs domestiques lorsqu'ils paissent en troupeaux, circonstance
qui fait supposer qu'on pourrait, avec de bons soins, l'ajouter à ces utiles
animaux.

La chèvre bleue est encore une antilope du cap de Bonne-Espérance. Son
pelage n'est pas bleu de ciel, comme on l'a quelquefois dit, mais d'un gris à
reflet bleuâtre. Ses cornes, noires et annelées, sont très-longues, et sa taille
surpasse celle du daim d'Europe.

Le chamois, par la rapidité de ses mouvements, par l'aisance avec laquelle
il franchit, d'un saut, un espace considérable, se rapproche beaucoup des antilopes; mais il est plus court, plus trapu, et n'habite que les froides régions
des hautes montagnes. Ses cornes, placées immédiatement au-dessus des orbites, sont droites dans presque toute leur longueur et brusquement recourbées
en arrière, à leur sommet. La femelle en porte aussi bien que le mâle; mais
elles sont plus petites.

Le pelage du chamois, d'un brun foncé en hiver, devient de couleur fauve en
été, mais reste toujours blanchâtre sous le ventre. Sa tête et ses pieds sont d'un
jaune pâle, et une bande d'un brun presque noir va du bout du museau jusqu'aux oreilles. Ses yeux sont pleins de vivacité et de douceur.

Un peu moins grand que notre chèvre ordinaire, mais plus vif et plus agile,
le chamois gravit les pentes les plus rapides, franchit les précipices, monte,
descend, s'élance du haut en bas d'un rocher à pic, et s'arrête sans effort sur

---

(1) *Les Animaux utiles.*

quelque pente à peine assez large pour y poser ses pieds. On dirait qu'il vole, et l'on a cru longtemps qu'il se servait de ses cornes pour s'accrocher aux rochers. Il a la vue perçante, l'ouïe fine, les nerfs robustes. Il aperçoit de très-loin le chasseur, et pour peu que le vent lui vienne en aide, il le sent de plus d'une demi-lieue.

A la perfection de ces organes, il joint la prudence. Un troupeau de chamois est toujours gardé par quelque vieux mâle qui fait sentinelle sur une roche élevée, et qui, dès qu'il découvre quelque chose de suspect, fait entendre un sifflement aigu. Lorsqu'il aperçoit le chasseur, il frappe du pied et prend la fuite; et il est aussitôt suivi par tous les autres. L'alarme n'est grande parmi eux que quand ils ignorent encore quel genre de danger les menace et quelle direction ils doivent prendre pour y échapper.

La chasse au chamois est très-difficile, très-dangereuse; mais pour cette raison même, chez certains hommes intrépides, robustes et rompus à la fatigue et aux intempéries de l'air, elle devient une véritable passion.

Les chasseurs de chamois forment une race à part, au milieu de la rude population des montagnes, et ceux qui embrassent cette profession, fort peu lucrative, aujourd'hui surtout que le gibier est devenu rare, c'est moins pour les bénéfices qu'ils en retirent que pour les émotions qu'elle leur procure.

Le célèbre naturaliste Horace de Saussure, ayant pris pour guide un chasseur de chamois dans une de ses excursions sur les sommets des Alpes, se plaisait à lui faire raconter les dangers qu'il avait courus. Comme le savant s'étonnait de tant de persistance, ce brave homme lui dit : « Je suis nouvellement marié et me trouve très-heureux. Mon père et mon grand-père sont morts en chassant le chamois, et je sais que j'y mourrai comme eux. Je regarde comme mon linceul ce sac que j'emporte toujours avec moi; je suis sûr que je n'en aurai pas d'autre; cependant vous m'offririez une fortune pour renoncer à cette chasse, que je la refuserais. » Deux ans après, le jeune homme avait péri, comme son père et son aïeul, en roulant au fond d'un précipice.

Souvent le chasseur cherche longtemps la piste du chamois; il fait chaque jour des marches forcées, sans autre nourriture que du pain gelé et un peu de fromage; il passe les nuits sans abri, sans feu, sans lumière, obligé de marcher sans cesse, car, s'il s'endort sur la neige ou sur un rocher, il risque de ne pas se réveiller.

S'il a pu résister au froid glacial de ces hauteurs, il se remet en route, à travers des sentiers impraticables; il s'engage dans les neiges sans savoir ce qu'elles recouvrent; il escalade les rochers, franchit les précipices, saute sur d'étroites corniches, qui parfois s'émiettent sous ses pieds. D'autres fois un brouillard épais l'enveloppe et l'empêche de rien distinguer autour de lui; une pierre qui se détache des sommets vient le frapper, ou bien il entend gronder au loin l'avalanche qui va l'engloutir.

Si, échappant à tous ces périls, le hardi chasseur parvient à s'approcher d'un troupeau, sans donner l'éveil au gardien, il rampe à la faveur des roches jusqu'à portée de la balle, et, avec des précautions infinies, il ajuste le méfiant gibier.

Le coup part; le chamois, atteint à la tête ou à la poitrine, tombe au milieu de ses compagnons, qui, surpris par le bruit, regardent un instant d'où il vient et fuient avec rapidité.

La bête abattue reste seule; si elle est morte, le chasseur triomphant s'en empare; mais si elle n'est que blessée, elle se relève au moment où il croit la saisir, et trop souvent elle est perdue pour lui, soit qu'elle roule dans quelque abîme, soit qu'il ne parvienne pas à découvrir le lieu de sa retraite.

On ne se sert pas de chiens dans la chasse au chamois; ils ne pourraient le suivre à travers les rochers et ne feraient que lui donner l'alarme, chose très-dangereuse; car, si le troupeau est vivement effrayé, il se disperse, en faisant des bonds énormes, et culbute le chasseur, qui roule dans l'abîme ou se brise contre les rochers.

« Cette lutte continuelle contre la faim, la soif et le froid, dit Tschudi, ces longs moments passés à épier et à attendre, cette prudence avec laquelle on prépare le dénouement, la rapidité de décision qu'il faut pour saisir le seul instant favorable, la sagacité indispensable pour suivre une piste, l'étude continuelle des habitudes et de la nature du gibier, cette nécessité d'épier, de se cacher, de tromper le chamois; tout cela doit inévitablement, après dix ou vingt ans de pratique, modifier considérablement le caractère du chasseur. Voilà pourquoi le chasseur de chamois est silencieux, taciturne, mais décidé lorsqu'il agit, et plein d'expression quand il parle; il est modéré en tout, frugal, patient, économe, et se résigne facilement à toutes les fatalités. Ce sont des natures concentrées, qui se suffisent à elles-mêmes, mais qui s'imposent aux autres avec force et commandent le respect. Souvent aussi ce sont des gens secs, froids, qui ne répondent que par monosyllabes et ne disent presque rien, mais toujours des choses de quelque importance. »

Le chamois ne descend jamais dans la plaine. Pendant l'été il habite le versant nord des montagnes; et quand l'hiver arrive, il passe sur le versant opposé. Tant que dure la belle saison, il se nourrit des pousses tendres et des fleurs alpestres; et quand viennent les neiges, il se contente des feuilles du mélèze et du sapin.

Pris jeune et confié aux soins d'une chèvre, le chamois s'apprivoise, connaît son maître et le suit; mais il devient sauvage en vieillissant et paraît souffrir de sa captivité.

La distance entre les antilopes et les chèvres, si peu considérable qu'elle soit, est remplie par des animaux auxquels on donne le nom d'antilochèvres, d'antilopes-porte-croix et de chamois à cornes fourchues. On les reconnaît à leurs cornes, qui, vers le milieu de leur longueur, portent en avant un andouiller semblable à celui des cerfs. Ils vivent en troupeaux plus ou moins nombreux, dans les prairies de l'Amérique septentrionale.

Les chèvres ont le corps trapu, les jambes moins élevées que les antilopes, mais douées d'une grande vigueur, la queue courte, le pelage formé d'un duvet léger, recouvert de poils longs et grossiers. Elles ont des cornes, souvent très-développées, chez le mâle surtout, et qui se courbent en arrière ou se contournent au sommet.

Originaires du centre de l'Asie, elles se sont répandues à peu près partout. Elles aiment les lieux solitaires, montagneux et sauvages. Très-vives, très-agiles, elles grimpent aux parois presque nues des rochers, bondissent d'une pointe à l'autre, et semblent mesurer d'un œil tranquille et fier la profondeur des ravins. Les sites les plus escarpés, les terrains les plus stériles leur fournissent une nourriture suffisante, et leur conviennent mieux que les pâturages gras et humides.

Le bouquetin et la chèvre œgagre, qui vivent à l'état sauvage, semblent être la souche de notre chèvre domestique.

Le bouquetin habite presque toutes les hautes montagnes de l'Europe et de l'Asie. On le trouve même au nord de l'Afrique. Mais partout il est très-rare. Ses mœurs diffèrent peu de celles du chamois, qu'il surpasse encore en agilité. Il ne lui faut, pour se trouver à l'aise au-dessus d'un précipice, qu'une saillie à peine visible, et il grimpe sans effort apparent le long des rochers à pic. Il court sur les glaciers plus facilement que le chamois; mais il les évite autant qu'il le peut.

Bouquetin des Alpes.

Ses mouvements sont rapides comme l'éclair; il s'élance, d'une hauteur de huit à dix mètres, sur les crêtes aiguës des rochers, et semble y rebondir pour gagner quelque autre pointe, soit au-dessus, soit au-dessous de lui.

Doué de sens très-développés, il évente de loin le chasseur et sait parfaitement se dérober à sa poursuite. Cependant, s'il est cerné et qu'il ne voie aucun moyen de salut, il bondit jusqu'au bord d'un précipice et s'y élance, en mettant sa tête entre ses jambes de devant, pour que ses cornes reçoivent le choc.

Quelquefois le vieux bouquetin auquel est confiée la garde de ses frères tient tête au chasseur, pour leur donner le temps de fuir. Il s'arrête, se tourne vers lui, le menace de ses cornes, et, sans attendre que celui-ci l'ajuste, il le renverse et l'envoie rouler dans l'abîme.

Quelques heures après sa naissance, le bouquetin peut déjà suivre sa mère ; elle le soigne avec tendresse, lui apprend à se cacher au moindre danger, vient le retrouver dès qu'elle le peut, et le défend de toutes ses forces lorsqu'il est menacé. Si l'on parvient à le lui enlever, et qu'on l'élève avec soin, il devient familier, se laisse caresser et joue volontiers avec les jeunes chevreaux ; mais, à mesure qu'il grandit, ses instincts sauvages reprennent le dessus ; il s'irrite, donne des coups de cornes et finit par devenir dangereux.

Le bouquetin n'est guère plus grand que le bouc domestique, mais il est plus fort. Sa robe, dont la couleur se confond avec la teinte grise des rochers, lorsqu'il est tout jeune, tourne peu à peu au fauve. Une bande noire longe le dos ; une autre moins foncée traverse les flancs. Le ventre et la face interne des membres sont blancs. Sa tête fine est armée de longues et belles cornes, qui se recourbent en arrière et sont sillonnées d'aspérités très-prononcées, ayant la forme de bourrelets.

Les cornes de la femelle ne sont pas beaucoup plus grandes que celles de nos chèvres, et la barbe du bouquetin mâle n'atteint pas la longueur de celle du bouc.

L'œgagre tient le milieu pour la taille entre le bouquetin et la chèvre. Il a les mêmes habitudes que le premier, et ne se montre ni moins agile ni moins courageux. Il habite les hauts sommets, broute les pousses des bouleaux nains, des rhododendrons, et les petites plantes que le court été de ces froides régions fait éclore.

« La chèvre domestique est vive, capricieuse et vagabonde, dit Buffon. Elle se familiarise aisément, est sensible aux caresses et capable d'attachement. Elle vient volontiers à l'homme. Cependant ce n'est qu'avec peine qu'on la conduit et qu'on peut la réduire en troupeau. Elle aime à s'écarter dans les solitudes, à grimper dans les lieux escarpés, à se placer et même à dormir sur la pointe des rochers et sur le bord des précipices. Elle est robuste, facile à nourrir ; presque toutes les herbes lui sont bonnes. Elle ne craint pas, comme les brebis, la trop grande chaleur. Elle dort au soleil et s'expose à ses rayons les plus vifs, sans que cette ardeur lui cause ni étourdissements ni vertiges. Elle ne s'effraie point des orages, ne s'impatiente pas à la pluie ; mais elle paraît être sensible à la rigueur du froid. Elle marche, elle s'arrête, elle court, elle bondit, elle saute, s'approche, s'éloigne, se montre, se cache ou fuit comme par caprice, et toute la souplesse de ses organes suffit à peine à la pétulance et à la rapidité de ses mouvements. »

La chèvre a été surnommée la vache du pauvre, et ce n'est pas sans raison. Elle est si sobre, si peu difficile sur le choix des herbes qui composent sa nourriture, qu'un pauvre ménage campagnard peut toujours en nourrir une. Elle va paître avec les moutons, et revient, le soir, le pis gonflé d'un lait excellent. Elle coûte donc fort peu pendant tout l'été ; et en hiver, un peu de foin, quelques débris de légumes, quelques poignées de grain recueilli par les glaneurs, lui suffisent.

Très-intelligente, elle connaît celui qui la nourrit, elle l'aime, elle le suit.

Elle se fait volontiers la nourrice des animaux d'une autre espèce et même des petits enfants, qu'elle allaite avec une patience remarquable.

« Un poulain qui avait perdu sa mère, dit le docteur Franklin, fut confié aux soins d'une chèvre, qu'on plaçait sur un baril, pour que le nourrisson pût y téter avec plus d'aisance. Le poulain suivait sa mère adoptive dans le pré; la chèvre veillait sur lui avec la plus grande sollicitude, l'appelant par ses bêlements toutes les fois qu'il s'éloignait d'elle....

« Un enfant avait été nourri à la campagne par une chèvre; les parents, ayant résolu de retourner à la ville, vendirent la chèvre et partirent avec l'enfant, par une diligence de nuit. Vers neuf heures, l'enfant mal sevré fit entendre des cris : c'était l'heure où il prenait habituellement son souper au pis de sa nourrice. La mère eut alors des regrets : « Oh! dit-elle, si nous n'avions « pas vendu Fanchette! » Vous devinez que Fanchette était le nom de la chèvre.

« Soudain, un bêlement lointain et plaintif frappe les oreilles du père et de la mère. C'était Fanchette, qui avait réussi à s'échapper des mains de son nouveau maître, qui suivait l'enfant, et qui ne tarda point, la diligence s'étant arrêtée, à poser ses pattes sur la portière et à passer sa tête dans la voiture. Qui fut le plus heureux, de l'enfant qui avait retrouvé sa nourrice ou de la nourrice qui avait retrouvé son nourrisson? Le fait est que les parents se promirent bien de revenir sur le marché. »

On nourrit en France deux variétés de chèvres, dont l'une, dite à oreilles pendantes, est un peu plus sensible au froid, un peu moins robuste que notre chèvre vulgaire. Elle est souvent dépourvue de cornes. Quelquefois aussi, les chèvres communes n'en ont pas non plus, et l'on prétend que le lait de ces chèvres sans cornes est exempt d'une certaine odeur qui déplaît à beaucoup de personnes, mais à laquelle on s'habitue facilement.

Le poil de ces deux espèces étant grossier, ne compte guère dans le produit qu'on retire de la chèvre, et qui consiste, outre le lait, la viande, la peau et les cornes de l'animal, dans la chair et la dépouille des deux chevreaux qu'elle donne par année.

Les chèvres de l'Asie ajoutent à tout cela leur toison, qui est des plus précieuses.

Celle de la chèvre d'Angora est longue, épaisse, fine, et tombe en mèches vrillées, d'un blanc à reflets soyeux. Elle se teint parfaitement en toutes nuances, sans rien perdre de son magnifique brillant.

Cette chèvre, originaire de la Turquie d'Asie, doit son nom à la ville d'Angora, où l'on fait de sa laine renommée un commerce dont l'importance est évaluée à près de 5 millions par année. On l'emploie, de préférence à toute autre, à la fabrication des velours de laine et à celle de quelques draps légers.

Avant la fin du siècle dernier, on avait déjà fait, pour acclimater en France ce remarquable animal, des efforts qui n'étaient pas restés sans succès. En 1854, la Société d'Acclimatation en fit venir à ses frais un troupeau de soixante-seize têtes ; puis seize autres furent envoyées au maréchal Vaillant par l'émir Abd-el-Kader, qui alors habitait la patrie de ces magnifiques chèvres.

On les partagea entre plusieurs grands propriétaires du Jura, des Alpes, de l'Auvergne ; et dans les montagnes où elles furent placées , elles prospérèrent de telle sorte, que leur laine, au lieu de perdre de son prix, comme on le craignait, devint encore plus belle.

La chèvre du Thibet, un peu plus petite que la chèvre d'Angora, est encore plus rustique, puisque, dans les montagnes de son pays natal, elle brave les froids les plus rigoureux. La chèvre d'Angora est toujours blanche ; celle du Thibet l'est souvent ; mais le fauve clair, le gris, le brun et même le noir, teignent parfois sa robe.

Elle est très-commune dans tout le Thibet, surtout dans la belle vallée de Cachemire. Un poil assez long et peu abondant, qui sert à fabriquer divers tissus, recouvre chez ces animaux un duvet court, d'une finesse extrême et d'un moelleux incomparable. Depuis longtemps déjà ce duvet entre dans la confection des châles de l'Inde, dont l'Orient avait le monopole, bien avant que ces merveilleux tissus fussent connus en France.

Chèvres d'Angora.

C'est seulement après l'expédition du général Bonaparte en Afrique que les premiers cachemires firent leur apparition chez nous. L'admiration qu'ils excitèrent ne pouvait manquer d'inspirer à nos fabricants le désir d'imiter ces produits de l'art oriental ; mais les ressources mécaniques dont l'industrie française dispose aujourd'hui n'existaient pas encore, et la main-d'œuvre coûtant plus cher en France qu'en Asie , il fallut renoncer à toute concurrence.

L'invention du métier Jacquard vint simplifier la fabrication des tissus ouvragés, et, à l'exposition de 1855, les cachemires français disputèrent aux cachemires de l'Inde l'admiration des visiteurs.

En même temps on cherchait à acclimater en France la chèvre du Thibet, et l'on y réussissait sans trop de peine; mais le duvet obtenu dans nos contrées ne pouvant soutenir la comparaison avec celui d'Orient, la race de ces chèvres ne s'y est encore propagée que dans de médiocres proportions.

Ce précieux duvet arrive du Thibet à la foire de Nijni-Novogorod, en Russie, d'où il gagne Moscou et Saint-Pétersbourg. C'est là que s'approvisionnent les fabricants français. Mais ils peuvent maintenant joindre à ce produit exotique la laine des moutons Mauchamp, qui ne lui est point inférieure.

Il existe plusieurs autres races de chèvres, dont les plus mignonnes, les plus jolies, sont les chèvres naines de la Guinée et du Sénégal. Elles sont jaunes, noires, brunes, blanches, et si vives, si gracieuses, que dans les parcs du Jardin d'Acclimatation, où elles jouent avec leurs petits chevreaux, les visiteurs ne se lassent pas de les admirer.

Les mouflons forment un genre d'animaux qui ont beaucoup d'analogie avec les bouquetins et les chèvres sauvages. Ils habitent les montagnes et se trouvent dans l'Amérique septentrionale aussi bien que dans l'ancien continent, où ils étaient autrefois très-nombreux.

Le mouflon d'Europe habite la Corse et la Sardaigne. Plus grand et plus robuste que le mouton ordinaire, il est vêtu, l'hiver surtout, d'un duvet laineux et crépu, recouvert de poils fauves ou noirs. Il n'a pas de barbe. Sa tête grisâtre est ornée de longues et fortes cornes, triangulaires à la base et aplaties à l'extrémité. La femelle en est dépourvue.

Le mouflon à manchettes, particulier à l'Afrique, est ainsi nommé parce qu'une forte crinière, qui lui couvre les épaules et la poitrine, tombe jusqu'à ses poignets, et les entoure comme de vraies manchettes. On le trouve presque toujours solitaire, tandis que le mouflon d'Europe vit en familles ou en petites troupes.

L'argali est une espèce de mouflon ou de mouton sauvage, d'une force et d'une vigueur remarquables. Sa taille surpasse de beaucoup celle de nos plus grands béliers. La femelle est plus petite; elle porte des cornes presque droites, minces et légères, tandis que celles du mâle sont très-longues, très-fortes, et deux fois recourbées.

Le mouflon de montagne, qui habite les Montagnes rocheuses et la Californie, a la tête encore plus formidablement armée que l'argali. Il se plaît dans les lieux les plus sauvages, grimpe aussi bien que le bouquetin et semble se jouer au-dessus des précipices.

Plusieurs naturalistes disent que le mouton descend du mouflon d'Europe, du mouflon à manchettes ou de l'argali; d'autres pensent que ces animaux domestiques n'ont jamais été connus à l'état sauvage, et d'autres enfin croient que les diverses espèces de moutons proviennent de souches différentes.

« Le mouflon, dit Buffon, grand et léger comme un cerf, armé de cornes défensives et de sabots épais, couvert d'un poil rude, ne craint ni l'inclémence de l'air, ni la voracité du loup; il peut non-seulement éviter ses ennemis par la légèreté de sa course, mais il peut aussi leur résister par la force de son corps

et par la solidité des armes dont sa tête et ses pieds sont munis. Quelle différence de nos brebis, auxquelles il reste à peine la faculté d'exister en troupeaux, qui même ne peuvent se défendre par le nombre; qui ne soutiendraient
pas sans abri le froid de nos hivers; enfin, qui toutes périraient, si l'homme
cessait de les soigner et de les protéger! »

Sous le rapport de l'intelligence, le mouflon, il est vrai, n'est guère mieux
doué que le mouton.

Frédéric Cuvier dit, en parlant des mouflons de la ménagerie :

« Ces animaux aimaient le pain, et lorsqu'on s'approchait de leurs barrières,
ils venaient pour le prendre; on se servait de ce moyen pour les attacher avec
un collier, afin de pouvoir sans accident entrer dans leur parc. Eh bien! quoiqu'ils fussent tourmentés au dernier point quand ils étaient ainsi retenus,
quoiqu'ils vissent le collier qui les attendait, jamais ils ne se sont défiés du
piége dans lequel on les attirait, en leur offrant ainsi à manger. Ils sont constamment venus se faire prendre sans montrer aucune hésitation, sans manifester qu'il se soit formé la moindre liaison dans leur esprit, entre l'appât qui
leur était présenté et l'esclavage qui en était la suite; en un mot, sans que l'un ait
pu devenir pour eux le signe de l'autre. Le besoin de manger était seul réveillé
en eux à la vue du pain. »

Malgré sa force et sa vigueur, malgré la rapidité de sa course, le mouflon se
laisse quelquefois tuer, parce qu'il s'arrête pour regarder le chasseur, au lieu de
continuer à fuir. Il agit alors absolument comme le mouton, qui, dépourvu
d'armes pour lutter contre ses ennemis, n'a pas même l'instinct de chercher à
leur échapper.

« Qu'un loup se présente, dit M. Boitard, aussitôt le troupeau entier s'arrête,
le regarde avec une stupide curiosité; et si l'animal féroce continue d'approcher, eux-mêmes vont à sa rencontre en frappant du pied. Lorsque le loup
s'élance pour en prendre un, tous fuient en désordre et se pressent les uns
contre les autres; mais en cessant de voir leur ennemi, ils oublient leur crainte,
et, à cent pas de là, ils s'arrêtent et se retournent pour le regarder de nouveau.
Il en résulte que si le ravisseur a manqué son coup une première fois, il ne le
manquera pas une seconde ou une dixième fois. Lorsqu'il gagne les bois en
emportant une victime, tous le poursuivent au pas de course, et le berger a
beaucoup de peine à les retenir. »

Le mouton est très-facile à effrayer et en même temps très-obstiné. Le
moindre obstacle qu'il rencontre sur sa route, une haie qu'il franchirait sans
peine, une palissade si basse qu'elle soit, l'arrête; et à moins que le berger
n'en prenne un dans ses bras et ne le porte de l'autre côté, ils resteront là sans
que rien puisse les décider à sauter. S'il fait un violent orage, ils se serrent
les uns contre les autres et refusent de se diriger vers l'étable; et si le feu
prend à la maison, la peur les paralyse, et ils se laissent brûler plutôt que de
sortir.

Le plus beau troupeau de moutons, placé dans les conditions les plus favo-
rables, ne tarderait pas à périr si les soins continuels des chiens et du berger ve-

naient à lui manquer. Lorsque les chèvres vont aux champs avec les moutons, ce sont elles qui prennent la tête, et les moutons les suivent sans difficulté. On les conduit alors sans beaucoup de peine; mais si le pays est montagneux, ils s'exposent en grimpant aussi haut que les chèvres, dont ils n'ont ni le pied sûr ni la gracieuse agilité.

Si faible, si timide, si stupide qu'il soit, disons le mot, le mouton n'en est pas moins un des animaux domestiques les plus précieux. Il donne à l'homme sa chair pour nourriture et sa laine pour vêtement; sa peau sert à fabriquer des chaussures, des gants, des basanes pour la reliure des livres, du parchemin et du vélin. Le suif, les cornes et les boyaux trouvent aussi leur emploi. Enfin, le lait de la brebis est consommé sans préparation, ou bien il entre dans la confection de certains fromages très-estimés. C'est surtout dans les environs de Roquefort, département de l'Aveyron, qu'on élève en vue de cette fabrication un très-grand nombre de brebis.

Troupeau de moutons.

Dans d'autres parties de la France, où la production de la laine est considérée avant tout, on ne trait pas les brebis, de peur que la beauté de la toison n'en soit diminuée; dans d'autres encore le mouton est surtout considéré comme animal de boucherie; mais partout où les cultivateurs entendent bien leur intérêt, on s'efforce de faire marcher de front la production de la viande et l'amélioration de la laine.

Le mouton mérinos, un des plus remarquables par la finesse de sa toison, nous est venu d'Espagne, où il avait été amené par les Maures. En 1766, le célèbre naturaliste Daubenton en acheta, au delà des Pyrénées, un troupeau qu'il fit soigner sur ses terres de Montbard, en Bourgogne. Les moutons y prospérèrent; leur laine s'améliora, et ils se multiplièrent assez pour que bientôt plusieurs autres troupeaux fussent formés.

En 1786, Louis XVI créa une bergerie de mérinos à Rambouillet, d'où ils se répandirent dans toute la France.

La plus belle race de mérinos est celle qu'on doit aux efforts de M. Graux, agriculteur à Mauchamp, dont elle a pris le nom. La laine longue, fine et soyeuse, du mouton de Mauchamp, appelée cachemire indigène, est employée, comme nous l'avons dit, avec le duvet de la chèvre du Thibet, dans la fabrication des châles qui rivalisent avec les plus beaux cachemires des Indes.

La toison des autres mérinos se transforme en belles et solides étoffes, connues sous le nom de mérinos et de cachemires, étoffes qui méritent à tous égards la vogue dont elles jouissent aujourd'hui.

Reims excelle dans la fabrication de ces tissus et de tous ceux dans lesquels la laine est employée pure. A Roubaix, on associe le plus souvent la soie ou le coton à la laine. Tourcoing fabrique des damas et des reps de laine pour ameublements.

Les belles laines françaises se transforment en draps dans les fabriques de Sedan et d'Elbeuf. Louviers, autrefois rivale d'Elbeuf, n'occupe plus que le second rang. Quant aux laines communes, on en fait des draps plus grossiers, des tapis, des bas, des gants, et toutes sortes de tricots.

Les moutons d'Angleterre fournissent leurs toisons aux étoffes solides et brillantes, dites étoffes de fantaisie, qui sortent des ateliers de nos villes du Nord. Les moutons de Saxe et de Silésie donnent de très-belles laines, qui servent, comme celles de nos mérinos, à la confection des draps fins.

Avant d'employer la laine, il faut lui faire subir diverses opérations, dont la première, le dégraissage, a pour but de la débarrasser du *suint*, c'est-à-dire de la graisse de l'animal qui l'a produite.

Les éleveurs lavent les moutons tous les ans, avant de les tondre; cependant la laine retient encore une certaine quantité de suint, qu'on enlève en la trempant dans une lessive, qui transforme la graisse en savon. On la rince ensuite dans des paniers à claire-voie, et on la laisse sécher.

La production de la laine en France est considérable. On l'évalue à plus de quatre-vingt-dix millions de kilogrammes, provenant de la tonte des moutons pendant leur vie et de leur dépouille après leur mort. Presque toute cette laine est employée dans nos fabriques, et nous en achetons à peu près autant à l'étranger.

Les bœufs sont de grands ruminants, dont le corps est gros et lourd, les jambes fortes, le front large, le museau aminci, les yeux grands, très-écartés l'un de l'autre, et dont les cornes, lisses et arrondies, affectent diverses courbures. Chez la plupart d'entre eux, la peau du cou, large et pendante, forme ce qu'on appelle un fanon.

Presque toutes les espèces vivent à l'état sauvage; mais toutes sont sociables et peuvent être apprivoisées.

Le bœuf musqué ou ovibos, beaucoup plus petit que les autres, habite le nord de l'Amérique septentrionale; il se rapproche du mouton par son chanfrein busqué, son pelage abondant et laineux. Les premiers Européens qui en ont parlé l'ont pris pour un mouton de très-forte taille. Ces bœufs vivent en petits troupeaux dans les contrées marécageuses et désolées, qui produisent à peine de quoi les nourrir, même en été. L'hiver, ils se contentent de quelques lichens. N'importe en quelle saison, quand l'herbe devient trop rare, ils passent d'un pays dans un autre, même quand il faudrait traverser une certaine étendue de glace.

Ils grimpent sur les rochers aussi bien que les chèvres; ils font des bonds énormes et montrent dans tous leurs mouvements une grande agilité. Les peuples de ces pauvres pays leur font la chasse en cernant le troupeau, qui se resserre au premier coup de feu, et permet ainsi d'en tirer d'autres. Les indigènes qui n'ont pas de fusils se servent de la lance, de l'arc et des flèches; mais si lestes et si adroits qu'ils soient, ils reçoivent souvent des blessures; car ces animaux ont des cornes terribles, et savent s'en servir.

Malgré la repoussante odeur de musc dont la chair de l'ovibos est imprégnée, ils la mangent avec délices, et ils se font des vêtements de sa peau. Les femelles et les jeunes bœufs sont moins parfumés; leur viande, découpée, séchée et réduite à un très-petit volume, fait ordinairement partie des provisions dont se chargent les chasseurs de fourrures.

Le bison d'Amérique est le plus grand des mammifères du nouveau continent. Il a les formes trapues, la tête courte et grosse, l'arrière-train assez étroit, la croupe basse et le garrot élevé. Des poils épais et laineux, d'un brun foncé, lui couvrent la tête, le cou, les épaules, et s'allongent beaucoup en hiver. Au printemps, ils tombent et sont remplacés par d'autres d'une nuance plus claire; le reste du pelage est court; les cornes, le museau et les sabots sont noirs. Le bison porte sur le devant du dos une bosse ou loupe graisseuse, dont la grosseur varie.

On trouvait autrefois le bison dans presque toute l'Amérique septentrionale; aujourd'hui il en a abandonné une partie, pour se réfugier dans les grandes plaines de l'Ouest. C'est là seulement qu'on le trouve encore en très-grand nombre. Il y vit en petites troupes; au printemps il émigre vers le nord; et quand l'automne approche, il redescend vers le sud. Les divers groupes se réunissent pour faire ensemble ces voyages et composent un immense troupeau, qui s'avance en droite ligne, traverse les prairies, les torrents, les rivières, sans se laisser détourner de son chemin. Quelques auteurs assurent que le nombre des bisons qui émigrent ainsi s'élève à plusieurs centaines de mille.

On peut se faire une idée des dégâts qu'ils commettent; ils ne laissent rien derrière eux; mais si l'homme ne les attaque pas, il n'a rien à craindre de cette multitude. Il peut d'ailleurs s'écarter de la route qu'elle suit; car il est averti de son approche par le bruit des sabots des voyageurs sur le sol, bruit formidable qu'on ne peut comparer qu'à celui du tonnerre.

Jamais le bison ne marche lentement; son pas est pressé; et quand il court, un bon cheval a peine à le suivre. Les mères se réunissent souvent pour paître avec leurs petits, qui sont très-vifs, très-gais, et qui gambadent agilement autour d'elles. Quand une petite troupe est attaquée par quelque grand carnassier, les mâles font ranger derrière eux les femelles et les jeunes; puis ils tiennent tête à l'ennemi, et presque toujours ils le tuent d'un coup de pied ou l'écrasent de leur poids.

Il n'y a guère que l'ours gris qui ose les attaquer; quant au loup, il n'approche pas du troupeau; mais, quand la faim le presse, il s'enhardit assez pour fondre sur un jeune qu'il aperçoit isolé, ou sur quelqu'un des traînards qui, lors de l'émigration, ne peuvent suivre le troupeau.

Le plus grand ennemi du bison, c'est l'homme, qui en a déjà beaucoup diminué l'espèce, qui le chasse avec passion, et qui tue bien au delà de ses besoins. Parfois on pousse une partie du troupeau vers une enceinte formée de gros pieux, et quand les bisons s'y sont engagés, on les tue tous sans pitié.

Dans une chasse dont M. Henri Révoil rend compte et à laquelle il assistait, on tua cent quarante-sept bisons, dont trente-deux étaient des femelles.

« Il serait pourtant à désirer, dit-il, que le gouvernement américain pût trouver un moyen de prévenir la disparition de ces nobles quadrupèdes, qui font l'ornement des grandes prairies, et qui renouvellent les provisions des caravanes aventurées dans le pays pour se rendre à Santa-Fé ou en Californie. On pourra se faire une idée de la quantité de bisons tués, quand je raconterai à mes lecteurs que, dans les États-Unis et le Canada, il se vend, chaque année, plus de neuf cent mille fourrures de ces quadrupèdes; encore toutes ces robes sont celles des femelles, la peau du mâle étant trop épaisse et ne pouvant pas être facilement tannée. Les Indiens, dont le commerce des fourrures forme l'unique revenu, gardent en outre, pour leur usage, une certaine quantité de ces peaux, qui leur servent à construire leurs lits, leurs tentes, leurs canots, et grand nombre d'ustensiles de la vie domestique. Je dois ajouter encore, pour clore la statistique de cette destruction systématique, que les caravanes qui traversent les prairies semblent se faire un plaisir de jalonner leur route de carcasses de bisons. Enfin, les aigles de toutes dimensions, les buzards et les vautours ont pour mission de donner aux squelettes de cette race bovine la blancheur qui a fait appeler certaines passes des plaines qui s'étendent à l'ouest des Montagnes rocheuses « les cimetières de buffalos (1). »

Le bison paraît plus sombre et plus farouche qu'il ne l'est. On dit que, dans les fermes du Kentucky et de l'Ohio, on est parvenu à le rendre domestique. Il n'est sérieusement à craindre que quand il est blessé. Il se précipite alors sur le chasseur, et malheur à celui-ci, s'il n'est pas monté sur un cheval qui puisse le soustraire à sa vengeance! Le bison l'attaque de ses cornes et de ses pieds de devant, dont il se sert avec une force et une agilité sans égales. Cet animal est d'ailleurs très-difficile à tuer : sa tête est couverte d'un poil si épais, si serré, qu'une balle a de la peine à le traverser. On doit l'ajuster entre les deux omoplates, de manière à lui fracasser l'épine dorsale, ou à l'atteindre en pleins poumons. Quelquefois même, frappé au cœur, il parvient encore à se soustraire à la poursuite de celui qui l'a blessé, ou à lui faire payer chèrement sa vie.

Autrefois les grandes forêts de l'Europe nourrissaient deux espèces de bœufs sauvages, l'un connu sous le nom de bison, l'autre sous celui d'aurochs ou

---

(1) *Chasses dans l'Amérique du Nord.*

d'urus. Ce dernier, presque aussi grand qu'un rhinocéros, est couvert de deux sortes de poils : l'un, laineux et doux, d'un gris noirâtre, disparaît, au-devant du corps, sous une crinière dure, hérissée, grossière, et sous une longue barbe pendante. De grosses cornes rondes, latérales, une très-longue queue, et quatorze paires de côtes, au lieu de douze, servaient à le distinguer des autres bœufs.

Du temps de César, on voyait encore des aurochs en Allemagne ; et jusqu'au XVIe siècle, les auteurs ont fait mention des deux espèces de bœufs sauvages. Mais plus tard, il ne fut plus question que d'une seule espèce, désignée tantôt sous le nom d'aurochs, tantôt sous celui de bison.

Il n'en existerait sans doute plus si les rois de Pologne, et après eux les empereurs de Russie, n'eussent pris sous leur protection ces nobles animaux. La forêt de Bialowicza, en Lithuanie, une véritable forêt vierge, où il n'existe que des chemins de chasse, et dont on ne tire aucun profit, sert d'asile aux aurochs. Des lois très-sévères les protégent, et il faut un ordre de l'empereur pour en prendre ou pour en tuer un seul.

Ils se sentent si bien chez eux, qu'ils ne veulent pas y être dérangés. Ils mangent les herbes, les feuilles, les bourgeons, l'écorce des arbres, et souvent, pour la ronger à loisir, ils brisent le tronc d'un coup de tête. Ils sont très-sauvages et entrent facilement en colère.

Les jeunes évitent l'homme ; mais les vieux semblent le rechercher.

« Un vieux taureau, dit M. Brehm, régna pendant longtemps sur les routes qui traversent la forêt de Bialowicza. Il ne s'écartait même pas de devant les attelages, et il causa plus d'un malheur. Sentait-il du foin sur un traîneau, il prélevait de force son impôt ; il trottait devant les chevaux, et, par ses mugissements, ordonnait qu'on lui abandonnât de la nourriture. La lui refusait-on, ou cherchait-on à l'éloigner à coups de fouet, il entrait en fureur, levait la queue, se précipitait sur le traîneau et le renversait en quelques coups de cornes. Si les voyageurs l'excitaient, il les faisait tomber du traîneau et effrayait les chevaux. Ceux-ci montraient une grande peur du bison et s'enfuyaient dès qu'ils sentaient son approche. Leur apparaissait-il tout à coup, ils se cabraient, se jetaient de côté, témoignaient leur terreur de toutes les façons. Mais le bison est surtout terrible quand il est poursuivi. Il est alors dangereux pour le meilleur chasseur de se trouver sur son chemin. »

En 1846, l'empereur de Russie, ayant promis à la reine d'Angleterre deux aurochs pour le jardin zoologique de Londres, donna aux gardes de la forêt de Bialowicza l'ordre d'en prendre quelques-uns. Près de quatre cents hommes, tant traqueurs que chasseurs, cernèrent les aurochs dans une vallée où ils avaient été reconnus la veille. Les fusils n'étaient chargés qu'à poudre ; car on ne voulait qu'effrayer ces animaux, afin de séparer quelques jeunes du troupeau. Ceux-ci prenaient gaîment leurs ébats, pendant que les autres ruminaient en paix, quand les sons du cor et les aboiements des chiens se firent entendre.

Les aurochs furent aussitôt debout, prêts à défendre les petits, qui se réfugiaient près de leurs mères. Les vieux forcèrent la ligne de chasse, et l'on parvint à s'emparer de trois mâles et de quatre femelles, dont l'une n'avait encore que quelques jours. Une vache prit soin de cette dernière, et lui témoigna beaucoup d'attachement; les autres refusèrent toute nourriture pendant plus ou moins de temps, suivant leur âge; puis ils burent du lait au seau. Bientôt ils se montrèrent fort gais; ils perdirent peu à peu leur sauvagerie et finirent par s'attacher aux gens qui les soignaient.

Toutefois il paraît que, comme tous les autres animaux sauvages élevés en captivité, les aurochs deviennent irritables et méchants, à mesure qu'ils vieillissent. Leurs gardiens doivent toujours s'en méfier; quant aux étrangers, ils font bien de ne pas s'approcher de ces animaux, surtout s'ils sont vêtus de rouge, cette couleur ayant la propriété de les rendre furieux.

On dit qu'il existe aussi des aurochs, mais en très-petit nombre, dans les montagnes du Caucase et dans les Karpathes.

Le buffle, qu'on croit originaire des chaudes contrées de l'Inde, se trouve en Perse, en Arabie, dans toute l'Afrique orientale, et même dans deux contrées de l'Europe, la Grèce et l'Italie, où ils ont été amenés, dit-on, par un roi lombard.

Le buffle est à peu près de la taille de notre bœuf; mais son aspect est farouche et son caractère difficile à dompter. Une masse de poils grossiers lui couvrent la tête et les épaules; ils sont durs et clair-semés sur le reste du corps. Le fond de la peau est noir; les poils sont d'un gris noir, quelquefois d'un gris bleu ou d'un roux foncé. Sa tête est plus courte et plus large que celle du bœuf; son front bombé et armé de cornes noires, très-fortes et dirigées de côté. Ses yeux sont petits et féroces; son garrot élevé semble porter une sorte de bosse; son dos est incliné; sa queue longue n'a presque pas de fanon.

Cet animal, autrefois nombreux aux environs du cap de Bonne-Espérance, ne se rencontre plus que dans l'intérieur des terres. Il est très-redouté des Cafres, et c'est avec raison; car, au lieu de fuir l'homme, comme la plupart des hôtes des grandes forêts, il se cache, dit-on, pour l'attaquer, et fond sur lui, sans en être menacé.

Quelques voyageurs dignes de foi, sans nier ces méfaits, disent qu'ils ne doivent être attribués qu'à de vieux mâles chassés du troupeau et condamnés à vivre dans la solitude. Les autres se défendent contre l'homme, mais ils ne l'attaquent pas les premiers.

Il n'est pas rare de voir, dans le sud de l'Afrique, des buffles paissant en grand nombre; Livingstone en a rencontré plusieurs troupeaux de soixante têtes. Ils préfèrent les forêts aux plaines; ils y suivent les chemins ouverts par les éléphants et les rhinocéros, et savent fort bien, à l'aide de leurs cornes, se frayer des passages lorsqu'ils n'en trouvent pas.

Leur peau est si épaisse, qu'elle ne peut être traversée par une balle que quand on tire de très-près. On emploie cette peau à faire des vêtements qui résistent aux armes tranchantes; mais elle a le défaut de s'imbiber d'eau, ce qui la rend impropre à la chaussure.

Pendant la plus grande partie du jour, le buffle dort à l'ombre, dans le voisinage des lacs, des rivières, ou sur un sol vaseux. Il aime beaucoup à se vautrer dans la boue, ce qui ne contribue pas à l'embellir.

Le buffle qu'on emploie comme bête de somme et de trait, en Italie et en Hongrie, ne vient pas de l'Afrique, mais de l'Inde, où plusieurs races de ces animaux vivent encore aujourd'hui. La plus remarquable est le buffle arni, qui se distingue par la longueur de ses cornes. Il habite les hautes montagnes de l'Hindoustan et les iles de l'Archipel indien. Sa chasse est, dit-on, des plus dangereuses; cependant il n'est pas indomptable.

Si redoutable que soit le buffle vivant à l'état sauvage, on parvient à s'en emparer et à le rendre domestique. Pour cela, on le prend jeune, et on lui passe dans le nez un anneau de fer, au moyen duquel on arrive à le rendre docile. Au bout d'un temps plus ou moins long, l'anneau use les cartilages et finit par tomber; mais alors le buffle est habitué à la servitude.

Quelquefois on s'empare d'animaux déjà vieux, en les faisant entrer dans un enclos et en leur jetant le lasso.

On les emploie à combattre les tigres, pour lesquels ils ont une haine extrême, et dont ils triomphent presque toujours. Les princes indiens trouvent un grand charme à ces combats sanglants.

Les buffles qu'on fait travailler n'exigent aucun soin : ils se contentent des herbes les plus grossières, des joncs, des roseaux; mais il leur faut absolument de l'eau. Quand ils en sont privés et qu'ils sentent de loin une rivière, ils s'élancent dans cette direction, sans qu'on puisse les retenir. Chargés ou non, ils entrent dans les flots, où ils nagent fort bien et se trouvent plus à l'aise que sur la terre.

En Egypte, où les buffles domestiques sont communs, on s'en sert pour traverser le Nil pendant ses débordements, et on leur fait porter des fardeaux. Ils se laissent conduire, même par des enfants, et ceux-ci, se cramponnant à leurs poils, les laissent nager sans aucune inquiétude.

Le buffle est aussi fort que deux chevaux. Son lait est très-bon; sa chair, assez délicate lorsqu'il est jeune, prend ensuite une odeur de musc; mais sa graisse est estimée, et l'on utilise sa peau et ses cornes.

L'yack est un des plus étranges animaux qu'on puisse voir. Sa tête ressemble à celle du bœuf; sa longue toison, qui traine presque jusqu'à terre, rappelle celle de la chèvre d'Angora; sa queue rappelle celle du cheval. Il ne mugit, ne bêle, ni ne hennit; il grogne, comme le cochon, mais plus fort et plus longuement.

On l'appelle souvent bœuf grognant ou bœuf à queue de cheval. Il a d'ailleurs l'allure vive et rapide de ce dernier animal, ses jambes fines et son corps ramassé. Une touffe de poils raides et crépus couvre son front, armé de cornes longues, minces et pointues. Une sorte de crinière longe son dos et lui passe sous le cou; enfin des poils soyeux, qui tombent presque jusqu'à terre, garnissent ses flancs, ses cuisses, et se détachent vivement, par leur blancheur, du fond noir de sa robe.

Sa queue, dont les crins sont très-fins et très-brillants, atteint souvent un mètre de longueur; depuis des siècles, elle a dans le commerce une grande va-

leur, surtout lorsqu'elle est d'un beau blanc. Dans tout l'Orient, elle sert d'ornement aux princes, aux chefs militaires, aux chevaux et aux éléphants qui
portent leurs seigneuries. On en fait aussi des chasse-mouches. Les Chinois la
teignent en rouge pour l'attacher à leurs bonnets. Chez les Musulmans, cette
queue, enchâssée au bout d'une lance, est l'insigne de la dignité du pacha.
Plus ces fonctionnaires montent en grade, plus le nombre de ces panaches,
qu'ils ont le droit de faire porter devant eux, augmente. De là est venue l'habitude de dire : « Un pacha à trois queues. »

Le lait de l'yack est très-bon et sa chair excellente. Sa toison peut servir à
fabriquer des draps chauds et solides; celle des petits ressemble beaucoup à
celle de l'astrakan. Sa peau donne un cuir très-résistant. Mais ce n'est pas tout
ce qu'on peut attendre de cet animal.

Il vit encore à l'état sauvage dans les hautes montagnes de l'Asie centrale, et
se nourrit des rares plantes qui croissent non loin des neiges éternelles; mais
dans quelques contrées, au Thibet surtout, on a su réduire l'yack en domesticité,
et il est devenu précieux par les services qu'il y rend.

On lui fait transporter, à travers les rudes sentiers des montagnes, souvent
couvertes de glaces et de neiges, une charge de plus de cent kilogrammes;
il se laisse atteler à la charrue, aux chariots de transport, et permet même qu'on
le monte. Il est juste de dire qu'il n'a pas complétement perdu sa sauvagerie,
qu'il a des mouvements un peu brusques, et que, dans les passages difficiles,
son plaisir paraît être de suivre le bord des sentiers; mais il a le pied tellement
sûr, que jamais il ne glisse.

Dans nos pays de montagnes, l'acclimatation de l'yack deviendrait un véritable bienfait; on considère cette acclimatation comme ne pouvant manquer de
se réaliser; car ce singulier animal a prospéré déjà, non-seulement dans nos
jardins zoologiques, mais dans le Jura, les Alpes et le Cantal.

C'est à M. de Montigny, consul de France en Chine, que nous devons les
premiers yacks qui aient été vus en Europe. Il en fit venir à Chang-Haï, sa résidence, un troupeau, qu'il avait acheté au Thibet. Les Chinois, qui ne les
connaissaient pas, les prirent pour des bœufs d'Europe; mais ils n'en ad-
mirèrent pas moins ces belles bêtes, dont huit étaient blanches et quatre
noires.

Les yacks arrivèrent à Paris le 1er avril 1854, et furent pendant plusieurs mois
l'objet de la curiosité publique. On ne jugea pas devoir les y conserver; car ils
paraissaient souffrir beaucoup de la chaleur, et l'on eut bientôt à se féliciter de
les avoir transportés dans des montagnes dont la température a de l'analogie
avec celle de leur pays natal.

Le bœuf des jungles, appelé aussi zébu ou taureau brahmine, est un peu
plus petit que notre bœuf domestique, dont il se distingue par la présence d'une
et même de deux bosses sur le garrot, par des cornes très-courtes et aplaties,
qui vont d'abord en arrière et se recourbent ensuite en avant.

C'est le plus doux de tous les bœufs, quoiqu'il soit très-vif et très-agile. La
variété dite de Madagascar, la plus grande de toutes, n'a qu'une seule bosse, et

sa chair est imprégnée d'une désagréable odeur de musc. La race de l'Inde est beaucoup plus petite; elle est consacrée au dieu Siva, parce qu'un individu de cette race, le bœuf nandi, a seul, dit M. Boitard, le privilége de porter la statue de ce terrible dieu. Ces bœufs vivent dans les temples, où on leur prodigue mille soins respectueux, et toutes leurs fonctions se bornent à servir de monture aux brahmes. Ils peuvent ravager les champs, pénétrer dans les jardins et même dans les maisons, sans avoir à craindre aucun châtiment de la part des Indiens.

« Je ne veux oublier, dit un ancien auteur, de noter, en passant et par occasion, le grand honneur que le peuple rend à ces vaches, pour vilaines, crasseuses et toutes couvertes de boue qu'elles soient; car on les laisse entrer dans le palais du roi et partout où leur chemin s'adonne; ainsi le roi même et tous les plus grands seigneurs leur font place, avec autant d'honneur, de révérence et de respect qu'il est possible, et en font autant aux taureaux et aux bœufs. »

Bœufs à la charrue.

Les zébus qui ne sont pas nourris dans les temples sont utilisés comme bêtes de trait ou de selle. Ils trottent parfaitement et font le service des postes en Cochinchine; mais on ne les frappe jamais et on les soigne avec autant d'attention qu'un cheval de prix. Ils sont ordinairement de couleur fauve, ou tachetés de blanc et de jaune. Ceux qui sont entièrement blancs sont plus rares et plus recherchés; deux paires de zébus blancs forment un attelage digne d'un prince.

On trouve en Afrique un bœuf à bosse qui se rapproche de celui de l'Inde; mais il a les cornes plus longues et les jambes plus hautes. Il vit en grands troupeaux, sous la conduite des bergers, dont le soin principal est de veiller à ce qu'ils ne manquent pas d'eau.

Les Hottentots ont des bœufs qu'ils dressent pour la guerre, et qui sont chargés de répandre dans les rangs ennemis la confusion et la terreur. En temps de paix, les plus fiers de ces animaux gardent les troupeaux, les conduisent au pâturage, et les défendent contre les voleurs aussi bien que contre les bêtes féroces.

Nous arrivons à notre bœuf domestique, celui de tous les animaux qui nous est le plus utile.

« Sans le bœuf, dit Buffon, les pauvres et les riches auraient beaucoup de peine à vivre ; la terre demeurerait inculte, les jardins mêmes resteraient secs et stériles. C'est sur lui que roulent tous les travaux de la campagne ; il est le meilleur domestique de la ferme, le soutien du ménage champêtre ; il fait toute la force de l'agriculture ; autrefois il faisait toute la richesse des hommes ; aujourd'hui il est encore la base de l'opulence des Etats, qui ne peuvent se soutenir et fleurir que par la culture des terres et par l'abondance du bétail, puisque ce sont les seuls biens réels ; tous les autres, et même l'or et l'argent, ne sont que des biens arbitraires et n'ont de valeur qu'autant que le produit de la terre leur en donne. »

Tout le monde connaît ce laborieux et patient animal, sa grande taille, ses jambes fortes, son allure paisible et même un peu lourde. Sa robe, tantôt fauve, tantôt noire, blanche, ou marquée de ces diverses couleurs, tranche agréablement sur la verdure des prairies, dont sa langue rose tond l'herbe, ou sur laquelle il s'étend pour ruminer à loisir. Sa tête, ornée de cornes, dont la forme varie, se tourne doucement de tous côtés ; ses grands yeux, qui s'arrêtent sur les promeneurs, n'annoncent pas autant de stupidité qu'on se plaît à le dire, mais plutôt beaucoup de douceur et de docilité.

Le bœuf descend-il de l'aurochs, comme on l'a cru ? Nul ne peut le dire ; mais ce qui est certain, c'est qu'il a été dès les temps les plus reculés le compagnon de travail du laboureur, et qu'il semble, selon l'expression de Buffon, avoir été fait exprès pour la charrue.

« La masse de son corps, la lenteur de ses mouvements, le peu de hauteur de ses jambes, tout, jusqu'à sa tranquillité et sa patience dans le travail, semble concourir à le rendre propre à la culture des champs, et plus capable qu'aucun autre de vaincre la résistance constante et toujours nouvelle que la terre oppose à ses efforts. Le cheval, quoique peut-être aussi fort que le bœuf, est moins propre à cet ouvrage : il est trop élevé sur ses jambes, ses mouvements sont trop grands, trop brusques ; il s'impatiente et se rebute trop aisément, lorsqu'on le réduit à ce travail pesant, pour lequel il faut plus de constance que d'ardeur, plus de masse que de vitesse et plus de poids que de ressort. »

Le taureau sert à la propagation de l'espèce. Il est indocile, terrible même dans ses fréquents accès de fureur. Il ne peut être assujetti au travail, et il serait impossible au berger le plus habile d'en conduire un certain nombre ; mais, au milieu du troupeau dont il est en quelque sorte le maître, le taureau, ombrageux et farouche, est ordinairement paisible. Toutefois, si un second troupeau, ayant aussi son taureau, venait à rencontrer le premier, un combat s'engagerait entre ces deux animaux, fiers et jaloux.

Le bœuf, plus doux, plus paisible, et presque toujours fatigué d'ailleurs des rudes travaux qu'on lui impose, se mêle au troupeau sans chercher querelle à aucun de ses compagnons. Cependant, lorsqu'on le maltraite ou qu'on l'irrite, il perd patience, se venge à l'aide de ses cornes, en perce son bourreau, ou l'enlève et le lance en l'air. C'est par la douceur, par les bons traitements, qu'on habitue le bœuf au travail; il est reconnaissant des soins qu'on lui donne et se montre sensible aux caresses.

Il peut être employé au labour depuis l'âge de trois ans jusqu'à dix ou douze ans, et même au delà; mais il vaut mieux ne pas le laisser vieillir davantage, parce qu'il s'engraisse plus facilement lorsqu'il est encore jeune, et qu'il fournit à la boucherie une viande plus estimée.

Le bœuf creuse les sillons; il traîne des chariots pesamment chargés; il se prête à tous les travaux de la campagne; il fournit le fumier qui la fertilise, et, après une carrière si bien remplie, il donne à celui qui l'a nourri sa chair, sa peau, ses cornes, ses sabots, ses os et sa graisse.

Taureau.

La vache est la femelle du taureau. Elle ne travaille pas autant que le bœuf, mais elle élève un petit chaque année, et le lait qu'elle donne, pendant un temps plus ou moins long, est d'un produit considérable.

Non-seulement le lait est l'aliment des enfants, mais dans presque tous les ménages on en fait une consommation journalière. Pur ou joint au chocolat ou au café, c'est le déjeuner habituel; il sert, en outre, à confectionner des gâteaux, des entremets et diverses friandises; mais ce n'est pas sous cette forme cependant qu'il est le plus utile.

C'est au lait de la vache que nous devons la crème, le beurre, le fromage, dont il nous serait bien difficile, pour ne pas dire impossible, de nous passer.

Toutes les vaches ne donnent pas la même quantité de lait. Quand elles ont nourri déjà deux ou trois veaux, cette quantité devient plus considérable qu'elle ne l'était d'abord. Quant à la qualité du lait, elle varie beaucoup aussi ; il y a du lait excellent sur lequel monte une crème épaisse, tandis que sur d'autre on n'en retire presque point. Il faut donc, quand on veut avoir des vaches, se procurer de bonnes laitières, qui ne coûtent pas plus que les autres à nourrir, et dont le produit est beaucoup meilleur.

Un climat doux, un peu humide, et un abondant pâturage, influent aussi sur la quantité et la qualité du lait. On trouve en Bretagne, en Normandie et en Flandre, les meilleures vaches laitières de la France.

Vache laitière et son veau.

La vache aime beaucoup son petit, et témoigne par ses beuglements le chagrin qu'elle éprouve lorsqu'elle en est séparée. Les jeunes mâles, appelés veaux, sont ordinairement livrés à la boucherie quelques semaines seulement après leur naissance. On n'élève guère que les plus beaux et les plus forts, pour en faire de solides bœufs ; mais quand les génisses, c'est-à-dire les jeunes femelles, sont de bonne race laitière, on tient à les conserver.

Le bœuf, originaire de l'ancien continent, a été introduit dans le nouveau par les Européens ; il s'y est multiplié et y est redevenu sauvage. Il en existe d'immenses troupeaux dans les grandes plaines ou Pampas qui forment le bassin de la Plata, dans l'Amérique méridionale.

« On tue d'innombrables quantités de ces taureaux des Pampas, dit M. Louis Figuier dans son *Histoire des Mammifères*, et l'on expédie leurs peaux tannées sur tous les marchés du monde, sous le nom de cuirs de Buénos-Ayres. Autrefois, on se bornait à expédier en Europe les peaux de ces ruminants ; mais aujourd'hui on a appris à tirer partie de leur viande, en l'expédiant sèche ou comprimée, à de grandes distances. On se sert encore de ces viandes pour préparer, d'après les indications d'un chimiste allemand, un produit connu sous le nom d'extrait de *viande de Liebig*, et qui sert à confectionner extemporanément des bouillons. Ce produit est l'extrait concentré et sec du bouillon que l'on prépare, dans les contrées de l'Amérique centrale, avec la viande des taureaux sauvages.

« La consommation, autrefois assez considérable, de l'*extractum carnis*, inventé par le chimiste de Berlin, a beaucoup diminué aujourd'hui, parce que l'on a reconnu l'absence de qualités nutritives dans le bouillon Liebig. »

La Suisse est fière à bon droit de ses grands troupeaux, qui passent en liberté la belle saison dans les montagnes. C'est une fête pour le pays que le départ des troupeaux, qui ordinairement a lieu au mois de mai.

« Si la grande cloche du voyage, que l'on suspend au cou de la plus belle vache du village, et qui, au retour, fait entendre de loin sa voix argentine, se met inopinément à tinter, par un beau jour de printemps, il y a sensation générale et mouvement marqué dans tout le bétail. Les vaches se rassemblent avec des bonds et des mugissements joyeux, et semblent attendre le signal du départ. Quand le moment est venu, en effet, et que la plus belle bête porte, attachée à un ruban, la clochette bien connue, avec l'ornement obligé d'un grand bouquet entre les deux cornes, quand le cheval de somme est chargé de la chaudière à fromage et des provisions, et que les bergers, en grande tenue, roulent dans leurs gosiers les longs refrains suisses, il faut voir alors l'empressement, la joyeuse humeur avec lesquels ces bons animaux se rangent en ordre de départ et marchent à la file vers le sentier des montagnes. Souvent des vaches laissées exprès dans la vallée entreprennent seules, à leurs risques et périls, le voyage lointain, et vont rejoindre leurs compagnes....

« On pense avec raison que le bétail des hautes montagnes est plus intelligent, plus vif que celui des plaines; car la vie naturelle qu'il y mène est bien plus favorable au développement de son instinct. L'animal, chargé presque entièrement du soin de sa conservation, devient plus attentif, plus prévoyant; il acquiert de la mémoire, de la vigilance. La vache des Alpes connaît tous les buissons, toutes les flaques d'eau de son domaine; elle sait où elle trouvera le meilleur gazon; elle se souvient de l'heure où elle doit rentrer au chalet, pour y donner son lait; elle reconnaît la voix du berger qui l'appelle et s'en approche familièrement; elle distingue le moment où elle recevra son sel de celui où elle va à l'abreuvoir ou bien à l'étable. Elle s'aperçoit aussi de l'approche des orages, connaît fort bien les plantes qui ne lui conviennent pas, dirige et protége son jeune veau, et évite avec soin les endroits dangereux....

« Le retour dans la vallée se fait de la même façon que le voyage du printemps; mais il est beaucoup moins gai et moins animé. C'est le signal de la séparation pour le troupeau, qui se débande et diminue le long de la route, à mesure que les propriétaires reprennent possession des bêtes qui leur appartiennent. » (Tschudi, *les Alpes*.)

De grands troupeaux de bœufs vivent en demi-liberté dans les vastes plaines de la Russie méridionale, et de plusieurs autres contrées de l'Europe et de l'Asie. Pendant tout l'été, ils paissent sans autre abri que de petits murs en terre, derrière lesquels ils se réfugient pendant l'orage; et même en hiver, ils n'ont pour étables que de misérables hangars ouverts à tous les vents. Malgré cela, ou peut-être à cause de cela, ils sont robustes, durs à la fatigue, et si sobres, que les herbes les plus grossières leur suffisent.

Il existe en France des bœufs qui vivent presque à l'état sauvage, dans les plaines de la Camargue, île formée par les deux principaux bras du Rhône, à peu de distance de son embouchure.

Ces bœufs, invariablement noirs, sont petits, mais très-vigoureux. Leurs cornes, longues, aiguës, d'un blanc éclatant, sont presque droites et se rapprochent vers la pointe. Ils se ressemblent tellement, qu'il est presque impossible de les distinguer les uns des autres. Chacun des propriétaires de ces animaux les fait donc marquer à son chiffre, pour en disposer lorsqu'il voudra les mettre au travail ou les envoyer à l'abattoir. On donne le nom de ferrade à cette opération.

« La ferrade, dit M. de Jonquières Antonelle, est une des cérémonies les plus populaires, les plus courues, les plus entraînantes, de cette partie méridionale de la France. Il y a ferrade chaque fois qu'un propriétaire de bœufs sauvages se trouve avoir à marquer de nouveaux bœufs à la même marque que les autres de son troupeau. A cette occasion, un grand concours de cavaliers, de piétons, d'acteurs du métier, de curieux et de curieuses, arrive à l'endroit où doivent être marqués les bœufs. On réserve un grand espace de plaine, et ce théâtre se trouve entouré d'un cercle compacte, plus ou moins régulier, formé par des gens arrivant de partout à ce spectacle, et assemblés à cet effet. Chacun des animaux qui doivent être marqués est lâché à son tour et poursuivi par des gardiens à cheval. A l'aide d'un trident, armé de fer à trois pointes, emmanché au bout d'une longue pique de saule ou de frêne, ces gardiens font décrire au taureau des cercles qui le rapprochent de la place où le public l'attend.

« Si le porteur du trident est habile, il doit, toujours à cheval et toujours au galop, accompagnant le galop du bœuf, se lancer en avant, diriger à son gré la poursuite, tournoyer en cercle avec le bœuf, et le renverser d'un premier, d'un seul coup de trident sur la hanche. Lorsque c'est un piéton qui renverse le bœuf, il doit l'attendre de face, coller sa poitrine au-devant même du poitrail de l'animal, prendre chaque corne d'une main, renverser ainsi la tête du bœuf en arrière, placer la sienne en arc-boutant, sous la gorge de son antagoniste, le forcer à s'agenouiller, et, roulant alors tous les deux, le maintenir à terre.

« Un bœuf sauvage qui n'est ni jeté sur le flanc par le trident du cavalier, ni agenouillé par le piéton qui lui renverse la tête par les cornes, mais poussé à terre par deux hommes, dont l'un s'empare d'une ou de deux jambes, ce bœuf est alors pris en traître : c'est le coup de Jarnac de ce duel. Le bœuf, renversé, est marqué d'un fer rouge sur la cuisse par un gardien à pied; c'est fini cette fois pour lui, et on le relâche; maintenant il porte son état civil imprimé au fer rouge : les initiales de son propriétaire et l'indication du troupeau. »

Le taureau, rendu furieux par la poursuite des gardiens, puis par cette brûlure, tremble sur ses jambes, fouille le sol de ses cornes, et en menace tout ce qu'il rencontre; mais on lui ouvre une issue, par laquelle il s'échappe. Bientôt un autre le remplace, et attire à son tour l'attention des curieux.

Dans les fêtes des villages voisins, on ne manque guère de joindre aux divertissements usités partout une course de bœufs de la Camargue. Ces courses ne peuvent toutefois se comparer à celles des taureaux qu'on élève en Andalousie et dans les provinces basques, pour les faire combattre ou plutôt pour les sacrifier dans les fêtes espagnoles, aux applaudissements d'une foule enthousiaste.

Les courses des bœufs de la Camargue sont plutôt un jeu qu'un combat. La plupart travaillent jusqu'à l'âge de dix ou douze ans. On les laisse ensuite se reposer et s'engraisser en liberté, puis on les mène à l'abattoir. Toutefois, leur chair est loin de valoir celle des bœufs normands ou anglais.

Parmi ces derniers, il faut citer la race de Durham, à courtes cornes, qui, introduite chez nous, et croisée avec les meilleures races françaises, a donné de magnifiques produits.

# V.

## ORDRE DES PACHYDERMES.

Famille des solipèdes. — Cheval. — Ane. — Mulet.
— Hémione. — Zèbre. — Famille des éléphants. —
Rhinocéros. — Hippopotames. — Sanglier. —
Pecari. — Phacochère. — Babiroussa. — Tapir.
— Daman.

Les pachydermes, ou animaux à peau épaisse, n'ont ni bois ni cornes, et ne ruminent pas, quoique leur nourriture soit à peu près la même que celle des ruminants.

Cet ordre se divise en trois familles, dont la plus utile est sans contredit celle des solipèdes, qu'on reconnait à l'existence d'un seul doigt apparent, enfermé dans un sabot unique. Cette famille ne renferme d'ailleurs que le genre cheval, c'est-à-dire le cheval proprement dit, l'âne, l'hémione et le zèbre.

« La plus noble conquête que l'homme ait jamais faite, dit Buffon, est celle de ce fier et fougueux animal qui partage avec lui les fatigues de la guerre et la gloire des combats. Aussi intrépide que son maitre, le cheval voit le péril et l'affronte ; il se fait au bruit des armes, il l'aime, il le cherche, il s'anime de la même ardeur. Il partage aussi ses plaisirs ; à la chasse, aux tournois, à la course, il brille, il étincelle. Mais, docile autant que courageux, il ne se laisse point emporter à son feu ; il sait réprimer ses mouvements : non-seulement il fléchit sous la main qui le guide, mais il semble consulter ses désirs, et, obéissant toujours aux impressions qu'il en reçoit, il se précipite, se modère ou s'arrête, et n'agit que pour y satisfaire. C'est une créature qui renonce à son être pour n'exister que par la volonté d'un autre ; qui sait même la prévenir ; qui, par la promptitude et la précision de ses mouvements, l'exprime et l'exécute ; qui sent autant qu'on le désire et ne rend qu'autant qu'on le veut ; qui, se livrant sans réserve, ne se refuse à rien, sert de toutes ses forces, s'excède et meurt même pour mieux obéir.

« Voilà le cheval dont les talents sont développés, dont l'art a perfectionné les qualités naturelles; qui, dès le premier âge, a été soigné et ensuite exercé, dressé au service de l'homme.... »

A quelle époque le cheval a-t-il été réduit en domesticité? Nul ne le sait; mais cette domestication remonte fort loin; car Moïse et Homère parlent de ce noble animal, et l'on retrouve son image sur les plus anciens monuments de l'Egypte et de l'Assyrie.

On ne sait pas non plus quelle est la patrie du cheval; toutefois on suppose qu'il est originaire du grand plateau de l'Asie centrale ou des contrées situées au nord-est du Caucase.

Il est à croire qu'on a d'abord fait servir ces animaux à la guerre, et que plus tard seulement on en a tiré parti pour le travail. Aujourd'hui, les services qu'ils rendent sont si grands, qu'on pourrait dire, sans crainte de se tromper, que plus un pays est riche et prospère, plus il nourrit de chevaux.

Le cheval n'existe plus guère à l'état sauvage. Beaucoup, il est vrai, vivent en liberté, en Asie et en Amérique; mais ils sont issus d'un certain nombre de chevaux domestiques qui, à la suite de diverses circonstances, ont recouvré leur liberté.

En Europe même, plusieurs races de chevaux paissent librement, soit dans les steppes de l'Ukraine et de la Finlande, soit sur les montagnes de l'Islande et dans les plaines de la Camargue.

Ces derniers, généralement aussi blancs que les bœufs, leurs voisins, sont noirs, vivent en troupes, appelées *manades*, se nourrissent des plantes qui croissent dans ces terrains salés et n'ont pour abri contre les intempéries de l'air que de vastes hangars couverts de chaume. Les gardiens des bœufs montent ces petits chevaux, qui sont très-vifs, très-nerveux, très-sobres, et qui, croisés avec des arabes du Sahara, deviennent précieux pour la remonte de la cavalerie légère.

Les chevaux sauvages qui errent en troupes innombrables dans les Pampas de l'Amérique méridionale et au Texas, descendent de ceux que les Espagnols y introduisirent peu de temps après la découverte du nouveau monde. Rien n'est plus beau que de voir bondir dans des plaines immenses ces chevaux libres, heureux et fiers, partagés en nombreuses troupes, placées chacune sous le commandement du plus hardi et du plus fort d'entre eux. A la plus légère apparence de danger, ces guides, sans cesse en éveil, avertissent ceux qu'ils sont chargés de garder, de se tenir prêts à tout événement. Les groupes se rapprochent, se serrent en colonnes, et défilent avec rapidité dès que l'ordre leur en est donné.

Cependant l'Indien est si rusé, si adroit, qu'il parvient quelquefois à s'approcher d'un troupeau sans faire le moindre bruit; il jette, en connaisseur, un coup d'œil sur ces belles bêtes, qui continuent de paître sans se soucier de lui; il fait son choix et jette le lasso à celle dont la robe et la fière allure le séduisent. Il tient aussi à ce qu'elle soit jeune, parce que les vieux sauvages sont très-difficiles à dompter, tandis que les autres sont soumis au bout de peu de jours.

M. Révoil rend ainsi compte de la manière dont les Peaux-Rouges s'y prennent pour dompter ces nobles animaux :

« D'abord, ils attachent un paquet léger, composé de deux morceaux de bois, sur le dos du cheval, afin de lui donner une première leçon de servitude. L'orgueilleuse indépendance de la bête se réveille aussitôt; mais, après une lutte inégale, dans laquelle l'Indien supplée à la force par la ruse, le pauvre cheval, sentant enfin l'inutilité de résister davantage, se couche à terre, comme s'il s'avouait vaincu. Un acteur de nos drames de théâtre représentant le désespoir d'un prince, ne pourrait pas rendre son rôle d'une manière plus dramatique.

« La seconde leçon consiste à forcer l'animal à se lever par la pression de la bride. La première fois le cheval hésite à obéir; il se couche tout de son long; mais, à la pression réitérée de la bride et au contact du fouet, il hennit, bondit sur ses quatre pieds, et courbe la tête entre les jambes de devant. Il est alors tout à fait dompté, et, après lui avoir fait subir pendant deux ou trois jours ces humiliations de l'esclavage, on l'abandonne en liberté, parmi les chevaux de trait ou de bât. » (*Chasses de l'Amérique du Nord.*)

Souvent aussi, lorsqu'on veut se procurer des chevaux sauvages, des cavaliers en cernent une troupe, et la chassent vers une enceinte appelée corral, où le chef de l'expédition désigne ceux qu'il veut prendre. On leur jette le lasso et on les entraîne au dehors. On leur passe une courroie dans la bouche, et d'excellents cavaliers, sautant sur le dos de chacun d'eux, les font courir à travers la plaine, en leur touchant les flancs de leurs éperons, jusqu'à ce que les pauvres animaux, épuisés de fatigue et de honte, se laissent ramener vers l'habitation dont ils seront désormais les serviteurs.

Il existe cependant, entre la mer Caspienne, le lac d'Aral et les hautes montagnes du centre de l'Asie, des chevaux qu'il est très-difficile, pour ne pas dire impossible, de dompter. Ce sont les *tarpans*, que les Cosaques et les Tartares regardent comme tout à fait sauvages. Même quand ils sont pris jeunes, ils ne s'apprivoisent qu'à demi; on ne peut les monter; le seul service qu'on en puisse attendre, c'est de leur faire traîner le chariot, en compagnie de quelques autres chevaux. On dit que si un tarpan réduit en domesticité est reconnu par ses anciens compagnons, ceux-ci brisent la voiture, le délivrent et l'emmènent. On ajoute que s'il ne parvient pas à recouvrer sa liberté, il languit et ne tarde guère à mourir.

La femelle du cheval est la jument, et le petit se nomme poulain. La mère en a grand soin et l'allaite aussi longtemps qu'elle le peut; mais comme l'appétit du poulain est grand, il commence de bonne heure à brouter. C'est un charmant animal, très-vif, très-gai, qui gambade autour de la jument, même attelée, et la suit gaîment au pâturage. Entre cinq et six mois on le sèvre; mais ce n'est guère avant l'âge de trois ans que la plupart des éleveurs le font travailler.

Il faut d'abord que, selon le genre de services qu'on attend de lui, on le dresse, soit à porter un cavalier, soit à traîner une voiture, et qu'on lui apprenne à obéir en tout à son maître. Le meilleur moyen d'y réussir est de le traiter avec douceur, avec affection, comme un animal intelligent, auquel on peut faire entendre raison.

Ce n'est pas par des menaces, des cris ou des coups qu'on le rend docile; on l'irrite, au contraire, en le brutalisant; il devient méchant, obstiné, et l'on n'en peut plus rien faire. Il faut surtout se garder de toute injustice envers lui : le cheval supporte avec résignation une correction qu'il a méritée; mais il s'indigne d'être maltraité quand on n'a rien à lui reprocher.

Le cheval est remarquable par la fidélité de sa mémoire. Il reconnaît les lieux par lesquels il n'a passé qu'une fois, l'auberge devant laquelle il a mangé l'avoine. Par la nuit la plus noire, par le temps le plus mauvais, il sait se guider mieux que son maître; et si l'on veut lui faire faire fausse route, il résiste assez pour que son conducteur lui laisse la bride sur le cou, en se fiant à son instinct.

Il ne garde pas moins le souvenir des bons et des mauvais traitements, et parfois même il se venge cruellement. Le docteur Franklin dit avoir monté souvent un cheval de chasse qui, avec lui, se montrait des plus dociles. Son maître cependant n'osait s'en servir; il l'avait sévèrement battu sans motif, et chaque fois qu'il entrait dans l'écurie, le cheval donnait tous les signes d'une violente colère.

Souvent la vengeance de ce brave animal ne se fait pas attendre. Il y a quelques mois à peine, un charretier brutal et maladroit fit monter sur le trottoir de la rue qu'il longeait une des roues de sa voiture lourdement chargée. Elle versa, et le cheval s'abattit. Malgré tous les efforts qu'il put faire pour se relever, il n'en venait pas à bout, quand le charretier, qui n'aurait dû accuser que lui-même de cet accident, le frappa brutalement du manche de son fouet, sur les épaules et sur la tête.

« Aidez-le plutôt à se dégager, » disaient les témoins de cette injuste colère.

L'homme n'écoutait rien; mais, tout à coup, la pauvre bête saisit entre ses mâchoires le bras de ce bourreau et en fit craquer les os.

Aux cris qu'il jetait, on s'élança pour le délivrer, quoique plus d'un témoin de cette scène eût bonne envie d'applaudir à ce châtiment. Le cheval ne menaça aucun de ceux qui lui arrachaient son ennemi; mais il essaya de le ressaisir et vit avec une peine évidente une plus complète vengeance lui échapper.

Ce noble animal n'a pas moins de reconnaissance que de rancune. Il aime le maître qui le soigne et le caresse; il le reconnaît après une absence assez longue, hennit à son approche, le lèche et témoigne la joie qu'il éprouve de le retrouver.

Les chevaux employés dans les armées aiment l'uniforme de leurs cavaliers et le son des trompettes de leur régiment. Ainsi, en 1809, les Tyroliens, ayant pris quinze chevaux aux Bavarois, les emmenèrent dans leur camp et les firent servir à remplacer ceux qu'ils avaient perdus. Mais, un peu plus tard, dans une rencontre avec un escadron bavarois, ces chevaux, reconnaissant leurs anciens cavaliers, s'élancèrent dans leurs rangs, où ceux qui les montaient furent faits prisonniers.

La mémoire et l'intelligence du cheval ne peuvent être mises en doute, lorsqu'on assiste aux exercices d'un cirque en renom. L'admiration des spectateurs se partage entre ces animaux si dociles, si adroits, et les hommes doux et patients qui les ont si bien dressés.

Plein d'émulation, le cheval tient à arriver le premier au but; ses défaites l'humilient autant que son triomphe le réjouit. Il aime à caracoler, à faire admirer sa bonne grâce; et quand il porte un personnage de haute importance, on croirait, à le voir se redresser, qu'il en est réellement fier.

Certains chevaux prennent pour leurs compagnons d'attelage ou d'écurie des sentiments d'affection très-prononcés; d'autres, au contraire, ne les aiment pas; mais c'est le petit nombre. On voit souvent deux chevaux habitués à traîner ensemble une voiture se caresser, s'embrasser, on dirait volontiers se parler à l'oreille. Pour ceux-là le travail est assurément moins pénible que pour ceux qui ne s'aiment point.

Un cultivateur avait un vieux cheval dont les dents usées ne pouvaient plus lui permettre de se nourrir. Ses deux voisins de râtelier y pourvoyaient. Loin de s'approprier sa ration de foin et d'avoine, ils la déposaient devant lui, après l'avoir mâchée, et soutenaient ses forces.

Il y a des chevaux vicieux et méchants; il y en a qui sont ombrageux, qui s'effraient d'un rien et causent des accidents plus ou moins sérieux. Quelques-uns passent pour indomptables; mais il se rencontre des hommes qui, par des moyens qu'ils tiennent secrets, triomphent des mauvais instincts de ces animaux. Quelquefois on a vu des chevaux s'adoucir et se soumettre comme par enchantement devant la faiblesse.

« Il y avait, dit le docteur Franklin, dans une ferme du Kent, un cheval qui faisait la terreur des garçons de service. Un jour, l'enfant du fermier, un jeune espiègle de six ans, se glissa dans l'écurie. A cette nouvelle, la mère accourut tout effarée; mais quel fut son étonnement de trouver l'enfant jouant entre les jambes du cheval, qui semblait se prêter avec douceur et complaisance aux taquineries du petit mutin! L'enfant, habitué à monter déjà sur le dos des chevaux, grimpa sur celui du cheval féroce en s'aidant des pieds et des mains, et en s'accrochant à la longue crinière de l'animal, qui se laissa faire avec une bénignité majestueuse. A partir de ce jour, l'enfant et le cheval furent toujours bons amis. »

Tous les chevaux ne sont pas propres aux mêmes travaux : le cheval de selle, rapide et léger, porte son cavalier sans dépenser beaucoup de force, à moins que, dans certaines circonstances, celui-ci n'ait à exiger de lui un galop trop longtemps soutenu.

Le cheval d'attelage doit être plus grand et plus fort, sans avoir moins d'élégance. Le cheval de trait est plus ou moins volumineux, selon le poids des charges qu'il doit traîner. Le cheval de labour, qu'on attelle à la charrue, avec ou sans bœufs, et qu'on emploie à rentrer d'énormes chariots de fourrage ou de grains, est grossier dans ses formes et dans ses allures. Comme le paysan qu'il sert, il est plus utile qu'élégant, et n'a presque rien de commun avec les beaux types de la race chevaline.

Cheval de labour.

Le plus remarquable de ces types est le cheval arabe, qui fait partie de la famille et reçoit dès sa naissance les soins les plus affectueux et les plus assidus. Tout jeune, il a un enfant pour cavalier; puis, à mesure que ses formes se développent, on l'exerce à la course, on l'habitue à supporter la fatigue et les privations, car il doit être le compagnon, l'ami, et il est souvent le sauveur du guerrier arabe. Il n'y a pas de cheval élevé avec plus de patience et de douceur, il n'y en a pas de plus dur à la fatigue, de plus sobre, de plus intelligent ni de plus dévoué. Son maître dit qu'il ne lui manque que la parole.

Le cheval barbe ou cheval numide est aussi très-beau, très-dur à la fatigue, très-léger, très-rapide; mais son cavalier le trouve souvent dur à monter.

L'andalou, de taille un peu moins élevée, est le plus estimé des chevaux espagnols.

Le pur sang anglais est un produit de la race arabe importée en Angleterre; mais il est plus haut de taille et a les formes moins arrondies. C'est le cheval de course; mais on peut regretter, dit un auteur anglais, qu'on ait sacrifié la vigueur et l'énergie de ce bel animal à l'excessive vitesse qu'il doit déployer pendant quelques instants, pour obtenir le prix.

Le cheval de course n'est pas toutefois le seul qu'on s'occupe de former en Angleterre. « Depuis le cheval de selle, léger comme le vent, dit Franklin, jusqu'à ces lourds chevaux de trait qu'on rencontre dans la Cité, superbes et massives créatures, on peut dire que l'Anglais a multiplié, façonné, pétri le cheval, en vue de ses besoins variés. Voulez-vous quelque chose d'élégant, de fort, de rapide, de dur à la fatigue, de colossal, de mignon, d'élancé, de trapu, de joli, de puissant, demandez : la nature, ou, pour mieux dire, l'art de l'éleveur, a tout prévu. Chacun de ces chevaux, faits en quelque sorte de main d'homme, répond exactement à la nature de travaux, à la somme de forces, au genre d'obéissance qu'exige sa destination particulière. »

Les races françaises sont loin d'être à dédaigner. Le cheval léger laisse encore à désirer, il est vrai, quoiqu'il ait déjà remporté même sur les chevaux anglais le prix des courses.

Les chevaux normands sont beaux, forts et dociles. Ceux du Limousin, qui descendent, dit-on, des chevaux arabes abandonnés dans ce pays, après la victoire de Charles-Martel sur les Sarrasins, ont les formes sveltes, élégantes, et conviennent à la cavalerie légère.

Les chevaux bretons sont petits, mais vifs, gais, infatigables, et nullement difficiles sur la qualité de la nourriture. Les percherons unissent la vigueur à l'agilité ; ils sont excellents pour l'attelage des voitures publiques de Paris. Beaucoup d'autres chevaux, sans avoir de caractères particuliers, sont durs à la fatigue, et rendent de bons services à l'agriculture.

Chevaux de luxe.

Les charmants petits chevaux connus sous le nom de poneys du Schetland, qui vivent presque en liberté dans les îles du nord de la Grande-Bretagne, méritent bien qu'on en dise un mot. Ils n'ont pas plus d'un mètre de hauteur, et souvent ils sont loin d'atteindre cette taille ; mais ils sont plus forts qu'on ne le croirait, et ils se montrent courageux et dociles.

Un Anglais se trouvait à quelques milles de son habitation, quand un de ses amis lui fit présent d'un de ces charmants animaux. Le transporter chez lui était, à son avis, chose très-difficile. On lui conseilla de le placer dans sa voiture, et l'expérience fut tentée. Le poney, installé au fond du cabriolet, reçut, pour l'aider à prendre patience, un bon morceau de pain; on le couvrit du mieux qu'on put avec le tablier, et le voyage s'effectua tranquillement.

« Indépendamment des services que le cheval rend à l'homme pendant sa vie, dit M. Louis Figuier, il lui fournit encore après sa mort diverses substances utiles. On recueille et l'on emploie avec avantage plusieurs de ses parties : la peau, la corne de ses pieds, les crins de sa queue et de son cou; ses tendons qui servent à faire de la colle; ses os, dont on retire le noir animal. Enfin, on peut citer le cheval comme une espèce animale alimentaire. Tout le monde connaît les efforts couronnés de succès qui ont été tentés dans ces derniers temps pour introduire la viande de cheval dans l'alimentation publique. A Paris et dans quelques villes de la France, la viande de cheval entre aujourd'hui pour une part assez considérable dans l'alimentation du pauvre. Depuis bien des années, la Prusse et le nord de l'Europe nous avaient devancés dans cette voie économique. »

L'âne, dont on a fait à tort l'emblème de la stupidité, est un animal très-utile et qui ne manque pas d'intelligence. Il est humble, tranquille, patient et sobre. Les herbes les plus dures, celles que les autres animaux dédaignent, lui suffisent; mais, tout en l'accablant de travail, on ne lui donne pas même autant de ces plantes grossières qu'il lui en faudrait pour apaiser sa faim.

On lui reproche ses formes lourdes, sa grosse tête, ses longues oreilles, son cri discordant, et l'on met tout cela en regard des perfections du cheval, comme s'il était juste de comparer une espèce à une autre.

« Les hommes mépriseraient-ils jusque dans les animaux ceux qui les servent trop bien et à trop peu de frais? dit Buffon. On donne au cheval de l'éducation; on le soigne, on l'instruit, on l'exerce, tandis que l'âne, abandonné à la grossièreté du dernier des valets ou à la malice des enfants, ne peut que perdre, bien loin d'acquérir; et s'il n'avait pas un grand fond de bonnes qualités, il les perdrait, en effet, par la manière dont on le traite. Il est le jouet, le plastron, le bardeau des rustres qui le conduisent le bâton à la main, qui le frappent, le surchargent, l'excèdent sans précautions, sans ménagements. On ne fait pas attention que l'âne serait, par lui-même et pour nous, le mieux fait, le plus distingué des animaux, si, dans le monde, il n'y avait pas de cheval. »

L'âne ne coûte presque rien à nourrir et rend de grands services; c'est le cheval du pauvre. On l'attelle, on lui fait porter des fardeaux; il a le pied sûr, il est très-fort pour sa taille; et s'il n'était constamment maltraité, il serait plus gai et plus beau. En Espagne et en Grèce, c'est déjà un autre animal que chez nous; en Arabie, les ânes sont de jolies bêtes, dit Chardin. Ils ont le poil poli, la tête haute, les pieds légers; ils les lèvent avec action, et l'on ne s'en sert que pour montures.

En Égypte, un bon âne de selle se vend plus cher qu'un cheval médiocre; à Alexandrie, au Caire, les ânes remplacent les fiacres et stationnent dans les rues, en attendant qu'on les loue. Ils marchent bien; et, à moins qu'ils ne soient vieux et usés par trop de fatigue, on n'a pas besoin, pour stimuler leur allure, de se servir de l'espèce d'aiguillon que leur conducteur remet aux personnes qui les montent.

Le lait de l'ânesse a été très-anciennement ordonné par les médecins aux gens délicats et aux convalescents; mais pour qu'il soit bon, il faut que la bête qui le fournit soit jeune et bien nourrie. La chair de l'ânon ressemble à celle du veau ; celle de l'âne est loin de valoir la viande de cheval ; cependant on en fabrique du saucisson renommé. Après la mort de cet animal, sa peau sert à faire du parchemin, des tamis, des tablettes de portefeuilles et des tambours.

Le mulet, issu de l'âne et du cheval, est plus grand et plus fort que notre baudet; il ressemble à la jument par ses formes, mais il a les longues oreilles et la queue presque nue de l'âne. Il est robuste, sobre, patient, rend de grands services dans les pays montagneux; car il a le pied très-sûr et porte de lourds fardeaux.

L'âne domestique descend de l'âne sauvage, appelé onagre, et peut-être est-il le produit de plusieurs croisements auxquels l'hémione ne serait pas étranger.

L'onagre, plus grand et plus beau que notre âne, vit en troupes dans quelques contrées du centre de l'Asie. Sa chair passe pour un mets délicat, et sa peau sert à fabriquer le cuir connu sous le nom de chagrin. Non-seulement on le chasse avec ardeur, mais on lui tend des piéges, afin de le prendre vivant. Ces piéges consistent en fosses profondes, recouvertes de branches légères, et garnies à l'intérieur de mousses et d'herbes sèches, pour que les onagres ne se blessent pas en y tombant.

Ane et hémiones.

S'ils sont jeunes, on les apprivoise facilement; on les dresse pour la monture et on les vend très-cher aux riches Persans. La robe de ces animaux est rougeâtre. Ils sont vifs, légers; mais ils conservent toujours quelque chose de leur origine sauvage, et de là serait venue l'habitude de dire : Méchant comme un âne rouge.

L'hémione est de la taille d'un beau mulet; mais il a les jambes plus fines, l'allure plus fière et plus rapide. Son poil lisse, de couleur café au lait, est d'une teinte plus claire à la tête et aux membres; le bout du museau et le dessous du corps sont blancs; une crinière foncée s'étend du sommet de la tête jusqu'à l'épaule, et une bande noire qui longe le dos va jusqu'au bout de la queue.

Le naturaliste Sonnini disait, en 1803, que l'hémione l'emporte sur les meilleurs chevaux pour la rapidité de la course, et qu'aucune bête de selle ne pourrait lui être comparée, si l'on parvenait à le rendre domestique; ce qui, malheureusement, paraissait impossible.

Aujourd'hui, l'on est, au contraire, persuadé que cette domestication n'est plus qu'une question de temps; car on voit souvent, dans les rues de Paris, deux hémiones traînant la voiture qui, du Jardin d'Acclimatation, conduit aux diverses gares des chemins de fer les plantes ou les animaux destinés à la province. Plus d'un promeneur s'arrête pour admirer ce bel attelage, qui ne paraît pas s'effrayer trop de la curiosité dont il est l'objet, quoiqu'il soit naturellement très-craintif.

C'est en 1838 qu'un armateur de Bordeaux, M. Dussumier, a introduit en Europe les premiers hémiones; ils s'y sont multipliés, et ont donné avec l'âne des métis fort beaux et très-vigoureux.

Notre âne domestique est, comme on le voit, un animal dégénéré. « Il a été tellement dégradé par les mauvais traitements, qu'il ne ressemble plus à ses ancêtres, dit Oken. Il est plus petit; il a une couleur gris cendré plus terne ; ses oreilles sont plus longues et plus molles. Le courage s'est changé en entêtement, la vélocité en lenteur, la vivacité en paresse, la prudence en sottise, l'amour de la liberté en patience, le courage en résignation. »

Il ne faut pas croire toutefois que l'âne soit aussi sot qu'on le dit; il fait preuve de mémoire et de réflexion. Il est vrai qu'il est têtu, qu'il se roule par terre avec sa charge, et qu'il se laisserait tuer plutôt que de céder; mais ne peut-on voir dans cette conduite le résultat des mauvais traitements qu'on lui inflige souvent à tort ? L'âne se venge quelquefois; il mord, il donne des coups de pied, et l'on en a déjà vu tuer le maître qui les frappait sans pitié.

Les plus beaux ânes de France sont ceux du Poitou. On les reconnaît à leur taille élevée, à leur long poil, dont la couleur varie du bai brun au noir vif.

Dans le Poitou aussi, on élève un grand nombre de mulets, qui font l'objet d'un commerce très-important avec le midi de la France, l'Espagne et l'Italie, le mulet étant indispensable aux pays de montagnes, où il sert de bête de selle et de bête de somme.

Il est sobre, robuste, patient comme l'âne, fort et courageux comme le cheval. Il a le pied si sûr, que son cavalier n'a rien à craindre, même dans les passages les plus dangereux. En Espagne, le mulet est employé à traîner les voitures. Le muletier est fier de ses bêtes; il les harnache de son mieux, les couvre de tapis, les orne de pompons; ce qui ne l'empêche pas de leur prodiguer les coups de bâton et de se servir même de la pointe de son couteau pour stimuler leur ardeur.

Dans le midi de la France, le mulet remplace le bœuf pour la plupart des travaux agricoles.

Le zèbre, presque aussi grand que le cheval, est très remarquable par ses formes élégantes et par la beauté de sa robe, dont le fond blanc, jaune ou brun, est rayé de bandes noires, brunes ou grises.

On connaît trois espèces de zèbres, qui toutes appartiennent à l'Afrique; on ne sait s'il en existe d'autres. Elles vivent en troupes, les unes dans les montagnes, les autres dans les plaines, mais sans se réunir, quoique chacune d'elles permette à d'autres animaux de la suivre au pâturage, qui d'ailleurs est abondant.

Le couagga, ainsi nommé sans doute du cri qu'il fait entendre, et que Cuvier dit être le son *kouakoua* plusieurs fois répété, a la taille moyenne, les oreilles courtes, les membres vigoureux, le port et l'allure du cheval. Sa tête, son cou, ses épaules d'un brun foncé, sont marqués de raies d'un gris clair ; les flancs sont d'un brun plus clair, la croupe est roussâtre, le dessous du corps, les jambes et la queue sont blancs. Une crinière courte et hérissée va du sommet de sa tête à ses épaules, et une bande brune longe l'épine dorsale.

Zèbres.

Le couagga est celui de tous les zèbres qui s'apprivoise le plus facilement. Il aime la compagnie des gazelles, des antilopes, et celle des autruches, qui, dit-on, leur servent de sentinelles. Tant que l'autruche est tranquille, les couaggas paissent sans crainte; mais dès qu'elle s'agite, ils s'inquiètent; et si elle prend la fuite, ils détalent à grande vitesse. On raconte que si les jeunes couaggas viennent à être séparés de leurs mères par un cavalier qui pousse son cheval au milieu du troupeau, ces jeunes suivent sans difficulté cet animal, pour lequel, d'ailleurs, les zèbres témoignent de la sympathie plutôt que de la méfiance.

Élevés avec douceur, les jeunes couaggas connaissent leur maître, se laissent dresser sans trop de peine à traîner des voitures ou à porter des fardeaux. Ils suivent les ruminants, dont ils deviennent en quelque sorte les gardiens, et repoussent vaillamment les hyènes qui essaient parfois d'attaquer les troupeaux.

Cuvier dit qu'un couagga pris très-jeune conserva son naturel farouche. Il se laissait approcher et caresser; mais quand on le gênait, ou qu'on voulait le faire passer d'un endroit à l'autre, il ruait, cherchait à mordre, se jetait à genoux et saisissait entre ses dents, pour le déchirer ou le broyer, tout ce qu'il rencontrait.

Cependant, au Cap, on voit souvent des couaggas avec des chevaux de trait. En Angleterre, un couple de ces zèbres, attelé à une voiture dans *Hyde-Park*, obéissait au fouet et aux rênes.

Le couagga habite les montagnes de la Cafrerie.

Le daw ou zèbre de Burchell tient le milieu entre le couagga, dont il a les formes, et le zèbre proprement dit, dont le rapproche sa robe isabelle en dessus et blanche en dessous. Quatorze raies d'un noir brillant partent de son museau; sept se dirigent vers le haut de la tête et les autres descendent sous le menton. Dix bandes plus larges entourent le cou; le reste du corps est également rayé, à l'exception des jambes et du ventre ; enfin, une raie noire, liserée de blanc, court de la crinière à la queue.

Le daw peut être apprivoisé et dressé de manière à rendre quelques services. « De temps en temps, dit Franklin, un spécimen à demi domestique est exposé au marché de Cap-Town avec un cavalier sur le dos. Les personnes, néanmoins, qui ont le plus d'occasions de bien connaître son caractère, le regardent, même dans l'état le plus avancé d'apprivoisement auquel il puisse être soumis, comme un animal méchant, traître, obstiné et fantasque. »

Le zèbre proprement dit est encore plus farouche. Cependant, une femelle, envoyée au muséum du Jardin des Plantes par le gouverneur du cap de Bonne-Espérance, était presque aussi douce et aussi docile qu'un cheval. La robe blanche du zèbre est rayée de brun ou de noir.

Le caractère des zèbres, qui tous sont plus ou moins irascibles, semble s'être modifié peu à peu au Jardin d'Acclimatation. On a commencé par leur faire mener le sable et le fumier à l'intérieur de ce beau parc ; puis on les a attelés, comme les hémiones, aux voitures qui font dans Paris le transport des plantes rares, et le succès obtenu est assez marqué pour qu'on ne doive pas désespérer encore de l'avenir.

Les pachydermes multiongulés se distinguent des solipèdes, parce qu'ils ont aux pieds plusieurs ongles ou sabots, entourant les doigts, dont le nombre varie de trois à cinq. Ce sont des animaux de structure lourde et massive, auxquels convient mieux encore qu'aux solipèdes le nom de pachydermes, qui, nous l'avons dit, signifie peau épaisse.

La famille des éléphants, la plus remarquable de ce groupe, est caractérisée, non-seulement par ses gigantesques proportions, mais par le prolongement démesuré d'un nez qui porte le nom de trompe.

Notre célèbre naturaliste Cuvier évalue à 40,000 le nombre des faisceaux de muscles qui composent la trompe et qui lui donnent autant de force que de souplesse. Cet organe, creux à l'intérieur, est partagé, dans toute sa longueur, par une cloison qui le divise en deux canaux distincts, aboutissant aux narines. Celles-ci sont placées dans une cavité, dont le bord saillant se termine par une sorte de doigt très-long, doué d'une merveilleuse adresse et d'un tact très-délicat.

La face supérieure de la trompe est arrondie, tandis que sa face inférieure est plate; c'est un tube qui, largement évasé à son point d'attache, va en s'amincissant jusqu'à son extrémité. Il remplace la lèvre supérieure et cache la bouche, qui est relativement petite, et d'où sortent deux dents incisives, dont la longueur peut atteindre plus de deux mètres.

Ces dents portent le nom de défenses, qui en indique l'usage principal. Elles servent, en outre, à préserver la trompe repliée de tout contact et à écarter les branches quand l'éléphant s'ouvre un passage dans d'épais fourrés.

Les canines manquent à cet animal, comme à tous ceux qui ne se nourrissent que de végétaux, et les molaires, dont ses mâchoires sont largement pourvues, se renouvellent quand elles sont usées par un trop long service.

La tête de l'éléphant est remarquable par le développement du crâne, dont les os, creusés de nombreuses cavités, ont une épaisseur qui leur permet de résister aux chocs les plus violents. De chaque côté de cette tête pendent, comme deux lambeaux de cuir, de longues et larges oreilles, que l'animal redresse quand il lui plaît et dont il se sert pour s'éventer. Les yeux sont petits et ne manquent pas de douceur.

Un cou très-court relie cette tête volumineuse à un corps épais et lourd, que supportent des jambes massives, plus longues devant que derrière; les pieds ont cinq doigts, cachés dans des sabots, dont le nombre varie de trois à cinq.

Cette masse disgracieuse est recouverte d'une peau très-épaisse, d'un gris noir et terne, crevassée et calleuse, surtout quand les éléphants vivent en captivité. Des poils rares et si courts, qu'ils n'en peuvent dissimuler la laideur, forment cependant un faisceau de soies grossières, à l'extrémité d'une queue de moyenne longueur.

Les éléphants sont aujourd'hui les seuls représentants des gigantesques animaux connus sous les noms de mastodontes et de mammouths, dont on retrouve les ossements dans les entrailles de la terre, et souvent même à une médiocre profondeur. Il est à remarquer que les restes des mammouths sont très-nombreux au nord de la Sibérie, et que plusieurs îles de la mer Glaciale en sont presque entièrement composées, tandis qu'on ne trouve plus les éléphants que sous les chaudes latitudes de l'Afrique et des Indes.

Le mastodonte, qui diffère du mammouth en ce que ses défenses sont très-recourbées, se rencontre à l'état fossile dans le centre de l'Europe et de l'Amérique, et semble relier le mammouth à l'éléphant aujourd'hui vivant.

L'éléphant d'Afrique est plus grand que celui des Indes. Il a la tête plus plate, les oreilles moins mobiles et les défenses plus développées. Les défenses croissent pendant toute la vie de l'un et de l'autre; mais elles restent toujours plus courtes chez la femelle que chez le mâle, et il n'est pas rare de voir à Ceylan des éléphants mâles privés de cet utile et précieux ornement.

Nous disons précieux, parce que l'ivoire des dents d'éléphants est très-estimé pour sa dureté et la finesse de son grain. Il a été fort anciennement employé, et l'on en fait de nos jours une immense consommation.

« A la fin du siècle dernier, dit M. Louis Figuier dans le *Savant du Foyer*, l'Angleterre, à elle seule, n'employait, terme moyen, que 193,000 livres d'ivoire annuellement; dès 1827, ses demandes s'élevaient à 365,000 livres, c'est-à-dire que, pour y suffire, il fallait la mort de 3,040 éléphants mâles pour obtenir 6,080 dents; ce qui, à 60 livres l'une dans l'autre, faisait la quantité requise.

« Trois mille quarante éléphants mâles détruits chaque année pour les besoins d'un seul peuple, cela peut sembler prodigieux, et cependant ce n'était que le prélude d'une consommation qui n'a pas encore atteint ses dernières limites. L'Angleterre consomme aujourd'hui un million de livres d'ivoire par an, c'est-à-dire environ trois fois plus qu'en 1827 ; pour la satisfaire, il ne faut pas détruire moins de 8,333 éléphants chaque année.

« Quatre mille personnes employées à la chasse de l'éléphant périssent chaque année, et cela pour entretenir la fabrication des manches de couteau, des peignes, des billes de billard, etc. »

Il faudrait que la chasse aux éléphants fût encore beaucoup plus productive, si l'ivoire parfaitement conservé des animaux enfouis dans la terre depuis tant de siècles n'entrait pour une notable partie dans la quantité employée par l'industrie.

Dans diverses contrées du nord de l'Europe et de l'Asie, il suffit de creuser à une médiocre profondeur pour se procurer des défenses, qu'on livre au commerce sous le nom d'ivoire de Sibérie.

En Afrique, on ne se livre à la chasse aux éléphants que pour s'emparer de ces énormes dents. On les expédie en Europe, où elles sont débitées et travaillées. Dans l'Inde, on tue aussi l'éléphant pour s'emparer de ses défenses; mais on préfère généralement le prendre vivant et l'employer à divers travaux. Les princes en font leur monture habituelle, et ils tiennent à honneur de posséder un certain nombre de ces animaux.

L'éléphant d'Afrique n'est pas moins susceptible d'éducation que celui de l'Inde. Les Carthaginois s'en servaient à la guerre, et parmi ceux qui tombèrent au pouvoir des Romains, plusieurs devinrent, entre les mains des bateleurs, de véritables objets de curiosité. Ils apprenaient à connaître les chiffres, à danser, à saluer, à manger à table, à faire toutes sortes d'exercices, et même à marcher sur une corde inclinée.

C'est dans l'intérieur du continent africain qu'on trouve encore des éléphants; autrefois nombreux au Cap, ils en ont complétement disparu, ce dont il n'y a pas lieu de s'étonner, étant donné le nombre de ceux qu'on détruit chaque année.

L'éléphant des Indes habite l'Inde proprement dite, la Cochinchine, le royaume de Siam, l'île de Ceylan, etc. Celui de Sumatra est regardé par divers naturalistes comme une espèce particulière.

Ces lourds animaux font preuve d'agilité lorsqu'ils le veulent. Leur allure ordinaire est paisible, mais lorsqu'ils prennent le trot, un cheval lancé à toute bride a peine à les suivre. Leur marche est si légère, que souvent les chasseurs les voient avant de les entendre, et leur peau qui, à elle seule, pèse souvent plus de mille kilogrammes, frissonne au contact d'une feuille. Leurs grandes oreilles perçoivent le moindre bruit; le craquement d'une petite branche suffit pour leur donner l'éveil, et ils ont l'odorat aussi fin que l'ouïe. La vue paraît être le moins développé de leurs sens; mais ils possèdent dans leur trompe un organe vraiment admirable.

Éléphants.

L'appendice qui la termine est doué d'un toucher aussi subtil que les doigts d'un aveugle; l'animal peut s'en servir pour cueillir une fleur, ramasser une pièce de monnaie, une paille, un bout de papier, comme pour soulever un lourd fardeau. Cette trompe est douée d'une telle force, qu'elle arrache un arbre, comme nous arrachons un brin d'herbe, et que l'éléphant peut étouffer un homme ou lui rompre les os, en l'étreignant dans ses replis.

Quand les Indiens veulent augmenter le nombre des éléphants domestiques employés au service des princes ou dressés à de pénibles travaux, ils choisissent, près d'un chemin fréquenté par ceux de ces animaux qui vivent en liberté dans les forêts profondes, un espace qu'ils entourent de pieux solidement enfoncés dans le sol, et reliés les uns aux autres par des lianes et des bambous.

Cette enceinte, qu'on nomme corral, n'a qu'une entrée; elle renferme des arbres, de hautes broussailles, qui empêchent de voir l'espèce de palissade destinée à retenir prisonniers les éléphants qu'on y poussera bientôt, et elle est ordinairement voisine d'un cours d'eau, dans lequel les nouveaux captifs pourront se désaltérer et se baigner.

Ce n'est pas chose facile d'amener et de faire pénétrer dans le corral ces animaux, doués d'une prudence extrême, et conduits par un chef qui semble comprendre toute la responsabilité qu'il accepte, en se chargeant de guider le troupeau. Les Indiens choisis comme rabatteurs savent qu'il leur faut beaucoup d'adresse et de patience pour ne pas inquiéter les éléphants, et pour leur faire prendre, sans qu'ils s'en doutent, la direction du corral.

Cinq à six mille de ces rabatteurs forment un demi-cercle, dont les deux extrémités s'appuient à la palissade de l'enceinte; doucement, lentement, ils rassemblent les éléphants et les poussent vers le but. Quand ils les voient s'agiter et faire mine de vouloir se disperser, ils allument des feux très-rapprochés les uns des autres pour les empêcher de s'écarter, et, au besoin, ils ouvrent, devant le troupeau, un sentier à travers le fourré.

Les préparatifs de cette chasse demandent souvent plusieurs semaines; et quand, enfin, les éléphants se dirigent vers l'entrée du corral, la foule des curieux doit réprimer l'expression de sa joie, sous peine de voir ces méfiants animaux se rejeter au plus épais de la forêt. Mais, au signal donné, le grand silence qui régnait partout est remplacé par des cris, des roulements de tambours et des décharges d'armes à feu.

D'un seul côté seulement tout reste calme. L'éléphant qui sert de guide à ses frères épouvantés se dirige vers ce point, sans deviner quel sort les y attend; il croit les mettre à l'abri du danger et pénètre avec eux dans le corral, dont l'entrée est aussitôt refermée.

Les éléphants s'avancent jusqu'au bout de l'enclos; mais ils rencontrent la palissade et reviennent sur leurs pas. Ils s'éloignent de nouveau, courent de tous côtés, cherchant une ouverture, et font mine de vouloir s'élancer contre la clôture, dont ils viendraient facilement à bout; mais ils reculent à la vue des bâtons qu'on leur présente ou des feux qu'on allume devant eux.

Bientôt fatigués de l'inutilité de leurs efforts, ils se réunissent au milieu de l'enceinte, se pressent les uns contre les autres, restent immobiles et paraissent consternés. Il serait très-difficile d'apprivoiser les animaux ainsi capturés, si l'on n'avait pour aide les éléphants domestiques.

Nous trouvons dans le récit fait par Tennent d'une chasse qui avait eu pour résultat de pousser dans le corral neuf éléphants sauvages, quelques détails sur la manière dont on parvint à s'en emparer :

« On prépara les lacets; on enleva prudemment les poutres qui barraient l'ouverture du corral, et deux éléphants domestiques entrèrent silencieusement, chacun monté par son cornac et par un serviteur, et muni d'un fort collier, duquel pendaient deux cordes en peau d'antilope, terminées par un nœud coulant. En même temps, et caché par eux, se glissa dans l'enclos le chef des preneurs d'éléphants, désireux d'avoir l'honneur de s'emparer de la première bête.

« C'était un petit homme vif, âgé d'environ soixante-dix ans, et qui avait déjà reçu deux agrafes d'argent, comme récompense honorifique de ses services. Il était accompagné de son fils, aussi célèbre que lui par son courage et son adresse.

« On employa à cette chasse dix éléphants domestiques. Deux appartenaient à un temple voisin, et de ces deux l'un avait été pris l'année d'avant; quatre étaient la propriété des princes du voisinage; les autres provenaient des écuries du gouvernement; c'étaient deux de ceux-ci qui avaient pénétré dans le corral.

« L'un était très-âgé, et depuis plus d'un siècle au service du gouvernement hollandais, puis du gouvernement anglais. L'autre, nommé Siribeddi, avait environ cinquante ans; il était remarquable par sa douceur et son intelligence....

« Il s'avance sans bruit dans le corral, lentement, d'un air très-indifférent. Il marche paisiblement vers les animaux captifs, s'arrêtant de temps à autre pour cueillir un brin d'herbe ou quelques feuilles. Il s'approche des éléphants sauvages; ceux-ci viennent à sa rencontre; leur guide lui caresse doucement la tête avec sa trompe et retourne lentement vers ses compagnons.

« Siribeddi le suit à pas lents et se met contre lui, de telle façon que le vieillard peut se glisser sous ses jambes et attacher son lacet au pied de derrière de l'éléphant sauvage. Celui-ci remarque aussitôt le danger, secoue la corde et se tourne contre l'homme, qui aurait chèrement payé sa témérité si Siribeddi ne l'avait protégé avec sa trompe et n'avait repoussé l'agresseur. Légèrement blessé, il quitta le corral, et son fils Raughanie prit sa place.

« Les éléphants se mirent en cercle, la tête au centre. Deux éléphants domestiques se glissèrent hardiment au milieu et prirent le plus grand mâle entre eux. Celui-ci n'opposa aucune résistance, mais montra son mécontentement en soulevant continuellement une jambe après l'autre. Raughanie s'avança, tenant le nœud coulant ouvert de ses deux mains; l'autre extrémité du lacet était attachée au collier de Siribeddi. Profitant du moment où l'éléphant soulevait le pied de derrière, il lui passa le nœud coulant, le serra et s'enfuit. Les deux éléphants apprivoisés se retirèrent. Siribeddi tendit la corde de toute sa longueur; et tandis qu'il séparait ainsi l'animal du reste du troupeau, son compagnon se mettait entre lui et ce troupeau.

« Il s'agissait d'attacher l'éléphant ainsi pris à un arbre; mais il fallait l'entraîner à une vingtaine de mètres, ce que l'on ne put faire sans qu'il opposât une résistance énergique : il rugissait, il foulait aux pieds les petits arbres, comme des roseaux. Siribeddi, le tirant à lui, passa la corde autour d'un arbre, sans cesser de la maintenir tendue. Il dut s'avancer prudemment pour enrouler la corde. Dans cette opération, il avait à passer entre l'arbre et l'éléphant qu'il fallait maintenir immobile, ce qui paraissait impossible; le second éléphant domestique remarqua la difficulté et vint prêter son aide. Il poussa le captif en arrière, pendant que Siribeddi tirait la corde ainsi détendue, jusqu'à ce que l'animal fût solidement maintenu au pied de l'arbre, auquel le chasseur l'attacha. Un second lacet fut passé autour de son autre jambe de derrière et attaché de même à l'arbre....

« Les deux éléphants permirent encore à Raughanie de passer son lacet autour des deux jambes de devant de l'animal et de l'attacher à un autre arbre. La capture était achevée. Les éléphants et l'homme quittèrent leur proie pour en chercher une seconde.

« Tant que les deux éléphants privés étaient restés auprès de lui, le malheureux captif s'était tenu immobile, sans faire aucune résistance; mais dès qu'il fut abandonné, il essaya de se délivrer pour aller rejoindre ses camarades. Il chercha avec sa trompe à défaire les nœuds; il tirait en arrière pour dégager ses pieds de devant, en avant pour dégager ceux de derrière; toutes les branches de l'arbre en tremblaient. Il mugissait, élevait sa trompe en l'air, couchait sa tête à terre, pressait le sol avec sa trompe, comme pour l'enfoncer. Il se levait, redressait la tête et les pieds de devant, et ainsi pendant plusieurs heures. Enfin, il perdit tout espoir et demeura immobile, véritable image de l'épuisement et du désespoir. »

Quelques éléphants se résignent sans témoigner trop de douleur, tandis que d'autres s'agitent violemment, font entendre des cris terribles, et quelquefois ne tardent pas à mourir. Mais le plus souvent, au bout de deux ou trois jours, ils semblent à peu près consolés et se laissent conduire par les éléphants apprivoisés qu'on leur donne pour compagnons.

Il faut de deux à trois mois pour que les captifs se décident à se laisser monter et à obéir à leur cornac; mais il ne faut pas trop tôt les faire travailler; car on a vu souvent un éléphant se coucher pour ne plus se relever, la première fois qu'on le chargeait d'un lourd fardeau. Beaucoup périssent avant la fin de l'année, et d'autres vivent en captivité pendant plus d'un siècle.

L'éléphant est sensible aux bons traitements; on le dresse plutôt en le caressant, en lui parlant doucement, qu'en le traitant avec rigueur. Cependant, s'il se montre méchant, on est forcé de lui inspirer de la crainte. Ainsi, lorsqu'il frappe de sa trompe celui qui veut le conduire, ou présente à chacun de ses coups la pointe d'une pique, pour l'obliger à se tenir tranquille.

Quand il est bien dressé et habitué au travail, l'éléphant acquiert une grande valeur. On l'emploie à transporter des pierres, des pièces de bois, de la terre; il se laisse atteler sans aucune résistance et n'a nul besoin d'être excité. Il se dirige sûrement lui-même, à travers les obstacles, et ne sacrifie qu'à regret l'instinct qui le guide aux ordres de ses conducteurs.

Les Anglais s'en servent, dans l'Inde, pour traîner leur artillerie, et ce n'est pas la première fois qu'on utilise à la guerre la force de ces massifs animaux. Jadis ils portaient sur leur dos des tours dans lesquelles étaient enfermés des combattants, et depuis ils ont suivi les armées, chargés de leurs tentes, de leurs bagages et souvent de leurs blessés.

Chasse au tigre dans l'Inde.

La chasse au tigre offrirait de terribles dangers si les seigneurs indiens, dont elle est un des plus grands plaisirs, n'avaient pour se préserver des attaques de ce redoutable fauve les éléphants sur lesquels ils sont montés. Ces intelligents animaux empêchent le tigre d'attaquer le chasseur, le repoussent, le foulent aux pieds et l'écrasent de leur poids.

Dans les cérémonies publiques, religieuses ou profanes, les éléphants ont leur place marquée dans le cortége et y paraissent souvent couverts de splendides ornements.

Les éléphants travaillent avec autant de discernement que de courage. Si on les emploie à sortir d'une forêt des arbres abattus, ils poussent du pied le fardeau pour s'assurer de son poids, le saisissent avec leur trompe, l'enlèvent et le tournent de diverses manières, selon les embarras du chemin qu'ils ont à parcourir. Ils empilent adroitement les pièces de bois ou les pierres devant les bâtiments où elles doivent être employées, et ils s'acquittent de cette tâche aussi bien que quelque ouvrier que ce soit.

Depuis quelque temps, les Anglais fabriquent d'énormes charrues, qu'ils envoient aux Indes, et à chacune desquelles on attelle un éléphant. Deux hommes tiennent les bras de chacune de ces charrues, tandis que l'éléphant la traine, en creusant des sillons d'une dimension inconnue en Europe.

En toutes choses, l'éléphant fait preuve de mémoire et d'intelligence. Il semble réfléchir aux ordres qu'on lui donne et les exécuter volontiers quand il en reconnaît la sagesse ou seulement l'utilité; mais il parait n'obéir qu'à regret s'il croit que son maître se trompe, et il se met en colère si l'on exige de lui plus qu'il ne peut faire.

Il n'oublie pas les bons traitements qu'il reçoit; mais il garde aussi le souvenir des injustices dont il est l'objet, et il saisit avec joie l'occasion d'en tirer vengeance.

« A Madagascar, dit le docteur Franklin, le cornac d'un éléphant, ayant une noix de coco dans la main, trouva bon, par fanfaronnade, de briser cette noix contre la tête de l'animal. Le jour suivant, l'éléphant vit des noix de coco, exposées dans la rue, devant une boutique; il en prit une avec sa trompe, la cogna contre le front de son conducteur et le tua sur la place....

« Un éléphant de Calcutta, qui portait des bagages et un grand nombre de voyageurs sur son dos, avait été frappé violemment par son conducteur. L'animal, jugeant que cette correction était injuste, entra en grande colère. A l'instant même, le malheureux homme fut jeté à bas de son siége, suspendu à la trompe de l'animal d'une manière qui rendait toute évasion impossible et déchiré en pièces. »

Le même auteur raconte qu'un jour, un éléphant, que le fils de son conducteur prenait plaisir à tourmenter, en l'absence de son maître, voulut donner une leçon à cet espiègle de neuf ans. Il le saisit par le milieu du corps avec sa trompe, dont il l'entoura sans le serrer toutefois, et le jeta sur une de ses courtes défenses, où le bambin demeura suspendu comme à un clou. A demi mort de frayeur, il ne pouvait appeler au secours; mais l'animal poussa un rugissement qui fit accourir le père, et aussitôt, déroulant sa trompe, il lui rendit l'enfant sain et sauf.

Dans une ville où sévissait une maladie épidémique, un prince, monté sur son éléphant, traversa, sans occasionner le moindre accident, la foule des malades qui encombraient les rues. Il n'avait pas ordonné qu'on ralentît l'allure de l'animal; mais celui-ci prit de lui-même toutes les précautions nécessaires pour que personne ne fût blessé.

Un autre éléphant, marchant derrière une voiture du train d'artillerie, vit tomber un homme d'un caisson sur lequel il était assis. C'en était fait de ce malheureux, si l'intelligent animal n'eût soulevé et maintenu en l'air, avec sa trompe, la roue qui allait lui passer sur le corps.

De tous les animaux, il n'y en a pas de plus susceptible que l'éléphant. Il ne peut supporter qu'on le taquine ni qu'on manque de procédés à son égard; mais il reçoit avec plaisir les fruits, le sucre, les gâteaux dont on le gratifie.

Dans l'île de Sumatra, un de ces animaux avait coutume de passer sa trompe par les fenêtres ouvertes, pour obtenir quelqu'une de ces douceurs, et presque partout on lui en donnait. Un jour, un tailleur auquel il adressait sa muette prière, crut ne pouvoir mieux faire que de le piquer de son aiguille. L'éléphant continua son chemin sans paraître offensé de ce traitement; mais, arrivé à la rivière où on le conduisait, il piétina dans la vase et remplit sa trompe d'eau fangeuse, qu'il lança au retour dans la boutique du tailleur. Elle fut inondée en un instant, et lui-même fut précipité de son établi par cette douche inattendue.

A la ménagerie de Versailles, un peintre voulait représenter l'éléphant la trompe relevée et la gueule ouverte. Pour lui faire garder cette attitude extraordinaire, il avait chargé un valet de lui jeter des friandises; mais, le plus souvent, cet homme faisait seulement mine d'envoyer à l'animal les fruits qu'il gardait dans sa main.

« L'éléphant en fut indigné, dit Buffon, qui raconte ce fait, et comme s'il eût reconnu que l'envie que le peintre avait de le dessiner était la cause de cette importunité, au lieu de s'en prendre au valet, il s'adressa au maître et lui jeta, par sa trompe, une quantité d'eau, dont il gâta le papier sur lequel le peintre dessinait. »

L'éléphant donne une grande preuve d'intelligence et de réflexion en se soumettant, lorsqu'il est blessé, à des opérations chirurgicales très-douloureuses. Un de ces animaux ayant reçu une balle dans un combat fut conduit à l'hôpital plusieurs jours de suite pour y être pansé. Il guérit, et lorsqu'il fut blessé de nouveau, il y retourna seul et de son propre mouvement.

L'éléphant s'attache à qui le soigne, et semble s'acquitter plutôt par affection que par crainte de la tâche qu'on lui confie.

Le docteur Franklin a vu, dans l'Inde, la femme d'un conducteur charger un éléphant de la garde d'un très-jeune enfant. « Je me suis fort diverti, dit-il, à considérer la sagacité et les soins délicats que prodiguait à son marmot cette pesante bonne d'enfant, en l'absence de la mère, occupée ailleurs. »

Qui croirait que ce massif animal puisse apprendre à danser, en suivant la mesure, et à jouer un rôle dans des représentations théâtrales, si l'on n'en avait été témoin à Londres et à Paris? Toutefois, on sait que les éléphants, lorsqu'ils sont jeunes, sont très-vifs, et ont les articulations assez mobiles pour se livrer aux ébats qui demandent le plus de souplesse et d'agilité.

A tout âge ils aiment la musique; aussi les Indiens, après les avoir réduits en captivité, ont recours aux sons de la flûte pour calmer leur douleur et apaiser leur colère.

Outre les fruits, les gâteaux, le sucre, le pain, les éléphants aiment les liqueurs spiritueuses. A la ménagerie d'Exeter-Change, il s'en trouvait un avec
lequel son maître buvait la goutte chaque soir. Il avait l'attention de le servir
d'abord; mais, un jour, il eut la fantaisie de prendre pour lui-même la première
ration et de n'offrir que la seconde à l'animal. Celui-ci en fut tellement blessé,
qu'il refusa de boire ensuite, et n'accepta plus, dit-on, à partir de ce moment,
le petit verre que son maître avait l'habitude de lui présenter.

Ce fait, rapporté par le docteur Franklin, est peut-être encore moins étonnant que celui dont M. Menault a été le témoin oculaire, et qu'il a consigné
dans son ouvrage sur l'*Intelligence des Animaux*.

Le lendemain des noces d'un jeune seigneur birman, celui de ses éléphants
qu'il aimait le plus vit, en faisant sa promenade matinale, la nouvelle mariée
qui prenait le frais sur le balcon. L'animal la reconnut au milieu de ses femmes;
il s'arrêta et cueillit une fleur du bout de sa trompe, qu'il éleva à la hauteur de
la galerie. Plusieurs suivantes voulurent saisir cette belle fleur pour l'offrir à
leur maîtresse. A chacune de ces tentatives, l'éléphant retira sa trompe. Le
seigneur, à son tour, avança la main, la fleur ne s'éloigna pas; mais l'animal la
retint, et ce fut seulement quand la jeune princesse consentit à la prendre que
cet étrange courtisan la lui abandonna.

Les mœurs de l'éléphant sont douces, son caractère est sociable, et c'est
bien à tort qu'on l'a parfois représenté comme un animal terrible. Il ne s'attaque
à aucun être vivant, et, à moins qu'il ne soit poursuivi par les chasseurs, il se
détourne, non-seulement de l'homme et des grands animaux, mais d'une souris.

Il n'a rien à craindre des carnassiers. Aucun n'oserait se mesurer avec lui.
Quelques oiseaux sont ses compagnons et ses bienfaiteurs, parce qu'ils le délivrent des insectes qui se logent dans les plis de sa peau, et ses ennemis les
plus redoutables sont les mouches. Pour se soustraire à leurs atteintes, l'éléphant se couvre de poussière, de boue, ou, mieux encore, il passe une grande
partie du jour couché dans des fosses creusées par les pluies d'orage, ou sur le
bord des rivières et des fleuves, qu'il traverse, au besoin, avec une grande
rapidité. Il lui faut de l'eau, non-seulement pour étancher sa soif, mais pour se
baigner et pour remplir sa trompe, au moyen de laquelle il peut ensuite arroser
son énorme corps.

Il craint la grande chaleur, se tient au plus épais de la forêt pendant le jour,
et profite de la fraîcheur des nuits pour aller paître à de certaines distances.

« Si le voyageur, dit un auteur anglais, surprend, pendant le jour, un troupeau d'éléphants, il les voit couchés l'un près de l'autre.... Ils sont là, à l'ombre
de la forêt: les uns cueillent, avec leur trompe, des feuilles et des branches
d'arbres, les autres s'éventent avec des feuilles; quelques-uns sont couchés et
dorment, tandis que les jeunes courent, joyeux, aux environs, image de l'innocence, comme les vieux sont des symboles vivants de la tranquillité et du
sérieux. »

Chaque troupeau est placé sous la conduite du plus fort de ses membres;
c'est ordinairement un vieux mâle; quelquefois cependant c'est une femelle. Les

petits sont de la part des femelles l'objet des plus tendres soins. Quand elles ne redoutent aucun danger, elles les laissent gambader librement ; mais à la

Troupe d'éléphants venant boire au bord d'un étang.

moindre alerte, au plus léger bruit dont l'origine est inconnue, chacun de ces jeunes animaux court se réfugier entre les jambes de sa mère, qui l'appelle, et qui se tient prête à le défendre aux dépens de sa propre vie. Elle l'allaite pendant vingt mois et s'en occupe encore après qu'il est sevré. Si, avant cette époque, il vient à la perdre, il trouve sans peine une autre nourrice.

Pendant les grandes chaleurs, les cours d'eau se dessèchent, et, poussés par la soif, les habitants des forêts se réunissent autour des lacs ou des étangs où il reste encore de l'eau. Les éléphants s'y rendent aussi, et dès que les autres animaux sont avertis de leur approche, ils prennent la fuite de tous côtés.

Par un clair de lune splendide, le major Skinner put les observer à l'aise, en se plaçant dans les branches d'un arbre qui formait un dôme au-dessus de la pièce d'eau.

Il vit un grand éléphant sortir de la forêt, sans faire le moindre bruit, s'avancer jusqu'à trois cents pas de l'étang et demeurer immobile comme un roc pendant quelques instants. Il continua de s'approcher, puis, s'arrêtant à trois reprises, il ouvrit ses longues oreilles pour mieux écouter. Il arriva ainsi jusqu'au bord de l'étang; mais, sans y étancher sa soif, il retourna sur ses pas et rentra dans la forêt.

Il en revint bientôt, accompagné de cinq autres éléphants, qu'il plaça en sentinelles, pendant qu'il allait chercher le reste du troupeau, composé de quatre-vingts à cent têtes. Tous marchaient en silence; le major les voyait, mais il ne les entendait pas. Le guide s'avança de nouveau, puis, après avoir sans doute interrogé les sentinelles, il donna à ceux qui le suivaient la permission d'approcher de l'étang, vers lequel tous se précipitèrent aussitôt, sans témoigner aucune inquiétude.

Le guide entra le dernier dans l'eau, où ils jouissaient du plaisir de se baigner et de boire à longs traits. Du haut de son observatoire, l'officier prenait plaisir à les voir se désaltérer. Il croyait, dit-il, qu'ils allaient vider l'étang. Quand il jugea leur soif éteinte, il cassa une petite branche; le troupeau s'enfuit et disparut dans l'épaisseur des bois.

Les éléphants ont un régime exclusivement végétal. Ceux qui vivent en liberté trouvent dans les immenses forêts de leur pays de quoi satisfaire leur robuste appétit; ils arrachent des touffes d'herbe, mangent des feuilles, des fruits, des branches déjà grosses; et lorsqu'ils s'aventurent au milieu des champs cultivés, ils y causent de grands dégâts. Les planteurs peuvent toutefois se préserver de leurs invasions; car il est rare qu'une faible clôture ne parvienne pas à les arrêter.

Il faut aux éléphants captifs une si énorme quantité de nourriture, qu'on ne trouve pas grand avantage à les dresser au travail. On leur donne, outre l'herbe et le feuillage, qu'on ne ménage pas, environ cinquante kilogrammes de riz par jour.

Les chaudes contrées habitées par les éléphants, soit en Asie, soit en Afrique, sont aussi la patrie du rhinocéros, qui, sous le rapport de la taille et de la force, ne le cède guère à ces puissants animaux. Il paraît même encore plus massif, parce qu'il a les jambes encore plus courtes et le ventre fort gros. Sa lèvre supérieure possède la faculté de s'allonger et de saisir les objets; mais, quoiqu'il s'en serve pour cueillir les feuilles et les menues branches dont il se nourrit, elle ne peut être comparée pour la force ni pour l'adresse à la trompe de l'éléphant.

La tête allongée du rhinocéros est surmontée de deux oreilles droites, pointues et mobiles; les yeux, très-petits et presque toujours demi-clos, annoncent peu d'intelligence et permettent de douter que sa vue soit perçante. Entre les deux narines, placées au-dessus de la lèvre supérieure, s'élève, sur la partie renflée du museau, une corne, caractère distinctif de cet animal, dont le nom vient de deux mots grecs : nez et corne.

Le rhinocéros d'Asie n'a qu'une corne ; celui d'Afrique en a deux. Ces cornes ne sont pas placées de chaque côté de la tête; mais la seconde, plus courte que l'autre, se trouve sur la même ligne, en se rapprochant du front.

La principale atteint souvent une longueur de soixante à soixante-dix centimètres. Large à la base, elle se termine en pointe et se courbe légèrement en arrière. Les cornes du rhinocéros ne sont pas à cheville osseuse, comme celles des ruminants ; elles sont formées de poils soudés ensemble, ce qui ne les empêche pas d'être très-lourdes, très-solides, de pouvoir prendre un beau poli et d'être employées à divers ouvrages, tels que vases, coupes, poignées de sabres , d'épées, de couteaux de chasse, etc.

Le rhinocéros a le cou extrêmement court, les épaules hautes et massives. Son corps trapu est recouvert d'une peau si dure et si épaisse, qu'elle ne peut guère être entamée que sous les plis qui semblent la partager, et qui la font ressembler aux diverses pièces d'une armure. Sans ces plis, l'animal, emprisonné dans cette raide carapace, ne pourrait faire aucun mouvement. Cette peau, presque nue, d'un gris foncé, tirant sur le violet, a des teintes claires sous la profondeur des plis ; partout ailleurs, elle est semée de rugosités , auxquelles on donne à tort le nom d'écailles.

Une petite queue mince termine ce gros corps, et les jambes épaisses reposent sur des pieds très-courts, dont les trois doigts sont enveloppés de sabots.

La marche de cet animal est pesante, excepté lorsqu'il est poursuivi ou en proie à quelque accès de colère, ce qui lui arrive de temps en temps. Dans ce cas, il pousse des cris aigus; mais ordinairement sa voix ressemble au grognement du cochon.

On ne rencontre les rhinocéros ni en troupes ni en grandes familles; ils vivent solitaires dans les forêts vierges et recherchent surtout les lieux marécageux. Ils aiment à se vautrer dans la boue, et ce n'est pas sans raison; car, si épaisse que soit leur peau , certaines mouches la percent de leurs aiguillons, lorsqu'elle n'est pas recouverte de ce manteau protecteur.

Le rhinocéros a très-anciennement habité notre globe. On a retrouvé dans les terrains formés avant le déluge les débris d'un grand nombre d'espèces de ces animaux. Ceux qu'on trouve aujourd'hui en Asie sont de plus forte taille que ceux d'Afrique; ceux de Java n'ont qu'une corne, et ceux de Sumatra en ont deux.

Dans l'Inde, on chasse principalement le rhinocéros en se servant de chevaux rapides et légers, auxquels on fait faire de brusques écarts dès qu'on a
blessé le monstrueux animal. Celui-ci entre en fureur, laboure la terre de sa
corne, fuit droit devant lui, à travers tous les obstacles, qu'il brise sans effort;
mais ce qui rend la poursuite moins périlleuse, c'est qu'il ne revient jamais sur
ses pas. Quelquefois les chasseurs de haut rang sont montés sur des éléphants;
et quand le rhinocéros blessé, irrité, ou mis en fuite, rencontre un de ces animaux sur son chemin, il ne craint pas de l'attaquer.

En Afrique, les indigènes s'approchent sans bruit du rhinocéros, qui passe
une grande partie du jour à dormir, à l'abri des rayons du soleil; ils se glissent
en rampant jusqu'à ce qu'ils puissent l'atteindre avec leurs javelots ou le frapper
de leurs lances.

Pendant son séjour en Afrique, le célèbre voyageur Le Vaillant fut, un jour,
averti de la présence de deux rhinocéros à peu de distance de son camp. Il
distribua des fusils à ses chasseurs, prit deux de ses meilleurs chiens, et, se
dirigeant vers le point indiqué, il aperçut les deux rhinocéros paisiblement
arrêtés l'un près de l'autre, au milieu d'une plaine. Leur taille étant fort inégale,
il jugea que ces animaux étaient mâle et femelle.

Il donna aussitôt des ordres à sa troupe; mais un de ses Hottentots, nommé
Jonker, demanda instamment d'aller seul attaquer les deux animaux. Cette permission lui fut accordée, Le Vaillant se disant que si Jonker ne réussissait pas,
la chasse pourrait toujours avoir lieu.

Le Hottentot se débarrassa de ses vêtements, et, ne prenant avec lui que
son fusil, il se traîna sur le ventre, comme un serpent. Il avançait lentement,
les yeux fixés sur les deux animaux; et dès qu'il leur voyait tourner la tête, il
demeurait immobile.

« On eût dit un éclat de roche, et moi-même je m'y serais trompé, raconte le
courageux voyageur. Son traînage, avec toutes ses interruptions, dura près
d'une heure. Enfin, je le vis se diriger vers une grosse touffe qui formait un
buisson et qui se trouvait à deux cents pas au plus des rhinocéros. Arrivé là,
sûr de pouvoir se cacher sans être vu d'eux, il se releva, et, après avoir jeté les
yeux de tous côtés, pour voir si ses camarades étaient tous arrivés à leur poste,
il se prépara à tirer. »

Tant qu'avait duré la marche du Hottentot, Le Vaillant, armé d'une lorgnette
de spectacle, l'avait suivi, le cœur palpitant; mais quand il le vit si près du
redoutable gibier, son émotion redoubla.

« Que n'aurais-je pas donné dans ce moment pour être à la place de Jonker,
ou tout au moins à côté de lui, dit-il, afin d'abattre aussi l'un de ces farouches
animaux.

« J'attendais dans la plus vive impatience que le coup de Jonker partît, et je
ne concevais pas ce qui l'empêchait de tirer; mais le Hottentot qui était à mes
côtés, et qui, à la vue simple, le distinguait aussi parfaitement que moi avec
ma lorgnette, m'avertit de son projet. Il me dit que si Jonker ne tirait point,
c'est qu'il attendait qu'un des rhinocéros se détournât, pour l'ajuster à la tête,

s'il était possible, et qu'au premier mouvement qu'ils feraient, j'entendrais le coup.

« En effet, le plus gros des deux ayant regardé de mon côté, il fut tiré aussitôt. Blessé du coup, il poussa un cri effroyable, et, suivi de sa femelle, il courut avec fureur vers le lieu d'où le bruit était parti. Ce fut alors que je sentis mon cœur tressaillir et que mes craintes furent portées à leur comble. Une sueur froide se répandait sur tout mon corps ; mon cœur battait si fort, que cela m'ôtait la respiration. Je m'attendais à voir les deux monstres renverser le buisson, écraser sous leurs pieds le malheureux Jonker et le mettre en pièces ; mais il s'était couché le ventre contre terre. La ruse lui réussit parfaitement : ils passèrent près de lui sans l'apercevoir et vinrent droit à moi.

« Alors, à mon angoisse succéda la joie, et je m'apprêtai à les recevoir. Mais mes chiens, animés déjà par le coup de fusil qu'ils avaient entendu, se démenèrent tellement à leur approche, que, ne pouvant plus les contenir, je les détachai et les lâchai contre eux.

« A cette vue, ils firent un crochet et allèrent donner dans une des embuscades, où ils reçurent un nouveau coup de feu d'un des chasseurs, puis un troisième.... Mes chiens, de leur côté, les harcelaient à outrance, ce qui accroissait encore leur rage. Ils détachaient contre eux des ruades terribles ; ils labouraient la plaine avec leurs cornes, y creusaient des sillons de sept à huit pouces de profondeur, et lançaient autour d'eux une grêle de pierres et de cailloux.

« Pendant ce temps, nous nous rapprochâmes tous, afin de les cerner de plus près et de réunir contre eux toutes nos forces. Cette multitude d'ennemis dont ils se voyaient entourés les mit dans une fureur inexprimable. Tout à coup le mâle s'arrêta, et, cessant de fuir devant les chiens, il leur fit face, et s'élança contre eux pour les attaquer et les éventrer. Mais, tandis qu'il les poursuivait, la femelle se détacha de lui et gagna au large.

« Je m'applaudis beaucoup de cette fuite, qui nous devenait très-favorable. Il est certain que, malgré notre nombre et nos armes, deux adversaires aussi formidables nous eussent fort embarrassés. J'avoue même que, sans mes chiens, nous n'eussions pu combattre qu'avec risques et dangers celui qui restait. Les traces de sang qu'il laissait sur son passage nous annonçaient qu'il avait reçu plus d'une blessure, et il n'en mettait que plus de rage à se défendre. Cependant, après quelque temps d'une attaque forcenée, il battit en retraite et parut vouloir gagner quelques buissons, apparemment pour s'y appuyer et ne pouvoir plus être harcelé que par devant.

« Je devinai sa ruse, et, dans le dessein de la prévenir, je me jetai vers ces buissons, en faisant signe aux deux chasseurs les moins éloignés de moi de s'y porter aussi. Il n'était plus qu'à trente pas de nous quand nous nous emparâmes du poste. Puis, le visant tous trois en même temps, nous lui lâchâmes nos trois coups à la fois, et il tomba sans pouvoir se relever.

« Sa chute fut pour moi une jouissance délicieuse. Comme chasseur et comme naturaliste, je goûtais un double triomphe. »

L'animal blessé à mort se débattait encore de telle sorte, que ni chiens ni chasseurs n'osaient en approcher. Le Vaillant eût désiré mettre fin à son agonie, en lui envoyant une dernière balle; ses hommes le prièrent de n'en rien faire, et il se rendit à leur désir, quoiqu'il ne pût se l'expliquer. Mais, après la mort de la pauvre bête, il vit les Hottentots recueillir son sang avec un empressement extrême; et leur ayant demandé ce qu'ils en voulaient faire, il apprit que, dans le pays, chacun attribuait au sang desséché du rhinocéros le pouvoir de guérir diverses maladies.

En Asie, en Chine surtout, on croit que la corne de cet animal possède la propriété de neutraliser les effets du poison, ou tout au moins de dénoncer sa présence; aussi les grands qui ont quelque sujet de se méfier de leur entourage aiment à se servir des vases taillés dans cette corne.

Le rhinocéros ne se nourrit que de végétaux; mais il lui en faut beaucoup, et il cause de grands dégâts dans les plantations, lorsqu'il sort de ses forêts. Cela d'ailleurs arrive rarement; car il y vit dans l'abondance.

La femelle aime beaucoup son petit; elle veille sur lui avec une extrême sollicitude; aussi est-il dangereux de les rencontrer ensemble.

Le rhinocéros pris tout jeune se montre généralement inoffensif. En captivité il reçoit volontiers les friandises qu'on lui présente; mais il ne faut pas se fier à sa douceur, qui souvent fait place à des accès de colère.

L'hippopotame, dont le nom signifie cheval de fleuve, ressemble bien moins à un cheval qu'à un énorme cochon, arrivé au plus haut degré d'engraissement. C'est un animal amphibie, qu'on ne trouve que dans les grandes rivières de l'Afrique, depuis le Sénégal et le haut Nil jusqu'à la colonie du Cap.

« Il a la tête immensément large, dit le célèbre voyageur Anderson. Chacune de ses mâchoires est armée de deux formidables défenses. Celles de la mâchoire inférieure, qui sont toujours les plus considérables, atteignent quelquefois deux pieds de longueur.

« Les yeux, que le capitaine Harris compare aux fenêtres du grenier dans une chaumière hollandaise, les naseaux et les oreilles sont tous placés presque au même plan. Cette circonstance permet à l'animal l'usage de trois sens et de la respiration, tout en n'exposant qu'une très-petite portion de sa volumineuse personne, quand il s'élève à la surface de l'eau. »

La taille de l'hippopotame n'est pas de beaucoup inférieure à celle de l'éléphant; mais ses jambes sont si courtes, en vérité, que son ventre touche presque la terre. Sa peau, qui a de deux à trois centimètres d'épaisseur, est nue, à l'exception de quelques poils sur le museau, le bord des oreilles et la queue, qui se termine par des soies d'une raideur extrême. Sa bouche, fendue jusqu'au delà des yeux, est vraiment effrayante; un homme y pourrait passer; mais l'hippopotame ne se nourrit pas de chair; il vit d'herbes, de roseaux, de racines et de plantes aquatiques.

Il passe dans l'eau la plus grande partie du jour; il s'y plaît, il y prend ses ébats avec une agilité bien différente de celle qu'il montre quand il cherche sa nourriture à terre, ce qui ne lui arrive que la nuit. Sa masse énorme semble

alors écraser ses courtes jambes, et sa marche n'est rien moins que gracieuse,
Il ne s'éloigne jamais beaucoup de l'eau, et il s'y plonge dès qu'il se sent
menacé.

Ordinairement il va paître dans les forêts voisines des lacs ou des fleuves;
mais quelquefois aussi il se dirige vers les plantations et y cause d'importants
dégâts. Non-seulement il est très-vorace, mais il foule les plantes sous ses pieds
et se vautre dans les champs qu'il a dévastés.

Hippopotames au bord d'un lac.

Les troupeaux ne sont pas non plus à l'abri de ses attaques; il ne mange pas
les bœufs, mais il semble les haïr, et l'on a vu souvent plusieurs de ces paisibles
ruminants mis en pièces par un hippopotame.

La femelle est surtout à craindre quand elle nourrit son petit. Elle l'aime avec
passion, veille sur lui sans cesse et croit voir des ennemis dans tous les êtres

qui l'approchent. Elle le porte sur son cou lorsqu'elle sort de l'eau ; et tant qu'elle y reste plongée, elle joue avec lui ou le regarde jouer. On ne peut sans grand danger attaquer une femelle d'hippopotame, accompagnée de son petit ; on doit même éviter de l'irriter ou seulement de l'inquiéter, à moins qu'on ne soit décidé à la tuer et assez bien armé pour y réussir.

Ce n'est pas avec des balles ordinaires qu'on peut venir à bout d'un hippopotame ; elles effleurent sa peau sans l'entamer, ou si l'on tire d'assez près pour qu'elles percent cette épaisse enveloppe, elles s'arrêtent dans la couche de graisse placée immédiatement au-dessous.

Les indigènes se servent peu d'armes à feu dans cette chasse ; ils ont recours au harpon. Ce harpon de fer, très-solide et très-lourd, est attaché à une perche longue de trois mètres environ. Un homme robuste la saisit, quand le moment d'attaquer l'animal lui semble propice ; il se dresse de toute sa hauteur, pour avoir plus de force, et, d'un seul coup, il l'enfonce dans le corps de l'amphibie. Celui-ci plonge et disparaît au fond de l'eau ; mais les efforts qu'il fait pour échapper à ses ennemis sont presque toujours inutiles.

Quelques chasseurs gagnent le rivage à l'aide d'un canot ; ils enroulent à un arbre la corde attachée au harpon, et ils tirent à eux l'hippopotame, après l'avoir laissé s'épuiser par la perte de son sang. Chaque fois qu'il reparaît au-dessus de l'eau pour reprendre haleine, les hommes qui sont à terre et ceux qui restent dans les embarcations lui font de nouvelles blessures.

« Ainsi bloqué de toutes parts, dit M. Anderson, l'animal furieux se tourne plus d'une fois contre les assaillants. A l'aide de ses formidables défenses ou de son énorme tête, il cherche à renverser les canots ou à les mettre en pièces. Dans certains cas même, non content d'exercer sa vengeance sur les barques, il attaque l'un ou l'autre des hommes de l'équipage. D'une seule étreinte de ses terribles mâchoires, il mutile alors terriblement le pauvre diable ; il peut même le couper en deux par le milieu du corps.

Si la corde a été solidement passée autour d'un arbre assez fort pour résister à de violentes secousses, l'animal ne peut échapper à ceux qui l'ont blessé, parce qu'une bouée indique la place où il se débat. Si, au contraire, on n'a pas eu le temps d'attacher cette corde, la bête l'entraîne et disparaît ; mais pourvu qu'elle ait été mortellement blessée, on retrouve, au bout de quelques heures, son cadavre flottant. On ne manque pas d'aller attendre ses dépouilles au-dessous du lieu où il a été attaqué. C'est une bonne capture que le courant amène. On la tire hors de l'eau et on la met en pièces, pour saler la chair et fondre la graisse. L'une et l'autre sont fort estimées. Les chasseurs en trouvent un bon prix, soit dans leurs tribus, soit à la ville, où ils la vendent sous le nom de vache de mer. Quant aux défenses, on les expédie en Europe.

M. Brehm raconte qu'un soir, peu après le coucher du soleil, comme il revenait de la chasse au pélican, suivi d'un Nubien, qui portait son gibier, ils traversèrent un champ de cotonniers, dont la forêt vierge reprenait possession, et qu'elle remplissait de plantes épineuses.

« Contents de notre proie, dit-il, de la fraîcheur de la nuit, qui succédait à la chaleur du jour, nous suivions notre chemin.

« — Effendi, qu'est-ce que cela? demande tout à coup le Nubien, et il me montre trois masses foncées comme des rochers, que je ne me rappelle pas avoir vues le jour; je m'arrête et regarde; mais une de ces masses se met à se mouvoir; le grognement furieux d'un hippopotame frappe nos oreilles : l'animal se dirige sur nous. Le Nubien jette aussitôt ses armes et notre gibier.

« — Aide-nous, ô Seigneur du ciel! s'écrie-t-il. Fuis, Effendi, par la grâce de Dieu, ou nous sommes perdus!

« Et il disparaît dans les buissons. Je sais que mes habits clairs vont attirer sur moi toute la fureur du monstre. Sans armes, car les miennes étaient trop faibles contre ce colosse si fortement cuirassé, je me précipite dans le fourré. Derrière moi l'animal rugit, frappe le sol; devant moi, à droite et à gauche, les lianes et les épines forment un lacis inextricable; les piquants des mimosas me blessent, les crochets recourbés des nabahks mettent mes habits en lambeaux; et je cours toujours, dégouttant de sang et de sueur; toujours tout droit devant moi, sans but, sans direction, poursuivi par la mort, sous la forme de ce hideux animal. Pour moi, il n'y a pas d'obstacle. Les épines me blessent douloureusement, je ne les sens pas; je vais en avant, en avant, toujours en avant. J'ignore combien cette fuite a pu durer. Certes, elle n'a pas dû être longue; car j'aurais fini par être atteint; et cependant il me sembla que plusieurs siècles s'étaient écoulés depuis le moment de la poursuite. J'avais devant moi la sombre nuit, derrière moi un ennemi furieux. Je ne sais où je suis. Tout à coup je tombe; je fais une chute profonde; mais heureusement c'est dans le fleuve. En revenant à la surface de l'eau, je vois l'hippopotame au haut de la rive d'où je me suis précipité, et de l'autre côté les feux de notre barque. Je traverse à la nage un petit bras; enfin, je suis sauvé.... »

La poursuite dont M. Brehm nous raconte ainsi les péripéties n'eût été ni longue ni sérieusement dangereuse, si le chemin eût été frayé devant lui; car nous avons déjà dit qu'à terre, la marche de l'hippopotame est lourde et difficile.

Cet animal est d'ailleurs assez paisible quand on ne l'attaque ni ne l'inquiète; mais il peut arriver que, dans un cours d'eau assez étroit, une embarcation le frôle sans que ceux qui la montent l'aient aperçu. Il se dresse alors, saisit entre ses énormes mâchoires les planches du bateau, les broie comme une mince branche, le renverse ou s'élance au milieu de l'équipage, y jette l'épouvante et quelquefois la mort.

Plusieurs des jardins zoologiques de l'Europe possèdent des hippopotames, ce qui permet d'étudier jusqu'à un certain point leur caractère et leurs mœurs. Tous ont été capturés jeunes, condition sans laquelle il eût été impossible de les habituer à la captivité et même de les prendre vivants.

Ce n'est qu'après la mort de la mère qu'on peut s'emparer d'un petit; on le harponne légèrement; on l'attire à terre; on lui passe les mains sur le museau, pour que, reconnaissant l'odeur de ses nouveaux maîtres, il se laisse facilement approcher par eux, et on lui donne, selon sa taille et son appétit, une ou plusieurs vaches pour nourrices. Cela dure jusqu'à ce qu'il veuille bien accepter de l'herbe, des racines, du riz, ou un mélange de farine et de légume.

Il peut vivre longtemps en captivité, même sous notre climat. On l'a vu plusieurs fois se reproduire dans les jardins zoologiques, où il n'est pas plus difficile à nourrir que nos cochons.

Le genre de pachydermes qui a pour type le sanglier compte des représentants dans toutes les parties du monde, excepté dans la Nouvelle-Hollande.

Les animaux qui le composent ont la tête allongée, les oreilles de moyenne grandeur et le plus souvent droites, les yeux obliquement fendus et fort petits. Leur corps, couvert de soies plus ou moins raides, est porté par des jambes minces et terminé par une queue enroulée sur elle-même. Les mâchoires ont des molaires assez fortes, des incisives qui s'usent et tombent quand l'animal n'est plus jeune, enfin des canines triangulaires, qui souvent prennent un grand développement et deviennent une arme redoutable.

Le sanglier, autrefois très-commun en Europe, y devient de jour en jour plus rare, par suite du déboisement d'un grand nombre de contrées. Il établit sa demeure, appelée bauge, au sein des forêts, dans le voisinage d'une mare ou d'un ruisseau. Comme les grands pachydermes dont nous avons parlé, les sangliers aiment à se vautrer dans la boue; mais ils ne tardent pas à chercher une eau courante pour s'y laver. Ils passent la journée à l'ombre, et ce n'est qu'après le coucher du soleil qu'ils sortent de leur retraite pour chercher les glands, les faînes, les noisettes, les racines, les vers, les souris, les mulots dont ils font leur nourriture ordinaire.

S'ils se contentaient toujours de ce régime, on n'aurait rien à leur reprocher; mais ils profitent souvent de la nuit pour s'approcher des cultures. Ils entrent dans les blés, et non-seulement ils dévorent les épis, mais ils se roulent dans le champ, et s'y couchent lorsqu'ils sont rassasiés. Les pommes de terre leur plaisent beaucoup aussi; et quand ils les ont goûtées, le paysan qui les a plantées n'a pas à s'inquiéter de savoir quand elles seront bonnes à récolter.

Les sangliers, à de rares exceptions près, vivent en familles. Les jeunes restent au moins pendant deux ans avec leurs parents, et, comme la fécondité de la mère est très-grande, la famille ne tarde guère à devenir nombreuse. Quelquefois plusieurs couples et leurs petits se réunissent et forment un troupeau, dont les membres vivent en bonne intelligence et prennent leur part de la défense commune.

L'aspect du sanglier n'a rien de rassurant. Sa grosse tête, hérissée de soies noires ou brunes, armée de formidables défenses et terminée par un groin énorme, est vraiment terrifiante, surtout quand, animé par la colère, il se retourne sur le chasseur ou fait face aux chiens qui le poursuivent.

On ne peut dire que ce soit un animal féroce; car il n'attaque ni le bûcheron qui travaille dans la forêt, ni les femmes ou les enfants qui ramassent des branches mortes, des faînes ou des glands, ni les écoliers qui vont cueillir des noisettes pendant les vacances, ni même les animaux dont il se nourrit volontiers lorsqu'il rencontre leurs cadavres.

C'est seulement quand il est provoqué par l'homme ou harcelé par les chiens qu'il se souvient de sa force et se précipite sur ses agresseurs. Tant qu'il n'est pas blessé, il cherche à se dérober au danger par la fuite. Il va droit devant lui, s'ouvrant, à l'aide de son groin et de ses défenses, un chemin dans les fourrés les plus épais. S'il rencontre un chasseur sur son passage, il le renverse et lui donne quelque coup de boutoir; mais si l'homme se jette de côté, l'animal ne se détourne pas pour l'attaquer.

Quand le sanglier est blessé, sa fureur n'a pas d'égale, et il est plus difficile de lui échapper. Sans se soucier des chiens, il fond sur le chasseur avec une vitesse extrême; et si celui-ci n'est pas sûr de pouvoir le tuer, il fera bien de se cacher derrière un arbre ou d'y grimper à la hâte. Fuir devant la bête est tout ce qu'il y a de plus dangereux. Il vaudrait encore mieux, s'il est impossible de lui échapper autrement, se jeter par terre; les blessures qu'on peut recevoir ainsi sont moins graves, le sanglier frappant plutôt de bas en haut que de haut en bas.

Il n'y a pas de situation plus critique que celle du chasseur sur lequel s'acharne un sanglier blessé; c'est un homme mort, à moins qu'il ne puisse tirer son couteau et ne parvienne à tuer la bête furieuse. La chasse au sanglier est la seule où l'on puisse, dans notre pays, courir d'autres dangers que ceux qui résultent de l'imprudence des chasseurs.

La femelle du sanglier porte le nom de laie. Elle n'a pas les formidables défenses du mâle, mais elle n'est pas moins courageuse; et quand elle a des petits, elle est encore plus à craindre que le mâle.

Jusqu'à six mois, les petits se nomment marcassins; ils sont rayés de brun foncé et de brun clair; aussi dit-on, d'un jeune qu'on a tué, qu'il porte encore la livrée. De six mois à un an, on l'appelle tête rousse, puis bête de compagnie; à deux ans, c'est un ragot; à trois, c'est un tiers-an.

Les vieux sangliers finissent par ne plus se plaire avec les autres ou par être bannis du troupeau. Ils vivent à leur fantaisie, mais à l'écart, et sont appelés solitaires ou ermites.

Le sanglier peut, dit-on, vivre de vingt-cinq à trente ans. Dans nos pays, il n'a d'ennemi sérieux que l'homme. Le loup et le renard enlèvent bien, de temps à autre, quelque marcassin qui vient à s'éloigner de sa mère; mais celle-ci fait si bonne garde et défend si bien ses enfants, que rarement ils deviennent la proie de ces gloutons. Si une laie qui a des petits vient à périr, une autre les adopte, les surveille avec la même sollicitude et combat pour eux avec le même courage. Dans les pays chauds où rôdent le tigre, le lion, le léopard, les sangliers, aussi bien que les marcassins, tombent parfois sous la dent de ces grands carnassiers.

Les sangliers africains, ceux du Japon, de l'Inde, etc., ont les mêmes mœurs que les nôtres, mais ils sont plus petits et diversement colorés. La chair de ces animaux est estimée, surtout lorsqu'ils sont jeunes.

Il est facile d'apprivoiser un sanglier : il apprend vite à connaître celui qui le nourrit; et il devient beaucoup plus doux qu'on ne pourrait le supposer d'après ses habitudes sauvages.

Le docteur Franklin dit qu'à Paris, il en a vu un qui exécutait différents tours, se livrait à certains exercices et prenait des attitudes variées, dans l'espoir d'obtenir un morceau de pain pour récompense. Il ajoute qu'un Anglais de ses amis avait tellement apprivoisé un sanglier, pris à l'âge de trois ans seulement, que cet animal montait dans l'appartement de son maître, le caressait comme un chien et mangeait dans sa main.

Le cochon, un de nos plus précieux animaux domestiques, descend du sanglier. Les naturalistes sont d'accord sur ce point; car on a vu des sangliers captifs acquérir, de génération en génération, les caractères du cochon domestique, tandis que des cochons rendus à la liberté ont repris, au bout d'un certain temps, les mœurs, les allures et les formes du sanglier.

Il n'y a pas d'animal plus vorace que le cochon. Il mange des herbes, des racines, du grain, des légumes, des vers, des hannetons, des rats, des souris, des débris d'animaux déjà putréfiés, de tout enfin, même des plantes vénéneuses, dont il ne paraît nullement incommodé. Ce n'est donc pas sans quelque raison qu'on dit qu'il est gourmand; mais c'est à tort qu'on l'accuse de se plaire dans la saleté.

On a cru longtemps que, pour le voir prospérer, il fallait l'enfermer dans une étable immonde et sans air; mais on sait aujourd'hui que les soins de propreté lui sont aussi nécessaires qu'aux autres animaux et lui profitent presque autant que l'abondance de la nourriture. Il ne faut pas d'ailleurs lui reprocher de trop manger. Plus il mange, plus il grossit, et il y a tout avantage à ce qu'un porc s'engraisse vite. Il coûte moins cher à son maître, et il lui donne une chair plus tendre et plus succulente.

Il est à remarquer que dans les pays où le sol est ingrat, et où l'homme a peine à vivre, le porc reste maigre et chétif, tandis que dans les provinces riches et fertiles, il acquiert en quelques mois une forte taille et un embonpoint considérable.

« Il n'y a point de contrée en Europe où l'éducation matérielle du cochon ait été poussée si loin que dans la Grande-Bretagne. Non content d'enrichir et de perfectionner sa chair, on a effacé, sous une forme conventionnelle, les proportions primitives de l'animal. On a fabriqué, par le traitement et la nourriture, une espèce de monstre cher à nos appétits et relativement beau aux yeux de l'économie domestique. Un cochon parfait, selon l'art, doit avoir une forme carrée; sa tête doit disparaître dans un coussin de graisse; son ventre doit descendre à terre; toute sa personne doit exprimer la majestueuse immobilité de l'ampleur. L'Angleterre excelle dans l'art de créer des cochons qui doivent étonner la nature, si, après ses ouvrages, elle se donne la peine de considérer les ouvrages de l'homme (1). »

Tant que le cochon grandit, l'exercice et le grand air lui sont nécessaires. Quand on le mène dans les champs non cultivés, sa présence y fait grand bien; car il retourne la terre, la fouille de son groin et détruit une énorme quantité de

---

(1) FRANKLIN, la Vie des Animaux.

larves de hannetons, de vers, de limaces, de chenilles à l'état de chrysalides, et fait une guerre acharnée aux souris et aux mulots. Le blé qu'on sème dans les jachères où les porcs ont été conduits pendant l'été, est toujours plus beau que partout ailleurs. Ils rendent le même service aux arbres fruitiers autour desquels ils fouillent; aussi les Normands les font-ils volontiers paître dans leurs plantations de pommiers.

On emploie aussi les porcs à la recherche des truffes. La finesse de leur odorat leur fait découvrir l'endroit où elles sont cachées ; mais il faut les surveiller de près ; car ils s'approprieraient sans façon les précieux tubercules.

Toutefois ce n'est pas pour les services qu'il rend pendant sa vie qu'on élève le cochon ; c'est parce qu'après qu'on l'a tué, il n'y a rien dans ses dépouilles dont on ne tire un excellent profit.

Sous sa peau s'amasse une couche de graisse, qu'on appelle lard, et qui peut atteindre une épaisseur considérable. Quand on veut engraisser un porc, on ne le laisse plus sortir; on lui donne une bonne litière pour qu'il reste volontiers couché, et l'on flatte sa gourmandise par un mélange de pommes de terre cuites, de farine d'orge, de lait caillé. Ce régime, auquel beaucoup d'éleveurs soumettent les porcs, aussitôt qu'ils sont devenus de belle taille, leur convient parfaitement; il les engraisse vite et leur donne de la qualité.

Ils deviennent encore plus gras quand on leur fait manger de la viande cuite, ce qu'on fait souvent à proximité des tanneries et des abattoirs; mais la chair et le lard des animaux ainsi nourris n'ont pas le goût délicat de ceux qu'on engraisse dans la plupart des campagnes.

Les uns et les autres arrivent parfois à être tellement chargés de graisse, qu'ils hésitent à se lever pour manger, et l'on en a vu avoir le lard assez épais pour que des rats pussent y trouver le vivre et le couvert, sans que le cochon parût s'en apercevoir et fît le moindre mouvement pour se débarrasser de ces hardis rongeurs.

Dans les villes, on tue des porcs en toutes saisons; la plupart des charcutiers ne vendent pas autre chose et ont cependant un commerce très-actif, parce qu'ils font subir aux diverses parties de l'animal abattu des préparations différentes. La charcuterie entre pour une large part dans l'alimentation de la classe ouvrière, à laquelle le temps manque souvent pour s'occuper de ses repas.

Si l'on trouvait, en sortant de l'atelier, un bon pot-au-feu, ou un plat de viande et de légumes, soigneusement apprêtés, on se mettrait gaîment à table. Cette nourriture vaudrait bien le morceau de charcuterie qu'on va chercher et qu'on mange sous le pouce ; car il arrive trop souvent que la qualité de ces produits à bon marché laisse beaucoup à désirer. Le boudin commun, le fromage de cochon, le cervelas à l'ail sont de ce nombre, tandis que les pieds, les andouillettes, le saucisson d'Arles et de Lyon, la langue fumée, le jambon d'York, de Mayence, ou tout simplement le jambon de Lorraine, trouvent place sur les meilleures tables.

On consomme annuellement en France plus de soixante millions de kilogrammes de viande de porc; aussi, quoiqu'on y élève beaucoup de ces animaux, l'Allemagne et l'Amérique suppléent à cette production encore insuffisante.

Dans la plupart de nos campagnes, chaque ménage nourrit un cochon, qui, à son tour, nourrit la famille, jusqu'à ce qu'un autre, après l'avoir remplacé à l'étable, vienne renouveler la provision.

Dès que les froids sont arrivés, on commence à tuer les cochons qu'on a élevés pour sa consommation; et comme dans les villages il n'y a pas de charcutiers, on a l'habitude d'envoyer à ses parents et à ses amis du boudin, de la grillade, etc., que ceux-ci ne manquent pas de rendre, quand, un peu plus tard, ils font abattre le porc dont ils prennent soin.

Ce cadeau, qui n'est réellement qu'un prêt, est appelé charbonnée, sans doute parce que les morceaux qui le composent doivent être cuits sur des charbons ardents.

La femelle du cochon porte le nom de truie. Elle est très-féconde; car elle peut donner, en deux fois, chaque année, de vingt à trente petits, qu'on nomme gorets ou porcelets. On a calculé qu'au bout de dix générations, une femelle a pu fournir plus de six mille individus.

Il n'est pas rare qu'aussitôt après leur naissance la truie dévore quelques-uns de ses enfants; mais elle devient bonne mère après qu'on a eu soin de placer chaque petit devant une de ses mamelles, qu'il saura retrouver jusqu'à ce qu'on le sèvre.

Quand le moment est venu de tuer le porc qu'on a élevé, on dépouille le pauvre animal de ses plus belles soies, qui seront plus tard vendues aux fabricants de brosses.

Un feu de paille enlève celles qui restent; puis on lave et on racle la peau du cochon, jusqu'à ce qu'elle soit bien nette. On fend le corps d'un bout à l'autre; on en retire la langue, le cœur, le foie, les intestins; on l'étend et on le laisse refroidir avant de le découper.

Les bandes de lard et les jambons sont couverts d'une couche de sel qui doit fondre doucement et s'écouler par l'ouverture inférieure du saloir. On laisse le tout ainsi pendant un mois, six semaines, et même au delà, si l'on veut; mais un mois suffit, à moins qu'il ne fasse très-froid et que le sel ne puisse pénétrer dans la chair gelée.

L'épaisse couche de graisse qui tapisse les côtes du porc se nomme panne; on la découpe en dés, qu'on place sur le feu, et, à mesure que le saindoux qui en sort devient limpide, on le verse dans des pots de grès placés dans l'eau fraîche, précaution sans laquelle le grès se fendrait sous l'action de cette graisse bouillante. Quand elle est tout à fait refroidie, on couvre les pots d'un papier, et on les range pour se servir au besoin de leur contenu.

On jette dans ce qui reste sur le feu des oignons découpés à l'avance; on les laisse cuire doucement. Cela fait, on y ajoute de la mie de pain, du sel et du poivre; on y délaie du sang; on y découpe un peu de thym, et l'on entonne ce mélange dans les petits boyaux, bien lavés et dépouillés de leur enveloppe intérieure. On noue ces boyaux à leur extrémité; on les plonge dans l'eau chaude et on les y laisse jusqu'à ce qu'en les perçant avec une épingle, on en fasse sortir de la graisse et non du sang. On les retire, et le boudin est fait.

La viande hachée et assaisonnée est entassée dans d'autres boyaux, où l'on doit la serrer fortement, si l'on veut qu'elle conserve sa belle couleur et que le saucisson ne rancisse pas. On le laisse tremper dans la saumure pendant quelques jours, puis on le pend assez loin du feu pour qu'il sèche peu à peu.

La tête, soit fraîche, soit légèrement salée, convenablement assaisonnée et cuite assez longtemps pour qu'on puisse la désosser, forme le fromage de cochon.

Les boyaux les plus gras, découpés en lanières et enfilés dans un autre boyau, avec de la chair et de la graisse, sont vendus par les charcutiers sous le nom d'andouillettes.

Il n'y a donc dans le porc rien qui ne se mange ; mais la grande ressource d'un ménage de paysan, c'est le lard. Tous les jours on en coupe un morceau, qui sert à faire une bonne soupe aux choux, aux haricots, aux pommes de terre. Dans les familles peu aisées, cette soupe et les légumes qu'on sert ensuite composent tout le repas de midi ; le lard reste pour le soir ; et quand on y ajoute une salade, tout le monde est satisfait.

Autrefois, la plupart des paysans vivaient ainsi, même lorsqu'ils étaient riches, et ils ne s'en portaient pas plus mal ; ils y étaient forcés d'ailleurs dans les localités où il n'y avait pas de boucheries ; mais on trouve de la viande à peu près partout, maintenant que l'usage en est devenu plus général.

On a beaucoup parlé, depuis quelques années, de la trichinose, maladie à laquelle les porcs sont sujets, et qu'ils peuvent communiquer à ceux qui s'en nourrissent.

« La trichine, dit M. Figuier, est un ver microscopique ou du moins difficilement visible à l'œil nu ; car il a à peine le diamètre d'un cheveu très-fin, et sa longueur atteint rarement deux millimètres. Elle existe dans l'intestin du porc. C'est là qu'elle vit et produit ses petits, lesquels sont d'abord à l'état de larves ou vers. Dans l'intestin du porc ou de la viande contenant des larves de trichine, et mangées par l'homme, ces larves arrivent dans son intestin et s'y fixent pour quelque temps. Mais ce lieu ne leur convenant pas, ils percent l'intestin et tombent dans les veines. Là, ils sont emportés, avec le sang, dans le torrent circulatoire, et finalement arrivent dans les muscles.

« Le muscle est, en effet, le lieu de prédilection et de nutrition des trichines. Elles rongent les chairs, séparent et dissèquent les fibres musculaires et tendineuses, produisent des douleurs intolérables et amènent la maladie connue sous le nom de trichinose. »

Il faut, pour détruire les trichines, laisser longtemps le porc au saloir ; ensuite, une cuisson d'autant plus prolongée que le morceau est plus gros, fait disparaître tout danger. Une heure serait, dit-on, le temps nécessaire pour un demi-kilogramme ; mais rien n'empêche de doubler et même de tripler la durée du séjour du lard et du jambon dans l'eau en ébullition ; plus ils sont cuits, plus ils sont bons.

On n'a d'ailleurs jamais constaté la présence des trichines dans les porcs élevés en France, et même la prohibition qui a récemment frappé les lards d'Amérique n'a pas tardé à être levée, un examen plus sérieux ayant dissipé les craintes conçues d'abord pour la santé publique.

Le cochon est répandu partout où l'agriculture a pénétré ; mais dans beaucoup de contrées, on le laisse en liberté pendant une grande partie de l'année. Il sait fort bien pourvoir à ses besoins ; il devient moins gras ; mais il est plus vigoureux, plus agile, mieux portant, et sa chair, plus délicate, se rapproche de celle du sanglier.

Les porcs qui jouissent de cette indépendance se réunissent en troupeaux et choisissent pour guide un vieux mâle, auquel ils obéissent.

Dans les forêts où les glands et les faînes tombés des arbres en automne leur fournissent une abondante nourriture, ils se défendent si bien contre les loups, que ceux-ci, à moins d'être en nombre, n'osent pas les attaquer.

« Le cochon a plus d'esprit qu'on ne pense, » dit le docteur Franklin, et, à l'appui de cette opinion, il raconte un fait dont il a été témoin.

A bord d'un vaisseau sur lequel il avait pris passage, se trouvaient un cochon et un chien qui vivaient en bons amis, mangeaient à la même écuelle, se promenaient côte à côte et se couchaient l'un près de l'autre au soleil. Le chien avait une niche que lui enviait beaucoup son compagnon, réduit à s'abriter où il pouvait ; aussi, quand il parvenait à s'en emparer le premier, ne voulait-il pas s'en laisser chasser.

Un soir, la mer, agitée par une forte brise, couvrait d'eau le pont du navire, qui s'inclinait tantôt à droite, tantôt à gauche. Le cochon, qui glissait et tombait presque à chaque pas, se dirigea vers la niche ; mais le chien l'y avait précédé et s'y tenait fièrement ; car il se sentait chez lui.

Le nouveau venu se retira désappointé, rêvant sans doute au moyen d'obtenir par la ruse ce qu'il ne pouvait exiger par la force. L'idée lui vint d'exploiter la gourmandise de son camarade, le plus grand défaut que, sans doute, il lui connût. Il prit entre ses mâchoires une assiette d'étain, dans laquelle il y avait eu des pommes de terre, et la porta à quelque distance de la niche, en ayant soin de tourner sa queue vers le propriétaire du logis.

Il se mit alors à faire semblant de manger ; il remuait le plat et faisait claquer ses dents de telle sorte, que Toby — c'était le nom du chien — ne douta pas que le cochon n'eût découvert quelque succulente provision. N'y tenant plus, il quitta sa place, s'élança vers l'assiette vide et y fourra lestement son nez ; mais, avant qu'il eût le temps de s'apercevoir de sa méprise, le cochon s'était pelotonné dans le chenil, heureux d'en avoir, à si peu de frais, délogé le crédule Toby.

Le porc est susceptible d'éducation. On a vu à Paris et à Londres plusieurs de ces animaux indiquer l'heure à une montre et montrer les différentes lettres d'un alphabet. D'autres ont été dressés à chasser, à traîner des voitures, à porter un cavalier.

On raconte même que le roi Louis XI, vieux et malade, se divertit, un jour, à voir danser des cochons habillés comme les grands de sa cour.

Les cochons qu'on élève en très-grand nombre dans l'Amérique du Nord appartiennent à toutes les races de l'ancien continent. On les nourrit dans les vastes forêts de ce pays ou dans des champs d'avoine, de seigle, de maïs, ensemencés pour eux; et quand les pigeons voyageurs passent en nuées innombrables, des troupeaux de porcs s'engraissent de leurs débris, après que les habitants en ont salé d'énormes quantités.

Le pécari, qui appartient à l'Amérique, ressemble à notre cochon; mais il en diffère en ce qu'il n'a pas de queue et que le doigt externe manque à ses pieds de derrière. Il porte en outre sur le dos une glande où suinte un liquide épais, d'une odeur fétide, qui, toutefois, paraît être agréable à ces animaux; car on les voit en approcher mutuellement leurs museaux.

Les pécaris à collier vivent en troupeaux très-nombreux dans les forêts de l'Amérique du Sud. Ils marchent en colonnes serrées, les mâles précédant les femelles, accompagnées de leurs petits. Si un cours d'eau se trouve devant eux, ils le franchissent, même lorsqu'il est large et profond. Ce qu'on a de mieux à faire quand on les voit arriver, c'est de se cacher derrière un arbre et de leur livrer passage.

Cependant les voyageurs ne sont pas d'accord sur le danger d'une telle rencontre. Les uns disent que le jaguar ou tigre d'Amérique n'ose attaquer ces animaux, quoiqu'ils soient de petite taille; d'autres assurent qu'un chasseur, soutenu par quelques bons chiens, en vient facilement à bout.

Pris jeune, le pécari s'apprivoise bien. Il connaît son maître et souvent s'y attache assez pour accourir à sa voix, le suivre dans les champs ou dans les bois et regagner avec lui la maison. Toutefois, ceux qu'on a élevés jusqu'à présent dans les jardins zoologiques ont montré un naturel farouche et un grand amour de la liberté.

Les phacochères ont aussi de la ressemblance avec le cochon, ou plutôt avec le sanglier. Ils sont très-grands et très-gros; leur cou fort court supporte une tête menaçante, terminée par un groin très-large, et armée de défenses formidables. Ils vivent dans les forêts du centre et du midi de l'Afrique, où on les rencontre en familles peu nombreuses.

Courageux comme nos sangliers, ils tiennent tête aux chasseurs, s'élancent sur eux et leur font d'affreuses blessures, presque toujours mortelles.

Le babiroussa ou cochon-cerf atteint la taille d'un âne. Il a le corps gros et cependant allongé et les jambes minces. Sa tête, relativement petite, et surmontée de deux oreilles droites et pointues, se termine par un groin dur comme de la corne, et de ses mâchoires sortent quatre défenses longues et aiguës.

Les plus redoutables sont celles de la mâchoire inférieure, qui restent droites et sont très-acérées. Les autres, quoique plus grandes, sont moins à craindre; elles se recourbent en arrière et prennent un si grand développement, qu'elles arrivent au-dessus des yeux, ce qui leur donne l'apparence de deux cornes. Ces défenses sont beaucoup plus petites chez la femelle que chez le mâle.

Les lieux humides et marécageux, le voisinage des lacs et des rivières sont leur séjour de prédilection. Ils s'y tiennent endormis pendant le jour et ne vont paître que la nuit. Comme nos sangliers, ils laissent passer tranquillement l'homme qui ne les menace pas ; mais lorsqu'ils sont attaqués, ils se défendent courageusement, à l'aide de leurs canines inférieures. On ne sait à quoi peuvent leur servir les autres, qui souvent se brisent dans les combats qu'ils se livrent entre eux.

Le babiroussa habite la Malaisie.

Le tapir, sans pouvoir être comparé à l'éléphant, dont il est loin d'avoir la taille colossale, s'en rapproche par le prolongement de son museau en forme de trompe ; mais cette trompe n'est pas douée de la merveilleuse adresse de celle de l'éléphant et ne peut servir aux mêmes usages.

Deux espèces de tapirs vivent en Amérique ; une troisième habite l'Inde et les îles qui l'avoisinent.

Cette dernière espèce, connue sous le nom de tapir à dos blanc, est plus grande que les deux premières. Elle a la trompe plus longue et plus forte, le corps gros et arrondi, les jambes vigoureuses, la tête bombée et la face étroite.

Le tapir indien n'a pas de crinière ; son poil court et brillant est d'un noir foncé sur la tête, le cou, les épaules, les membres, la queue, le milieu de la poitrine et du ventre. Le reste du corps est blanc, ainsi que le tour des oreilles.

On a longtemps ignoré l'existence de cet animal. En 1819 seulement, Cuvier en donna la description; mais, près de cinquante ans auparavant, l'Anglais Wahlfeldt, qui étudiait la côte de Sumatra, vit un tapir à dos blanc, qu'il prit d'abord pour un hippopotame. Les savants auxquels il fit part de sa découverte et auxquels il envoya des dessins représentant le prétendu hippopotame déclarèrent que c'était un tapir.

Longtemps après, un autre Anglais, voyageant dans l'Inde, apprit que les naturels s'étaient emparés d'un animal qui, sauf la taille, ressemblait beaucoup à un éléphant. Il n'en put juger par lui-même, le tapir étant mort avant son arrivée, et le cadavre ayant été jeté à la mer.

Le major Farquhar trouva près de Malacca, en 1816, un très-jeune tapir noir, marqué de belles taches et de raies de couleur fauve et blanche. Il l'éleva et le vit bientôt devenir aussi doux, aussi familier qu'un chien. Quand le major était à table, le tapir accourait pour recevoir de sa main du pain et des friandises, bien préférables sans doute aux herbes et aux légumes, dont on le nourrissait ordinairement.

Le tapir américain était depuis longtemps connu lorsqu'on entendit parler pour la première fois du tapir indien. C'est le plus grand animal qui soit originaire du nouveau continent, et l'on en voit beaucoup à la Guyane, au Brésil, au Paraguay. Doué d'une force considérable, il n'attaque ni les autres animaux ni l'homme ; il s'éloigne des habitations et mène une vie solitaire, au milieu des plus épaisses forêts. Il choisit sa demeure dans quelque endroit sec et élevé. De ce point aux lieux humides où il se plaît à errer, se trouvent des sentiers qu'il a ouverts à travers les broussailles et les fourrés épineux. En y passant et repassant toujours, il les bat, les élargit et en fait de véritables chemins qui indiquent sa présence aux chasseurs.

Sa chair est loin d'être délicate; cependant on la mange, et l'on tire partie de son cuir, épais et résistant.

Le tapir d'Amérique se nourrit, comme le tapir indien, de jeunes branches, de fruits sauvages et de bourgeons. Son poil, blanchâtre à la gorge et au bout de l'oreille, est sur le reste du corps d'un brun plus ou moins foncé. Le mâle porte sur le cou une petite crinière de soies raides; ailleurs le poil est lisse, ras et brillant.

La queue du tapir est très-courte; ses jambes sont robustes; ses pieds de derrière n'ont que trois doigts, tandis que ceux de devant en ont quatre. Il court, grimpe et nage très-bien; mais il ne sort guère que la nuit. Quoique timide, il tient tête aux chiens qui l'attaquent, et les indigènes assurent que, quand l'once, espèce de tigre d'Amérique, saute sur le dos d'un tapir pour l'égorger, celui-ci s'élance au plus épais de la forêt et s'efforce de tuer son bourreau, en le heurtant de toutes ses forces contre le tronc des arbres.

Le tapir est du nombre des animaux dont l'acclimatation n'offrirait que peu de difficultés. Il se contente de la nourriture ordinaire des cochons; il s'apprivoise parfaitement et prendrait bien vite l'habitude de la domesticité. Dans les rues de Cayenne on voit des tapirs errer librement sans chercher à faire le moindre mal; il y en a qui vont se promener dans les bois et retournent d'eux-mêmes à la maison de leurs maîtres.

Dans un ouvrage ayant pour titre les Animaux utiles, Isidore Geoffroy Saint-Hilaire dit que la chair du tapir, améliorée par un régime convenable, fournirait un aliment sain et agréable. Il ajoute que, d'une taille bien supérieure à celle du cochon, le tapir pourrait rendre de grands services comme bête de somme, d'abord aux habitants de l'Europe méridionale, puis, avec le temps, à ceux de tous les pays tempérés.

Le tapir pinchaque, qui forme la troisième espèce de ce genre, habite les forêts de la Cordillère des Andes. La tête d'un de ces animaux, dont le surnom veut dire spectre ou fantôme, fut envoyée à Paris, pour y être examinée par les savants, qui lui trouvèrent une grande ressemblance avec celle du *paléotherium*, petit pachyderme qu'on retrouve dans les entrailles de la terre, mais dont l'espèce a disparu.

Le daman est le plus petit des pachydermes, dont l'éléphant est le plus grand. Les naturalistes l'ont d'abord mis au nombre des rongeurs, puis l'ont placé parmi les marsupiaux, dont nous nous occuperons plus tard; mais Cuvier l'a rangé dans l'ordre des pachydermes, et les raisons qu'il en a données ont été approuvées par la plupart des savants.

Ce genre d'animaux se divise en plusieurs espèces, très-rapprochées les unes des autres, et dont les habitudes sont les mêmes.

La taille du daman est à peu près celle du lapin. Il est couvert d'un poil mou, épais et fin, dont la couleur varie du blanc sale au fauve et au noir. La queue, très-courte, est à peine visible; les oreilles sont petites et droites, les yeux grands, vifs et doux; le nez est large et nu. Les doigts sont enfermés dans des sabots arrondis; les jambes fortes et courtes supportent un corps épais, dont l'allure parait lourde; aussi est-on fort étonné de la rapidité avec laquelle les damans fuient lorsqu'ils sont effrayés.

Cela leur arrive souvent; car leur timidité est extrême. La vue d'un homme, d'un chien, d'un oiseau même, suffit à les mettre en déroute lorsqu'ils se chauffent au soleil, sur les roches désertes au milieu desquelles ils ont établi leur demeure. Des sentinelles chargées de veiller à la sûreté commune plongent, du point le plus élevé, leurs regards dans la plaine, et signalent par un sifflement aigu l'approche du danger. Aussitôt la troupe entière s'élance vers les crevasses des roches et y disparait en un moment.

Les damans sont doux, inoffensifs et très-sociables. On ne les rencontre jamais isolés; ils vont paître ensemble au pied de leurs rochers et ne s'en éloignent que quand ils n'y trouvent plus de quoi satisfaire leur robuste appétit.

Ils habitent les montagnes escarpées de l'Asie et de l'Afrique.

FIN DE LA QUATRIÈME PARTIE.

# CINQUIÈME PARTIE.

---

## AMPHIBIES. —
## CÉTACÉS.-MARSUPIAUX.-ÉDENTÉS.
## — MONOTRÈMES.

---

## I.

### ORDRE DES AMPHIBIES.

**Famille des phoques. — Famille des morses.**

On donne le nom d'amphibies à des animaux qui se meuvent difficilement à terre, mais qui peuvent y venir chercher leur nourriture, s'y reposer et s'y chauffer au soleil. Quoiqu'ils soient organisés pour vivre dans l'eau, il n'est pas nécessaire d'avoir étudié l'histoire naturelle pour reconnaître que ce ne sont pas des poissons, et quiconque peut en examiner le squelette est aussitôt convaincu que c'est celui d'un quadrupède.

Les amphibies ont la tête arrondie, les yeux grands et doux, la lèvre supérieure ornée de moustaches. Comme les carnassiers, ils ont des incisives, des canines et des molaires. Leurs oreilles et leurs narines peuvent se fermer à volonté. Leur corps cylindrique est protégé contre le froid, non-seulement par une couche de graisse, mais par une fourrure composée d'une sorte de bourre laineuse et de poils huileux qui la recouvrent, de manière à préserver leur peau du contact de l'eau.

Les quatre membres existent chez eux, comme nous venons de le dire; mais ils sont raccourcis, traînants, et se terminent par des doigts palmés, qui font l'office de nageoires. Deux familles, celle des phoques et celle des morses, composent cet ordre.

Les phoques, dit Buffon, vivent en société ou du moins en grand nombre dans les mêmes lieux. Leur climat naturel est le Nord, quoiqu'ils puissent vivre aussi dans les zones tempérées et même dans les climats chauds; car on en trouve quelques-uns sur presque tous les rivages de l'Europe et jusque dans la Méditerranée. On en rencontre aussi dans les mers méridionales de l'Afrique et de l'Amérique; mais ils sont infiniment plus nombreux dans les mers septentrionales, et on les retrouve en aussi grande quantité dans celles qui avoisinent l'autre pôle.

L'intelligence des phoques est remarquable, et le sentiment est chez eux très-développé. Ils s'entendent et se secourent mutuellement; mais ils se montrent fort jaloux de leurs droits et les défendent avec une rare énergie. Le mâle a plusieurs femelles, avec lesquelles il s'établit, soit sur un rocher, soit sur un bloc de glace; et dès qu'il en a pris possession, il en défend courageusement l'accès à tout autre animal de son espèce. Si ce dernier ne se retire pas assez tôt, un combat s'engage entre eux, et la mort de l'un ou la fuite de l'autre peut seule y mettre un terme.

Souvent plusieurs familles se réunissent sur un même point; mais le domaine de chacune est fixé, et la guerre éclaterait si les frontières n'en étaient pas rigoureusement respectées. Quand la place manque, un espace de vingt à trente mètres, quelquefois moins, sépare les familles, ce qui n'empêche pas qu'on vive chacun chez soi.

Les pères témoignent beaucoup de tendresse aux mères et à leurs petits; ils les protègent et les défendent au péril de leur vie. Ceux-ci jouent ensemble comme de jeunes chiens. Si la mère dort, le père veille à sa place; et quand une querelle survient, il arrive en grondant pour rétablir la paix.

Le choix du domicile varie suivant les espèces : les unes se plaisent sur les plages abritées et verdoyantes, d'autres sur les grèves ou les rochers; mais toutes aiment le bruit du tonnerre et le feu des éclairs. Les phoques sortent de l'eau dans la tempête; ils quittent même leurs glaçons pour éviter le choc des vagues, et ils vont à terre s'amuser de l'orage et recevoir la pluie, qui les réjouit beaucoup.

Leur nourriture consiste en mollusques, en poissons, en oiseaux, qu'ils happent avec beaucoup d'adresse, lorsque ceux-ci s'approchent des eaux pour y trouver quelque proie. Les phoques ne mâchent pas leurs aliments; ils les avalent, après avoir dépecé des dents et des ongles les produits de leur pêche ou de leur chasse, trop gros pour être engloutis d'un seul coup.

Ils sont très-paresseux et restent souvent étendus à terre, pendant plusieurs jours et même plusieurs semaines, sans manger. Pendant ce profond sommeil, on peut s'en approcher, les tuer à coups de perche et de bâton; et même, lorsqu'ils ne dorment pas, on en vient à bout s'ils ont eu l'imprudence de s'éloigner de l'eau; car ils n'y peuvent retourner que lentement. Il n'est cependant pas facile de surprendre les phoques établis en familles sur la glace ou sur un rocher; ils ont la précaution de se faire garder par des sentinelles et de se ménager une retraite, en tenant ouvert devant eux un trou par lequel ils puissent disparaître sous les eaux.

Ce moyen de salut devient cependant quelquefois la cause de leur perte.

Quand les phoques vont à la mer pour se rassasier, les habitants des régions polaires, qui leur font activement la chasse, guettent le moment où ils viendront de nouveau se reposer ou seulement respirer à la surface de l'eau. Armés d'une massue, ils saisissent l'instant où l'animal se montre, ils lui jettent une corde et l'assomment à coups de massue.

Le phoque est, pour ainsi dire, la seule ressource des Groënlandais. De sa fourrure, ils font des vêtements, des couvertures, des tentes, des canots; ils se nourrissent de sa chair, quoiqu'elle soit dure et imprégnée d'une odeur qui nous paraîtrait détestable. Ils boivent son huile avec le même plaisir que, dans nos heureuses contrées, on boit un verre de bon vin. Ils s'en servent aussi pour s'éclairer pendant les longues nuits de leur triste climat. Enfin, les boyaux des phoques, dédoublés et desséchés, remplacent, quoique très-imparfaitement, le verre dont nous garnissons nos fenêtres.

Les phoques sont plus nombreux que partout ailleurs dans les eaux du Groënland. On les voit nager autour des îles du Spitzberg et de Saint-Maurice en immenses troupeaux, dit le docteur Franklin. L'adresse avec laquelle ils se cramponnent à un glaçon flottant et très-glissant est vraiment surprenante. Ils parviennent à se hisser sur ces radeaux, où ils se reposent et dorment, sans se soucier du mouvement de la mer qui les emporte....

« Au nord de l'Ecosse, il existe des cavernes où les phoques vont faire leurs petits. L'entrée de ces lieux souterrains est si étroite, qu'elle admet à peine un bateau. A l'intérieur, les galeries sont spacieuses et élevées. Les chasseurs de phoques s'introduisent vers minuit, au mois d'octobre ou au commencement de novembre, dans la bouche de ces cavernes et rament aussi loin qu'ils le peuvent. Chacun d'eux est armé d'un bâton court et plombé. Ils allument leurs torches et font un grand bruit. Ce bruit fait descendre les phoques des profondes retraites de la caverne, en désordre, pêle-mêle, avec des cris terrifiants. Les hommes sont d'abord obligés de leur céder le passage, dans la crainte d'être accablés par le nombre; mais lorsque la première sortie est effectuée, ils tuent tous les traînards, les jeunes surtout, en les frappant sur le nez. Lorsque le carnage est terminé, ils transportent les cadavres des phoques vers les bateaux. Cette chasse est dangereuse et romanesque. Si les torches s'éteignent ou si le vent souffle violemment de la mer, pendant le séjour des marins dans les cavernes, c'en est fait de leur vie.

« Il y aurait mieux à faire que de détruire le phoque, dit encore le docteur Franklin, ce serait de le conquérir. Cet animal se trouve merveilleusement préparé, par l'ensemble de ses facultés, par ses mœurs douces, par ses habitudes sociales, à l'état de domesticité. Il pourrait être dressé à la pêche aussi bien que le chien a été dressé à la chasse. Le développement de son cerveau le rend susceptible de s'attacher à l'homme et de le servir. Les exemples de phoques apprivoisés sont très-nombreux. »

Les phoques ont pour ennemis l'ours blanc des mers polaires et une espèce de dauphin, appelé orque ou épaulard, dont nous parlerons bientôt; mais, pour ces pauvres amphibies, l'homme est encore plus redoutable. Les peuplades du

Nord leur font une guerre acharnée, et, parmi les nations civilisées, l'Angleterre et les Etats-Unis équipent, pour leur donner la chasse, un grand nombre de navires, dont les voyages durent ordinairement de deux à trois ans, et qui ne rentrent au port qu'après leur chargement complet. On se sert de toutes sortes d'armes contre ces inoffensifs animaux; on les harponne, on les égorge, sans épargner les petits ni les femelles pleines; aussi est-il à craindre que ces animaux ne deviennent aussi rares que les baleines.

Le phoque à trompe, qu'on désigne sous le nom d'éléphant, est le plus grand de tous. Il atteint jusqu'à dix mètres de longueur et se distingue des autres par une sorte de trompe, de quarante à cinquante centimètres. Habitant de l'hémisphère austral, ce phoque y a longtemps vécu en paix; mais depuis que les Anglais se sont établis au port Jackson, leurs navires y font une chasse des plus meurtrières. La peau du phoque-éléphant est employée dans la sellerie et la carrosserie; elle sert encore à couvrir les malles. L'huile qu'on obtient en fondant la graisse de cet animal est très-abondante et de qualité supérieure; elle peut être employée à l'assaisonnement des mets, aussi bien qu'à l'éclairage et à la fabrication des draps.

La femelle du phoque-éléphant n'a pas de trompe, et les jeunes en sont privés jusqu'à l'âge de trois ans.

D'autres espèces de phoques ont reçu les noms de divers animaux terrestres : les ours, les lions, les loups, les veaux marins sont des phoques.

La partie antérieure du corps de l'ours marin n'est pas sans quelque ressemblance avec celle d'un véritable ours. Son poil, assez long, varie du noir au gris de fer sur le dos, et du jaune au gris roux sous le ventre. Une bande noire traverse la poitrine; les pieds et les moustaches sont d'un brun foncé.

« Les petits, dit le naturaliste Steller, sont couverts d'un duvet fin, d'un beau noir brillant. Les femelles sont couchées avec eux sur la plage et passent presque tout leur temps à dormir.

« Chacune d'elles n'a qu'un petit; elle le porte dans sa gueule et le met à l'eau quand il commence à pouvoir nager. S'il remonte sur son dos, avant de s'être assez longtemps exercé, elle se penche de côté pour qu'il tombe, et la leçon recommence.

« Si la mère abandonne son petit en cas d'attaque, le mâle la jette en l'air contre les rochers, jusqu'à ce qu'elle en soit à demi morte. Quand elle revient à elle, elle se traîne humblement aux pieds du mâle, l'embrasse, verse des larmes en telle abondance, que sa poitrine en est toute mouillée. Le mâle, pendant ce temps, va en grondant, à droite et à gauche, jetant sa tête tantôt sur une épaule, tantôt sur l'autre, à la façon des ours terrestres. Le mâle pleure, comme la femelle, quand on lui enlève ses petits. Blessés ou offensés, ils pleurent de même quand ils ne peuvent assouvir leur vengeance.

« Ils ont trois sortes de cris. A terre, ils beuglent, pour passer le temps, comme la vache à qui l'on a enlevé son veau; en combattant, ils grondent comme les ours; victorieux, ils jettent un cri perçant, comme les grillons. Blessés, succombant devant leur ennemi, ils soupirent et soufflent, comme le chat ou la loutre marine. »

Les ours de mer sont plus agiles que les autres phoques. Non-seulement ils nagent mieux, mais à terre, on ne peut leur échapper qu'en gravissant une pente escarpée. Steller fut une fois poursuivi pendant six heures par un de ces animaux, et dut, au péril de sa vie, escalader une falaise, pour se dérober à cette dangereuse poursuite.

L'otarie ou lion de mer doit ce surnom à sa couleur fauve et à la crinière qui entoure le cou du mâle. Dans l'espèce dite otarie de Steller, la crinière est peu apparente.

Le lion de mer est plus fort et plus redoutable que l'ours marin; les Kamtchadales ne le poursuivent pas dans l'eau; car il renverse les canots et tue ceux qui les montent. S'emparer d'une otarie, c'est conquérir une réputation de courage et de hardiesse, dont ces hommes sont très-jaloux. La chair et la graisse de l'animal sont d'ailleurs excellentes, et Steller dit qu'une gelée de pieds de lions de mer est un mets exquis.

Les otaries s'apprivoisent et s'attachent à leur gardien. Celles du Jardin d'Acclimatation l'ont prouvé, il y a quelques années. Leur pourvoyeur ordinaire, s'étant brisé le crâne en tombant sur la pierre, du haut du rocher qui entoure leur bassin, roula dans l'eau. Les lions de mer plongèrent aussitôt, repêchèrent le blessé et le ramenèrent sur leur dos, en poussant des cris qui firent accourir les promeneurs; mais tout secours demeura inutile.

Les loups marins se rencontrent près des côtes du Chili, où l'on utilise leur peau, en la remplissant d'air, après en avoir solidement fermé les ouvertures. On place ces espèces de bouées les unes près des autres, et il suffit d'y attacher des traverses de bois pour en faire des radeaux.

Le veau marin est le phoque le mieux connu, parce qu'il est le plus commun et qu'il appartient à l'Europe. Sa taille n'a guère plus d'un mètre.

Le phoque du Groënland fréquente aussi les mêmes parages, et vient, en hiver, jusque dans la mer Blanche. Il est deux fois plus grand que le veau marin.

La famille des morses compose, avec celle des phoques, l'ordre des amphibies. Elles ont à peu près les mêmes mœurs, et il existe entre ces divers animaux beaucoup de ressemblance. Toutefois, les morses diffèrent des phoques par leur système dentaire, et surtout par deux fortes canines qui sortent de la mâchoire supérieure et se dirigent vers le bas, en atteignant plus d'un demi-mètre de longueur. Ces canines forment une arme redoutable et donnent au commerce un ivoire très-estimé.

Les morses habitent les mers polaires arctiques. Ils y étaient autrefois si nombreux et si confiants, qu'on en pouvait tuer des centaines en quelques heures; mais depuis qu'on leur a fait la chasse, ils se sont réfugiés plus au nord. C'est au milieu des glaces qu'il faut maintenant aller les chercher, et ce n'est pas sans danger qu'on s'empare de ces animaux, devenus aussi prudents que courageux.

Quand ils se reposent sur les rochers ou les glaçons flottants, l'un d'eux veille au salut de la bande; et, dès qu'il aperçoit un ennemi, il donne le signal de la fuite, en se précipitant lui-même dans les flots. Les autres suivent son exemple, le plus promptement qu'ils peuvent. Leur marche est difficile; mais ils retrouvent dans l'eau beaucoup de force et d'agilité.

A terre, on les tue à coups de lance; en canot, on les harponne; mais si l'on en attaque un, les autres accourent et le défendent.

« Quelquefois, dit M. Xavier Marmier, ils engagent eux-mêmes la lutte : ils s'élancent contre les embarcations des pêcheurs, en saisissent les bords avec leurs longues dents, pareilles à des crochets, et les tirent à eux avec fureur. Quelquefois, ils se glissent sous la chaloupe et s'efforcent de la faire chavirer. Leur peau dure, rocailleuse, résiste aux coups de pique et de lance, et ce n'est pas sans peine et sans danger que les pauvres pêcheurs se délivrent de ces redoutables adversaires. Dans ces batailles acharnées, les morses sont ordinairement conduits par un chef, que l'on reconnaît facilement à sa grande taille, à son ardeur impétueuse. Si les pêcheurs parviennent à tuer ce chef de bande, à l'instant même tous ses compagnons renoncent à la lutte, se réunissent autour de lui, le soutiennent à l'aide de leurs dents, à la surface de l'eau, et l'entraînent en toute hâte loin des embarcations agressives et loin du péril. Mais ce qu'il y a de plus dramatique et de plus touchant à voir, c'est lorsque les morses combattent pour la sécurité de leurs petits. Ordinairement, ils essaient de les déposer sur un banc de glace pour lutter ensuite plus librement. S'ils n'ont pas le temps de les mettre ainsi en sûreté, ils les prennent sous leurs pattes, les serrent contre leurs poitrines, et se jettent avec une audace désespérée contre les pêcheurs et contre les chaloupes. Les jeunes morses montrent le même dévouement et la même intrépidité quand leurs parents sont en péril. On en a vu qui, ayant été déposés à l'écart, s'échappaient hardiment de l'asile que leur avait choisi une tendresse inquiète, pour prendre part à la lutte dans laquelle était engagée leur mère, la soutenir dans ses efforts et partager ses périls.... »

On a vu des mères abandonner le troupeau mis en déroute, revenir vers les canots, en cherchant leurs petits, se précipiter vers leurs cadavres flottants, les arracher aux matelots, pendant qu'ils les hissaient à bord, et disparaître dans les flots, en emportant ces chères dépouilles.

Les marins donnent souvent le nom de vaches de mer à ces pesants animaux, qui ont de quatre à cinq mètres de longueur sur trois à quatre de circonférence.

# II.

## ORDRE DES CÉTACÉS.

**Famille des herbivores. — Famille des souffleurs.
— Baleine. — Cachalot. — Narval. — Dauphin. —
Marsouin.**

Les animaux qui composent cet ordre vivent dans l'eau et ressemblent à des poissons ; mais ce sont de véritables mammifères, qui mettent au monde des petits vivants et qui les nourrissent de leur lait. Ils ont en outre des poumons et un cœur, dont les fonctions sont les mêmes que chez l'homme et les quadrupèdes ; mais ils ne sont point organisés pour vivre sur la terre.

Leur corps, de forme allongée, se termine par une queue étalée en nageoire et douée d'une grande force ; des bras courts leur servent de rames, et ils n'ont pas de jambes. Ils n'en ont d'ailleurs nul besoin ; car ils se meuvent au sein des ondes avec une extrême facilité.

Ils se divisent en deux familles, qui ont reçu les noms de cétacés herbivores et de cétacés souffleurs.

Les cétacés herbivores n'habitent pas la haute mer, parce qu'ils ne trouvent que sur les rivages les plantes dont ils font leur nourriture. Ils servent en quelque sorte de transition entre l'ordre des amphibies et celui des cétacés, au nombre desquels la plupart des naturalistes les ont rangés, tandis que d'autres en ont fait un groupe à part sous le nom de sirènes.

Les lamantins et les dugongs sont les principaux cétacés herbivores.

Les lamantins ont le corps oblong, terminé par une nageoire verticale, arrondie et non échancrée ; le museau court, garni de poils qui ressemblent à des moustaches et à de la barbe. Leur peau, presque nue, est d'un gris tirant sur le bleu ; les rares soies qu'on y remarque sont jaunâtres. Ils n'ont pas de membres postérieurs ; mais leurs nageoires antérieures sont composées de cinq doigts ; quatre sont munis d'ongles plats et arrondis, dont ces animaux se servent, dit-on, pour arracher l'herbe qu'ils portent ensuite à leur bouche.

Sur ces nageoires, qui sont leurs bras, les femelles portent souvent leurs petits ; et comme elles ont sur la poitrine deux mamelles pour les allaiter, on les a surnommées femmes de mer.

Les sirènes, dont les anciens vantaient la beauté, et qui, disaient-ils, attiraient par leurs chants les marins, qu'elles faisaient ensuite périr, doivent probablement leur fabuleuse origine à la ressemblance fort éloignée dont nous venons de parler. La tête ronde du phoque, sa face nue, ses yeux haut placés, ses moustaches, son cou bien dessiné, peuvent aussi avoir donné naissance à la fable des hommes marins.

Les lamantins, qu'on appelle aussi manates, d'un mot espagnol qui signifie ayant des mains, habitent l'océan Atlantique, d'où ils remontent souvent dans les fleuves. Ils sont doux, inoffensifs, et vont en grandes troupes ou en familles assez nombreuses. La mère est très-attachée à ses petits, et le mâle à sa femelle. Ils se soutiennent, se défendent mutuellement et ne se quittent jamais. Ils aiment les eaux peu profondes et s'y endorment, le museau en l'air, pour n'avoir pas besoin de venir respirer au dehors. C'est presque toujours pendant leur sommeil que l'homme les attaque. S'il en blesse un, les autres accourent, et, pendant qu'ils travaillent à débarrasser la victime du harpon ou à couper la corde qui la retient, les pêcheurs les frappent et s'en emparent.

La chair du lamantin est, dit-on, délicieuse : elle tient du bœuf et du porc, quoiqu'elle soit considérée comme aliment maigre. Sa graisse, exempte de toute mauvaise odeur, est employée aux usages culinaires, aussi bien qu'à l'éclairage. Sa peau, très-épaisse, sert à faire des courroies solides, qui cependant ne doivent pas être exposées à l'humidité.

Le lamantin austral était autrefois très-commun ; mais la chasse qu'on lui a faite en a beaucoup diminué le nombre. La vache de mer que Steller a décrite, et dont il s'est nourri pendant dix mois dans l'île de Behring, où il avait échoué, était, à son avis, un lamantin. L'espèce en a été détruite par les baleiniers, et il y a lieu de le regretter ; car la chair de cet animal, appelé *mangeur d'herbes* au Kamtchatka, était excellente, d'un usage très-favorable à la santé, et se conservait, sans altération, pendant plus de quinze jours, même en la laissant exposée à l'air et aux souillures des insectes. Quant à la graisse, elle avait le goût de l'huile d'amandes douces, et les naufragés, au nombre desquels se trouvait Steller, la buvaient à pleines tasses sans en être nullement dégoûtés.

Le dugong a les mêmes mœurs que le lamantin, dont il diffère d'abord par sa taille, qui n'atteint pas deux mètres, tandis que le lamantin en a près de cinq ; puis par ses nageoires pectorales, dont les doigts, moins distincts, sont dépourvus d'ongles. Il est probable que le dugong a, plutôt encore que le lamantin, donné lieu à la folle croyance aux sirènes.

On voit encore au musée de Leyde et à celui de la Haye une sirène, dont il est permis de soupçonner l'authenticité.

Au commencement de notre siècle, une prétendue sirène fut apportée en Europe, où elle excita une vive curiosité. On apprit plus tard qu'elle avait été fabriquée par un pêcheur des côtes anglaises de l'Inde, et que le haut du corps provenait de la dépouille d'une guenon, si adroitement réunie à la partie inférieure d'un gros poisson, qu'il était impossible ou du moins très-difficile de reconnaître la supercherie.

Les plus grands animaux qui existent appartiennent à la famille des cétacés souffleurs. L'éléphant, à la masse imposante, n'est qu'un nain, si on le compare à la baleine, qui occupe le premier rang dans cette gigantesque famille.

Les cétacés souffleurs ont les narines placées à la partie supérieure de la tête, de manière à pouvoir aspirer l'air sans trop élever au-dessus de l'eau cette tête énorme. Tant que l'animal n'est pas forcé d'accomplir cette fonction, ses narines restent exactement fermées; mais lorsqu'elles s'ouvrent pour livrer passage à l'air réclamé par les poumons, elles aspirent en même temps un peu d'eau, qui s'amasse dans une poche disposée pour la recueillir.

Au bout d'un certain temps, cette poche se contracte; l'eau qu'elle renfermait est rejetée au dehors, avec l'air vicié qui sort des poumons, accompagné d'une grande quantité de vapeur. Le tout s'élance, sous la forme d'une double gerbe, par les narines, dont l'étroite ouverture porte le nom d'évent. Quelquefois les deux évents sont réunis et ne donnent passage qu'à une gerbe unique.

Double ou simple, cette colonne humide, violemment lancée, s'élève à cinq ou six mètres, avec la force et le bruit d'un jet de vapeur qui, traversant un tuyau resserré, trouverait enfin une issue.

Les cétacés herbivores aiment le voisinage des côtes; les souffleurs, au contraire, recherchent la haute mer, où ils sont plus à l'aise pour déployer leur gigantesque personne, et où ils trouvent en plus grande abondance la nourriture animale dont ils ont besoin.

Les souffleurs se partagent en deux tribus : les baléniens et les delphiniens.

Les baléniens se reconnaissent à la longueur de leur tête, qui forme le tiers ou la moitié de celle de leur corps. Ils se divisent en deux genres : les baleines et le cachalot.

Les baleines proprement dites et les rorquals appartiennent au premier de ces genres.

Les baleines proprement dites sont les plus grands habitants des mers. Leur tête forme environ le tiers de leur longueur totale, qui parfois atteint de trente à trente-cinq mètres. Leur bouche, énormément fendue, forme à l'intérieur une chambre qui peut avoir quatre mètres de largeur sur trois de hauteur, et assez de profondeur pour contenir une chaloupe et ses rameurs. Cette bouche est dépourvue de dents; mais la mâchoire supérieure est garnie de six à sept cents lames cornées, étroites et flexibles, assez semblables à une frange épaisse, dont les filaments atteignent parfois cinq mètres de longueur.

Ces filaments, appelés fanons, sont débités en lames minces et employés sous le nom de baleines à divers usages, et principalement à garnir les corsets des dames. Les fanons d'une seule baleine peuvent valoir de trois à quatre mille francs; mais ce n'est là qu'un mince produit en comparaison de celui qu'on retire de sa graisse, très-abondante et d'un prix élevé.

La langue seule de l'animal fournit de quatre à six tonnes d'huile; il est vrai qu'elle atteint parfois la respectable longueur de huit mètres.

Les yeux, presque cachés sous de lourdes paupières, sont placés au-dessus des coins de la bouche, et par conséquent fort éloignés l'un de l'autre. Ils ne sont pas plus gros que ceux du bœuf, ce qui n'empêche pas la baleine de distinguer ses semblables sous les eaux; mais hors de là, sa vue ne paraît pas avoir beaucoup d'étendue.

L'oreille est mal conformée et l'ouïe manque de finesse. L'animal n'est impressionné ni par le bruit d'un coup de fusil ni par celui d'un cri poussé à courte distance; mais le moindre ébranlement de l'eau attire son attention et suffit pour l'effrayer.

Baleine.

La baleine se nourrit de mollusques, de crustacés, d'annélides et de petits poissons. Elle mange aussi les fucus qu'elle rencontre en allant à la recherche de sa nourriture. La mer est féconde, la proie n'y manque pas; elle occupe parfois à la surface des eaux un espace de plus de cent lieues carrées. La baleine n'a qu'à s'avancer au milieu de ces bancs et à ouvrir sa vaste bouche, pour que des milliers de petits animaux s'y engloutissent à la fois. L'eau qui y entre avec eux sort à travers les fanons qui, faisant l'office d'un tamis, retiennent la proie vivante, que la baleine avale ensuite.

Il est à remarquer que l'ouverture de son gosier est très-étroite; aussi le nombre des animaux qu'elle engloutit doit-il compenser ce qui manque à leur taille.

La baleine, dit-on, n'a pas de voix; mais quand elle est agitée par la crainte ou par la colère, sa respiration devient semblable au bruit que ferait un très-gros soufflet de forge, lançant une colonne d'air dans un tube de cuivre ou d'airain. On l'entend à plusieurs kilomètres de distance.

La peau de la baleine est noire sur le dos et blanchâtre sous le ventre; elle n'a ni poils ni écailles, et s'étend sur une couche de graisse de trente à cinquante centimètres d'épaisseur.

Sa chair, autrefois très-estimée, figurait sur la table des rois; mais elle est dure, coriace, et ne vaut pas celle du bœuf, avec laquelle on lui trouve cependant quelque ressemblance.

Le docteur Thiercelin raconte, dans le *Journal d'un Baleinier*, qu'un soir, en fumant sa pipe, il regardait et écoutait les matelots occupés à fondre le lard d'une baleine nouvellement tuée.

« Tout près de moi, dit-il, un d'eux, tenant en main un morceau de chair de baleine, débarrassée des filaments de tissu cellulaire, qui en auraient diminué la qualité comestible, s'occupait à le hacher avec son couteau, sur une planchette qui reposait sur ses genoux. Cela fait, il le mélangeait à du porc salé, qu'il avait distrait, à cet effet, de son repas du soir, et se confectionnait une de ces énormes boulettes qui font les délices des baleiniers. Un autre, plus avancé dans sa préparation culinaire, en plaçait une, bien saupoudrée de farine, et assaisonnée d'ail et de poivre, dans un filet de bitore, et, l'attachant au bout d'un manche de harpon, la plongeait dans l'huile bouillante pour la faire frire.

« Après quelques minutes, la cuisson était complète; les boulettes sortaient bien rissolées, et constituaient alors un plat de hachis dont la couleur provoquait l'appétit, dont l'odeur chatouillait l'odorat, dont la saveur âcre et mordante flattait le palais de nos marins, comme aurait pu le faire une friture de sole ou un rôti de venaison. J'avais déjà bien des fois mangé de la baleine. Notre cuisinier, artiste habile dans l'art des transformations et des pseudonymes retentissants, nous avait servi souvent des beefsteaks, des roastbeef, voire même du bœuf à la mode, dont il avait puisé les matériaux dans le blubber's room; mais jamais je n'avais goûté la baleine cuite dans l'huile de la cabousse. J'en essayai ce soir-là, je la trouvai bonne et je me promis bien d'en manger une autre fois. Seulement, j'appris que ces boulettes devaient être mangées au sortir du pot. Qu'on les laisse refroidir si peu que ce soit, et l'huile de la croûte pénètre dans l'intérieur, la saveur devient brûlante, et l'estomac le mieux cuirassé contre l'indigestion ne peut les supporter. Je dus donc renoncer à voir ce mets fantaisiste figurer sur la table du carré. »

La baleine peut rester sous l'eau pendant douze ou quinze minutes; mais lorsqu'elle se promène en paix, elle n'y demeure que trois minutes, après lesquelles on la voit remonter à fleur d'eau, soulever la tête et lancer par ses évents une double colonne d'eau, de vapeur et d'humeur nacrée, qui s'élève parfois jusqu'à dix mètres de hauteur. La tête se cache ensuite; mais elle reparaît au bout de quelques secondes et lance un nouveau jet, moins fort que le premier. Cela dure ainsi pendant une dizaine de minutes; puis la baleine dresse sa queue en l'air et plonge dans les flots, pour ne se montrer qu'après un délai toujours à peu près le même. Quand elle est blessée, elle peut rester sous l'eau une demi-heure ; mais elle revient épuisée à la surface.

Cette masse énorme se joue au sein des eaux avec une rare agilité ; et quand elle fuit, après avoir été légèrement blessée, rien ne peut donner une idée de la rapidité de sa course. Frédéric Marteus dit qu'une baleine harponnée par un habile matelot déroula en une minute quatre cent quatre-vingts brasses de corde, et qu'elle eût entraîné la chaloupe si les matelots eussent hésité entre le désir de posséder l'animal et la nécessité de pourvoir à leur salut.

« Autant la baleine est lourde, dit le baleinier Scoresby, autant ses mouvements sont adroits et rapides. En cinq ou six secondes, elle peut être hors de l'atteinte de ceux qui la poursuivent. Mais elle ne peut conserver une telle vitesse que pendant quelques minutes. Parfois elle s'élance avec tant de force, qu'elle bondit hors de l'eau ; d'autres fois elle tient la tête en bas, lève la queue en l'air, et frappe l'eau avec une force étonnante. Le bruit en est entendu au loin et le remous s'en fait sentir à une assez grande distance. Harponnée, elle file comme une flèche et avec une telle vitesse, qu'elle se brise parfois les mâchoires en touchant le sol. »

Les baleines sont sociables. « On les voyait jadis naviguer deux à deux, parfois en grandes familles de dix ou douze, dans les mers solitaires, dit Michelet. Rien n'était magnifique comme ces grandes flottes, parfois illuminées de leur phosphorescence, lançant des colonnes d'eau de trente à quarante pieds, qui, dans les mers polaires, montaient fumantes. Elles approchaient paisibles, curieuses, regardant le vaisseau comme un frère d'espèce nouvelle ; elles y prenaient plaisir, faisaient fête au nouveau venu. Dans leurs jeux, elles se mettaient droites et retombaient de leur hauteur, à grand fracas, faisant un gouffre bouillonnant. Leur familiarité allait jusqu'à toucher le navire. Confiance imprudente, trompée si cruellement ! En moins d'un siècle, la grande espèce de la baleine a presque disparu. »

Cette grande espèce, dite baleine franche ou baleine boréale, errait le long des côtes de la Finlande, de la Grande-Bretagne et des Gaules. Ces gigantesques animaux étaient nombreux dans le golfe de Gascogne, où les Basques, pêcheurs intrépides, se hasardèrent à les attaquer. Bientôt il leur fallut braver les hasards de la haute mer, les baleines effrayées ne s'approchant plus du rivage, et peu à peu ces grands cétacés, fuyant toujours vers le nord, y attirèrent à leur suite ces hardis marins.

« La traversée de l'Océan, que l'on célébra tant au XVᵉ siècle, s'était faite souvent par le passage étroit d'Islande en Groënland, et même par le large ; car les Basques allaient à Terre-Neuve, dit encore Michelet. Le moindre danger était la traversée pour des gens qui cherchaient au bout du monde ce suprême danger, le duel avec la baleine. S'en aller dans les mers du Nord, se prendre corps à corps avec la montagne vivante, en pleine nuit, et, on peut le dire, en plein naufrage, le pied sur elle et le gouffre dessous, ceux qui faisaient cela étaient assez trempés de cœur pour prendre en grande insouciance les événements ordinaires de la mer. »

Les Norwégiens, les Bretons et les Normands ne tardèrent pas à partager avec les Basques les hasards et les profits de la chasse à la baleine. Ils armaient des bâtiments, qu'ils apprenaient chaque année à conduire plus sûrement, et qu'ils ramenaient chargés d'huile et de fanons.

En 1612, deux navires hollandais arrivèrent au Spitzberg pour chasser la baleine et en furent empêchés par les Anglais, qui les y avaient devancés. Là, comme partout, la raison du plus fort devait être la meilleure ; ce fut à qui des Anglais ou des Hollandais enverrait sous ces froides latitudes le plus grand nombre de vaisseaux. Au lieu de tuer des baleines, on tua des hommes, jusqu'à ce que les deux nations, comprenant mieux leurs intérêts, se fissent de mutuelles concessions.

La chasse fut d'abord si productive, que plus de deux cents navires hollandais, faisant deux voyages chaque année, ne parvenaient pas à en ramener le produit dans leurs ports. L'Angleterre rivalisait avec la Hollande, et de nombreux bâtiments, armés par les autres puissances européennes, se dirigeaient aussi vers les parages où l'on faisait de si merveilleuses pêches.

Les baleines, sans cesse poursuivies, s'éloignèrent de plus en plus vers le nord ; elles gagnèrent les glaces mouvantes, puis le nord-ouest du Groënland, le détroit de Davis et la mer de Baffin.

Aujourd'hui, il n'y a plus que fort peu de baleines dans les mers boréales ; mais on chasse la baleine australe, qui sans doute est destinée à disparaître à son tour. Cette baleine, plus petite que l'autre, est cependant d'un bon produit. Elle se plaît dans les eaux tempérées, le long de la côte occidentale de l'Amérique, au sud de l'Afrique et entre les îles de l'Océanie.

Les rorquals, qui forment, avec les baleines, le premier genre de la tribu des baléniens, ont la tête moins longue et le corps plus élancé. Leur chasse est moins fructueuse, et ils se reconnaissent à la nageoire qu'ils portent sur le dos.

« De proche en proche, la baleine nous a menés partout. Rare aujourd'hui, elle nous fait fouiller les deux pôles, du dernier coin du Pacifique au détroit de Behring, et l'infini des eaux antarctiques. Il est même une région énorme, qu'aucun vaisseau d'État ni de commerce ne visite jamais, à quelques degrés des pointes d'Amérique et d'Afrique. Nul n'y va que les baleiniers. » (MICHELET.)

Le plus redoutable ennemi de la baleine, c'est l'homme ; mais elle en a d'autres encore. Des troupes de dauphins l'attaquent, la harcèlent, la forcent à ouvrir la bouche et lui dévorent la langue. Les requins enfoncent leurs dents aiguës dans sa chair et lui en arrachent des lambeaux. Une multitude de parasites établissent leur domicile sur son dos et lui rongent la peau Des mollusques et des crustacés s'y attachent et s'y multiplient ; enfin, diverses plantes marines y végètent, et peuvent, de loin, faire ressembler le gigantesque animal à une île verdoyante.

Au printemps, on voit quelquefois s'ébattre, sur la mer, deux baleines voguant de compagnie. C'est le mâle et la femelle. Ils restent longtemps ensemble, plongeant, jouant, cherchant leur nourriture, et se laissant bercer par les flots paisibles. Le mâle s'éloigne enfin; il va à la découverte de quelque baie bien abritée, dans les eaux de laquelle sa compagne pourra déposer et soigner le petit qui bientôt doit naître. Quand il l'a trouvée, il y conduit la femelle et ne s'écarte guère de cet asile.

A peine né, le petit sait nager; il tourne autour de sa mère, qui se couche de côté pour lui présenter la mamelle à fleur d'eau. Elle attend patiemment qu'il puisse la saisir, et, par un effort puissant, elle lance dans sa bouche, encore dépourvue de fanons, un énorme jet de lait.

Il en faut beaucoup pour nourrir un nouveau-né qui a de cinq à six mètres de long et qui pèse de quatre à cinq mille kilogrammes. La difficulté, d'ailleurs, est grande; la mère et l'enfant ont besoin de remonter à la surface de l'eau pour y respirer; car ils ont des poumons comme les nôtres, et, comme nous, ils mourraient si l'air leur manquait au delà d'un temps très-court.

A six semaines, le baleineau est déjà fort; sa bouche se garnit, et il commence à se nourrir des myriades de petits animaux dont les flots sont peuplés.

La mère le guide, le protége, veille sur lui avec une tendresse admirable. Quand un danger le menace, elle lui rend la fuite plus facile en le poussant dans la direction qu'il doit suivre, et, s'il ne peut s'éloigner assez vite, elle l'enveloppe d'une de ses nageoires, le soulève, l'appuie contre son cou, et l'emporte avec une ardeur que ce précieux fardeau semble doubler encore.

Le père, qui ne s'éloigne pas beaucoup de sa femelle et de son petit, fait aussi preuve de dévouement; il s'expose aux coups pour les en préserver; et quand l'un ou l'autre est blessé, au lieu de songer à son salut, il ne peut se résoudre à l'abandonner.

« Quelle que soit la stupidité habituelle de la baleine, dit Scoresby, l'amour maternel est chez elle très-développé. On prend facilement les petits, qui ne connaissent pas le danger, dans le but d'attirer la mère. Celle-ci arrive, en effet, au secours de sa progéniture, monte avec elle à la surface pour respirer, la force à fuir avec elle, la prend dans ses nageoires et ne l'abandonne que lorsqu'elle est morte.

« Il est alors dangereux d'approcher la femelle : elle a perdu toute crainte; elle s'élance sur ses ennemis, et reste avec son petit, même lorsqu'elle est frappée de plusieurs harpons. »

Le harpon a longtemps été l'arme principale des chasseurs de baleine. Chaque navire destiné à cette chasse était muni d'une cinquantaine de harpons, tant petits que grands, d'un grand nombre de lances, de haches, d'une trentaine de rouleaux de corde, ayant chacun quatre-vingts brasses de longueur, et de tous les instruments nécessaires pour dépecer la baleine et en fondre la graisse.

Le harpon se compose de deux parties : le fer et le manche.

Le fer est une tige de métal dont une des extrémités, élargie et creuse, a la forme d'un entonnoir allongé, et dont l'autre extrémité ressemble à un V renversé. Les bords intérieurs de ce V sont droits; les bords extérieurs sont, au contraire, soigneusement affilés, et quelquefois même barbelés.

Le fer du harpon a plus d'un mètre de longueur; il ne doit pas être trop trempé; il vaut mieux qu'il plie que de casser. Dans l'espèce d'entonnoir, on introduit un manche, qui va en s'amincissant jusqu'à son autre bout, et qui, près du fer, est percé d'un trou, dans lequel on fixe la corde attachée au harpon.

Cette corde, épaisse de trois centimètres, doit être faite de chanvre fin et doux, afin que, restant souple, elle ne fasse point dévier le harpon du point vers lequel on le lance.

Quand le navire arrive dans les eaux fréquentées par les baleines, un homme placé en vigie est chargé de signaler leur apparition. « En bas! en bas! » crie-t-il, et tout le monde se précipite vers les chaloupes, suspendues en dehors du bâtiment.

Chacune de ces chaloupes, au nombre de cinq ou six, est ordinairement montée par quatre rameurs, un harponneur et un officier. On rame vivement jusqu'à la distance voulue. Le harponneur, debout, et tenant son arme à deux mains, la lance de toutes ses forces, dès que l'officier lui en donne l'ordre.

Le harpon fend l'air comme une flèche et va frapper la baleine. S'il a pénétré assez avant pour qu'elle ne puisse s'en débarrasser, elle frissonne et veut fuir; mais la douleur lui cause un moment d'hésitation, dont un harponneur habile profite souvent pour lui faire une seconde blessure. Quand elle n'en aurait qu'une, elle plonge, emportant le harpon et entraînant la corde avec une extrême rapidité.

« L'officier change alors de place et va prendre son poste d'action, dit le docteur Thiercelin. Jusque-là il a commandé les manœuvres, maintenant il va agir lui-même; à lui le droit et le devoir de tuer l'animal.

« Déjà plus de deux cents brasses de ligne sont à la mer, et l'animal sonde (plonge) toujours. La force d'immersion est si grande, que si une coque fait obstacle au mouvement, la chaloupe peut sombrer. On a vu aussi la ligne prendre, en se déroulant, un homme par un bras, par une jambe, par le corps même, l'entraîner dans la mer, et ne le laisser remonter qu'après que la partie saisie avait été coupée par le frottement. On pourrait difficilement se faire une idée du sang-froid que réclament ces premières manœuvres : il faut, en même temps, une grande résolution, une grande promptitude et une grande prudence. Si la première occasion est manquée, toute chance peut disparaître, et le fruit d'un long travail est perdu.

« A voir l'air inquiet de certains officiers, on dirait qu'ils ont peur, tant ils regardent partout, veillent à tout; à la direction de la ligne, ils voient si la baleine sonde à pic, court sous l'eau ou remonte à la surface, et manœuvrent en conséquence. C'est ici surtout que l'équipage doit obéir aveuglément; il ne peut être qu'une machine à nager et à scier; il y va du salut de tous. Dans ces moments solennels, la peur s'empare de certains matelots. Sitôt la baleine amarrée, ils deviennent d'une pâleur livide, leur tête se perd, ils ne voient rien, n'entendent rien, et ne sauraient désormais obéir à aucun commandement.....

« Le vrai baleinier ne connaît pas la peur : il brave la mort, mais avec circonspection. Quand l'animal se relève de la première sonde, il embraque sur la ligne, se rapproche avec défiance, sans précipitation, et avec une apparente lenteur. Il sait qu'il doit éviter la queue et les pectorales ; il sait que la tête est invulnérable, qu'une plaie de l'abdomen n'est jamais immédiatement mortelle, et qu'il lui faut presque toujours se hâter en belle pour atteindre les parties vitales. Que de difficultés et que de temps parfois pour envoyer le premier coup de lance ! Pourtant ce n'est pas un, mais dix, vingt et plus qu'il faudra pour déterminer la mort, et encore à la condition qu'ils porteront dans les lieux d'élection. Si une blessure mortelle n'est pas infligée dans le premier quart d'heure, la baleine revient de son épouvante, reprend ses sens, et fuit, entraînant son ennemi après elle. Alors alternent des sondes prolongées et de rapides courses dans le vent. La pirogue, emportée comme une flèche, passe à travers les lames, comme entre deux murailles de vapeur ; en vain deux ou trois embarcations, jetant leurs bosses à celle qui est amarrée, viennent se faire remorquer et augmenter le fardeau traîné, la course générale n'en est pas sensiblement ralentie.

« Cette phase du combat commande une manœuvre nouvelle, plus difficile et plus dangereuse que celles qui l'ont précédée. Armé d'un louchet ou pelle tranchante, le baleinier attend que le cétacé élève sa queue de quelques mètres au-dessus de l'eau, et, se hâlant jusque sous cet organe formidable, il lance son louchet au niveau des dernières vertèbres caudales. S'il divise l'artère et les tendons, le sang jaillit à flot, et la mobilité diminue dans une grande proportion. Grâce aussi à cette attaque par derrière, la baleine change souvent de route ; la pirogue se trouve par son travers, et le service de la lance peut recommencer....

« A chaque coup l'animal pousse des ronflements rauques et métalliques, qu'on peut entendre de plusieurs milles de distance ; le souffle (1) est blanc, épais, chargé de beaucoup d'eau pulvérisée, et s'élève à une grande hauteur, jusqu'à ce qu'après un coup heureux, deux colonnes de sang s'échappent des évents, s'élèvent dans l'air, et dans leur chute rougissent la mer sur une large surface ; à partir de ce moment, la baleine est considérée comme morte. En effet, après quelques nouvelles blessures, les souffles s'élèvent moins haut, le sang est plus épais, les sondes se prolongent moins, les forces de l'animal s'épuisent, et les pêcheurs cessent de le combattre. Quelquefois la mort vient aussitôt après l'apparition du sang dans le souffle ; mais le plus souvent la vie se prolonge encore une ou plusieurs heures. Cette circonstance est regardée comme favorable, en ce que la grande perte de sang prépare pour la suite un corps spécifiquement plus léger et flottant mieux. Pourtant l'animal peut encore être perdu, si l'éloignement, la nuit ou l'état de la mer ne permettent pas au navire de le suivre A l'approche de sa mort, la pauvre baleine rassemble ce qui lui reste de force, et dans une fuite désordonnée, sans but, sans conscience du danger, sans espoir de salut, elle nage, nage, renversant tout ce qu'elle ren-

_____

(1) Colonne qui jaillit des évents.

contre sur son passage ; elle ne voit rien, se jette à l'aventure sur les pirogues, sur un rocher ou sur la plage. Bientôt un frisson général s'empare de son corps ; ses convulsions font blanchir et bouillir la mer ; enfin elle soulève une dernière fois la tête ; une dernière fois elle cherche le soleil et meurt. »

Aujourd'hui, on se sert pour cette chasse dangereuse de harpons perfectionnés, dont la pointe seule est fixe, et dont les deux ailes se collent à la tige, au moment où le fer pénètre dans la graisse, et s'écartent ensuite de manière à ce que le harpon ne puisse se dégager.

Une lourde carabine, à canon épais et court, peut envoyer, en outre, à la baleine divers projectiles, dont le plus généralement adopté est la bombe-lance américaine. Cette bombe se compose d'un tube en fonte qui peut contenir cent grammes de poudre, et qui se termine par une pyramide triangulaire, à faces évidées, avec pointe très-aiguë. Ce tube se visse par le bas à un autre plus étroit, renfermant une mèche qui, d'un bout, touche à la poudre du fusil, et de l'autre plonge dans celle du projectile Le coup de fusil met le feu à la mèche et lance la bombe dans le corps de l'animal, où elle ne tarde pas à éclater.

On se sert aussi de balles explosibles, que M. Devisme a inventées pour la chasse aux grands carnassiers, et qu'il a modifiées pour celle de la baleine. Cette balle est un petit obus qu'on lance au moyen d'une carabine rayée ; elle contient quatre grammes de poudre, auxquels l'écrasement d'une capsule met le feu.

La balle éclate dans le corps de la baleine ; en même temps deux ailettes, placées à l'intérieur du projectile, s'ouvrent et forment un harpon, auquel est attachée une corde, reliée à celle qui doit se dérouler du bord sous les efforts de l'animal.

Ces terribles projectiles tuent la baleine ; mais souvent la mort tarde assez à venir pour que l'animal échappe à ceux qui les lui ont lancés. On imagina, pour s'assurer cette riche capture, et sans doute aussi pour abréger les souffrances de la pauvre blessée, d'empoisonner ces balles. L'acide prussique, essayé d'abord, n'ayant pas donné le résultat qu'on en espérait, le docteur Thiercelin découvrit qu'un mélange de strychnine et de curare vaudrait mieux.

Pour s'assurer par lui-même de l'effet de ce poison et de la dose à laquelle on devrait l'employer, il s'embarqua, en 1863, sur un navire baleinier, qui, du Havre, devait se diriger vers les mers du Sud. L'expérience réussit complétement. Les baleines frappées par les balles explosibles, à la poudre desquelles le docteur avait ajouté quarante grammes du perfide mélange, moururent au bout de quelques minutes.

Jadis les harponneurs dépeçaient la baleine, en se tenant sur son dos, à l'aide de bottes armées de crampons, et, après avoir enlevé au cadavre un collier de peau et de graisse, ils coupaient dans le sens de sa longueur des tranches qu'on enlevait au moyen d'une poulie placée au-dessous de la grande hune.

Ces bandes étaient ensuite étendues sur le pont, où des matelots les découpaient en gros morceaux, que d'autres étaient chargés d'amincir.

Les baleiniers étrangers faisaient fondre à terre le lard ainsi préparé; les Hollandais avaient même établi dans ce but, à l'île de Terre-Neuve, un comptoir qui devint une ville, mais dont il ne reste plus de traces. Les Français, qu'on ne voulait pas laisser descendre sur ces côtes, opéraient en pleine mer la fonte des baleines qu'ils capturaient.

Ils eurent l'excellente idée d'alimenter le feu sous les chaudières à l'aide des gratillons, c'est-à-dire des morceaux qui restent après qu'on en a retiré la graisse. De cette manière, ils n'avaient pas à se pourvoir de combustible, ils se débarrassaient de rebuts encombrants, et obtenaient une huile de meilleure qualité, puisqu'ils fondaient le lard sans le laisser rancir.

Toutefois, la cabousse — on nomme ainsi le fourneau construit à bord — échauffait le plancher, et, malgré toutes les précautions possibles, finissait par le carboniser. Il s'effondrait au moment où l'on y songeait le moins, et l'on avait souvent à déplorer des accidents plus ou moins sérieux.

Aujourd'hui, pour dépecer une baleine, on sape, au moyen de pelles tranchantes, un des côtés de la lèvre inférieure; on l'enlève, ainsi que la langue; on attaque l'autre côté, puis la mâchoire supérieure, et, cela fait, on coupe une bande de peau et de graisse en tire-bouchon, de la tête à la queue, et l'on détache cette bande, en faisant tourner la baleine sur elle-même, comme une poire qu'on voudrait peler. Une machine découpe ensuite ces tranches en morceaux d'un centimètre d'épaisseur.

On a conservé l'usage de fondre le lard en brûlant les morceaux de rebut; mais on a supprimé les dangers dont nous parlions tout à l'heure, en plaçant le fourneau au-dessus d'un vide, dans lequel on fait constamment arriver de l'eau. Une seule baleine peut donner de vingt-cinq à trente hectolitres d'huile, et fournir plus de gratillons qu'il n'en faut pour fondre toute sa graisse.

Les fanons, bien nettoyés, sont mis de côté, et pèsent souvent plus de quinze cents kilogrammes. La chair est, au besoin, utilisée, comme nous l'avons vu, par le cuisinier du bord. Les habitants des régions glacées, où on en tue encore quelquefois, la mangent avec plaisir, ainsi que la peau; mais ils se régalent surtout de l'huile, qui les réchauffe. Le squelette de l'animal leur sert à faire des canots lorsqu'ils ne l'emploient pas dans la construction de leurs demeures.

Un journal donnait récemment, sur la chasse à la baleine dans le Nord, quelques détails empruntés à une lettre écrite, le 15 juin 1881, par M. Barrois, chargé d'une mission scientifique en Laponie :

« Nous avons déjà vu sept ou huit baleines appartenant à des espèces distinctes. Grâce à M. Foyn, nous avons pu disséquer un exemplaire de chaque espèce.

« Voici comment on chasse ici la baleine :

« M. Foyn a trois bateaux à vapeur à hélice, longs de vingt mètres et bons marcheurs. Ces navires portent à l'avant un gros canon, pivotant dans tous les sens. (On tire ordinairement la baleine à trente mètres.)

« Le projectile de ce canon est un instrument très-ingénieux, qui se compose de plusieurs pièces. C'est d'abord un fer de lance vissé sur un obus explosible, qui lui-même est vissé sur un harpon à quatre branches.

« Dès qu'une baleine est à portée, on tire en plein corps. Grâce au fer de lance, l'obus entre facilement, suivi du harpon.

« A ce moment, l'animal blessé cherche à fuir; les branches du harpon, en se détachant, font agir un marteau qui frappe une capsule de fulminate de mercure, et l'obus éclate. La baleine est tuée du coup.

« On passe alors une chaîne dans le nez ou dans les ailerons du cétacé, et on le ramène ainsi jusqu'à l'usine, où il doit être dépecé.

La plupart des baleines que j'ai vues mesuraient vingt-deux mètres de longueur. »

Le cachalot, qui se rencontre dans toutes les mers, est presque aussi grand que la baleine; mais il a la tête beaucoup plus grosse. Cette tête monstrueuse forme presque la moitié de la longueur du corps, auquel il est attaché, non par une dépression, comme chez la baleine, mais par un renflement.

Un seul évent, placé au bout du museau, donne issue à un jet de vapeur grisâtre, qui se recourbe en demi-cercle et ne tarde pas à disparaître. La bouche, largement fendue, est garnie, à la mâchoire inférieure, de dents très-fortes et très-longues, qui entrent dans des cavités ménagées à la mâchoire supérieure. Les yeux, situés au-dessus des coins de la bouche, sont encore plus petits que ceux de la baleine; l'oreille, placée un peu en arrière, est presque invisible.

Le tronc, fort large, s'amincit rapidement vers une queue si largement étalée, que les deux extrémités sont parfois éloignées l'une de l'autre de quatre à cinq mètres. Quand le cachalot frappe les flots de cette queue puissante, sa tête et son corps s'élèvent bien au-dessus de l'eau, et l'on aurait peine à comprendre comment une si énorme tête peut se soutenir en l'air, si l'on ne savait qu'il s'y trouve un espace considérable rempli d'une huile légère, connue sous le nom de spermaceti ou blanc de baleine.

Cette huile se solidifie en se refroidissant, prend une couleur blanche et un aspect brillant. On s'en sert dans la pharmacie, dans la parfumerie, et l'on en fabrique des bougies de luxe. La cavité qui la renferme n'a pas moins de deux mètres de profondeur dans la partie la plus éloignée du museau. On a vu des cachalots donner trois mille kilogrammes de cette substance.

La graisse du cachalot vaut celle de la baleine, avec laquelle on la mélange; elle est assez abondante pour fournir cent tonnes d'huile. L'ivoire des dents, quoique de médiocre qualité, est cependant encore un produit; mais l'ambre gris qu'on trouve dans les intestins de cet animal est beaucoup plus précieux.

Il s'y forme en morceaux durs et cassants, dont le poids ordinaire varie entre cinquante et cinq cents grammes; mais on a vu l'ambre extrait d'un seul cachalot peser vingt, trente et jusqu'à cent kilogrammes.

La pêche du cachalot ne diffère pas de celle de la baleine, mais elle est plus dangereuse. Au lieu de fuir lorsqu'on l'attaque, ce grand cétacé se défend avec courage : il frappe de sa tête et de sa queue les embarcations, et ouvre son immense gueule, capable de les engloutir et de les broyer.

Ces animaux sont d'autant plus redoutables, que rarement on les rencontre isolés. Ils vont presque toujours par familles ou par bandes, sous la conduite d'un chef.

Les matelots qui attaquent ce gigantesque animal s'exposent à des périls affreux. M. Beale, chirurgien d'un navire baleinier, raconte que, l'après-midi d'un jour qui avait été assez orageux, de jeunes cachalots s'étant montrés, le capitaine fit mettre à la mer les deux seuls bateaux dont il pût disposer, les autres ayant été brisés la veille. Il en monta un et donna à l'officier le commandement du second.

« Les hommes s'approchèrent aussitôt des baleines; malheureusement ils furent vus par ces animaux avant d'être à portée de jeter le harpon avec quelque chance de succès. En conséquence, la bande de baleines se sépara et se dispersa dans différentes directions, avec une grande vitesse. Une d'elles, néanmoins, après avoir fait plusieurs tours, vint droit vers le bateau du capitaine. Lui, attendit, observa en silence, sans remuer une seule rame, de sorte que la baleine s'avança près de son bateau et reçut le harpon derrière la bosse. Je vis moi-même entrer l'arme dans la chair du cétacé. La baleine parut frappée de terreur pour quelques secondes; puis elle se remit, partit comme le vent, et remorqua le bateau avec tant d'impétuosité — tirant la corde, dont une des extrémités était attachée au harpon et dont l'autre était entre les mains des pêcheurs — que le bateau ne se soutint à la surface de la mer que comme par miracle.

« L'embarcation filait ainsi, à raison de douze ou quinze milles à l'heure, droit contre la mer agitée qui roulait contre et sur le bateau avec une force peu commune. De sorte que, pendant que nos hommes labouraient ainsi la plaine d'eau, le bateau soulevait de chaque côté comme deux murailles ou deux rivages.

« L'officier en second, ayant observé la course de la baleine et du bateau, manœuvra de son côté, et, lorsque baleine et bateau passèrent près de lui, ce qui arriva bientôt, il lança un second harpon. Les deux embarcations filèrent alors, attachées l'une et l'autre à la baleine, et presque avec la même vitesse que tout à l'heure.

« Je vis alors le capitaine jeter la lance à la baleine, mais sans effet; car la rapidité de la course du cétacé ne parut en rien diminuer. En peu de temps, la baleine et les deux bateaux atteignirent une trop grande distance pour être vus de dessus le pont à l'œil nu. Je montai sur le mât, et, à l'aide du télescope, je pus suivre les trois objets, comme trois taches à la surface de l'Océan; mais elles étaient à une distance alarmante....

« Je demeurai dans ma position d'observateur jusqu'à ce que je visse le soleil s'engloutir, rouge et colère, derrière l'horizon menaçant, et j'allais descendre, au moment où je fus frappé par le cri d'un homme tombé du pont de notre vaisseau dans la mer. Je regardai immédiatement vers la poupe, et je vis un de nos matelots — nommé Berry — qui luttait avec les vagues et qui appelait du secours de toutes ses forces. »

Le navire fit un mouvement circulaire, mais il passa loin du pauvre Berry; on lui jeta des rames, qu'il ne put saisir; un autre matelot s'élança vers lui à la nage; mais, sentant des montagnes d'eau lui tomber sur la tête, et n'apercevant plus son compagnon, il regagna le vaisseau. On avait, à la hâte, détaché le canot de sauvetage; plusieurs marins y descendirent et firent force de rames vers l'homme en péril; mais ils arrivèrent trop tard et rejoignirent tristement le bord.

« Les ténèbres s'étendaient maintenant à la surface de la mer agitée. Le vent croissait de moment en moment, de sorte que nous fûmes obligés de plier les voiles. Notre pénible situation nous enveloppa tous alors d'une mélancolie profonde. Nous avions perdu un de nos hommes, qui avait fait voile avec nous des côtes d'Angleterre... Notre capitaine et notre officier en second, avec dix hommes de l'équipage, avaient disparu, étaient perdus — on pouvait le craindre du moins — au milieu des horreurs d'une telle nuit.... Nous nous trouvions à plusieurs centaines de milles de toute terre connue.

« Depuis la tombée de la nuit, nous n'avions cessé d'allumer des flammes bleues, en guise de signaux; notre navire contenait, heureusement, de l'huile et de la corde, qui, brûlant sur la poupe, jetaient une grande lumière. Mais, quoique nous fussions beaucoup d'yeux occupés à chercher de tous côtés les bateaux, nous ne pûmes rien découvrir que les ténèbres. Lorsque vinrent neuf heures du soir, nous ne doutâmes plus guère qu'ils ne fussent disparus pour jamais, et, comme le vent hurlait d'une voix rauque dans les agrès, et que les vagues battaient sauvagement les flancs de notre navire, quelques-uns d'entre nous crurent entendre les cris du pauvre Berry par-dessus les rugissements de la tempête... Mais au moment où nous commencions tous à désespérer, un marin, qui était monté sur le mât, nous appela en disant qu'il voyait au loin une lumière devant la tête de notre navire... »

Le capitaine et ses hommes ramenaient en triomphe le cachalot, dont le poids avait contribué à les défendre contre les agitations de la mer.

« Après avoir attaché solidement la baleine au navire, pour qu'elle ne se perdît point pendant cette nuit de tourmente, nos hommes montèrent tous à bord. On parla de la fin malheureuse du pauvre Berry; les visages de nos marins exprimaient l'affliction; mais la joie de leur propre délivrance jetait un rayon de lumière sur cette tristesse et sur cette sombre nuit. »

Le cachalot se rencontre dans toutes les mers; il n'est pas rare sur la côte nord de l'Irlande ni dans les parages de la Finlande, du Spitzberg, du Groënland; mais il abonde surtout dans les mers de l'Inde, du Japon et des îles Moluques.

On le désigne souvent sous le nom de baleine-spermaceti, et même vulgairement sous celui de baleine.

Le narval, qui ne se trouve que dans les mers froides, est un grand cétacé, facile à distinguer de tous les autres, parce qu'il porte une dent de plus de deux mètres de longueur. Cette dent, grosse à la base comme la cuisse d'un homme, se termine par une pointe aiguë; elle est d'un ivoire plus estimé que tous les autres, parce qu'il ne jaunit jamais.

La mâchoire supérieure du narval a deux incisives ; mais l'une des deux avorte, pendant que l'autre se projette en avant et grandit de manière à former une arme redoutable. Quelques auteurs ont prétendu que le narval s'en sert pour ouvrir les entrailles de la baleine ; mais d'autres assurent qu'il n'en est rien. Sa nourriture ordinaire consiste en mollusques, sèches, raies, morues, qu'il tue et qu'il déchire ensuite, afin de pouvoir les avaler facilement. Toutefois, on peut croire qu'il attaque des proies plus volumineuses que celles-là, puisqu'il perce parfois d'un coup de cette lance d'ivoire le bordage des navires.

Si c'est de côté qu'il se lance contre ce qu'il prend pour un animal inconnu, la dent se casse et bouche le trou qu'elle a fait ; mais si c'est l'arrière du navire qu'elle frappe, elle y reste engagée. Le narval y meurt de faim, et, jusqu'à ce qu'il tombe en décomposition, il retarde, par son poids, la marche du bâtiment.

La force et l'agilité de ces animaux sont si grandes, que, s'ils vivaient isolés, on ne viendrait que bien rarement à bout de s'en emparer ; mais ils aiment à vivre en troupes, à nager vers des anses bien abritées et à jouer ensemble. Ils vont alors lentement, et les pêcheurs peuvent s'en approcher. Quand ils se voient menacés, ils serrent les rangs, se gênent les uns les autres, s'embarrassent mutuellement dans leurs défenses et deviennent la proie des baleiniers, sans pouvoir fuir ni lutter.

« Un grand nombre de narvals, dit Scoresby, venaient jouer autour de nous, quelquefois par bandes de quinze ou vingt. Dans plusieurs de ces groupes, chaque animal avait une longue corne. Ils étaient extrêmement joyeux ; ils élevaient leurs cornes et les croisaient les unes avec les autres, comme pour faire des armes. Au milieu de ces exercices, les narvals émettaient parfois un son très-extraordinaire, qui ressemblait au gargouillement de l'eau dans le gosier. Comme ce son se faisait entendre seulement quand ils levaient leur corne, il était sans doute produit par la partie antérieure de la tête et par la bouche, en sortant de l'eau. Plusieurs d'entre eux suivaient le navire et semblaient attirés par un principe de curiosité, à la vue d'un corps si nouveau pour eux. »

Les Groënlandais mangent avec délices la peau et la chair crue du narval, et ils conservent sa chair en la faisant sécher. L'huile qu'ils obtiennent en fondant son lard, éclaire leurs pauvres demeures, pendant les interminables nuits d'une si froide région. Ils emploient à la pêche les vessies que leur fournissent ses larges boyaux soufflés et séchés, et ses tendons leur servent à fabriquer du fil.

Les baleiniers ne donnent la chasse aux narvals que quand ils n'ont rien de mieux à faire. Ces animaux sont difficiles à capturer, parce qu'ils nagent très-rapidement et ne reparaissent qu'à de très-longues distances, après avoir été blessés. D'ailleurs, si leur graisse n'est pas inférieure à celle de la baleine, elle est peu abondante, et leur ivoire a perdu la plus grande partie de sa valeur. Ce n'est pas qu'il soit moins beau ; mais on attribuait jadis à la dent du narval des vertus qu'elle n'a jamais possédées.

On vendait alors ces dents sous le nom de cornes de licornes, et les princes les payaient fort cher, parce qu'ils les regardaient comme le plus puissant des contre-poisons. Cette croyance était encore en faveur à la cour de Charles IX, où le célèbre chirurgien Ambroise Paré était peut-être le seul qui niât la puissance du merveilleux antidote.

L'abbaye de Saint-Denis possédait deux fort belles dents de narval, qu'on voit encore au musée de la Faculté de médecine de Paris; celle que l'électeur de Saxe avait fait attacher à une chaîne d'or valait 100,000 écus, somme alors très-considérable, et les Vénitiens offrirent en vain 30,000 sequins d'une magnifique dent de narval qui avait appartenu à l'empereur Charles V.

On n'est pas d'accord sur l'usage que le narval fait de cette longue épée d'ivoire, contournée en spirale. Les uns disent qu'il s'en sert pour casser la glace quand il veut venir respirer à la surface de la mer; d'autres pensent qu'après l'avoir employée à trouver sa proie cachée dans le sable, il l'en frappe à plusieurs reprises pour la tuer et la déchiqueter, si elle est trop grosse pour passer dans son gosier relativement étroit. D'autres enfin croient que la défense du narval lui rend ces différents services; mais on peut faire à cela une objection, qui n'est pas sans un certain poids : c'est que la femelle, quoique privée de cette longue dent, respire et se nourrit aussi bien que le mâle.

Le nom de narval est formé de deux mots, dont l'un signifie cadavre et l'autre baleine chez les Islandais. Ils disent que cet animal vit de cadavres; et non-seulement sa chair leur fait horreur, mais ils croient qu'elle peut devenir un poison.

Les dauphins ont le corps allongé, la tête arrondie, le museau proéminent et terminé, d'une manière plus ou moins exacte, comme un bec d'oie ou de cygne. Leurs formes élancées et l'agilité de leurs mouvements en font les plus gracieux des cétacés.

On rencontre le dauphin dans toutes les mers; il est fort connu des marins; car il se plaît à nager autour des vaisseaux, et s'y livre à toutes sortes d'évolutions. Nos aïeux en avaient conclu que le dauphin aime l'homme, et les poëtes aidant, cet animal jouissait d'une haute réputation d'intelligente bonté.

Aujourd'hui, on attribue à la voracité du dauphin le plaisir qu'il semble prendre à suivre les navires, et l'on dit, sans doute avec raison, qu'il tient moins aux matelots qu'à ce qu'ils jettent à la mer.

Le docteur Franklin, qui a plus d'une fois observé les dauphins dans l'Atlantique, dit que leurs habitudes sociables l'intéressaient en leur faveur.

« A peine, dit-il, avaient-ils aperçu notre machine flottante, qu'ils accouraient en troupes, avec la vitesse du vent, mus par un sentiment de curiosité naturelle.... J'aimais à les voir déployer leurs gracieux mouvements, tantôt sautant en l'air, à plusieurs pieds de hauteur, avec leur corps bouclé, tantôt fendant une vague avec une incroyable vélocité, et laissant sous l'eau un sillage de blanche écume. Il y a des moments où vous ne voyez que leur fine épine dorsale, coupant l'eau comme un couteau; il y en a d'autres où leur large queue s'élève soudain, pendant que leur corps plonge perpendiculairement dans l'abîme. Leurs mouvements sont si souples, si coulants, qu'ils gambadent presque sans troubler l'eau; même en retombant de leurs sauts périlleux, ils ne produisent presque point d'écume à la surface. »

Il y a plusieurs espèces de dauphins. La plus commune vit en familles de six à dix individus, rarement davantage. Elle a le ventre d'un blanc nacré, et le dos, noir chez les jeunes, blanchit avec l'âge. Elle doit à la forme de sa tête le surnom de bec d'oie. Ce bec est armé à son bord supérieur de quatre-vingt-dix dents assez espacées pour s'enclaver dans celles qui, en nombre égal, garnissent le bord inférieur.

On pêche ces dauphins à la ligne; c'est même un passe-temps cher aux matelots. Si le premier qui se laisse capturer appartient à une bande de vieux compagnons, ils s'éloignent tous dès qu'on l'a hissé sur le pont; et quelle que soit la proie qu'on leur offre, aucun ne mord à l'hameçon. Si, au contraire, ce sont des jeunes, ils font ce qu'a fait leur camarade et se laissent prendre jusqu'au dernier.

L'orque ou épaulard est beaucoup plus grand que le dauphin vulgaire : il atteint jusqu'à dix mètres, tandis que celui-ci n'en a guère que deux.

L'orque est le plus courageux et le plus carnassier des dauphins. Il attaque non-seulement toutes sortes de poissons, mais, comme il ne va guère seul, il fait la guerre à la baleine. Tous ensemble la mordent, la poussent, la harcèlent, lui enlèvent des morceaux de chair, jusqu'à ce que la pauvre bête, n'en pouvant plus, ouvre la bouche et tire la langue. Aussitôt les orques s'élancent sur cette énorme langue, qui est pour eux un friand morceau; ils s'y attachent, la dévorent, l'arrachent et méritent ainsi le surnom d'assassins des baleines.

Autrefois l'orque était commun dans la Méditerranée; mais on ne l'y trouve plus. « La fausse baleine (l'orque), dit Pline, se comporte comme un brigand. Tantôt cachée dans l'ombre d'un navire à l'ancre, elle guette le matelot auquel il prend fantaisie de se baigner, tantôt elle lève la tête hors de l'eau, s'élance sur les barques et les renverse. »

Les pêcheurs attaquent rarement l'épaulard; ils le regardent comme trop difficile à capturer. Il a la vie très-dure, et quand il ne brise pas les canots, il les entraîne avec une vitesse effrayante. On en a tué quelquefois dans les fleuves où ils remontent; mais la chose est des plus rares.

L'épaulard se distingue du dauphin vulgaire par une tache blanche en forme de croissant derrière l'œil; le noir de son dos a des reflets magnifiques, et son ventre est brillant comme de la porcelaine.

Le dauphin globiceps est d'un noir brillant, à l'exception d'une tache blanche en forme de cœur sur les nageoires pectorales et d'une raie de même couleur se dirigeant vers l'extrémité du corps. On rencontre cette espèce en troupeaux de plusieurs centaines d'individus, conduits par quelques vieux mâles, qu'ils suivent partout, même à la côte, si ces chefs y sont jetés par les pêcheurs. Onze cents de ces animaux furent trouvés sur une plage des côtes d'Irlande, en 1809 et 1810.

Au mois de janvier 1812, soixante-dix s'échouèrent près de Saint-Brieuc, où un très-grand nombre de curieux se rendirent pour les voir. Étendus sur le sable, ils poussaient des gémissements et faisaient d'inutiles efforts pour s'échapper. Ces dauphins constituent pour les habitants des îles Féroé une précieuse ressource. Quand une de leurs bandes est aperçue, on hisse au haut du mât une veste de matelot, et toutes les barques accourent à ce signal.

« Une bande de dauphins noirs ayant été découverte, dit un naturaliste, en un instant tout Thorshaven fut en émoi. De toutes les bouches on entendit sortir le mot grindabud (1), et sur tous les visages rayonnait l'espérance de faire bientôt un bon repas. En même temps, de chaque village voisin, on vit s'élever une haute colonne de fumée, répondant au signal donné, et de vingt à trente canots, promptement réunis, formèrent un demi-cercle, entourant les dauphins et les poussant vers Thorshaven.

« En approchant de terre, les dauphins devenaient inquiets ; ils se serraient les uns contre les autres, ne faisant plus attention aux coups de pierres et d'avirons. Mais les bateaux avançaient toujours ; leur cercle se resserrait, et, prévoyant le danger, les malheureuses victimes entraient lentement dans le port...

« C'était l'instant décisif. L'inquiétude, l'espérance, la soif de carnage, se peignaient sur tous les traits. Un cri sauvage remplit l'air ; les canots s'élancèrent vers la bande des dauphins ; les larges harpons frappaient sur ces animaux, qui étaient trop éloignés pour atteindre de leurs queues ces embarcations et les fracasser. Blessés, les dauphins s'élançaient en avant, avec une incroyable rapidité ; les autres les suivaient, et bientôt tous étaient échoués sur la plage.

« Alors ce fut une chose horrible à voir. Les marins poussaient leurs canots au milieu des dauphins, les perçaient de coups. Les gens qui étaient restés à terre, entrant dans l'eau jusqu'aux épaules, enfonçaient dans le corps des animaux blessés des crochets attachés à de longues cordes ; puis, trois ou quatre hommes les tiraient à terre et leur coupaient le cou. L'animal à l'agonie fouettait l'eau de sa queue ; des jets de sang s'élançaient des évents. Comme le soldat qui, dans l'ardeur du combat, perd tout sentiment humain et devient une véritable bête féroce, la vue du sang rendait les pêcheurs fous et téméraires. Dans un espace de quelques arpents se pressaient trente canots, trois cents hommes, quatre-vingts dauphins, tués ou vivants encore. Ce n'était partout que cris et agitation. Les vêtements, le visage et les mains couverts de sang, les paisibles habitants de ces îles ressemblaient aux cannibales des mers du Sud. Chez eux, pas le moindre signe de pitié....

« Quatre-vingts cadavres couvraient le rivage : pas un n'avait échappé. Quand l'eau est teinte de sang, que les coups de queue des agonisants la troublent, les autres en sont aveuglés, et errent alors en cercle. Si même l'un d'entre eux s'échappe, il ne tarde pas à revenir près de ses compagnons. »

La chasse aux dauphins n'est pas toujours aussi heureuse. Souvent les dauphins ne se laissent pas ainsi pousser vers le rivage ; ils passent sous les canots ou s'échappent en franchissant l'espace qui sépare ces canots. Si un dauphin

---

(1) Un banc de dauphins.

blessé regagne la haute mer, les autres le suivent, et les pêcheurs ont perdu leur peine.

Quand la chasse a réussi, on estime la valeur de chacun des animaux tués; le plus grand appartient de droit au canot qui a signalé leur approche, et l'homme qui les a aperçus le premier en reçoit la tête.

Un petit dauphin, immédiatement dépecé, fait les frais d'un repas, auquel tous les assistants peuvent prendre part. On prélève ensuite la dîme du butin, et on la partage entre le roi ou son représentant, l'église et le pasteur. On en excepte encore un des animaux, dont la vente sert à payer les avaries causées aux bateaux et à indemniser les pêcheurs blessés. Le reste est ensuite partagé entre toutes les embarcations.

On mange la chair, soit fraîche, soit salée et séchée. Une partie de la graisse, soumise à la même préparation, est réservée aux besoins du ménage; le reste est fondu et donne environ une tonne d'huile.

Le dauphin était chez les anciens l'objet d'une sorte de culte, et le héros d'un certain nombre de fabuleuses aventures. Il suivait, disait-on, les navires pour sauver les matelots qui tombaient à la mer; il venait en aide aux pêcheurs, en poussant le poisson dans leurs filets; il se montrait fort ami de l'homme, surtout des enfants et des musiciens.

Le poëte grec Arion, après avoir amassé de grandes richesses en Italie, fréta, dit la fable, un navire pour retourner dans sa patrie. A peine eut-il perdu de vue les rivages de la péninsule, que les matelots résolurent de se débarrasser de lui pour s'emparer de ses trésors.

En vain s'efforça-t-il de les désarmer par ses prières et par ses chants, il allait être massacré par ces brigands lorsqu'il se précipita dans les flots. Mais un des nombreux dauphins qu'avaient attirés les accords de sa lyre, le prit sur son dos et le porta jusqu'au promontoire de Ténare, où il le déposa sain et sauf.

Le marsouin ressemble beaucoup au dauphin; mais il en diffère par sa taille, qui n'atteint que rarement un mètre et demi, et par son museau court, qui ne rappelle en rien le bec d'oie.

Ce petit cétacé vit en grandes troupes, qui chassent devant elles le hareng et le maquereau jusque dans les baies, et remontent les fleuves à la poursuite du saumon. En France, on en a rencontré bien haut dans la Loire, la Seine et la Charente.

« Dans quelques endroits, dit le docteur Franklin, ils sont si nombreux, qu'ils obscurcissent la surface de l'Océan, au moment où ils s'élèvent pour respirer. On voit alors miroiter de toutes parts leurs corps huileux et noirâtres....

« Dans les beaux jours, au printemps et en été, ils sautent, se roulent, font des culbutes; tout cela est bien connu des marins, qui s'en amusent; et, dans mes longs voyages, je faisais comme les marins....

« Le 23 mai 1842, j'en aperçus deux qui se roulaient et qui jouaient, un peu au-dessus du pont de Londres, du côté du rivage de Surrey. Ils semblaient dédaigner les nombreux vaisseaux à vapeur qui passaient constamment, et ne prêter aucune attention aux grands bateaux, dont quelques-uns s'approchaient d'eux. L'homme qui occupait le poste d'observation sur le steamer à bord duquel nous étions me dit qu'on les avait vus cinq ou six fois ce matin-là, près de Southwark, et que l'un de ces deux marsouins avait été harponné avec un crochet de bateau, mais qu'il s'était échappé.

Tant que les navires restent dans le voisinage des côtes, on voit les marsouins s'en approcher, regarder curieusement les hommes et le bâtiment, les suivre en jouant et plongeant, s'en éloigner et y revenir.

Les pêcheurs n'aiment pas le marsouin, parce qu'il déchire souvent leurs filets et dévore le poisson qu'il y trouve. Mais comme sa graisse est de bonne qualité, au moment où les harengs arrivent sur les côtes, on y tend des filets à larges mailles, à travers lesquelles le hareng passe, mais où le marsouin reste pris.

La chair des jeunes est, dit-on, très-délicate; on la sale, on la fume; c'est une précieuse ressource pour les habitants de l'Islande et du Groënland. Les vieux marsouins ne donnent, au contraire, qu'une viande coriace, noire et huileuse; mais leur peau fournit un cuir dont on fabrique de solides chaussures.

# III.

## ORDRE DES MARSUPIAUX.

## Sarigues. — Dasyures. — Syndactyles. — Phascolomes.

Les marsupiaux se distinguent des autres mammifères par l'existence d'une poche placée au-dessous de l'abdomen des femelles, et soutenue par deux os longs, étroits et mobiles, qu'on trouve aussi chez les mâles, et qu'on appelle os marsupiaux.

Cette poche est absolument nécessaire à la reproduction des animaux qui composent l'ordre entier; car ils mettent au monde des petits dont pas un ne saurait vivre si la bourse marsupiale ne lui offrait un abri, dans lequel il entre semblable à une boule informe, d'un très-mince volume. La mère le fixe à l'une des mamelles placées dans cette bourse, et il y reste attaché jusqu'à ce qu'il soit devenu au moins aussi fort que le sont ·ordinairement les petits des mammifères, au sortir des entrailles maternelles.

On peut dire que les marsupiaux naissent deux fois. La première de ces naissances ressemble à celle des ovipares, et la seconde seulement les range parmi les vivipares.

Chez quelques espèces, la poche ne consiste qu'en un ou plusieurs replis, tandis que, chez les autres, c'est un sac dont l'ouverture s'étend et se resserre à volonté. Dans le premier cas, la mère ne peut cacher dans son sein ses enfants déjà grands, lorsqu'elle veut les soustraire à quelque péril; elle les met alors sur son dos et prend la fuite avec eux. Les petits enroulent leurs queues autour de la sienne et n'ont pas de chute à redouter.

On trouve parmi les marsupiaux des carnassiers, des herbivores, des rongeurs, et même des espèces analogues à nos ruminants. Plusieurs naturalistes pensent que ces animaux ont précédé sur la terre les autres mammifères, auxquels ils sont inférieurs, puisqu'ils donnent naissance à des petits très-imparfaits.

Des marsupiaux de forte taille ont été trouvés à l'état fossile en France, en Angleterre et dans d'autres contrées de l'Europe; ces espèces ont disparu, et le kanguroo géant de l'Australie est aujourd'hui le plus grand des animaux munis d'une bourse marsupiale. Il n'en existe aucun dans l'ancien continent; l'Amérique n'en possède qu'une famille, celle des sarigues; mais on ne trouve guère d'autres mammifères en Océanie.

Outre les sarigues, l'ordre des marsupiaux comprend les dasyures, les syndactyles et les phascolomes.

Divers genres de marsupiaux, dont la taille varie entre celle de notre chat domestique et celle du rat, composent la famille des sarigues. Ce sont des animaux nocturnes et carnassiers, qui cependant mangent aussi des fruits. Ils ont le corps ramassé, le museau plus ou moins pointu, la queue prenante, et les jambes de derrière plus longues que celles de devant. Chez presque tous le pouce est opposable aux quatre autres doigts.

Le sarigue crabier, qui habite l'Amérique méridionale, ne quitte guère les bords de la mer, où il se nourrit de crabes et d'autres crustacés.

Le sarigue de la Virginie, que les Américains désignent sous le nom d'*opossum*, est la plus grande espèce de la famille. Sa taille est donc à peu près celle d'un chat. Son pelage grossier varie du blanc jaunâtre au brun ; son corps est lourd, sa tête plate et son museau allongé. Sa queue prenante n'est couverte de poils qu'à la base; il la porte enroulée lorsqu'il ne s'en sert ni pour grimper ni pour s'attacher aux branches.

La bouche du sarigue, largement fendue, est armée de cinquante dents, dont il fait usage pour dépecer les oiseaux et les petits quadrupèdes auxquels il fait la guerre. Quand cette proie lui manque, il se nourrit de grenouilles, d'insectes, de mollusques, de fruits et de jeunes pousses. Il est surtout friand d'œufs ; il suit les dindons sauvages, pour visiter leurs nids, et, la nuit, il s'introduit trop souvent dans les poulaillers.

Comme notre renard, il aime le carnage. Non-seulement il sucera les œufs, mais il égorgera les poulets, et, sans les manger, il s'abreuvera de leur sang, jusqu'à ce que, n'en pouvant plus, il s'endorme au milieu de ses victimes. Il est alors facile de le tuer; mais s'il est surpris avant d'être assez repu pour que sa malice naturelle l'abandonne, il se roule en boule et se laisse battre sans pousser un cri, sans faire un mouvement.

« Il reste là, dit Audubon, ne donnant plus signe de vie, la gueule ouverte, la langue pendante, les yeux fermés, jusqu'à ce que son bourreau prenne le parti de le laisser, en se disant : Bien sûr, il est mort. Non, lecteur, il n'est pas mort; seulement il faisait le mort; et l'ennemi n'a pas plus tôt tourné les talons, qu'il se remet, petit à petit, sur ses jambes, et court encore pour regagner les bois »

L'opossum a beaucoup d'ennemis; il commet tant de méfaits, qu'on le tue sans pitié lorsqu'on est assez heureux pour le surprendre. Il n'a pas de demeure fixe : le jour, il dort dans les broussailles, dans un trou d'arbre ou dans quelque terrier, et il rôde toute la nuit à la recherche du gibier. Il aime les forêts épaisses et grimpe aux arbres avec beaucoup d'agilité, pour y dénicher des écureuils et des oiseaux.

Le nombre des petits varie d'un à quatorze. Ils naissent informes et gélatineux; leur grosseur est à peu près celle d'un pois, et il en faut de trois à quatre pour peser un gramme. Ils n'ont ni membres indiqués, ni oreilles, ni yeux, et leur bouche n'est qu'une fente presque invisible. C'est dans la poche de leur mère qu'ils se développent ensuite. Ils y restent jusqu'à ce qu'ils aient atteint la taille d'un rat; mais la tâche de la mère n'est pas encore achevée; elle veille sur ses petits, leur apprend à chasser, les retient auprès d'elle, et, à la moindre apparence de danger, leur ouvre un asile dans la poche où ils se sont développés.

Les nègres chassent l'opossum pour sa chair, qu'ils trouvent très-bonne, malgré l'odeur d'ail dont elle est imprégnée, et pour sa peau, qui sert à faire aux bergers des manteaux solides et chauds.

Le chironecte, que Buffon a décrit sous le nom de petite loutre de la Guyane, habite les ruisseaux et les rivières, ainsi que l'indiquent ses pieds palmés. Il nage parfaitement et se nourrit de petits poissons.

Le philander cancrivore, dont la taille est à peu près celle de l'opossum, passe presque toute sa vie dans les arbres; il y grimpe et s'y joue avec une grande agilité. A terre, il est maladroit, et il n'y descend que pour y trouver quelque proie.

Le philander énée a été ainsi surnommé parce qu'il porte ses enfants sur son dos, comme Enée y portait son père. Il est à peine aussi gros qu'un rat.

La famille des dasyures se compose d'animaux carnassiers ayant beaucoup de rapports avec le renard et les martes. Ils ont le museau effilé, les jambes basses, un peu plus longues derrière que devant; leur pouce n'est qu'indiqué, mais les autres doigts sont armés d'ongles robustes et pointus.

Le dasyure proprement dit est d'un brun fauve, moucheté de blanc sur le dos; il a le ventre blanc, les oreilles noires et le bout du museau couleur de chair. Il se nourrit d'animaux morts et vivants; il entre dans les maisons pour y trouver de la viande; et quand il peut pénétrer dans un poulailler, il y fait un grand carnage.

Les phascogales sont de très-petite taille; ils passent presque toute leur vie sur les arbres, et l'on ne peut que s'en féliciter; car ils ont des instincts féroces; et si leur force égalait leur hardiesse et leur cruauté, ils deviendraient pour les colons un véritable fléau.

Le sarcophyle, qui ressemble à un petit ours, a les mêmes instincts que les phascogales. Il est aussi stupide que féroce; il se précipite avec fureur sur tous les animaux dont il espère triompher. Les chiens eux-mêmes craignent ses terribles dents et n'osent se mesurer avec lui. Les colons de la Terre de Van-Diémen, ayant beaucoup à souffrir de sa part, l'ont surnommé le diable; mais ils lui ont dressé tant de piéges et lui ont fait une telle guerre, qu'ils l'ont forcé à se réfugier dans les plus épaisses forêts.

Le thylacine cynocéphale, encore plus redoutable, parce qu'il est plus grand et plus fort, est connu sous le nom de loup à bourse ou de loup zébré. Son poil, court et laineux, d'un gris brun ou jaunâtre, est marqué sur le dos de bandes transversales, et prend sur la tête une teinte plus claire. Ses yeux sont grands et sa bouche largement fendue. Essentiellement nocturne, il craint beaucoup la lumière; mais la nuit il retrouve toute son audace et son agilité. Il était très-commun en Tasmanie (Terre de Van-Diémen) quand les colons européens s'y établirent; mais bientôt, las de voir ce féroce animal décimer leurs troupeaux, ils l'attaquèrent, le poursuivirent sans relâche, et le repoussèrent dans les montagnes incultes de leur île.

La famille des syndactyles comprend les péramèles, les tarsipèdes, les phalangers et les kanguroos. Elle a pour caractère particulier la réunion, sous une peau commune, du second et du troisième doigts des pieds de derrière.

Les péramèles habitent les montagnes de l'Australie, et s'y creusent des terriers; cependant ils s'approchent parfois des plantations et les fouillent de leurs ongles puissants, pour en arracher les racines et les tubercules. Ils mangent aussi les grains, mais en revanche ils détruisent des insectes et des vers. Ils sont d'ailleurs doux, timides, et s'apprivoisent facilement. Leur marche est une suite de sauts semblables à ceux du lapin, dont les plus grands ont la taille.

Les tarsipèdes sont de jolis petits animaux, dont le nez allongé en forme de bec dépasse de beaucoup la lèvre inférieure. Ils rappellent la musaraigne, que nous avons parfois le tort de confondre avec la souris, et comme elle ils se nourrissent d'insectes.

Les phalangers vivent dans les forêts; ils dorment pendant tout le jour, au plus épais du feuillage, et ce n'est que longtemps après le coucher du soleil qu'ils retrouvent leur agilité.

Le phalanger-renard, le plus connu de tous, a des mouvements vifs et gracieux qui rappellent ceux de l'écureuil, et sa taille est celle d'un gros chat. La femelle n'a qu'une poche incomplète, qui suffit cependant pour abriter ses deux petits; elle les y garde longtemps, et les porte ensuite sur son dos, où ils se maintiennent à l'aide de leur queue prenante.

Le phalanger-renard vit de fruits, de racines, de jeunes pousses, et ne dédaigne pas les œufs qu'il trouve dans les nids des oiseaux. Les indigènes mangent sa chair, quoiqu'elle ait une odeur de camphre bien prononcée, et sa peau leur sert à se fabriquer des manteaux.

Le koala cendré, qui appartient à la famille des phalangers, a le corps trapu, la tête grosse, le museau large et nu, les oreilles touffues, les yeux brillants. Son pelage, fin, laineux et crépu, est d'un gris cendré, roussâtre à la partie supérieure, et d'une teinte plus claire à la partie inférieure. La queue n'existe pas. La femelle n'a qu'un petit, qu'elle soigne avec beaucoup de tendresse, et qui se cramponne à son cou lorsqu'elle le porte sur son dos.

Les pétauristes sont aussi de la même famille. Ces derniers sont souvent appelés phalangers volants. Leurs mouvements sont d'une merveilleuse agilité; ils font des bonds énormes et volent d'une cime à l'autre, en déployant non des ailes, mais une membrane attachée à leurs flancs. Ils descendent rarement à terre et se tiennent blottis tout le jour dans quelque creux d'arbre ou entre deux branches; ce qui n'empêche pas les indigènes d'y reconnaître leur présence et de parvenir à les tuer.

Les kanguroos se distinguent des autres genres de la famille des syndactyles par la grande disproportion qui existe entre leurs jambes de devant et celles de derrière. Les premières sont très-courtes et très-faibles, les secondes très-fortes et très-longues. La partie antérieure du corps semble avoir été sacrifiée à la partie postérieure, que termine une queue épaisse, lourde et vigoureuse, sur laquelle l'animal s'appuie lorsqu'il se repose ou qu'il veut prendre son élan. Cette queue et les robustes griffes de leurs pieds de derrière servent à leur défense.

Le capitaine Cook explorait, en 1770, la partie de l'Australie qui a reçu le nom de Nouvelle-Galles du Sud, quand des matelots, descendus à terre pour tirer des pigeons, virent un animal de formes grêles qui leur parut avoir la taille d'un chien de chasse. C'était un kanguroo. Un savant qui faisait partie de l'expédition, Joseph Bank, l'ayant entrevu quelques jours après, déclara que cet animal était encore inconnu, et il eut la chance de pouvoir, dans une sortie matinale, en apercevoir quatre. Ils se dérobèrent à la poursuite des chiens qu'il avait emmenés; et tout ce qu'il put remarquer, c'est qu'ils bondissaient à la manière des gerboises, en s'appuyant sur leurs pieds de derrière. Mais un de ces étranges sauteurs ayant été tué, l'heureux savant put l'étudier à l'aise.

Plus tard des kanguroos vivants parvinrent en Europe, s'habituèrent sans trop de peine à la captivité et se reproduisirent dans nos jardins zoologiques.

L'acclimatation de cet animal peut être considérée aujourd'hui comme un fait accompli. Il n'est pas plus difficile à nourrir que le lapin : des herbes, des racines, du grain, du pain, c'est tout ce qu'il lui faut; seulement on ne peut l'enfermer que dans des abris garnis de fil de fer; car des barreaux de bois ne résisteraient pas à ses dents.

La chair du kanguroo est excellente; sa peau, convenablement préparée, pourrait fournir de très-bons gants et même des chaussures; le poil des espèces communes serait employé à la fabrication du feutre, et la toison du kanguroo laineux, aussi précieuse que celle de la vigogne, donnerait de fins et moelleux tissus.

Ce dernier est, avec le kanguroo géant, le plus grand mammifère de l'Australie. Leur taille excède un mètre, la queue non comprise, et leur poids atteint de 100 à 150 kilogrammes, tandis que les plus petites espèces connues ne dépassent guère en grosseur notre rat commun.

La femelle du kanguroo ne le cède point à celle du sarigue, sous le rapport de la tendresse maternelle. Elle n'a qu'un ou deux petits à la fois; elle les garde dans sa poche pendant sept mois, après lesquels ils commencent à en sortir et à brouter l'herbe tendre; ils y rentrent bientôt pour se reposer, et longtemps après qu'ils ont appris à se suffire, la mère les garde encore.

# IV.

## ORDRE DES ÉDENTÉS.

Bradypes ou paresseux. — Tatous. — Pangolins.
— Oryctéropes. — Fourmiliers.

L'ordre des édentés se compose d'animaux qui diffèrent beaucoup entre
eux, et qui s'écartent tellement des autres mammifères, que les naturalistes ne
sont pas d'accord sur la place qu'ils doivent occuper dans l'échelle des êtres
vivants.

Une seule des familles de cet ordre est absolument dépourvue de dents, c'est
celle des fourmiliers. Les autres, qui sont celles des paresseux ou bradypes,
des tatous, des oryctéropes et des pangolins, manquent toutes d'incisives. En
revanche, les édentés ont de larges et solides griffes, qui leur servent à fouiller
la terre ou à grimper aux arbres.

Tous ces animaux appartiennent aux régions tropicales, et plusieurs sont les
représentants d'espèces gigantesques, telles que le mylodan, le mégathé-
rium, etc., dont les débris se retrouvent dans les profondeurs du sol.

Les bradypes, appelés aussi paresseux et tardigrades, ont été longtemps
classés parmi les singes, parce qu'ils vivent dans les branches des arbres. Ils
s'y cramponnent à l'aide de leurs griffes et y restent souvent des journées entières, le corps tourné vers la terre, sans faire aucun mouvement. Ils boivent la
rosée, mangent les bourgeons, les feuilles, et peuvent, dit-on, demeurer longtemps sans nourriture.

Ce sont des êtres disgraciés de la nature; ils ne peuvent se mouvoir à terre qu'avec une extrême lenteur, en se traînant sur leurs coudes, parce que leurs membres antérieurs sont beaucoup plus longs que les postérieurs. Leurs pieds sont, en outre, dépourvus de plantes et n'appuient pas nettement sur le sol; enfin, les deux ou trois doigts dont ces pieds sont formés sont pour ainsi dire soudés entre eux par la peau qui les recouvre.

Les paresseux ne semblent pas plus favorisés sous le rapport de l'intelligence. Ils vivent solitaires, au fond des forêts les plus épaisses, et y dorment tout le jour. Ils ne font aucun mal et ne savent même pas se défendre, ce qui n'empêche pas les Indiens de les tuer chaque fois qu'ils le peuvent.

En traversant un fleuve, le docteur Franklin vit un jour un grand paresseux sur le rivage; et quoiqu'il n'y eût des arbres qu'à une vingtaine de mètres seulement, l'animal ne parvint pas à s'échapper avant que l'embarcation touchât le bord.

Le docteur le prit en pitié. Ramassant un long bâton, il aida la pauvre bête à s'y accrocher et la porta au pied d'un haut sycomore, sur lequel il la vit monter avec une merveilleuse rapidité. Le paresseux atteignit la cime, saisit la branche d'un arbre voisin, et s'avança d'arbre en arbre vers le cœur de la forêt, au grand étonnement de celui qui l'avait sauvé.

L'unau et l'aï, les deux espèces de paresseux les mieux connues, se trouvent à la Guyane, au Brésil, au Pérou et dans la Colombie.

L'unau n'atteint pas un mètre de longueur, et l'aï est un peu plus petit.

Le poil du paresseux est long, épais, et sec comme de l'herbe fanée; mais le tatou est encore plus étrangement vêtu. Son corps est enfermé dans des lames dures et lisses, qui lui composent une armure complète. Il porte casque en tête, bouclier aux épaules, cuirasse à la croupe, et entre ces diverses pièces se trouvent des plis qui lui permettent de se rouler en boule et de rentrer ses jambes sous sa couverture. Posé sur une table, dit un naturaliste, le tatou est curieux à voir : on dirait une boîte qui marche.

Ces animaux ont les doigts armés de griffes très-fortes, très-pointues; ils s'en servent pour se creuser, en quelques minutes, un terrier profond, dans lequel ils s'enfoncent tout entiers, et ils y adhèrent si fortement, qu'il est très-difficile de les en arracher.

Leur nourriture consiste en insectes, larves, petits reptiles et proies mortes. Ils y joignent aussi des végétaux. Quelques espèces passent pour avoir une chair délicate.

Le tatou géant atteint parfois un mètre de longueur; mais ceux de la plus petite espèce ne sont pas plus gros que des rats. Les terriers des grands tatous sont très-nombreux dans les plaines de l'Amérique méridionale; ils forment à la surface du sol des monticules qui occasionnent souvent des accidents aux chevaux et aux cavaliers.

Les pangolins, appelés aussi lézards écailleux, ont le corps allongé, les membres courts, terminés par des griffes robustes, le museau pointu ou en forme de bec de canard. Leur bouche, sans dents, donne passage à une langue mince, très-extensible, dont ces animaux se servent pour ramasser les fourmis, qui font leur principale nourriture.

Toute la partie supérieure du corps des pangolins, y compris la queue, très-longue dans plusieurs espèces, est protégée par de fortes écailles, insérées dans la peau, et disposées comme celles d'une pomme de pin. Le menton, le dessous du corps et la face interne des jambes sont couverts de poils raides; mais quand ces animaux sont attaqués, ils se roulent sur eux-mêmes, replient sous leur ventre leur queue encore mieux armée que le reste, hérissent leurs écailles tranchantes, et causent au léopard même des blessures qui le mettent en déroute.

On les trouve en Chine, aux Indes et dans plusieurs contrées de l'Afrique.

L'oryctérope n'a pas d'autres armes que ses ongles épais et tranchants; un poil raide couvre son gros corps, dont la longueur atteint deux mètres, en y comprenant la queue. Sa tête, mince, est terminée par un boutoir très-allongé; ses oreilles sont pointues et bien ouvertes, ses yeux placés fort en arrière, et sa bouche garnie de dents molaires, dont la coupe a toute l'apparence de celle du jonc.

La chair de cet animal passe pour ressembler à celle du porc; aussi les Hollandais du cap de Bonne-Espérance l'ont-ils surnommé cochon de terre. On le rencontre aussi dans les plaines arides de l'Abyssinie et sur la côte occidentale de l'Afrique.

Il se nourrit surtout des grosses fourmis blanches appelées termites. Il fouille leurs nids, faciles à reconnaître; car ils s'élèvent au-dessus du sol comme de petites montagnes arrondies au sommet. Dès que les termites se montrent, il plonge sa langue au milieu de leurs nombreuses phalanges; quand elle en est couverte, il la retire prestement et les avale avec délices. Lorsqu'il arrive à la chambre centrale de l'édifice, il ne se contente plus de se servir de sa langue, il prend les insectes à pleines bouchées, comme pourrait le faire un chien affamé.

En détruisant les termites, il rend service aux habitants; cependant la qualité de sa chair et celle de son cuir le rendent l'objet d'une chasse très-active, pour laquelle plusieurs hommes se réunissent; car un seul ne viendrait pas à bout de le prendre, même après avoir fouillé son terrier à coups de lance.

Les fourmiliers proprement dits, ou tamanoirs, sont encore mieux organisés pour le genre de nourriture qu'affectionnent les pangolins et l'oryctérope. Comme nous l'avons dit, ils n'ont pas de dents; leur museau est très-allongé, et leur bouche si petite, qu'on aurait peine à y faire entrer le pouce. Ils peuvent étendre leur langue à plus de cinquante centimètres, et ils s'en servent avec une extrême dextérité, s'il est vrai, comme l'assurent quelques auteurs, qu'ils puissent, deux fois en une seconde, la retirer chargée d'insectes, englués par le suintement visqueux dont elle est couverte.

Des ongles forts et tranchants, dont la longueur varie de onze à vingt centimètres, leur servent à ouvrir la terre pour y trouver leur proie, et à se défendre contre qui les attaque. On dit que le grand fourmilier ou tamanoir vient à bout du jaguar, animal très-redoutable cependant, puisque c'est le tigre de l'Amérique.

Le grand fourmilier atteint un mètre et demi de longueur, sans compter sa queue, qui n'a guère moins d'un mètre, et qui, garnie de poils raides et touffus, se relève en un panache dont l'animal, au repos, s'enveloppe, pour se garantir de l'ardeur du soleil ou des influences de l'atmosphère.

D'autres espèces de fourmiliers ont la queue nue en dessous et l'enroulent autour des branches des arbres, sur lesquels ils grimpent à merveille.

Ces animaux ne se rencontrent qu'en Amérique.

# V.

## ORDRE DES MONOTRÈMES.

## Ornithorynques. — Échidnés.

Les monotrèmes sont les plus singuliers des animaux, comme l'Australie qui les nourrit est le plus singulier des pays. Ils tiennent à la fois des mammifères, des oiseaux, des reptiles, et semblent destinés à relier entre elles ces trois classes de vertébrés.

Deux familles, dont chacune n'a qu'un genre, composent cet ordre : celle des ornithorynques et celle des échidnés.

L'ornithorynque a de cinquante à cinquante-cinq centimètres de longueur, y compris la queue, qui en a près de quinze. Son pelage est court, épais, d'un brun foncé, à reflets argentés. La forme de son corps a beaucoup de rapport avec celle de la taupe; il se termine par une queue aplatie comme celle du castor. Il a de petits yeux placés très-haut; les oreilles sont difficiles à découvrir après la mort de l'animal; mais, pendant sa vie, on les voit s'ouvrir et se fermer. Un très-large bec, revêtu d'une peau noirâtre, et souvent comparé à celui du canard, achève de caractériser l'ornithorynque, dont les dents sont représentées par des excroissances cornées et irrégulières. Ses pieds sont enveloppés d'une membrane qui lui permet de nager avec aisance, et qui, en se retirant, laisse libres des griffes dont il se sert pour creuser le sol.

Le portrait de cet animal, découvert à la fin du siècle dernier, parut si étrange aux naturalistes européens, que l'Anglais Bennett fit le voyage d'Australie pour le voir vivant et pour étudier ses mœurs.

Bennett parvint à se procurer plusieurs ornithorynques; il trouva dans un terrier placé au bord de l'eau trois petits dont il s'empara, et qu'il put conserver pendant quelque temps, en les nourrissant d'œufs durs, de viande finement hachée et de pain trempé dans l'eau. Ils étaient très-gais, jouaient ensemble comme de jeunes chiens, se baignaient volontiers et dormaient beaucoup.

La femelle allaite ses petits dans l'eau, d'une manière fort curieuse. Les jeunes, en frottant de leurs pattes ses glandes mammaires, en font sortir un liquide gras et blanchâtre, qui monte à la surface de l'eau, et qu'ils s'empressent de recueillir à l'aide de leur large bec. Quand les jeunes sont fatigués de nager, les mères les prennent sur leur dos et les conduisent à terre.

L'ornithorynque creuse très-rapidement son terrier avec son bec et ses ongles. Au fond de ce terrier, parfois très-étendu, se trouve un nid d'herbes et de roseaux, où les petits sont déposés. C'est toujours près des eaux paisibles et ombragées qu'on trouve ces retraites ; car l'ornithorynque aime à chercher dans la vase des insectes et des mollusques.

L'échidné épineux a le corps hérissé de piquants épais, d'un blanc jaunâtre, à pointe noire. Le ventre et les membres n'ont que des poils raides, d'un brun foncé, ainsi que la tête, qui se termine par un long bec arrondi, à la pointe duquel se trouve la bouche.

De cette étroite ouverture sort une langue mince, qu'il étend, comme les fourmiliers, pour s'emparer des vers et des fourmis qu'il rencontre. Il habite des terriers qu'il se creuse dans les forêts, entre les racines des arbres, et dont il ne sort que la nuit.

Lorsqu'on surprend un échidné, il se roule en boule, comme notre hérisson, et, de ses piquants très-aigus, il s'attache au sol, d'où il est impossible de l'arracher sans se blesser.

Le froid engourdit l'échidné, ce qui fait supposer qu'on pourrait l'amener vivant en Europe. Les Australiens le font rôtir dans sa peau et le trouvent fort bon ; ils mangent aussi l'ornithorynque, quoique sa chair ait une odeur désagréable.

Plus tard, sans doute, on connaîtra mieux ces animaux, qui forment le dernier degré de l'échelle des mammifères, dont l'homme occupe le sommet.

Après avoir jeté un coup d'œil sur tant d'êtres divers, nous terminerons par ces quelques lignes empruntées à M. Louis Figuier :

« Tout se tient, tout s'enchaîne dans la création. Les êtres passent insensiblement, sans soubresauts, de l'organisation la plus simple jusqu'à la plus complète, de la plus grossière jusqu'à la plus compliquée. La nature ménage les transitions avec un art infini ; elle adoucit, par des nuances intermédiaires, ce que pourrait avoir de trop cru l'opposition de tons très-différents. Toutes les parties du grand œuvre se fondent ainsi dans une harmonie sublime, qui remplit d'une juste admiration l'âme de l'observateur. »

FIN.

# TABLE.

---

## PREMIÈRE PARTIE.

### BIMANES & QUADRUMANES.

# DEUXIÈME PARTIE.

## CHÉIROPTÈRES. — INSECTIVORES. — RONGEURS. — CARNASSIERS.

# TROISIÈME PARTIE.

## MUSTÉLINS. — CHATS. — CHIENS.

### III.

# QUATRIÈME PARTIE.

## RUMINANTS. — PACHYDERMES SOLIPÈDES.

### I.

### II.

### III.

### IV.

### V.

# CINQUIÈME PARTIE.

## AMPHIBIES. — CÉTACÉS. — MARSUPIAUX. — ÉDENTÉS. — MONOTRÈMES.

### I.

### II.

### III.

### IV.

### V.

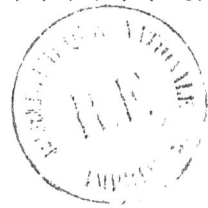

FIN DE LA TABLE.

ROUEN. — Imp. MÉGARD et Cᵉ, rue Saint-Hilaire, 136.

M. & C<sup>ie</sup>

www.ingramcontent.com/pod-product-compliance
Lightning Source LLC
Chambersburg PA
CBHW061107220326
41599CB00024B/3944